主要农作物肥料配方制定与推广

全国农业技术推广服务中心　编著

中国农业出版社
北　京

图书在版编目（CIP）数据

主要农作物肥料配方制定与推广 / 全国农业技术推广服务中心编著．—北京：中国农业出版社，2020.12
ISBN 978-7-109-28017-5

Ⅰ.①主… Ⅱ.①全… Ⅲ.①作物—肥料—配方—研究 Ⅳ.①S14

中国版本图书馆 CIP 数据核字（2021）第 043092 号

中国农业出版社出版
地址：北京市朝阳区麦子店街 18 号楼
邮编：100125
责任编辑：魏兆猛
版式设计：王 晨 责任校对：刘丽香
印刷：中农印务有限公司
版次：2020 年 12 月第 1 版
印次：2020 年 12 月北京第 1 次印刷
发行：新华书店北京发行所
开本：787mm×1092mm 1/16
印张：20.25
字数：465 千字
定价：88.00 元

编　委　会

序

测土配方施肥是帮助农民解决施肥不合理问题、助力实现增产增收最重要的技术手段之一，为保障国家粮食安全、推动农业绿色转型和高质量发展做出了巨大贡献。测土配方施肥技术的核心是确定肥料配方及用量，制定适宜的配方是国家公益性服务的重点。以土壤测试和肥料田间试验为基础，根据作物需肥规律、土壤供肥能力等制定肥料配方并生产配方肥是物化测土配方施肥技术的主要手段，因为它能帮助众多小农户实现施肥技术的升级和落地。这些年跟企业、农民打交道，发现他们对科学的肥料配方需求很迫切，因为企业需要根据肥料销售区域确定不同的配方产品，农民需要知道自己要用什么配方的肥料，因此这本书的出版有很强的实用性。

2005 年国家启动测土配方施肥项目，提出了“测、配、产、供、施”的技术路径。全国农业技术推广服务中心组织公益性土壤肥料技术推广体系，开展采样调查、测试分析和田间试验等基础工作，为制定肥料配方积累了大量宝贵的数据。经过科研、教学和推广专家的不懈努力，2013 年国家发布了三大粮食作物 38 个“大配方”，确立了“大配方、小调整”的推广路径，实现了施肥技术公益性服务的又一次突破。

本书系统地从配方制定原理、配方制定的方法、配方转化生产到配方肥施用及推广应用做了全面的论述。除此之外，还分作物收录了我国各地现行的推荐配方，并分析了这些年来肥料配方的变化，既有系统知识和方法，又有典型案例，是广大肥料科研、教学、推广、企业、经销和农业生产从业人员的重要参考书。

張福锁

2020 年 11 月 28 日

前言

肥料是作物的“粮食”，是农业生产的基本要素，是农产品产量和品质的物质基础，也是资源高效利用和生态环境保护的关键因子。2005年以来，农业农村部启动测土配方施肥补贴项目，围绕“测、配、产、供、施”五大关键环节，大规模开展测土配方施肥技术推广工作。通过15年的工作，基本摸清了我国县域土壤理化状况，建立了不同作物的施肥指标体系和测土配方施肥数据管理信息系统。根据作物需肥规律、土壤养分状况和肥料效应，科学制定施肥方案和肥料配方，发放施肥建议卡，引导农民按“卡”合理施肥。同时加强农企对接合作，推动企业照“方”生产配方肥，引导企业建立智能配肥站、液体加肥站，加快配方肥推广。在汇总分析大量土壤测试和田间试验数据结果的基础上，每年因地制宜细化形成县域配方4 000多个，有效推进了配方肥产品与区域土壤、作物的匹配，促进了高效精准施肥。

本书从测土配方推荐施肥技术的发展入手，总结了肥料配方制定的方法和技术，从农技部门推荐、肥料企业生产、肥料经销商销售、农民实际应用等视角分析了肥料配方的发展变化，汇总了我国主要农作物肥料配方现状和县域肥料配方推广的成功案例，对肥料配方未来的发展趋势进行了展望。本书编写中得到了各省（自治区、直辖市）肥水技术推广部门、农业农村部科学施肥专家指导组、中国农业大学资源与环境学院、国家农业绿色发展研究院的大力支持，在此一并表示感谢！由于时间仓促，不足和错漏之处难免，敬请广大读者批评指正。

编　者

2020年12月

目录

第一章
中国推荐施肥技术进展

一、常用推荐施肥技术

(一) 养分平衡法

养分平衡法又称目标产量法，由美国土壤化学家、测土配方施肥科学的创始人之一曲劳（Truog）于1960年首次提出。该方法是以"养分归还学说"为理论依据，根据作物计划产量需肥量与土壤供肥量之差估算施肥量的方法，是施肥量确定中最基本最重要的方法。

$$施肥量=\frac{计划产量所需养分总量-土壤供肥量}{肥料中养分含量\times肥料中该养分利用率}$$

养分平衡法涉及4大参数，其中确定土壤供肥量参数的方法较多。因计算土壤供肥量参数的方法不同又分为地力差减法和土壤有效养分校正系数法。

1. 地力差减法

地力差减法是根据作物目标产量与基础产量之差，求得实现目标产量所需肥料量的一种方法。地力差减法确定施肥量的计算公式如下：

$$施肥量=\frac{(目标产量-基础产量)\div100\times100\ kg\ 经济产量所需养分量}{肥料中养分含量\times肥料利用率}$$

（1）*基础产量* 基础产量又称空白产量，为不施肥的作物产量，可通过空白法、田间试验法及使用单位肥料的增产量推算基础产量等方法确定。

（2）*目标产量* 目标产量是实际生产中预计达到的作物产量，即计划产量，是确定施肥量最基本的依据，可通过"以地定产法""以水定产法"等方法确定。

以地定产法是根据土壤肥力水平确定目标产量的方法。研究表明作物对土壤养分的关系一般为土壤肥力水平越高，土壤养分效应越大，肥料养分效应越少；土壤肥力水平越低，土壤养分效应越小，肥料养分效应越大。作物对土壤养分的依赖程度叫作依存率，适合在土壤无障碍因子、气候等正常的地区应用。计算公式如下：

$$依存率=\frac{无肥区农作物产量}{完全肥区农作物产量}\times100\%$$

在田间试验的基础上形成依存率与无肥区产量的关系式，进而转换为目标产量与无肥区产量的关系式。

以水定产法适用于农作物产量限制因子为水分而不是土壤养分的区域，在这些区域确定目标产量首先要考虑降雨量和播种前的土壤水分含量，其次考虑土壤养分含量。各旱作区可根据多年来降雨量与作物产量之间的关系建立水量效应指数（作物生育期内每10 mm

降水量生产的作物千克数），进而根据气象部门的长期天气预报估计目标产量。

（3）100 kg 经济产量所需养分　农作物在生育期内形成 100 kg 经济产量所需要的从生长介质中吸收的某种养分数量称为养分系数。

（4）肥料利用率　肥料利用率是指当季作物从所施肥料中吸收的养分占施入肥料养分总量的百分数。其因作物种类、土壤肥力、气候条件和农艺措施而变化，在很大程度上取决于作物产量水平、施肥数量、肥料种类及施用时期。肥料利用率的测定要依托田间试验，主要方法有示踪法与差减法两种。其中差减法在实际生产中应用广泛，需设置无肥区和施肥区两个处理，其他种植措施同一般大田。其计算公式如下：

$$\text{肥料利用率}=\frac{\text{施肥区农作物吸收的养分量}-\text{不施肥区农作物吸收的养分量}}{\text{肥料施用量}\times\text{肥料中养分含量}}$$

2. 土壤有效养分校正系数法

土壤有效养分校正系数是指作物吸收的养分量占土壤有效养分测定值的比率，即土壤有效养分利用率。其计算公式如下：

$$\text{施用量}=\frac{\text{目标产量所需养分总量}-\text{土测值}\times 2.25\times\text{有效养分校正系数}}{\text{肥料中养分含量}\times\text{肥料利用率}}$$

注：测定土壤养分含量为 1 mg/kg，在每公顷耕层（0～20 cm）土壤中所含的有效养分数量为 2.25 kg。

各地要在田间试验的基础上测定该地区不同作物土壤有效养分校正系数，按照要求布设田间试验（磷钾、氮钾、氮磷和无肥区 4 个处理），测定无肥区土壤有效养分（土壤碱解氮、有效磷和速效钾）和各处理农作物吸收的总养分量，单位为 mg/kg。其计算公式如下：

$$\text{土壤有效养分校正系数}=\frac{\text{无肥区每公顷农作物吸收的养分量}}{\text{土壤有效养分测定值}\times 2.25}\times 100\%$$

该方法概念清楚、简单快捷、易掌握，一般不必做田间试验，通过养分测定值和矫正系数较易估算出土壤养分供应量，但由于土壤具有缓冲性能，土壤养分的测定值仅为相对数值，而不可能完全被作物吸收利用，土壤供肥能力不能直接换算出绝对的土壤供肥量，需要用校正系数加以调整，以表达真实的土壤供肥能力，矫正系数受土壤、气候等条件影响，变异也较大，很难精确求出。

（二）土壤肥力指标法

土壤肥力指标法是测土配方施肥最经典的方法。它基于农作物营养元素的土壤化学原理，用相关分析选择最佳浸提剂，测定土壤有效养分；以生物相对校验土壤有效养分肥力指标，确定相应的分级范围值，用以指导肥料的施用。在生产中，可在农作物施肥前，采集耕层土壤分析测定有效养分，参照测定值的肥力等级，判断某种营养元素的缺丰程度，以此决定是否需要施用某种肥料。该方法具有简易快速等特点，可服务到每一地块。

土壤肥力指标确定步骤

选定本地区主要土壤类型的农田田块，进行多点试验（20～30 个及以上试验点）。试验点之间的土壤肥力应有足够大的差异，同一试验点的土地应平整，地势条件应一致。选定试验田块后，采集土壤基础样品。

设置包含全肥及缺肥（无氮、无磷、无钾）4 个处理的小区，各处理重复 3～4 次。其他管理措施与大田相同，作物成熟后准确计产。

对每一无肥区的土壤进行有效养分测定，得到各田块的土壤养分测定值。

计算缺素区作物产量占全肥区作物产量的相对产量：

$$\text{相对产量}=\frac{\text{无氮（无磷或无钾）区作物产量}}{\text{全肥区作物产量}}\times 100\%$$

以相对产量为纵坐标，以有效养分提取测试值为横坐标绘制散点图，根据散点图分布特征进行回归分析，制作土壤测定值与作物相对产量之间的回归曲线，即校验曲线。

例：土壤肥力指标三级分类制，与 95％相对产量相对应的土壤测定值的肥力指标定为“高”；与 75％～95％相对产量对应的土壤测定值的肥力指标定为“中”；与 50％～75％相对应产量对应的土壤测定值的肥力指标定为“低”。

（三）肥料效应函数法

施肥量与产量之间的数量关系，用数学函数式表示为肥料效应函数。大量研究表明，某种肥料的肥料效应函数不是常数，其随作物种类及生长环境而变化。

1. 肥料效应函数相关概念

（1）总产量曲线　总产量曲线是表示施肥量与总产出量关系的曲线。肥料效应函数分为 3 种：报酬固定型、报酬递减型和报酬递增型。

（2）边际产量　指增减单位量肥料所增减的总产量。当肥料效应递减时，边际产量随施肥量的增加而递减，总产量按递减率增加，当边际产量递减为零时，产量最高。

2. 肥料效应函数法常用函数模型

3. 肥料效应试验设计

试验设计是获取肥料效应数据指导科学施肥的重要环节，分为单因素试验设计、复因素试验设计。其中复因素试验设计分为完全试验设计、不完全试验设计及回归最优设计。其中测土配方施肥工作中常采用的“3414”试验方案为二次回归-D 最优设计中的一种。

“3414”肥料田间试验是测土配方推荐施肥的技术依托，通过布置在不同土壤肥力水平上的多点分散性试验，总结出不同肥力水平下，主要作物的经济合理推荐施肥量，为构建作物的肥料效应模型、划分施肥类型和推荐施肥技术提供科学依据。

（1）“3414”试验方案

① 完全实施方案。“3414”肥料田间试验中的“3”是指氮、磷、钾 3 个因素，“4”是指每个因素 0、1、2、3 的 4 个水平，“14”是指组合形成 14 个处理。“3414”试验的 4 个用量水平是：0 水平为不施肥，2 水平为当地供试作物的最佳施肥量的近似值，1 水平=2 水平×0.5，3 水平=2 水平×1.5（该水平必须达到过量施肥，否则应调整 2 水平施肥量）。“3414”试验方案如表 1-1 所示。

表 1-1 “3414”试验方案处理

试验编号	处 理	养分与编码		
		N	P_2O_5	K_2O
1	$N_0P_0K_0$	0	0	0
2	$N_0P_2K_2$	0	2	2
3	$N_1P_2K_2$	1	2	2
4	$N_2P_0K_2$	2	0	2
5	$N_2P_1K_2$	2	1	2
6	$N_2P_2K_2$	2	2	2
7	$N_2P_3K_2$	2	3	2
8	$N_2P_2K_0$	2	2	0
9	$N_2P_2K_1$	2	2	1
10	$N_2P_2K_3$	2	2	3
11	$N_3P_2K_2$	3	2	2
12	$N_1P_1K_2$	1	1	2
13	$N_1P_2K_1$	1	2	1
14	$N_2P_1K_1$	2	1	1

如要获得有机肥料的效应，可增加 1 个有机肥处理区（M）；检验某种微量元素的效应，增加 $N_2P_2K_2$＋某种微量元素处理。

② 部分实施方案。要试验氮、磷、钾中某一个或两个养分的效应，或因其他原因无法进行“3414”试验的完全实施方案时，可在其中选择相关处理，即“3414”试验的部分实施方案，从而既保证了测土配方施肥田间试验总体设计的完整性，又满足了不同施肥区域土壤养分的特点、不同试验目的、不同层次的具体要求（表 1-2）。例如，欲在某地某种作物上要重点检验氮、磷肥料效应时，可在钾肥作基肥的前提下，进行氮、钾二元肥料效应试验，设置 3 次重复。此方案也可分别建立氮、磷一元效应方程。

表 1-2 氮、磷二元肥料试验设计与“3414”试验方案处理编号对应

试验编号	处 理	养分与编码		
		N	P_2O_5	K_2O
1	$N_0P_0K_0$	0	0	0
2	$N_0P_2K_2$	0	2	2
3	$N_1P_2K_2$	1	2	2
4	$N_2P_0K_2$	2	0	2
5	$N_2P_1K_2$	2	1	2
6	$N_2P_2K_2$	2	2	2
7	$N_2P_3K_2$	2	3	2
11	$N_3P_2K_2$	3	2	2
12	$N_1P_1K_2$	1	1	2

一般可把试验设计为5个处理：无肥区（CK）、无氮区（PK）、无磷区（NK）、无钾区（NP）、氮磷钾区（NPK）。这5个处理分别与“3414”试验完全方案中相对应的处理编号为1、2、4、8、6。如要获得有机肥料的效应，可增加有机肥料处理（M），如表1-3所示；若检验某种中量元素或微量元素的效应，可在NPK基础上，进行加与不加中（微）量元素处理的比较。方案中氮、磷、钾、有机肥料的用量应接近肥料效应函数计算的最佳施肥量或其他方法推荐的合理用量。

表1-3 常规“5”处理试验与“3414”试验方案处理编号对应

常规试验处理	试验编号	处理	养分与编码		
			N	P_2O_5	K_2O
无肥区	1	$N_0P_0K_0$	0	0	0
无氮区	2	$N_0P_2K_2$	0	2	2
无磷区	4	$N_2P_0K_2$	2	0	2
无钾区	8	$N_2P_2K_0$	2	2	0
氮磷钾区	6	$N_2P_2K_2$	2	2	2

（2）*“3414”肥料肥效试验可获得的结果及计算* “3414”肥料效应田间试验在进行土壤和植株取样及养分测定、获得产量的基础上，可完成一系列的结果运算。

① 肥料效应函数拟合。

A. 三元二次效应函数。利用“3414”试验完全实施方案的14个处理的产量，可进行氮、磷、钾三元二次效应函数的拟合。函数模型为：

$$Y=b_0+b_1X_1+b_2X_2+b_3X_3+b_4X_1^2+b_5X_2^2+b_6X_3^2+b_7X_1X_2+b_8X_1X_3+b_9X_2X_3$$

式中，Y为产量（kg/hm^2），X_1、X_2、X_3分别代表N、P_2O_5、K_2O的施用量（kg/hm^2）。

B. 二元二次效应函数。通过2～7，11，12八个处理产量，可以建立以K_2水平（X_3的2水平）为基础的氮、磷二元二次肥料效应方程；通过4～10，14八个处理，可以建立以N_2水平（X_1的2水平）为基础的磷、钾二元二次肥料效应方程；通过2、3、6、8、9、10、11、13八个处理，可以建立以P_2水平（X_2的2水平）为基础的氮、钾二元二次肥料效应方程。二元二次肥料效应方程的模型为：

$$Y=b_0+b_1X_1+b_2X_2+b_3X_1^2+b_4X_2^2+b_5X_1X_2$$

式中，Y为产量（kg/hm^2），X_1、X_2分别代表N、P_2O_5、K_2O中的任意两种的施用量（kg/hm^2）。

C. 一元二次效应函数。采用一元肥料效应模型拟合时，是将其他两个因素固定在2水平，如选用2、3、6、11四个处理可求得在P_2K_2水平为基础的氮肥效应方程；选用4、5、6、7四个处理可求得在N_2K_2水平为基础的磷肥效应方程；选用6、8、9、10四个处理可求得在N_2P_2水平为基础的钾肥效应方程。一元二次肥料效应方程的模型为：

$$Y=b_0+b_1X+b_2X^2$$

式中，Y为产量（kg/hm^2），X代表N、P_2O_5、K_2O的任意一种的施用量（kg/hm^2）。

② 施肥参数的计算。通过处理 1，可以获得基础地力产量，即空白区产量；通过处理 2 可获得无氮区产量；通过处理 4 可获得无磷区产量；通过处理 8 可获得无钾区产量；通过处理 6 可获得全肥区产量。取得这些数据，就可以计算土壤养分供应量、作物吸收养分量、土壤养分校正系数、肥料利用率等施肥参数。在多点试验的基础上，可以进行土壤养分丰缺指标的制定，建立土壤养分校正系数与土壤有效养分测定值的数学函数关系。

③ 肥料效应的计算。通过处理 6 和处理 1 计算土壤对产量的贡献率和肥料对产量的贡献率；通过处理 6 和处理 2、处理 4、处理 8 可分别计算氮肥、磷肥、钾肥的增产效应。

$$\text{土壤贡献率}\ (\%)=\frac{\text{处理 1 产量}\ (kg/hm^2)}{\text{处理 6 产量}\ (kg/hm^2)}\times 100\%$$

$$\text{肥料贡献率}\ (\%)=[1-\text{土壤贡献率}\ (\%)]\times 100\%$$

$$\text{氮肥效应}\ (kg/kg)=\frac{\text{处理 6 产量}\ (kg/hm^2)-\text{处理 2 产量}\ (kg/hm^2)}{\text{施氮量}\ (kg/hm^2)}$$

$$\text{磷肥效应}\ (kg/kg)=\frac{\text{处理 6 产量}\ (kg/hm^2)-\text{处理 4 产量}\ (kg/hm^2)}{\text{施磷量}\ (P_2O_5,\ kg/hm^2)}$$

$$\text{钾肥效应}\ (kg/kg)=\frac{\text{处理 6 产量}\ (kg/hm^2)-\text{处理 8 产量}\ (kg/hm^2)}{\text{施钾量}\ (kg/hm^2)}$$

该方法可客观地反馈大田情况下作物产量与施肥量的函数关系，但受到土壤、气候、栽培等影响，不同地区甚至同一地区不同田块获得的效应函数会明显不同，缺乏广泛的规律性、可重复性，且肥料效应函数表达式不统一，不同方程选择如二次多项式、线性方程、指数方程、平方根模型等，演算结果可能存在很大差异。各种推荐施肥量的方法，或考虑作物，或考虑土壤，具存各自特征，并在农业实际生产中进行一定范围的应用，但各种方法仍然存在操作相对复杂、各种参数的精确度有一定局限等缺点。

（四）营养诊断法

营养诊断施肥法是利用生物、化学或物理等测试技术，分析研究直接或间接影响作物正常生长发育的营养元素丰缺协调与否，从而确定施肥方案的一种施肥技术手段。就诊断对象而言，可分为土壤诊断和植株诊断两种；从诊断的手段看，可分为形态诊断、化学诊断、施肥诊断和酶学诊断等多种。利用营养诊断这一手段进行因土、看苗施肥，及时调整营养物质的数量和比例，改善作物的营养条件，以达到高产、优质、高效的目的。通过判断营养元素缺乏或过剩而引起的失调症状，以决定是否追肥或采取补救措施；还可以通过营养诊断查明土壤中各种养分的储量和供应能力，为制定施肥方案，确定施肥种类、施肥量、施肥时期等提供参考。

营养诊断的研究历史可以追溯到 19 世纪中叶，当时在美国、法国、日本和印度等国家就开始用化学分析方法分析土壤养分状况，并在生产上收到一定效果。20 世纪 20 年代美国就开始研究土壤和植物联合诊断技术，30 年代在各州试验站试用。我国从 20 世纪 80 年代以来也开展了营养诊断的研究和应用推广工作。

土壤诊断的依据为土壤养分的浓度和有效养分总含量，主要方法有幼苗法（K 值法）、田间肥效试验法、微生物法和化学分析法。其中化学分析法是应用最广泛的方法。植物营养诊断方法主要包括形态诊断、化学诊断、施肥诊断、酶学诊断、遥感诊断及物理诊断等。

营养诊断法作为相对比较复杂的施肥技术，影响因素较多，诊断指标具有多样性、不确定性，测试方法也较为繁琐，虽具有实时指导施肥的优点，但与复合（混）肥料配方制定需提前确定相悖，因此不适合在作物专用复合（混）肥料配方中使用。

二、化肥减量增效背景下的推荐施肥技术进展

传统推荐施肥技术在评估土壤肥力和指导施肥上发挥了重要作用，但由于土壤氮素表征方法难确定、环境养分未能考虑，以及难以实现在一家一户开展试验等限制因素，导致了一些问题。因此，在传统推荐施肥方法的基础上，国内研究人员创新研究思路，结合大量试验、文献数据，通过大数据分析及智能化手段，研制出更加高效、环保的推荐施肥方法。其中具有代表性的有基于产量反应和农学效率的推荐施肥方法及基于环境效应的推荐施肥方法。

（一）养分专家系统——基于产量反应和农学效率的推荐施肥方法

我国农业主要以农户经营为主体，复种指数高，作物种植茬口紧，依据土壤测试指导施肥存在测试推荐不及时和成本高等难题。中国农业科学院农业资源与农业区划研究所与国际植物营养研究所合作研创了基于产量反应和农学效率的推荐施肥方法。同时结合计算机技术，建立问答式界面，把复杂的施肥原理简化为农技推广部门和农民方便使用的养分管理专家系统——Nutrient Expert，简称 NE 系统。NE 系统通过了解过去 3～5 年的产量水平和施肥历史就可以完成施肥推荐，既适合指导农户，也适合大面积区域推荐施肥。

产量反应可以反映土壤基础养分状况，农学效率可以反映肥效状况，依据产量反应和农学效率进行施肥指导，充分考虑了土壤养分、肥料效应及产量情况等因素，是一种在缺少土壤测试值时的推荐施肥方式。NE 系统推荐施肥的原理是，用不施肥区的养分吸收或产量水平表征土壤基础肥力，地块施肥后作物产量反应越大，则土壤基础肥力越低，肥料推荐量越高；而农学效率是施入单位养分的作物增产量。该方法在汇总过去十几年全国范围的肥料田间试验的基础上，建立了作物产量反应、农学效率及养分吸收与利用信息的数据库，基于土壤基础养分供应特征、作物农学效率与产量反应的内在关系以及作物最佳养分吸收和利用特征参数，建立了基于产量反应和农学效率的推荐施肥模型。

氮肥推荐主要依据作物农学效率和产量反应的相关关系获得，并根据地块具体信息适当调整；磷肥和钾肥推荐主要依据作物产量反应所需的养分量以及补充作物地上部移走量所需的养分量求算。作物秸秆还田带入的养分也在推荐用量中综合考虑。NE 系统可以帮助农户选择基于 4R 的养分管理原则，即选择合适的肥料品种和适宜的肥料用量，在合适的施肥时间施在恰当的位置。

自 2009 年以来，在我国小麦、玉米、水稻、大豆、马铃薯等种植区不同气候条件开展了应用 NE 系统推荐施肥工作。多年多点田间试验结果表明，该方法在保证作物产量的前提下，能够科学减施氮肥和磷肥，提高了肥料利用率，也推动了钾肥的平衡施用，增加了农民收入。尤其在土壤测试条件不具备或测试结果不及时的情况下，NE 系统是优选的

指导施肥的新方法。这种协调经济、社会和环境效应的养分管理方法，是当前施肥技术的重要革新和突破性的重大进展，显示出强劲而广阔的应用前景。

1. QUEFTS 模型

QUEFTS 模型是在应用大量试验数据基础上分析作物产量与地上部养分吸收间的关系，此关系符合线性-抛物线-平台函数。该模型中两个很重要的参数为养分最大累积边界和养分最大稀释边界，其定义为某种养分在最大累积和最大稀释状态下所生产的作物产量，即两种状态下产量与地上部养分吸收的比值。在 QUEFTS 模型中使用养分内在效率（吸收 1 kg 养分所产生的籽粒含量，IE，kg/kg）上下 25%来表示养分最大累计边界及养分最大稀释边界。

QUEFTS 模型的应用包括 4 个步骤：第一步，根据土壤理化性状或减素小区的 N、P、K 养分吸收，估算土壤潜在养分供应量。第二步，估算土壤潜在养分供应与肥料施用条件下作物地上部实际的 N、P、K 养分吸收关系，该步骤考虑了养分间的两两交互作用。第三步，建立作物 N、P、K 实际吸收量和产量范围之间的关系式，及作物养分吸收与可获得产量的上下限对应关系。例如，当 N 养分在作物体内处于最大累积稀释状态时，可计算产量上限；当 N 养分处于最大累积状态时，可计算产量下限。第四步，建立 N、P、K 养分两两元素限制下对应的产量范围，综合考虑各个产量范围及产量潜力，确定预估的作物产量。

2. 养分专家系统在水稻推荐施肥上的应用

（1）*水稻养分专家系统简介*　水稻养分专家系统是以 2000—2013 年中国水稻主产区 2 218 个田间试验数据为支撑，依据以上数据分析构建养分专家系统内核，最终建立一个基于计算机的决策支持系统，能够帮助当地科研人员及技术推广人员迅速给出水稻施肥决策。该软件仅需要农民或当地的科研及农技推广人员提供一些简单的信息，通过回答一系列简单的问题，主要包括：地点描述、田块面积及单位产量、农民养分管理措施、代表性气候下过去 3～5 年的可获得产量等。用户就可以得到基于当地特点及当地可利用肥料资源的施肥指导。该系统还可通过比较农民习惯施肥和推荐施肥措施的成本和收益，提供简单的经济效益分析。此外，水稻养分专家系统还提供了快捷帮助、实时的图表概要，软件中一些模块增加了导航功能，使该软件在设计上成为一种易学的工具。该系统可充分利用农田的基础养分资源、提供合理的养分用量，避免作物对养分的奢侈吸收或不足，在保持土壤肥力的同时，使养分胁迫降到最低并最终达到获得高产、高效的目的。

（2）*水稻养分专家系统施肥量推荐原理*　在水稻养分专家系统中，氮肥推荐主要是依据氮素产量反应（目标产量与不施氮小区的产量差）和氮素农学效率确定，在有产量反应相关试验时可将产量反应数据直接填入系统，系统会根据已有的关系式进行氮肥推荐。在无氮素产量反应数据时，系统会依据相应的参数如可获得产量、土壤质地、有机质含量和土壤障碍因子等信息确定土壤肥力和相对产量，再由可获得产量得到产量反应，并计算氮肥施用量，即无论目标产量为多少，施氮量＝产量反应/农学效率。

磷肥推荐除了产量反应外，还考虑了养分平衡，如果有土壤磷素测试值，则根据磷素分级确定产量反应。土壤磷为高时，产量反应为低；土壤磷为中时，产量反应为中；土壤磷为低时，产量反应为高。如果没有土壤磷素测试值时，则根据土壤肥力分级确定土壤磷素分级。土壤肥力确定同氮。如果土壤磷素分级为低，且前茬作物磷素平衡为高，磷产量反应因素为中等；如果土壤磷素分级为中，且前茬作物磷素平衡为高，磷产量反应因素为高等；如果土壤磷素分级为高，且前茬作物磷素平衡为低，磷产量反应因素为中等。通过一系列的土壤磷素水平与前茬作物磷素平衡组合对磷素产量反应等级进行判定。不考虑前茬作物残留时，土壤磷素产量反应因素等级同土壤磷素分级。在没有磷素产量反应数据时根据以上步骤估算，如果有产量反应数据直接输入。

此时磷产量反应：

磷素产量反应＝可获得产量×磷产量反应因素

磷素产量反应因素＝1－磷素相对产量

磷肥推荐中的养分平衡部分是依据 QUEFTS 模型得出的地上部和籽粒中的磷素吸收进行计算，即维持土壤磷素平衡部分相当于需要归还一定目标产量下籽粒的养分移走量。因此施磷量为：

施磷量＝产量反应部分吸磷量＋作物收获移走磷量（维持土壤肥力部分）

当上季和当季作物的综合磷素平衡大于 0 时需要考虑磷素盈亏平衡：

磷素综合平衡＝上季作物磷素平衡＋当季作物磷素平衡

此时的施磷量则为：

施磷量＝维持土壤磷素平衡部分－磷素综合平衡＋产量反应部分

如果维持土壤磷素平衡部分与磷素综合平衡之差大于 0，施磷量则依据上述公式计算；如果维持土壤磷素平衡部分与磷素综合平衡之差小于 0，施磷量则只为产量反应部分。

施钾量计算原理同磷。

（3）*通过水稻养分专家系统确定肥料种类*　该系统设置了有机肥料和无机肥料信息库，包含当前生产上常用的有机、无机肥料品种及其养分含量和肥料价格。用户也可将新型肥料产品添加至系统，也可对库中已有信息进行编辑修改。此外，该系统也会给出推荐施肥时间及施肥位置。

（4）*水稻养分专家系统的应用效果*　2013—2015 年，研究人员在早稻、中稻、晚稻和一季稻四种不同类型水稻主产区 7 个省布设了 211 个田间试验，对水稻养分专家系统进行了验证和改进。每个试验包括 6 个处理：水稻养分专家推荐施肥、农民习惯施肥、当地推荐施肥，基于水稻养分专家系统的不施氮、不施磷和不施钾处理。试验结果显示，中稻水稻养分专家系统推荐施氮量显著低于其他处理施肥量；除一季稻外，其他三种类型水稻养分利用率显著低于其他处理施肥量；应用养分专家系统四种水稻类型的产量和经济效益与其他处理相比均有所提高。与农民习惯施肥相比，四种类型水稻应用养分专家系统水稻产量平均提高 0.1～0.6 t/hm^2。

3. 养分专家系统在玉米推荐施肥上的应用

（1）*玉米养分专家系统简介*　研究人员收集和汇总了 2000—2015 年中国玉米种植区的田间试验数据，涵盖了中国玉米主产区夏玉米和春玉米的不同种植类型，获得玉米养分吸收特性（养分含量与吸收量、养分内在效率与吨粮养分吸收量）。在剔除收获指数在 0.4 kg/kg 以下的试验数据后，应用 QUEFTS 模型模拟产量与地上部养分吸收的关系，得到最佳养分吸收曲线。在获得最佳养分吸收曲线后，用 QUEFTS 模型应用潜在产量、目标产量和养分内在效率进行最佳养分估测。同时，运用大量试验数据获得玉米可获得产量、产量差和产量反应的关系以及土壤养分共用、产量反应和农学效率的关系，这些均作为系统设计的重要参数。

玉米养分专家系统的内核构建及施肥量推荐同水稻养分专家系统。农民需在系统中输入五大部分内容：一是当前农民养分管理措施记产量，包括地块大小、过去 3～5 年的玉米产量及农民在玉米季的施肥量。二是种植密度，包括农民当前的种植密度，如行距、株距和每穴种子个数。三是养分优化管理施肥量，包括当地可获得的产量、秸秆还田方式、是否施用有机肥及是否考虑前茬氮残效和磷钾平衡等。在回答完以上问题后，农民即可获得自己地块的肥料推荐量，并可将纯量养分折合成农民所购肥料。最终输出针对玉米特定生产环境的合理肥料种类、施肥用量、施肥时间的施肥指南。此外，该系统还可提供农民习惯施肥与推荐施肥的经济效益比较。

（2）*玉米养分专家系统推荐施肥田间验证与效应评价* 2010—2012 年，研究人员选择了农民常用的 11 个玉米品种，开展了 408 个田间试验，从产量、经济、农学及环境效益方面对玉米养分专家系统进行了校正与改进，并对其效应进行了评价。每个试验的处理包括基于玉米养分专家系统推荐施肥处理、农民习惯施肥处理及预测或当地农技部门的推荐施肥处理，以及基于 NE 的不施氮、不施磷和不施钾处理。三年试验结果显示，与农民习惯施肥相比，玉米养分专家系统推荐施肥降低了氮肥用量，平衡了磷肥和钾肥施用，增加了产量与经济效益，对肥料利用率也有显著的提高效果。在环境效应方面，增加了地上部氮素吸收量，降低了氮素的表观损失，显著降低了土壤氮素残留。与测土配方施肥相比，玉米养分专家系统推荐施肥处理在保证了产量的前提下，增加了经济效益和氮素回收率，省去了测土配方施肥中土壤样品采集和土壤养分测试程序，节省了人力物力财力。但土壤中微量元素丰缺判断依然要借助土壤测试确定。

4. 小麦养分专家系统在推荐施肥上的应用

（1）*小麦养分专家系统简介* 研究人员收集了 2000—2015 年 5 439 个小麦田间试验数据，基本覆盖了全国的冬小麦和春小麦种植区域。利用 Meta 分析法获得了小麦养分吸收特性（养分含量与吸收量、养分内在效率与吨粮养分吸收），确定了养分最大累积和最大稀释边界参数，利用 QUEFTS 模型对一定目标产量下小麦养分最佳需求量进行了估算。获得了小麦可获得产量、产量差及产量反应，分析了小麦土壤基础养分供应、产量反应和农学效率的关系以及小麦养分利用率特征。以此为基础构建了小麦推荐施肥模型与专家系统。

系统主要分为四大模块，分别为当前农民养分管理措施及产量、养分优化管理施肥量、肥料种类及分次施用和效益分析。用户需要提供的信息有：地块所属行政区域及小麦种植季节，农民习惯施肥下小麦产量、肥料种类及使用量，田间水源状况、低温或霜冻发生频率、旱渍涝发生风险、土壤障碍因子及微量元素是否缺乏等。若该地区做过减素试验，可在确定产量目标的基础上，直接获得推荐施肥套餐。若该地区未做过减素试验，则需要提供当地土壤质地、颜色、有机质含量、最近测试的土壤磷钾养分含量、当季小麦秸秆处理情况及有机肥施用历史等参数。

（2）*小麦养分专家系统的田间验证与效应评价*　为验证和改进小麦养分专家系统，研究人员于2010—2014年在小麦-玉米轮作区，布置了315个田间试验。试验设置不施肥处理、基于小麦养分专家系统推荐施肥、农民习惯施肥、测土配方推荐施肥及基于小麦养分专家系统的不施氮、不施磷、不施钾处理。试验结果显示，小麦养分专家系统推荐施氮量和施磷量显著低于农民习惯施肥，施钾量高于农民习惯施肥处理，养分投入更加符合小麦养分需求规律。氮、磷施用后获得的产量与养分利用率显著高于农民习惯施肥处理。与测土配方施肥处理相比，小麦养分专家系统推荐施肥处理，氮、磷施用量分别降低了31%和21.5%，但产量略低于测土配方施肥处理，经济效益有所增加。

（二）基于环境效应的推荐施肥技术

1. 基于农田土壤养分综合平衡的区域配方制定

车升国等在总结各种推荐施肥方法优缺点基础上，依据农田土壤养分综合平衡原理，以保证土壤养分长期平衡、维持作物高产稳产、保护生态环境为目的，提出一种根据农田土壤养分综合平衡原理，考虑作物产量、养分吸收特征、带出养分量、土壤养分状况、稻秆还田、气候环境、肥料养分损失率、环境养分输入量等多个参数，确定作物专用复合（混）肥配方的方法。通过确定作物施肥量和养分配比，得出区域作物复合（混）肥料一次性施肥配方、基肥配方和追肥配方，建立科学、简单、准确、易掌握的作物专用复合（混）肥料配方制定的原理与方法，为区域作物科学施肥配方制定提供理论依据。

（1）*作物施肥配方区划的确定*　在参考全国种植区划的基础上，从化肥肥效规律、提高经济效益出发，综合考虑土壤、气候等环境因素，进行分区划分，制定出我国不同作物复合（混）肥料配方区划原则与方法。即区域内土壤类型、气候条件（气温、降水和光照等）的相对一致性；区域内农作物布局、种植制度（熟制制度、轮作制度等）的相对一致性；区域内土壤养分（氮、磷、钾和中微量元素）分布特征的相对一致性；区域内主栽农作物肥效反应的相对一致性；尽量保持基本县域行政区界的完整性，以有利于复合（混）肥料配方区划实用性。以此为准则，明确了小麦、玉米、马铃薯、油菜、棉花、大豆等配方区划。

（2）*农田养分综合平衡法施肥量模型及参数的确定*

① 农田养分综合平衡法施肥量模型。根据农田土壤养分平衡原理，要保持土壤养分持续供应能力和强度，以保证作物获得高产、稳产，需要将从农田生态系统中输出的养分归还农田，即向农田系统输入的养分量（Nut_{in}）需要等于农田系统土壤养分的输出量（Nut_{out}）。数学式表达为：

$$Nut_{in}=Nut_{out} \tag{1-1}$$

输入农田土壤的养分量主要包括两个方面：通过人为田间施肥而进入农田土壤的养分量施氮量、施磷量、施钾量或其他矿质养分量（$Fert_{in}$）和通过环境而进入农田土壤的养分量（Env_{in}），即：

$$Nut_{in}=Fert_{in}+Env_{in} \tag{1-2}$$

其中，$Fert_{in}$为作物整个生育期内全部肥料施用量（施氮量、施磷量、施钾量或其他矿质养分量），包括基肥施用量、种肥施用量和追肥施用量等；Env_{in}包括干沉降、湿沉降、灌溉、土壤作物自身固氮、种子或种苗等除人为施肥以外通过其他途径带入农田系统土壤的养分量。输出农田系统的养分量（Nut_{out}）主要是作物收获带出的养分量（$Crop_{out}$）和养分损失量（Los_{out}），即：

$$Nut_{out}=Crop_{out}+Los_{out} \tag{1-3}$$

式中，$Crop_{out}$包括作物收获经济产量带出的养分量和带出农田系统的稻秆养分量，Los_{out}包括因地表径流、淋溶、挥发或反硝化作用等途径而造成的农田系统养分损失量。将式（1-2）、式（1-3）代入式（1-1），则式（1-1）变为：

$$Fert_{in}+Env_{in}=Crop_{out}+Los_{out} \tag{1-4}$$

根据等式变换，施肥量的数学表达式为：

$$Fert_{in}=Crop_{out}+Los_{out}-Env_{in} \tag{1-5}$$

Los_{out}可通过施肥量 $Fert_{in}$ 与养分损失率（Rat_{out}）计算得，则式（1-5）进一步演变为：

$$Fert_{in}=\frac{Crop_{out}-Env_{in}}{1-Rat_{out}} \tag{1-6}$$

式（1-5）和式（1-6）均为依据养分综合平衡法而求得的理论施肥量数学模型。两数学模型均涉及三个参数。利用式（1-5）计算理论施肥量，需作物带出农田养分量（$Crop_{out}$）、养分损失量（Los_{out}）和环境输入养分量（Env_{in}）；利用式（1-6）计算理论施肥量，需作物带出农田养分量（$Crop_{out}$）、养分损失率（Los_{out}）和环境输入养分量（Env_{in}）。根据模型中参数的获得，式（1-6）可进一步进行细化分解：

$Crop_{out}$包括作物收获经济产量带出的养分量（Yie_{out}）和带出农田系统的秸秆养分量（Str_{out}）。$Crop_{out}$可由Yie_{out}和Str_{out}之和求得，也可由作物吸收的养分总量（Upt_{out}）与还田养分量之差（Ret_{in}）求得。

$$Fert_{in}=\frac{Yie_{out}+Str_{out}-Env_{in}}{1-Rat_{out}} \tag{1-7}$$

$$Fert_{in}=\frac{Upt_{out}-Ret_{in}-Env_{in}}{1-Rat_{out}} \tag{1-8}$$

Yie_{out}可根据作物经济产量（$Yield$）和收获物中养分含量求得；Str_{out}可根据带出农田秸秆量（Str）和秸秆中养分含量（Nut_{str}）求得，获得式（1-7）的易操作公式：

$$Fert_{in}=\frac{Yield\times Nut_{yie}+Str\times Nut_{str}-Env_{in}}{1-Rat_{out}} \tag{1-9}$$

作物吸收的总养分量根据经济产量（$Yield$）以及形成经济产量需要养分量（Nut_{yie}）计算而得；秸秆还田的养分量可通过秸秆还田率（Rat_{str}）、秸秆产量（$Straw$）和秸秆养分含量（Nut_{str}）求得。将求算作物吸收总养分量（Upt_{out}）和秸秆还田养分量（Ret_{in}）两个数学公式带入式（1-8），则进一步获得易操作性公式：

$$Fert_{in}=\frac{Yield\times Nut_{need}-Straw\times Rat_{str}\times Nut_{str}-Env_{in}}{1-Rat_{out}} \tag{1-10}$$

因此，区域推荐施肥施肥量的确定需要获取式（1-9）、式（1-10）中的参数。

② 作物带出农田养分量。作物收获带出农田系统的氮量包括收获经济产量带出的氮量和带出农田系统的秸秆氮量，也可根据农田系统秸秆吸收的总氮量减去秸秆还田氮量计

算。根据“国家土壤肥力与肥料效益长期监测基地网”在吉林黑土、新疆灰漠土、陕西黄土、北京褐潮土、河南潮土、浙江水稻土、湖南红壤和重庆紫色土上的长期肥料试验结果显示，小麦、玉米、水稻在土壤短期（1～2 年）不施氮肥，作物就表现出明显减产现象，因此，计算作物带出农田氮量时，暂不考虑秸秆还田氮量。作物吸收的总氮量（N_{upt}）可根据经济产量（*Yield*）及形成单位经济产量需氮量（N_{need}）计算而得。公式为：

$$N_{out}=N_{upt}=Yield\times N_{need}$$

根据大量试验田数据的平均值并配合 10%的增产系数作为养分综合平衡法的作物目标产量。根据我国 2000 年以来大量田间试验，获得不同区域作物地上部氮素吸收总量和相对经济产量，求算不同区域经济产量需氮量。

作物带出农田磷量的确定方式同氮。

作物带出农田钾量不仅可以直接由带出农田系统的秸秆量求算，也可根据农田系统秸秆产量的总钾量（K_{straw}）减去秸秆还田钾量（K_{ret}）计算。即：

$$K_{out}=K_{straw}-K_{ret}$$

我国小麦、玉米、水稻籽粒吸钾量分别仅占作物地上部吸钾总量的 21%、23%、16%。因此 79%、77%和 84%的钾累积在小麦、玉米和水稻的秸秆中。因此，计算作物带出农田钾量时，与氮、磷不同，需要考虑作物秸秆还田钾量。作物吸收的总钾量（K_{upt}）根据形成经济产量需钾量（K_{need}）计算而得。作物秸秆还田钾量（K_{ret}）可根据秸秆产量（*Straw*）、秸秆还田率（Rat_{str}）以及秸秆中钾含量（K_{str}）求得。因此，作物带出农田钾量公式可细化为：

$$K_{out}=Yield\times K_{need}-Straw\times Rat_{str}\times K_{str}$$

不同区域、同一区域不同作物的秸秆还田率均不相同，要获得此模型参数需要进行当地农民田间管理调查。

根据我国年以来大量的田间试验，获得不同区域作物地上部钾吸收总量和相对经济产量，求算不同区域经济产量需钾量，作为模型参数在不同区域使用。不同区域作物秸秆中的钾含量必然受产量水平、气候条件、土壤类型以及施肥习惯等因素影响，而造成区域秸秆钾含量的差异。根据划分的作物区域，在每个区域内选取大量的田间肥料试验，对数据进行统计分析，获得不同作物稻秆钾含量。

③ 环境养分输入量。由于直接测定法中干沉降、湿沉降、生物固氮等变异性较大，参数的获取也较为困难，而灌溉水和种子或种苗的氮素区域差异也较大，且当前也缺乏较准确的数据资料。根据我国长期肥料试验数据资料，可以估计环境氮输入量。因此，依据长期试验无肥区估计法来估算环境氮素输入量。对磷素、钾素的环境输入量不予计算。

④ 养分损失率。长期定位施肥条件下，当土壤氮库达到相对稳定平衡时，即土壤氮库每年不存在明显变化，此时相对而言每年投入氮素的去向有作物的吸收和氮肥的损失，同时长期定位试验作物吸收的氮素其来源相对而言仅包括施入的肥料氮和环境施入氮。假定两者对作物吸收、利用具有等效性，其氮肥的损失率可通过公式：氮肥损失率＝1－作物氮吸收/(肥料氮＋环境输入氮）计算。因此，采用各个区域设立的长期肥料试验测定的氮肥损失率为模型参数。考虑磷素、钾素的累积利用率较高，而且损失量主要受环境因素影响，因此在模型计算过程中不计土壤磷、钾的损失。

⑤ 校正参数。以农田养分综合平衡法获得的施氮量恰好补足因作物收获而带出农田的氮素，也可补充因气态排放、径流、淋洗等途径而损失的氮素，这不仅能维持土壤氮素平衡和土壤肥力水平，使作物获得高产、稳产，也能减少氮素资源浪费，保护农田生态环境，实现土壤肥力作物产量生态环境协调发展。因此，考虑氮素本身的性质特征和作物需求，以养分综合平衡法获得的施氮量暂不进行校正。温度是影响土壤微生物活性的主要因子，而微生物对土壤磷形态转化具有重要作用，温度过高和过低都将抑制微生物活性，从而影响土壤磷的有效性。因此，鉴于以上讨论，本方法对养分综合平衡法推荐的施磷量进行环境因子的校正，主要依据温度因子。从充分利用土壤钾素资源出发，又为维持与提高土壤钾素持续供应能力，保持作物高产稳产，对养分综合平衡法演算的推荐施钾量根据当地土壤的供钾能力，以土壤有效钾含量为参照进行区域钾素地力参数的校正。

2. 作物理论施氮量

巨晓棠等提出以推荐施氮量为目的的理论施氮量，其概念和方法被授权中国发明专利（ZL 201010548476.0）。他认为集约化长期耕种农田的氮肥投入量应该在获得较高目标产量的同时，维持土壤氮素平衡和最低的环境风险。该方法基于作物根区氮肥、土壤氮和作物吸收氮三者的数量关系来确定施氮量。为了维持作物在高产条件下较高的供氮强度和吸氮量，保证较高的籽粒蛋白质含量，同时简化实际应用中计算过程，在应用理论施氮量进行氮肥推荐时，可以不考虑百千克收获物需氮量随产量水平的变化。推导出推荐施氮量约等于作物地上部吸氮量。可以将作物获得目标产量时的地上部吸氮量近似于理论施氮量。综合各种文献报道结果，在当前生产条件下，小麦、玉米、水稻的百千克收获物需氮量分别取值为 2.8 kg、2.3 kg 和 2.4 kg，称其为施氮系数。该方法涉及两个公式：

$$N_{fert}=(N_{uptake}-N_{straw})/(1-Coeff)$$

式中，N_{fert} 为推荐施氮量，N_{uptake} 为地上部分氮素摄取量，N_{straw} 为秸秆氮素摄取量，$Coeff$ 为氮素损失占施氮量的百分比。

$$N_{fert}\approx N_{uptake}$$

理论施氮量实质相当于籽粒移出氮量减去其他来源的氮量，再加上肥料氮的损失。理论施氮量计算不主张将其他来源的氮量考虑在内，主要原因：①在集约化生产条件下，与氮肥、有机肥和秸秆还田输入的氮素相比，这几种氮素投入具有数量级的差异，不是氮素输入的主流，对作物的供氮是次要的。②这几种氮素输入主要取决于区域土壤和环境条件，在区域之间的时空变异较大，不具有普遍意义，对土壤-作物生产体系而言，属于不稳定和不可靠的氮素供应。③随农田和畜牧生产中氮素管理的优化，除了水田的生物固氮量较高外，通过干湿沉降、灌溉水、种子和非共生固氮带入的氮量相对较少，其作用可以看作是对土壤氮库的补充。④在集约化高产条件下，如果过多地将这几种氮素输入作为对作物有效供氮考虑，则难以获得较高的目标产量，因为这些氮素供应在时期上是不确定的，难以按照作物需求供氮。在西欧和北美等氮肥施用技术较先进的国家或地区，氮肥的损失量较低，氮肥损失基本相当于其他来源的氮量，氮肥施用量大约相当于籽粒移出氮量。由于我国的施肥技术还较粗放，施肥过程和施肥后的氮素损失还比较高，在目前的施肥方法和农艺管理的情况下，肥料氮损失量大致相当于秸秆归还氮量和其他来源的氮量之和，即可推导出：$N_{fert}\approx N_{uptake}$。⑤在我国目前施肥技术条件下，施氮量相当于作物地上部氮素携出量。在未来实行大面积机械化深施氮肥的先进施肥技术以后，会降低氮肥损失量，氮肥施用量也可以降低为籽粒移出氮量。本文进一步引进百千克收获物需氮量（N_{100}）参数，推导出根据目标产量确定推荐施氮量的计算式：$N_{fert} \approx Y/100 \times N_{100}$

3. 氮素归还指数法

宁运旺等提出了氮素归还指数法。他指出，现有推荐施肥方法可分为以土壤测试为基础的测土推荐施肥方法（如目标产量法、地力分级法等）和以作物反应为基础的推荐施肥方法（如肥料效应函数法、植株冠层光谱法等），其中肥料效应函数法正是目前中国推荐施肥体系所普遍采用的方法，但这些方法在原理上主要基于土壤供肥性能或作物反应，未将施肥对环境的影响考虑在内，在实践中应用也会使土壤产生较多氮素盈余，增加向环境流失的风险。土壤养分平衡在原理上可通过精确计算来定量推荐施肥，并使土壤不致产生养分盈余，一直是研究者们寻求兼顾作物产量、效益和生态环境推荐施肥方法的着力点。迄今只有场域平衡（Fame - gate budget）在农场或区域尺度上得到了应用，表观平衡（Soil surfacebudget）更多地作为评价区域土壤养分流失和施肥状况的手段而受到关注，而系统平衡（Soil systembudget）由于涉及的养分损失途径多、变异大（受区域气候和不同田块土壤肥力差异影响而产生的），精确计算往往很难实现，作为推荐施肥的依据则鲜有合适的方法。宁云旺等尝试以土壤氮素平衡作为氮肥推荐依据，提出了一种新的氮肥推荐方法——氮素归还指数法。

根据养分归还学说，施肥从本质上可以看成是一种向土壤归还养分的行为，在不同作物种植制度中，到底应该向土壤归还多少合适正是推荐施肥所要解决的问题，氮素归还指数就是基于这种考虑提出的，其定义为："以保持土壤氮素平衡为前提，作物收获后移出土壤单位氮素为应投入土壤的肥料氮的用量"。根据定义：假设作物收获后移出土壤的氮为 C_N，投入土壤的肥料氮为 F_N，则：

$$\text{氮素归还指数}\ (NRI) = F_N/C_N = 1/\ (1-\Delta E_N/F_N)$$

式中，ΔE_N 为土壤与环境间氮素交换变化量，即输入或输出氮增量（ΔE_N），$\Delta E_N/F_N$ 为氮素净损失占施氮量的百分比。

影响施肥技术与施肥效果的因素均可对 NRI 值产生影响。土壤、气候、作物和氮肥施用技术对氮的绝对损失量影响较大，因此在不同区域氮素净损失率差异较大，即使在同一区域的不同年份其氮素净损失率也差异较大，但在同一农业区域的同一年份，这些因素的变异均较小，氮素净损失率也相对稳定，被称为区域氮素净损失率，由此计算出的氮素归还指数被称为区域氮素归还指数（$RNRI$），其值相对稳定。

ΔE_N 的得出需获得区域条件下某种作物（包含两种处理：施氮与不施氮）的土壤养分输出的完全数据（径流、挥发、淋溶和硝化-反硝化等），通常可以该区域内氮素损失监测数据，或以多年田间试验为基础，在常规栽培技术条件下以施氮处理与不施氮处理的氮素损失之差来计算。

氮素归还施氮量（RNR）$= Y_t$（目标产量）$\times N_{100}$（百千克籽粒氮素吸收量）$\times RNRI$（区域氮素归还指数）/100

N_{100}（籽粒吸氮量）与产量水平呈极显著相关，对于同一区域的同一作物品种而言，不同产量水平下的百千克籽粒吸氮量可以相差很大。因此，N_{100} 可以转化为 Y_t 的函数，

RNRI 在特定的农业区域也可视为一个稳定的常数。因此，通过该方法进行推荐施肥只需获得该区域的目标产量即可。

研究人员在 2003—2010 年选择江苏省太湖地区水稻种植区域和里下河的部分水稻种植区域作为研究区域，开展了 45 个氮肥单因素试验。对比了最佳经济施氮量、氮素归还施氮量和理论施氮量的大小，以及三种推荐施氮量的经济效益，结果显示，45 个水稻田块的氮素归还施氮量平均为 N（216.9±27.3）kg/hm^2，较平均最佳经济施氮量 N（246.8 ±42.5）kg/hm^2 低 12.1%。当施用氮素归还施氮量时，虽然水稻减产 2.4%、经济效益减少 500 元/hm^2，但同时氮肥投入和氮素损失分别减少纯 N 29.9 kg/hm^2 和 10.3 kg/hm^2，并可使土壤氮素处于基本平衡状态。

氮素归还指数法与理论施氮量法的差异在于其推荐目标不同，前者立足于当季作物的土壤氮素收支平衡和氮肥推荐，后者立足于长期氮素收支平衡和周年氮肥推荐。氮素归还指数法在区域氮素净损失率能否保持相对稳定、长期施用氮素归还施氮量能否使土壤不致产生氮素盈余等方面仍需进一步研究。

第二章 肥料配方制定的原理和技术

一、肥料配方制定的原则

（一）肥料配方制定的原理

1. 养分归还学说

德国著名化学家尤斯图斯·冯·李比希（Justus von Liebig，1803—1873）于 1840 年在《化学在农业和植物生理学上的应用》一书中，提出了植物矿质营养学说，土壤中矿物质是一切绿色植物的唯一养分，有机肥料中对植物生长真正起作用的是有机质分解后形成的矿物质，植物的原始养分只能是矿物质，阐明了氮、磷、钾、钙、镁、硫等为植物生长必需的矿质营养元素，揭示了植物营养的本质。他还进一步提出了养分归还学说，也叫养分补偿学说，其主要论点为：植物在生长过程中以不同的方式从土壤中吸收矿质养分，使土壤养分逐渐减少，随着作物的每次收获会使土壤贫瘠，为了保持土壤肥力和保证产量，就必须把植物带走的矿质养分以施肥的方式归还给土壤，使土壤养分损耗和归还之间保持一定的平衡。

养分归还学说对恢复和维持土壤肥力有重要意义。它强调增加作物的产量，必须以施肥的方式补充植物从土壤中带走的养分，突破了过去局限于低水平的生物循环范畴，通过施肥的方式补充植物从土壤中带走的养分，扩大了生态系统的物质循环，为提高农作物产量奠定了理论基础。由于受当时科学技术发展的局限，李比希没有根据土壤养分状况、供肥能力、作物需肥特点、养分归还率等综合因素向土壤中归还养分，而采用全部归还的方式，容易造成养分的浪费和作物生长需要的大量营养元素的不足。

2. 最小养分律

李比希在 1843 年《化学在农业和生理学上的应用》第 3 版中提出了“最小养分律”。他指出作物生长发育需要吸收各种养分，但严重影响作物生长、限制作物产量的是作物从土壤中吸收的相对含量最小的那种有效养分，而非土壤中绝对含量最少的养分。当这种必需的养分缺乏或不足，其他养分含量虽然充足，作物也不能正常生长，即作物产量随最小养分补充量的多少而在一定限度内提高。

最小养分律指出了作物产量与养分供应上的矛盾，表明施肥应有针对性。同时，最小养分不是恒定不变的，会随土壤养分含量、施肥等条件变化而改变。20 世纪 50 年代，新中国成立初期，我国农田土壤普遍缺氮，氮素就成为当时限制作物产量提高的最小养分，因此，当时对大多数土壤和作物来说，施用氮肥的增产效果非常显著。到了 20 世纪 60 年代，随着生产水平的提高和氮肥用量的增加，不少地区氮肥得到初步满足，但由于长期“重氮肥轻磷肥”，土壤中的磷素没有得到补充，使得磷素成为限制产量的最小养分。在这种情况下，施用氮肥的增产效果明显下降，而施用磷肥的增产效果明显。此后，又出现了“重氮肥、磷肥，轻钾肥”的倾向，致使土壤中有效钾的含量呈降低趋势，仅施氮、磷肥不能提高作物产量，钾又成为最小养分，只有氮、磷、钾肥配合施用，才能保证作物持续增产。由此可见，随着农业生产的发展和施肥技术的提高，最小养分是不断变化的，而且最小养分不一定是大量元素，对某些土壤和某些作物来说，也有可能是中微量元素。

3. 报酬递减律与米氏学说

报酬递减律是 18 世纪末由欧洲经济学家杜尔哥（A. R. Turgot）和安德森（J. Anderson）提出来的一个经济学定律，它反映了在技术条件不变的情况下投入与产出的关系。表述为：从一定面积的土地上所得到的报酬随着向该土地投入的劳动和资本量的增多而增加，但随着投入的增加，达到某一水平后，每单位劳动量或资本量的报酬却在逐渐减少。即最初的劳动和资本所得到的报酬最高，以后递增的单位劳动和资本量所得到的报酬是渐次递减的。

1909 年德国农业化学家米采利希（E. A. Mitscherlich）等人在前人研究的基础上，深入地探讨了施肥量与产量之间的关系。他通过分析燕麦磷肥沙培试验发现，施肥量与产量之间的关系符合报酬递减律。利用数学原理表述为：增加某种生长因素一个单位量（dx），引起产量增加的数量（dy），与该种养分供应充足时达到的最高产量（A）与现有产量（y）之差成正比。其数学表达式为：

$$dy/dx=c\,(A-y)$$

转换成指数式为：

$$y=A\,(1-e^{-cx})$$

式中，e 为自然对数的底，c 为常数（或称效应系数），A 为极限产量，y 为作物产量，x 为施肥量。

米氏学说用数学方程式表达了作物产量和养分之间的关系，用数学方程式计算作物施肥量，开创了定量施肥的新纪元。米氏学说提出之后，B. 包尔（B. Baule）、R. H. 布瑞（R. H. Bray）、费佛尔（Pfeiffer）等人对米氏方程进行了修正，推动了科学施肥的发展。其中费佛尔提出的数学模型阐明了施肥量从低量到中量和过量时，产量和施肥量之间的数学关系。当施肥量很低时，作物产量几乎呈直线上升，当施肥量中等时，作物产量按报酬递减律而增加，当施肥量超过最高产量施肥量时，作物产量不仅不再增加，反而会下降。在农业生产实践中，要结合实际，通过肥料试验确定合理施肥水平，科学选择数学模型，充分发挥肥料最大的增产作用，获得最高经济效益。

4. 因子综合作用律

作物的产量高低是影响作物生长发育的各种因子综合作用的结果，如空气、温度、光照、养分、水分、品种、耕作条件以及农艺措施等。其中必然有一个起主导作用的限制因子，作物产量也在一定程度上受该因子制约，只有这个因子处在最适状态，才能达到最高产量。

因子综合作用律是指导合理施肥的基本原理，应尽量保证每一个因子最大限度地满足作物各生长期的需要，降低主导因子的限制作用，同时重视各种因子之间的配合，充分发挥肥料的增产作用，以增加作物产量和改善品质，提高肥料利用率和经济效益。

5. 同等重要律

植物体内各种营养元素含量可相差十倍、百倍，甚至万倍，但是不论大、中量还是微量元素都是同样重要、缺一不可的。缺少了其中任何一种营养元素，即使是需求量很小的微量元素，作物就会出现缺素症状，造成不能正常生长、开花、结果等，还会导致作物抵抗力下降，易感各种病害，影响作物的产量和品质，如小麦缺磷导致立枯病，棉花缺钾可能会感染叶斑病，玉米缺锌导致植株矮小和花白苗，芹菜缺硼造成叶柄异常肥大、纵裂等。在农业生产中，要注重均衡施肥，提高作物抗性，避免作物缺素情况发生。

6. 不可替代律

植物生长需要各种营养元素，每种元素都很重要，在植物体内均有各自特殊的生理功能，是其他元素不可替代的，缺乏任何一种营养元素都会影响植物正常的生理代谢活动。在农业生产中，作物缺什么就要补什么，作物缺少哪种营养元素就必须施用含有该营养元素的肥料进行补充，不能用含有其他营养元素的肥料代替，如缺氮不能用磷肥代替，缺磷不能用钾肥代替等。

（二）肥料配方制定的原则

1. 协调营养平衡原则

（1）*通过施肥协调植物体内营养元素平衡*　植物体内各种养分含量维持在一定范围是作物正常新陈代谢的保证。通过检测植物体内某一元素的含量可以确定该种养分的供应情况。由于不同植物体内各养分含量不同，同一植物不同器官、不同时期，其体内各养分含量也不同，因此，在农业生产中要通过施肥确保植物生长所需的各种养分充足供应。当作物处于营养最大效率期时，作物生长旺盛，根系吸收养分的能力最强，植株生长迅速，需肥量最多，这时需要及时为作物补充养分。如小麦拔节至抽穗期、玉米喇叭口期至抽雄初期要适时追施尿素。

作物正常生长发育不仅要各种养分供应充足，还要确保各种养分的比例适当。王志敏等推荐黄淮海地区优质小麦节水高产栽培施肥量为：每亩* 2 m^3 有机肥、15 kg 尿素、15 kg 磷酸二铵、10 kg 硫酸钾、1 kg 硫酸锌做基肥；山东省夏玉米亩产量超过 1 000 kg 的每亩施肥量为：氮（N）35.2 kg、磷（P_2O_5）16.5 kg、钾（K_2O）33 kg。如果作物各种养分不平衡，可以通过检测养分含量、作物的营养诊断等方式来确定养分缺乏程度，通过施肥进行调控。

（2）*通过施肥协调土壤营养元素平衡*　农业生产每年从土壤中带走大量营养元素，长期不施肥会造成土壤肥力降低，需要通过施肥的方式来维持土壤肥力。如每产生 100 kg 小麦籽粒需要纯氮 3.0 kg、有效磷 1.25 kg、速效钾 2.5 kg；每产生 100 kg 玉米籽粒需纯氮 2.52 kg、有效磷 1.25 kg、速效钾 4.00 kg。因为土壤每年矿化释放的养分不能满足高产作物生长的需要，为了维持土壤中各种营养元素的投入和产出平衡，确保作物产量，必

* 亩为非法定计量单位，1 亩＝1/15 hm^2。——编者注

须向土壤中施肥。

土壤中各种养分的有效含量相差甚远，不同作物的养分吸收量也不同，土壤中氮、磷、钾等元素有效含量的比例随作物的吸收发生变化，土壤中养分含量的比例影响作物生长，通过施肥协调土壤各种养分的比例，可以满足作物生长需求。

2. 增加产量与改善品质相统一原则

（1）*施肥对作物产量的影响* 化肥对提高作物产量具有重要作用。王祖力、肖海峰对联合国粮食及农业组织（FAO）统计数据分析表明，1950—1970 年间，世界粮食总产增加近 1 倍，其中由单产提高所增加的产量占 78%，在各项增产要素中，西方及日本科学家一致认为，化肥作用占 40%～65%。1978 年以来，我国粮食产量与化肥施用量之间存在较强的正相关性，1998 年我国粮食产量达到历史最高点，化肥施用量与粮食产量都保持了较快的增长速度，化肥施用量由 1978 年的 884 万 t 增加到 1998 年的 4 083.7 万 t，年均增长率为 8.0%；粮食产量由 1978 年的 30 476.5 万 t 增加到 1998 年的 51 229.5 万 t，年均增长率为 2.6%。因此，化肥的施用为我国的粮食安全起到了不可替代的保障作用。

有机肥的施用在我国有近 3 000 年的历史，早在西周时期《诗经·周颂·良耜》的诗篇中有："以薅荼蓼，荼蓼朽止，黍稷茂止"的农业生产描述，大意就是"拔除田间的杂草，让其腐烂变成黍、稷的肥料，作物吸收养分后长势喜人"。有机肥一方面可以直接为作物生长提供养分，另一方面可以改良培肥土壤。我国古代农业生产以有机肥为主，用地养地相结合，形成了农业生态系统的良性循环。余也非《中国历代粮食平均亩产量考略》表明中国古代农业生产几千年来的稻麦产量不但没有下降，而且还有提高。

（2）*施肥对作物品质的影响* 农产品品质包括感官品质、营养品质、健康品质和加工品质等，它主要由品种的遗传属性决定，同时又随外界环境的变化而变化。如施肥情况、土壤养分状况、生产管理水平、气候条件和储藏加工条件等，其中养分供应对改善农产品品质有重要作用。

① 氮肥对农产品品质的影响。氮素是植物体内蛋白质、酶以及多种激素的重要组成部分，蛋白质中氮含量占 16%～18%，蛋白质参与植物体内新细胞的形成，酶对植物体内各种代谢过程起生物催化作用，植物激素如生长素、细胞分裂素也是含氮化合物，对促进植物生长发育有重要作用。适量施用氮肥可提高作物品质，如小麦适量氮肥和硫素配施能提高籽粒中蛋白质的含量和聚合程度，从而改善小麦的烘焙品质。适量施用氮肥能提高谷物籽粒中各种氨基酸含量，过量施用会降低氨基酸含量，导致蔬菜硝酸盐的积累，降低其品质，果实酸度增大，降低适口性。

② 磷肥对农产品品质的影响。磷是重要的生命元素，人体所有的细胞中都含有磷。磷与钙配合构成人的骨骼和牙齿。磷是 DNA 和 RNA 的组成成分，是传递遗传信息和控制机体细胞正常代谢的重要物质，同时参与体内的能量代谢、氨基酸代谢及蛋白质和磷脂的形成。农产品和动物性产品是人类获得磷素的主要来源，植物性食物如芝麻、花生、豆类、坚果、粗粮等，动物性食物如骨、肉、奶等。动物营养对磷素的需求也来自植物，因此磷元素的循环与转化在食物链中起着至关重要的作用。饲料中磷含量要达到 0.17%～0.25%才能满足动物营养的需求，增施磷肥可以提高牧草饲料中的总磷含量；增施磷肥，维持农作物适当的氮磷比，可以提高籽粒蛋白质和必需氨基酸含量，从而提高农产品品

质；磷能促进蔗糖、淀粉和脂肪的合成，可以提高糖类和油料作物的产品品质；施磷能改善果蔬作物的品质，提高果实糖酸比，提高瓜果的甜度、营养价值以及耐储存性等。

③ 钾肥对农产品品质的影响。钾对改善农产品品质的影响是全面的。钾素不直接参与植物体内有机化合物的合成，钾素可以调节作物体内 60 多种酶（如合成酶类、氧化还原酶类、转移酶类）的活性，促进多种代谢反应。通过对光合作用、营养物质的吸收和代谢调节，间接影响作物品质。如适量增施钾肥提高叶绿体中 ATP 的数量，改善作物能量代谢活动，调节气孔开闭调整进入叶片 CO_2 浓度和水分蒸腾速率等方式促进植物光合作用，活化淀粉合成酶促进碳水化合物的合成，促进营养物质向作物养分储藏器官运输、积累。施钾肥能增加小麦、玉米、水稻等禾谷类作物籽粒的蛋白质含量，提高瓜果类作物和糖类作物的含糖量，促进纤维成熟、增加纤维长度和拉力，改善棉花、苎麻等产品的品质，提高烟叶色泽、香气、弹性、柔韧性以及燃烧性，降低蔬菜硝酸盐含量，提高蔬菜品质。

④ 中、微量元素对农产品品质的影响。植物体内中、微量元素的含量影响农产品品质，这些元素的缺乏或者过剩造成以作物为原料的食品和饲料的营养元素的丰缺，对畜禽和人的健康产生影响。此外，中、微量元素还对作物产品多方面的品质特性有重要影响，如钙是动物和植物都必需的矿质营养元素，增加果蔬类作物的钙含量可以抑制果实采后呼吸作用、乙烯释放等，延长保鲜期，提高养分含量和储藏性；施镁有利于蛋白质的合成，提高油料作物籽粒的含油率，还能提高农产品中叶绿素含量及维生素 A、维生素 C 和胡萝卜素的含量；硫素是构成人体必需氨基酸和蛋白质的重要元素，施用硫肥可以增加豆科作物农产品中含硫氨基酸量，含硫较多的面粉更易伸展，某些蔬菜的特殊香气如葱、韭菜、大蒜等的香气均由硫化丙烯类化合物组成。农产品中铁元素是人们膳食补铁，预防和矫正缺铁症的重要手段；锌元素是农产品重要的品质指标，它对提高农产品中蛋白质含量有重要作用。

⑤ 有机肥对农产品品质的影响。有机肥含有农作物生长需要的各种营养元素和丰富的有机质，它对农作物品质的影响是多方面的。首先，它是一种全养分肥料，不仅含有氮、磷、钾等大量元素，还有其他中、微量元素，可以满足作物各时期的生长，利于养分平衡；其次，具有提高土壤保水保肥能力，促进土壤团粒结构形成，改善土壤理化性状，减少养分固定，促进养分吸收等功能，如利于花生、胡萝卜和薯类的膨大，提高其营养价值和商品价值；再次，有机肥内含丰富的有机质，营养物质释放缓慢，更有利于作物品质的改善。如氮素以氨基酸形式供给植物，直接进入植物细胞后无须消耗大量能量和植物光合作用产物，如糖分和有机酸等，直接参与植物细胞物质的合成，故植物生长快、积累的糖分等物质多、农产品质量好。

（3）*施肥与产量和品质的关系*　施肥对作物产量和品质的影响有以下三种情况：①随着施肥量的增加，最佳品质出现在最高产量之前，如钱玲、任建青等对草莓施氮肥效研究表明，随着施氮量的增加，草莓的可溶性固形物、总糖、维生素 C 含量、糖酸比等品质指标先于草莓产量达到最高值；②随着施肥量的增加，最佳品质和最高产量同时出现，如梁杰、吴凌娟等对马铃薯施用钙肥研究表明，相同的钙肥用量可以使马铃薯粗蛋白、维生素 C 的含量以及马铃薯产量最高；③随着施肥量的增加，最高产量出现在最佳品质之前，如吕冰、常旭虹对小麦氮肥运筹研究显示，随施氮量的增加和追肥时期后延，小麦产量先于小麦籽粒蛋白质含量等品质指标达到最大。

无论施用化肥还是施用有机肥均对作物的增产具有显著效果，但是作物产量和品质的变化往往是不同步的，运用测土配方施肥技术设计不同的施肥方案来协调产量和品质的关系是行之有效的施肥手段。具体分为：①以实现最高产量目标确定施肥量；②以实现最佳品质目标确定施肥量；③以提高产量为目标，选择最好或较好品质确定施肥量；④以提高品质为目标，选择最高或较高产量确定施肥量。在农业生产中，还要结合农业供给侧结构性改革和人民日益增长的美好生活实际需要，转变思想观念，改进施肥方式，积极运用测土配方施肥、有机肥替代化肥及耕地质量保护提升等技术，发展现代高效农业，生产出品质优、产量高又安全的农产品。

3. 提高肥料利用效率原则

（1）肥料利用率的概念　肥料利用率也叫肥料利用系数或肥料回收率，是指当季作物从所施肥料中吸收利用的某一养分占肥料中该养分总量的百分数。朱兆良等研究显示，1992 年我国主要粮食作物的氮肥利用率平均为 35%，1998 年朱兆良进一步指出当时的主要粮食作物氮肥利用率为 30%～35%，磷肥利用率为 15%～20%，钾肥利用率为 35%～50%；张福锁、王激清等对我国主要粮食作物肥料利用率现状相关研究表明，2008 年我国小麦、玉米和水稻的氮肥平均利用率为 27.5%，磷肥平均利用率为 11.6%，钾肥平均利用率为 31.3%。从历年数据变化情况来看，我国主要粮食作物的肥料利用率均呈逐渐下降趋势。2005 年以来，国家组织实施测土配方施肥项目，2015 年开展化肥使用量零增长行动，到 2020 年，三大粮食作物氮肥当季利用率已超过 40%。

（2）影响肥料利用率的因素　影响肥料利用率的因素有很多，不同地区由于气候条件、土壤类型、种植品种以及生产管理技术等的差异，造成肥料利用率差别很大。如单质肥料、不同形态的肥料和原料不同的复合（混）肥料适用不同的作物；不同作物、同种作物不同品种之间对肥料养分吸收能力不同；土壤质地差异、土壤养分含量差异、土壤酸碱度以及旱地和水田的区别对肥料利用率产生不同影响；降水、温度光照等气候因素，施肥时间、施肥方式和施肥位置等栽培管理措施都会对肥料利用率产生影响。

（3）提高肥料利用率的意义　肥料利用率的高低是衡量施肥是否合理的重要指标之一。提高肥料利用率是实现我国化肥零增长目标的重要手段。通过提高肥料利用率可以减缓自然资源的耗竭，如减缓我国磷矿和钾矿等非可再生资源的消耗，减少肥料生产过程中能源的消耗，减少肥料生产和施用过程中对生态环境的不良影响；降低肥料投入成本，提高施肥带来的农业经济效益。

（4）提高肥料利用率的途径　农业生产中要根据不同区域的实际情况，采取相应的技术措施，提高肥料利用率。①利用配方施肥技术，根据作物的需肥规律、土壤养分含量情况，确定施肥量，确保养分供应合理、充足，最大限度地发挥作物增产潜力；②改进施肥方法，氮肥深施，减少养分流失，磷肥要环绕作物根系结合作物生育时期穴施或开沟深施；③改进肥料剂型，如对易挥发的肥料包膜，将磷肥做成颗粒，减少与土壤的接触面积，减少土壤对磷的吸附；④品种改良，通过遗传学方法，改进作物性状，使作物吸收更多养分；⑤有机肥和化肥配合施用，王冰清、尹能文等研究显示化肥减量配施有机肥对蔬菜产量不仅没有影响，还显著提高了蔬菜的品质，降低了蔬菜中硝酸盐的含量。

4. 培肥地力原则

（1）培肥地力是农业可持续发展的根本　土壤是农业生产的基本资料，是供应作物生长所需营养和其他生态因子的载体。地力是土壤供应作物养分的能力。作物产量对土壤有很重要的依赖性，要进一步提高产量，除保证各种因子的充足供应外，还要不断培肥地力。地力水平是不断发展变化的，地力的高低和变化趋势不仅取决于土地本身，更受到外部自然因素及人类社会生产活动的影响。对耕作土壤来说，人类生产活动的影响更为突出，如施肥、打药、灌溉、耕作等农业生产管理措施，不仅直接影响着地力发展的方向和速度，还决定了农业生产的发展趋势和水平，其对地力的影响远超土地本身的物质特性。

土壤作为非可再生自然资源，人们对土壤不科学合理的开发、利用，势必违反地力发展的客观规律，造成土壤成分、结构、性质和功能的变化，引发土壤退化现象。如由于植被破坏和过度垦殖造成土壤侵蚀，使土壤中大量营养元素随水冲失严重；长期偏施化肥轻施有机肥造成土壤有机质含量降低，引发土壤酸化、次生盐碱化和土传病害加剧等，土壤团粒结构遭到破坏，致使土壤板结越来越严重，不按比例施肥，造成土壤中氮、磷、钾比例失调，大量元素与中微量元素之间的营养比例失调；过量化肥、农药污染和农膜残留，经年累月连续种植一种作物，引起土壤生态失衡，土壤中有益微生物大量减少，土壤活性下降等。总之，不正确利用耕地会使耕地地力下降，降低甚至失去其农业利用价值。

（2）科学施肥是培肥地力的有效措施　培肥地力是农业生产水平提高和维持其可持续发展的基本保证，对实现作物高产、资源高效利用和环境保护有重要意义。在农业生产中可以采取多种方式培肥地力，如深耕作业提高土壤蓄水保墒能力，间隔深松打破犁底层改善土壤通气透水性能；采用水肥一体化技术代替传统的沟灌、渠灌；根据农业生产实际运用轮作、间作、休耕等制度，活化土壤有益微生物，实现用地养地相结合。在诸多培肥地力措施中，施肥是最有效最直接的途径。

① 有机肥对培肥地力的影响。长期施用有机肥可加速土壤有机质的更新，提高土壤有机质含量，促进土壤团粒结构形成，改善土壤的理化性状。有机肥中的腐殖质是一种以带负电荷为主的胶体，有着巨大的比表面积和表面能，腐殖质吸附土壤中交换性阳离子的能力高于土壤矿物质，携带的阳离子数量要高于组成土壤中的各种矿物，因此可以增强土壤保肥供肥能力。有机肥中的两性物质，通常是一些高分子化合物，如蛋白质、氨基酸、胡敏酸等，既可带正电荷，也可带负电荷，当土壤中出现过酸的物质时，带正电荷的基团可以与酸结合，出现过碱的物质时，带负电荷的基团可以与碱结合，提高了土壤耐酸耐碱的能力。某些重金属元素被腐殖质和有机酸螯合、络合后变成植物不能吸收的形态，减轻了有害金属元素对植物生长发育的影响，对保证农产品质量安全起到积极作用。土壤微生物可分解有机质，释放出C、N、P、S等营养元素，促进了土壤养分的有效化，增加土壤养分含量，根瘤菌和豆科植物可形成共生体进行共生固氮，增加土壤氮含量，培肥地力。

② 化肥对培肥地力的影响。化肥是用化学和（或）物理方法制成的含有一种或几种农作物生长所必需或有益的营养元素的肥料，也称无机肥料，包括氮肥、磷肥、钾肥、复合肥和微量元素肥等。化肥具有成分单纯、含量相对较高、易溶于水，能迅速被植物根系或叶片吸收的特点，理论上适用于各种土壤和农作物。化肥对我国粮食产量的贡献率高达

50%，用化肥来培肥地力、提高作物产量是现阶段农业生产行之有效的方法。施用化肥在提高作物产量的同时也提高了作物的生物量，这部分有机物质经过直接还田、畜禽过腹还田和堆沤农家肥还田等方式，增加了土壤有机质含量，起到间接培肥地力的作用。化学氮肥利用率不高是国内外普遍存在而又难以解决的实际问题。如我国水稻生产中氮肥的平均利用率仅为30%～40%，而发达国家在60%左右。氮肥部分直接被植物和微生物吸收，少量以有机态氮被土壤吸附保存，还有一部分以气体形态回到大气中或以NO_3^-形态随水淋溶流失。磷肥的当季作物利用率一般为8%～20%，主要是由于磷在土壤中的移动性差，容易被固定，但是其有较长的后效。磷肥在土壤中的转化包括磷的固定和释放两个过程，当土壤有效磷库中的磷由于作物吸收而降低后，非活性磷库中的磷可以释放到有效磷库进行有效磷补充。钾肥水溶性非常强，施入土壤后，迅速溶解，使土壤中的K^+浓度升高，与被吸附在土壤胶体上的阳离子进行交换形成交换性钾，它与水溶性钾合称速效钾。当作物生长吸收K^+，土壤溶液中K^+浓度降低，这时被胶体吸附的交换性钾可进入土壤动态补充土壤溶液中K^+。土壤胶体对K^+的交换吸附减少了钾的流失，起到保肥的作用。

5. 可持续发展原则

施肥是提高农作物产量、改良土壤和保持土壤持续供肥能力等的重要手段。不合理施肥不仅起不到增产、提质和培肥地力的作用，还可能造成面源污染，影响农业的可持续发展。

（1）不合理施肥对耕地质量的影响　农业生产中，受长期单一重施化肥，有机肥和化肥施用比例失调等因素影响，对土壤产生不良作用，造成耕地质量下降，主要分为以下几点：①导致土壤板结，土壤肥力下降。如长期大量施用氮肥，土壤有机质得不到补充，土壤碳氮比失衡，影响土壤微生物活性，进而影响土壤团粒结构，造成土壤板结；土壤中的某些限制因子没有通过施肥纠正，偏施某一种或几种肥料，不仅不能起到增产效果，还会使其他养分元素消耗过度，降低土壤肥力。②导致土壤酸化、盐渍化危害。在酸性和中性土壤上长期大量施用化学酸性肥料如过磷酸钙和生理酸性肥料如硫酸铵，会导致土壤酸化，大量残留在土壤中的硫酸根离子、氯离子、磷酸根离子与土壤中的钠、钾、钙、镁等离子结合，形成盐，导致土壤盐渍化。③导致土壤污染。如在设施蔬菜种植中大量施用氮肥，会导致蔬菜硝酸盐的积累，影响蔬菜的商品性，还会导致土壤中NO_3^-－N含量升高，NO_3^-－N带负电荷，不易被土壤胶体吸附，易随水移动，进入地下水污染水体，对人类饮水安全造成威胁；畜禽养殖饲料中超标添加砷、铜、镉等重金属，造成畜禽粪便重金属含量超标，以这些畜禽粪便做有机肥直接施入土壤，会造成土壤中重金属的积累，对土壤造成污染。

（2）不合理施肥对大气环境的影响　长期施用氮肥会促使土壤中氮氧化物的排放量增加，从而对大气造成污染。如在农业生产中采取地表撒施尿素的追肥方式，尿素易分解成NH_3和CO_2挥发掉，能被植物吸收利用的只占30%左右，土壤中的硝酸盐在反硝化作用下产生N_2O、NO等气体；此外秸秆、绿肥和畜禽粪便等直接还田，在厌氧条件下，甲烷菌通过分解有机质，产生CH_4气体。CO_2、CH_4、N_xO是世界公认的温室气体，对全球气候变暖产生影响。

（3）不合理施肥对水体的影响　过量施用的氮肥、磷肥，不能完全被植物吸收利用，会随着降水或者灌溉形成的地表径流，进入江河湖海，造成水体的富营养化，在淡水湖泊河流引起水华，在近海造成赤潮现象。富营养水体中，蓝藻、绿藻等优势藻类和一些水生植物生长迅速，遮挡水面，降低水体透明度，水体深层阳光照射不充足，使光合作用受到限制，深层水体溶解氧含量降低，藻类死亡，腐烂分解也会消耗溶解氧，导致需氧的鱼虾贝类等水生动物窒息死亡，它们的尸体漂浮在水面上，散发出恶臭。施用化肥和有机肥后在土壤中形成的 NO_3^- －N 除被作物吸收利用外，多余的易进入地下水体，造成地下水硝酸盐含量超标。

(4) *不合理施肥对食品安全的影响* 农业生产上，长期大量偏施氮肥，会增加农产品中硝酸盐的含量，特别是蔬菜中硝酸盐含量显著高于其他作物，人类饮食中摄入的硝酸盐90%以上来自蔬菜。徐维光、任立等对硝酸盐、亚硝酸盐的人体来源及其危害性研究显示人体内的 NO_2^- 主要来自摄入的 NO_3^- 在体内的转变。NO_3^- 本身毒性低，主要转化为 NO_2^- 后而具毒性。在正常情况，由于胃酸抑制了细菌的生长，进入体内的 NO_3^- 几乎不转化为 NO_2^-，但萎缩性胃炎等疾病胃酸缺乏或 pH 上升，硝酸盐还原菌数量和活性增高，即有大量的 NO_3^- 被还原为 NO_2^-，过量的 NO_2^- 进入血液后使血红蛋白失去携氧能力，导致组织缺氧，达到一定浓度后即出现高铁血红蛋白症。NO_2^- 和胺类或酰胺在体内结合，形成亚硝胺和亚硝酰胺，诱发胃癌和肝肿瘤。

综上所述，耕地质量下降、大气污染、水体污染、农产品质量降低等问题的产生不在化肥本身，而是由施肥不合理导致的。由于我国地少人多，不宜走牺牲产量保护环境的路子，提高单位面积产量是确保粮食安全的根本途径。在农业生产中，我们必须树立科学施肥的观念，扎实推进化肥减量增效行动，努力提高肥料利用率，在保证作物产量和品质的前提下，实现农业生产可持续发展。

（三）肥料配方制定的依据

合理的肥料配方不仅需要考虑农艺因素，综合考虑不同作物的需肥特性、土壤质地、土壤养分状况、肥料性质、气候条件、耕作栽培制度等，以满足农业生产需要，还要考虑工业因素，以方便工业化生产。

1. 作物营养特性

作物包括作物类型、产量水平、营养特性以及养分吸收量等。作物主要是以养分的需求量或比例的形式对肥料配方产生影响。不同作物类型对氮、磷、钾及中微量元素的需求存在差异，如叶菜类作物对氮肥需求较高，茄果类作物对钾肥需求较高，依据不同作物对各养分的需求比例确定肥料配方比例。另外，产量水平的高低也对氮、磷、钾等养分吸收量和吸收比例产生影响，一般把某地前三年获得的产量乘以增产系数 10%～15%作为目标产量。目标产最确定之后，根据作物单位经济产量养分需求量计算目标产量下的养分吸收总量，依据目标产量确定配方肥料的推荐用量。

(1) *作物对营养元素种类的要求* 植物体内至少含有几十种化学元素，在生长发育过程中它不仅能吸收必需的营养元素，同时也会吸收一些并不必需甚至可能有毒的元素。因此，植物体内某种营养元素的有无和含量高低并不能作为营养元素是否必需的标准。1939年阿隆（Arnon）和斯托德（Stout）提出了确定必需营养元素的 3 个标准：①必要性：这些元素是所有高等植物生长发育所必需，缺少了就不能完成其生命周期。即由种子萌发到再结出种子的过程。②不可替代性：缺乏某种元素后，植物会表现出特有的症状，其他任何一种化学元素均不能代替其作用，只有补充这种元素后症状才能减轻或消失。③直接性：这种元素必须直接参与植物的新陈代谢，对植物起直接的营养作用，而不起间接改善环境的作用。

符合这些标准的化学元素被称为植物必需营养元素，其他的则是非必需营养元素。到目前为止，国内外公认的高等植物必需的营养元素有16种，分别是：碳（C）、氢（H）、氧（O）、氮（N）、磷（P）、钾（K）、钙（Ca）、镁（Mg）、硫（S）、铁（Fe）、锰（Mn）、硼（B）、锌（Zn）、铜（Cu）、钼（Mo）、氯（Cl）。各种必需营养元素在植物体内的含量相差很大，一般可根据植物体内含量的多少划分为大量营养元素、中量营养元素和微量营养元素。大量营养元素：平均含量占干物重的0.5%以上，它们是碳、氢、氧、氮、磷、钾；中量营养元素：平均含量占干物重的0.1%～0.5%，它们是钙、镁、硫；微量营养元素：平均含量占干物重的0.1%以下，它们是铁、锰、硼、锌、铜、钼、氯。

植物生长除了需要必需营养元素外，还有一些非必需营养元素对特定植物的生长发育有益，或为某些种类植物所必需，如豆科作物需要钴，藜科作物需要钠，硅藻和水稻需要硅，蕨类植物和茶树需要铝，紫云英需要硒等。限于目前的科技水平，尚未证实它们是否为高等植物普遍所必需。所以，称这些元素为有益元素。

（2）*作物营养需求的阶段性* 作物从种子萌发、生长发育再到开花结果的整个过程中，要经历许多不同的发育阶段。在整个生长过程中，除萌发阶段依靠自身营养和生长末期根系停止吸收养分外，其他阶段作物根系都需要从土壤中吸收养分。不同作物的不同生育时期所需营养元素的种类、数量和比例有所不同，这就是作物营养需求的阶段性。

在作物生长过程中，有两个关键营养时期，即作物营养临界期和作物养分最大效率期。在农业生产中，要及时满足这两个重要时期作物对养分的需求，同时，各营养时期是相互联系、相互影响的，前一时期的施肥情况必定影响下一时期作物的生长。作物生长初期对养分需求量低，随着生长发育，对养分的需求量也逐渐增多，到成熟之后对养分需求量又逐渐减少直到停止吸收。因此，合理施肥要充分考虑作物不同营养元素的需肥时期、吸收特点、吸收量、吸收浓度和比例等，因地制宜制定施肥计划，满足作物全生育期对养分的需求。

（3）*作物的根部营养特点* 根系根据形态可分为直根系和须根系两种类型。大多数双子叶植物和裸子植物如棉花、油菜、大豆等的根系为直根系，直根系作物主根发达，主根比各级侧根粗壮而长，入土较深，能明显区分出主根和侧根，直根系作物能够汲取土壤深层的养分。单子叶植物如水稻、小麦、玉米等属于须根系，须根系作物的主根不发达或早期停止生长，在茎基部生出许多粗细相近的不定根，须根系在土壤表层范围内扩展区域更大，根系入土较浅。根系生长和分布受土壤水分、温度、通气状况、土壤养分、酸碱度、土层厚度、土壤紧实度等多种因素影响。

一般情况下，作物根系的生长发育是由浅而深、由近及远，根系吸收养分的能力是幼苗期弱、中期强、后期又转弱。农业生产中，要根据作物根系的分布特点、生长规律，采取深浅施相结合、基肥追肥相结合、有机肥化肥配施的施肥方式，促进根系生长发育，增加根系体积和总表面积，提高作物养分吸收量和肥料利用率，达到增产提质的目的。

(4) *作物的根外营养特点*　根外追肥又称叶面施肥，是将水溶性肥料或生物性物质的低浓度溶液喷洒在作物叶片上，经叶面吸收的一种施肥方法。根外追肥可以使叶片直接吸收营养元素，具有吸收迅速、用量少、见效快、肥料利用率高的特点。根外追肥作为基肥和追肥的补充，对农业生产具有重要意义：①根外追肥可与作物病虫害防治或化学除草相结合，叶面肥、农药、植物生长调节剂混合使用，但不能产生沉淀，影响肥效或药效；②作物生长后期，当根系从土壤中吸收养分的能力减弱时或难以进行土壤追肥时，根外追肥能及时补充植物养分；③根外追肥能避免肥料土施后土壤对某些养分所产生的不良影响，如对微量元素的固定，及时矫正作物缺素症；④在作物生育盛期，作物体内代谢过程增强，根外追肥能提高作物的总体机能。如在小麦开花、灌浆期喷施氨基酸、腐殖酸类叶面肥，可促进小麦灌浆，增加粒重，亩增产2%～14%。根外追肥效果虽好，但肥料浓度低、施肥数量有限，叶面的吸肥能力也不如作物根系，因而它不能代替作物生长的基肥和追肥。

2. 土壤肥力

土壤肥力一般是指土壤可以提供给植物生长条件的能力，也就是土壤供给和协调植物生长所需的水分、养分、空气、热量等的能力，是土壤物理、化学和生物学性质的综合反映。肥力可以分为自然肥力和人工肥力。自然肥力是土壤在自然成土因素（气候、生物、母质、地形和年龄）的综合作用下形成的肥力，是自然成土过程的产物。人工肥力是在人为因素（耕作、灌溉、施肥及其他技术措施）影响作用下形成的肥力。

土壤肥力通过影响氮、磷、钾的施用量，从而影响肥料配方中氮、磷、钾的比例。土壤肥力不仅涉及土壤养分含量的高低，也包括土壤养分的供应能力，同时还包括土壤物理化学性质，如土壤酸碱度、土壤阳离子交换量等。

(1) *成土母质*　成土母质是岩石、矿物经风化作用及外力搬运形成的疏松风化物，是形成土壤的基本原始物质，成土母质有一定的可溶性矿物养分，仅能满足一些低等植物和微生物的生长。低等植物和微生物不断新陈代谢，随着生物的进化和成土过程的发展，动植物残体及其分泌物的累积形成丰富的有机物质，为高等植物生长提供条件。不同类型的母质，其矿物组成存在差异，导致土壤养分含量存在差异。如含有长石类矿物和云母类矿物的岩石风化后形成的土壤含有较多的钾，含有角闪石与辉石类矿物的岩石风化后形成的土壤含有较多的铁、镁、钙、铝等元素。

(2) *土壤质地*　土壤质地是土壤的物理性质之一，是影响土壤肥力高低的基本因素之一。土壤质地与土壤通气、保肥、保水状况及耕作的难易有密切关系。按质地，土壤一般分为沙质土、黏质土、壤土三类。

① 沙质土。含沙量多，颗粒粗糙，渗水速度快，保水保肥性能差，通气性能好。施肥后因灌水、降雨容易发生淋失。应该多施用农家肥和有机肥，或进行秸秆还田，改善土壤结构。同时施肥时要少施多次，防止漏施。

② 黏质土。含沙量少，颗粒细腻，渗水速度慢，保水性能好，通气性能差。施肥后肥效释放慢，有机质分解慢。黏土对养分的吸附固定能力强，在土壤溶液中养分扩散速度慢，因此施肥时应尽量靠近根系，及时松土，施加有机肥和腐殖酸类肥料，增加土壤的通

透性，注意水肥并用，提高肥效。

③ 壤土。土壤颗粒组成中的黏粒、粉粒、沙粒含量适中，通气、透水、保水、保肥、保温特性介于沙质土和黏质土之间，是农业生产上比较理想的土壤。施肥原则上要做到长效肥和短效肥相结合，有机肥和化肥相结合。

（3）土壤酸碱度　土壤酸碱反应是土壤的重要化学性质，土壤的酸碱性直接影响土壤的肥力状况，作物的生长和微生物的活动以及土壤的其他性质等。我国土壤酸碱性分布大致以北纬33°为界，长江以南的土壤多为酸性或强酸性土壤，长江以北的土壤多为中性或碱性。

土壤养分的有效性在不同pH条件下差异很大，当盐基饱和度＜100％时，pH随土壤溶液中钙和镁含量增加而增加，钙和镁的有效性在pH＜6的范围内，随pH升高而增大，钼的有效性在pH较低的范围，也随pH增大而提高。铁、锰、铝的有效性随pH的降低而提高，在强酸性土壤中，铁、锰、铝的浓度很高，常使植物受到毒害，而石灰性或碱性土壤中，铁、锰的有效性很低，植物往往发生缺铁症状。总体来说，大多数土壤养分在pH 6.5附近的有效性较高。

微生物一般适宜的pH是6.5～7.5，在强酸性土壤中真菌比细菌活性大，过酸或过碱都会严重抑制土壤微生物活动，从而影响土壤有机质的转化，以及氮、磷、硫及其他灰分元素的分解释放。

不同作物适应不同的pH范围（表2－1），有些作物对酸碱反应很敏感，如甜菜、紫苜蓿、红三叶等要求中性和微碱性土壤，茶树、柑橘、羽扇豆则要求强酸性和酸性土壤。大多数农作物的适应性较广，对pH要求不太严格。

表2－1　主要栽培作物适宜的pH范围

大田作物	pH	园艺作物	pH
水稻	5.0～6.5	豌豆	6.0～8.0
小麦	5.5～7.5	甘蓝	6.0～7.0
棉花	6.0～8.0	胡萝卜	5.3～6.0
大豆	6.0～7.0	番茄	6.0～7.0
马铃薯	4.8～6.5	西瓜	6.0～7.0
玉米	5.5～7.5	柑橘	5.0～6.5
甘薯	5.0～6.0	苹果	6.0～8.0
向日葵	6.0～8.0	桃	6.0～7.5
甜菜	6.0～8.0	草莓	5.0～6.5

注：引自熊顺贵主编《基础土壤学》。

3. 肥料性质

肥料的种类很多，性质各异，肥料性质包括养分在土壤中的移动性、肥效快慢、后效大小、稳定性、养分含量、溶解度、酸碱度等。一般分为有机肥和无机肥；按物理状态分为固态肥、液态肥和气态肥；按成分分为单质肥料和复合肥料；按作物需求量分为大量元素肥料和中、微量元素肥料；按含量分为高浓度肥料（≥45%）和低浓度肥料（<45%）；按施肥部位不同，可分为叶面肥和根部肥；按照肥料施入后在土壤中呈现的酸碱性不同，可将肥料划分为生理酸性肥料、生理碱性肥料和生理中性肥料。农业生产中要根据肥料的性质科学施用，才能达到预期的肥效。

硝态氮肥易溶于水，可直接被植物吸收利用，易随水流失，不宜作基肥、种肥，也不宜施于水田土壤，宜在雨量偏少的干旱地区作为追肥施用。铵态氮是一种易吸湿、易挥发损失的肥料，用作基肥时，深施后要立即覆土。酰胺态氮肥常用的是尿素，它是接近中性的肥料，易溶于水，物理性状也较好，可作基肥，又可作追肥但不宜作种肥，施用时要深施盖土，防止挥发损失。水溶性磷肥如普通过磷酸钙和重过磷酸钙在土壤中移动性很小，要集中施用。弱酸性磷肥如钙镁磷肥难溶于水，能溶于弱酸，在酸性土壤中使用能逐步转化为作物可以吸收的形态。目前广泛使用的钾肥有氯化钾和硫酸钾，二者的许多性质是相同的，养分含量较高，都溶于水，作物可以直接吸收利用，是速效性肥料。钾离子能被土壤颗粒吸附，移动性小，不易随水流失或淋失，宜作基肥施于根系密集的土层中。复合肥料具有有效成分高、养分全面、成本低等诸多优点，但是也存在养分比例固定，难以满足不同土壤和作物要求的问题。复合肥和有机肥配施，可更好发挥肥效、促进养分吸收。微量元素种类多，要有针对性地施用，坚持"缺啥补啥，缺多少补多少"的原则。施用方法上尽量采用叶面喷施、浸种、拌种等方式以减少土壤固定。

4. 气候条件

气候条件通过影响作物施肥量从而影响肥料配方的制定。在肥料配方制定过程中，要考虑气候因素（温度、湿度等）的影响。温度、湿度等气候条件对土壤养分循环、养分的作物有效性都有明显影响。这些条件不仅直接影响着作物对营养物质的吸收和转化，也影响着土壤中营养元素的迁移转化。

（1）*光照*　绿色植物能利用自然界的光能将二氧化碳和水转化为有机物，并释放出氧气。农业生产中，提高光能的利用能力，是作物获得高产的重要途径之一。氮素能扩大植物叶面积和叶片中的蛋白质及叶绿素含量，提高光能利用率。磷能促进光合磷酸化和氧化磷酸化，把光能和呼吸作用产生的能量转变为化学能，供植物代谢。钾可促进植物碳同化进程，在光照不足的地块，使用钾肥有补偿光照不足的作用。

（2）*温度*　温度影响植物的光合作用和呼吸作用，一定温度范围内，温度升高，植物光合作用和呼吸作用增强，植物生理代谢活动需要的化学能充足，植物生理代谢活动旺盛，植物吸收养分的能力随之增强。温度也影响土壤养分的活化和扩散速率。在一定的温度范围内，随着温度的提高，土壤胶体吸附离子养分的能力减弱，释放出更多养分，提高了土壤溶液中养分浓度；微生物的活动旺盛，加快了土壤中有机态养分的分解和转化。一般来说，在6～38℃范围内，随温度的升高，植物吸收养分的速度加快，但超过这一温度范围时，吸收养分的速度下降，甚至停止吸收养分。对于某类应用元素，如磷素对温度较为敏感，温度较低则不利于磷素的吸收，需要推荐施用含磷量相对高的配方肥料。

（3）*降水*　水分影响土壤湿度，适宜的土壤湿度能促进化肥的溶解和有机肥的矿化，促进养分释放。植物吸收的养分要依靠水分通过扩散和质流的方式迁移至根表。土壤水分过多，会加速养分的流失，同时会影响土壤通气性，因此雨天不适合施肥。在晴天施肥也要考虑土壤的干湿度，如土壤湿润，施用肥料浓度可以高一些；如土壤干旱，应对肥料进行稀释后再使用。

5. 耕作栽培制度

（1）土壤耕作　土壤耕作是利用农机具改善土壤耕层结构和理化性状的技术措施的总称。合理的耕作制度可以改善土壤结构，增加土壤中气体交换能力，提高土壤含水量、土壤微生物活性，加速有机质的分解，优化养分供应状况，提高植物根系的伸展能力和对养分的吸收能力。施肥结合耕作，可以使土肥充分接触融合，减少养分损失，提高肥料利用率。农业生产中要因地制宜，注重经济效益、社会效益和生态效益相结合，农机与农艺技术相结合，做到秸秆还田、深松、免耕、深耕翻技术相结合，制定科学合理的耕作制度。

（2）合理密植　合理密植是提高作物产量的有效措施，农作物种植株密度过大，单株作物获得的养分和光照不足，田间透风透光性差，个体植株发育不良，植株生长细弱，单株产量少，单位面积产量低。种植密度过小，每一植株都能获得足够的养分和光照，单株发育良好，但是单位面积植株量少，土地利用率不高，造成土壤养分和光照的浪费。合理密植，充分利用光能和地力，要考虑多种因素，除作物类型外，还要考虑气候条件、土壤类型、播种期、作物品种等因素。如多雨、高温、湿度大的南方地区，密度宜小；晴天多、雨水少、湿度小的北方地区，密度宜大。

（3）灌溉　灌溉不仅可以给作物提供必要的水分，还可以提高施肥的效果。在干旱地区，若只施肥不浇水，肥料不仅不能营养植株，反而会使土壤溶液浓度增加，使植物细胞中的水分外渗，加速植株的萎蔫和死亡。充分考虑作物生长各个阶段对养分的需求和气候条件等将灌溉和施肥相结合，可以提高肥料的利用率，达到增产的效果。

6. 工艺因素

根据农艺因素，如土壤、作物、气候、施肥技术、耕作栽培制度等确定作物肥料养分元素配比之后，在肥料实际工业化生产过程中，需要根据工业化要求，如养分形态、原料选择、原料配比等对配方进行校正，使其适应肥料工业化生产需求。

为减少肥料生产、施用、保管、储存的困难，肥料在加工投产前要对某些容易出现物理性状变坏、吸湿性大、挥发严重、结块严重的原材料进行技术处理。此外，肥料的基础原材料中除作物有效营养成分外，还可能含有对土壤、作物有害的物质，因此，在肥料配方生产过程中要考虑原料及有害成分的处理，控制肥料有害物质含量，防止和减少肥害的发生，如控制肥料内缩二脲的含量超标等。

二、肥料配方制定的方法

肥料配方的制定方法主要是肥料种类、用量和比例的确定。根据配方制定的依据，不同的区域、不同的土壤类型和作物所需的配方都有所不同，需要以土壤的基础地力和作物的需肥特性为基础，以产量为目标，充分考虑肥料效应制定施肥配方，经田间试验和大面积推广应用效果验证后，才能确定科学合理的肥料配方。

（一）肥料配方制定的方法

肥料配方的制定主要是确定不同养分的用量和配比，主要方法有地力分区（级）配方法、目标产量法（测土施肥法）、作物营养诊断法、区域配方法、15-15-15 延伸法等。

1. 地力分区（级）配方法

地力分区（级）配方法主要依据是土壤丰缺指标。通过分析土壤测试结果，将配方设计区域进行划分，结合土壤养分的高低制定不同的分级标准，处于低标准的地块施肥量相对较高，而高标准的地块施肥量相对较低。这种分区分级的方法可以从一定程度上减少土壤养分的过分富集，增加肥料养分利用率。但施肥量根据土壤肥力分段的方法容易造成在分段节点时的肥料配方用量的较大跳跃。也有区域形成了分段连续的方法，减少分段节点肥料用量的大幅增加，进一步提高肥料利用率。

2. 目标产量法（测土施肥法）

目标产量法又称为测土施肥法，主要是应用土壤养分丰缺指标的方法来制定肥料配方。具体目标产量可采用平均单产法来确定。平均单产法是利用施肥区前三年平均单产和年递增率为基础确定目标产量，其计算公式是：

$$\text{目标产量（kg）}=(1+\text{递增率})\times\text{前 3 年平均单产（kg）}$$

一般粮食作物的递增率以 10%～15%为宜，露地蔬菜一般为 20%左右，设施蔬菜为 30%左右。

作物需肥量则主要通过对正常成熟的农作物全株养分的分析，测定各种作物百千克经济产量所需养分量，乘以目标常量即可获得作物需肥量，具体见以下公式：

$$\text{作物目标产量所需养分量（kg）}=\frac{\text{目标产量（kg）}}{100}\times\text{百千克产量所需养分量（kg）}$$

3. 作物营养诊断法

作物营养诊断法的核心是通过测试植物的营养状况以指导施肥。我国 20 世纪 80 年代到 90 年代先后研究应用过的作物营养诊断方法有植物组织全量分析测定法、植物组织速测法、DRIS 法和果树叶分析法等。作物组织的测定结果可以更直接反映当时的作物营养状况，但诊断指标也受气候、品种和作物生长的其他条件影响。植物组织全量分析测定法相对较繁琐。DRIS 法中不同营养元素的比例有较大的主观性而国内外很少应用。植物组织速测法因测定方法准确度和精确度较低，因而大面积的推广应用受到限制。作物营养诊断法中国内外应用较成功的是果树的叶分析法。

4. 区域配方法

通过总结田间试验、土壤养分数据等，将区域划分不同施肥分区；同时，根据气候、地貌、土壤、耕作制度等区域特征相似性和差异性，结合专家经验，提出不同作物的施肥配方。一般情况下分区与区域地貌气候和土壤类型密切相关，可通过地理信息技术划分施肥分区。在 GPS 定位土壤采样与土壤测试的基础上，综合考虑行政区划、土壤类型、土壤质地、气象资料、种植结构、作物需肥规律等因素，借助信息技术生成区域性土壤养分空间变异图和县域施肥分区，优化设计不同分区的肥料配方。如山东省可按照地形地貌和生态状况分为鲁西北平原区、鲁东北盐渍化区、鲁中北部平原区、鲁中山地丘陵区、鲁中南部平原区和胶东低山丘陵区 6 个生态区域，土壤类型和种植制度相对统一的情况下，施肥配方的制定会更加容易。

5. 15－15－15 延伸法

15－15－15 配方是复合肥料的基本配方，在此基础上结合土壤地力和作物产量等因素进行养分配比的调整，从而制定施肥配方的方法，称为 15－15－15 延伸法。该方法主要结合土壤地力水平和作物需肥规律来调整配方中的养分含量，如土壤有效磷含量较高的地块可适当降低磷素配比，果树等需钾较高的作物可适当增加钾素含量。该方法的优点是方便操作，易于推广。

（二）肥料配方制定的流程

肥料配方制定的流程主要包括田间试验、土壤测试、配方设计、校正试验、配方加工、配方肥生产、配方肥的示范推广等过程。

1. 田间试验

田间试验是指在田间土壤、自然气候等环境条件下栽培作物，并进行与作物有关的各种科学研究的试验，是一种研究肥料对作物营养、产量、品质及土壤肥力等作用的试验方法，是农业化学的主要研究方法之一。田间试验是最接近于大田生产条件的方法。一般的田间试验，其小区为种植单位，面积较小，一般在几平方米到几百平方米之间。它的结果可以为准确评价农业科学成果提供可靠的科学依据。任何一项农业科研成果或先进技术措施的引进与推广，都必须首先通过田间试验的鉴定，考察其在实践中的表现，才能避免盲目性，防止对农业生产造成损失。

田间试验是获得各种作物最佳施肥量、施肥时期、施肥方法的根本途径，也是筛选、验证土壤养分测试技术、建立施肥指标体系的基本环节。通过田间试验，掌握各个施肥单元不同作物优化施肥量，基、追肥分配比例，施肥时期和施肥方法；摸清土壤养分校正系数、土壤供肥量、农作物需肥参数和肥料利用率等基本参数；构建作物施肥模型，为施肥分区和肥料配方提供依据。通过合理的试验设计、实施技术与统计方法力争以较少投资、较短时间在人为控制条件下探明各种农业化学规律，提出合理施肥措施，达到提高产量、品质、经济效益以及培肥土壤、减少环境副作用的目的。

田间试验根据实验目的不同可分为不同的种类，涉及肥料配方制定的试验类型主要有“3414”田间试验、田间“2＋*X*”肥效试验、肥料利用率试验、不同施肥时期和施肥方式试验以及其他肥料肥效试验等。田间试验的具体设计方法参考《测土配方施肥技术规程》《肥料田间试验指南》以及相关技术规程，如《肥料效应鉴定田间试验技术规程》《微生物肥料田间试验技术规程及肥效评价指南》《缓释肥料　效果试验和评价要求》等。

以“3414”田间试验为例，通过布置在不同土壤肥力水平上的多点分散性试验，总结出主要作物施肥效应模型、作物最佳经济施肥量、地力产量、土壤养分供肥量、作物养分吸收量以及肥料利用率、土壤养分校正系数等有关施肥参数，为进一步确定施肥配方提供依据。

2. 土壤测试

土壤测试是制定肥料配方的重要依据之一，随着我国种植业结构不断调整，高产作物品种不断涌现，施肥结构和数量发生了很大的变化，土壤养分库也发生了明显改变。通过开展土壤氮、磷、钾、中微量元素养分测试，了解土壤供肥能力状况。

土壤养分测定的意义，测土是掌握土壤肥力水平及其变化最直接的手段，为科学施肥提供准确的依据。由于气候、地理环境、土壤类型、种植制度的差异，以及前茬作物施肥的残留不同，土壤中氮、磷、钾、中微量元素、有机质等养分千差万别。通过化验分析土壤，可了解土壤养分含量的状况，避免了施肥的盲目性，增强了施肥的针对性。

土壤养分的主要测定方法可参考《测土配方施肥技术规程》。

3. 配方设计

肥料配方设计环节是测土配方施肥工作的核心，其制定原则包括协调营养平衡原则、增加产量与改善品质相统一原则、提高肥料利用效率原则、培肥地力原则和可持续发展原则等。设计的施肥配方要充分考虑各养分的科学搭配，需考虑的四要素包括配料、加工、效果和成果，使配方成品具有实用性，能够配合肥料加工的现有设备，尽可能以最低成本的配料达到所需效果。

4. 校正试验

为保证肥料配方的准确性，最大限度地减少配方肥料批量生产和大面积应用的风险，在校正试验中划分不同施肥分区单元，设置配方施肥、农户习惯施肥、空白施肥三个处理，以当地主要作物及其主栽品种为研究对象，对比配方施肥的增产效果，校验施肥参数，验证并完善肥料配方，改进测土配方施肥技术参数。

5. 配方加工

配方落实到农户田间是提高和普及测土配方施肥技术的最关键环节。目前不同地区有不同的模式，其中最主要的也是最具有市场前景的运作模式就是市场化运作、工厂化生产、网络化经营。这种模式适应我国农民科技素质低、土地经营规模小、技物分离的现状。

6. 配方肥生产

在掌握配方中的养分含量后，针对不同的配比进行肥料生产，要注意肥料养分调配、填充物料的选择、生产设备的匹配。在养分结构上还需要考虑养分之间的协同作用和拮抗作用，原料之间的配伍性，固体需要避免结块，液体避免结晶和沉淀。

在原料选择上，氮肥包括铵态氮肥、硝态氮肥、酰胺态氮肥和其他长效性氮肥；磷肥则包括难溶性磷肥、弱溶性磷肥和水溶性磷肥；钾肥包括含氯钾肥、无氯钾肥。在配比上还需考虑中微量元素和填充物料的选择。固体肥料选择防结块剂，液体肥料选择防絮凝剂、其他保水剂等。另外还有一些增效剂的选择，如表面活性剂、植物生长调节剂等。

7. 配方肥的示范推广

为促进配方施肥技术能够落实到田间地头，既要解决测土配方施肥技术市场化运作的难题，又要让广大农民亲眼看到实际效果，这是限制测土配方施肥技术推广的“瓶颈”。主要通过建立示范区的方式进行推广，为农民创建窗口，树立样板，全面展示测土配方施肥技术效果；推广测土施肥模式，发布科学施肥配方，形成肥料产品，打破技术推广“最后一公里”的“坚冰”。

三、肥料配方的校验与应用

（一）肥料配方的校验

1. 肥料配方校验的目的、任务、作用

测土配方施肥主要包括“测、配、产、供、施”五个环节，其中测土是配方的基础，配方是关键。土壤是一个灰色系统，土壤肥力是动态的，作物的需肥规律与作物品种、产量密切相关，同样也是动态的，所以配方是否符合作物需肥规律、是否最大限度提高配方肥的利用率需要进行肥效验证。

测土配方施肥技术是否到位，主要体现在施肥配方和配方肥的施用方面，只有农民施用了配方肥，采用了科学的施肥技术才证明测土配方施肥技术落地。技术落地服务包括出具施肥配方、推荐施用配方肥，但目前农民按方施肥的可能性极低，所以，大部分农民普遍直接购买配方肥，这样配方的验证就显得极为重要。

不同地区主要作物布局、品种不同，土壤肥力条件不同，肥料配方也会有较大差异，这些配方都要通过肥效试验和校正试验，取得肥料利用率、土壤供肥量等基本参数，对比测土配方施肥的效果，验证和优化肥料配方，建立不同施肥分区主要作物的氮、磷、钾肥料效应模型，验证肥料效果，修正配方肥各营养元素的配比，确定作物合理施肥品种和数量及基肥、追肥分配比例、最佳施肥时期和施肥方法，建立施肥指标体系，为配方设计、施肥方案制定和施肥指导提供依据。使配方肥料的配比更准确、针对性更强，实现减量施肥、提质增效，最终让农民得到更多的经济效益。

2. 肥料配方校验的基本程序

为保证肥料配方的准确性，最大限度地减少配方肥料批量生产和大面积应用的风险，在批量配方肥料生产前，都要设计肥料配方的校验试验，试验可由市及县级土壤肥料工作站具体负责实施。肥料配方校验分两个阶段进行。

第一阶段：肥料配方发布前的配方验证。试验一般设计三个处理，处理一施用配方肥、处理二农户习惯施肥、处理三空白施肥或者“2＋X”处理设计，即处理一习惯施肥、处理二优化施肥、处理三优化施肥＋X（X可以是氮、磷、钾、中微量元素、有机肥等，根据当地作物和施肥情况自行设定）。以当地主要作物及其主栽品种为研究对象，对比配方施肥的增产效果，校验施肥参数，验证肥料施用配方的针对性。

第二阶段：肥料配方发布后的配方验证。一种配方肥批量生产并在特定的作物上施用一个阶段后，随着土壤肥力、管理措施的优化，肥料配方要不断更新，此时要对原有配方进行校验。处理设计和肥料配方发布前的配方验证一样，设计三个处理。推荐采用“2＋X”设置，即：处理一习惯施肥、处理二优化施肥、处理三优化施肥＋X（X可以是氮、磷、钾、中微量元素、有机肥等，根据当地作物和施肥情况自行设定）。

通过试验，对比配方肥的增产效果，校验施肥参数，验证并调整原有配方肥料施用配方，提高配方肥的针对性，提高肥料利用率。

3. 肥料配方校验的基本内容

（1）试验地的选择　肥料配方校验的根本方法就是田间试验，搞好田间试验的关键是合理选择试验地块，以减少处理间土壤肥力差异、提高试验精确度为原则，主要应考虑以下六方面因素。

一是具有代表性。代表性因试验目的而定，是因试验需要解决的问题而定。如研究某些生产问题产生的原因时，选择有该问题典型症状的田块布置试验，比较磷肥品种效应时，选择缺磷或比较缺磷的土壤；确定某地区合理施肥量时，选择各种肥力水平的土壤。

二是地势平坦。不平坦地段地力很难一致，灌水、排水难以均一，会增加试验误差，因此，要选用地面坡度不超过1%的地块。

三是广泛一致性。要选用表土、底土、水文地质条件、前茬耕种一致性的地块。

四是不受特殊条件影响。尽量避开树木、建筑物、池塘、山谷、公路等，它们影响试验地的光照、水分、通气等；距树木 30～50 m，距高大建筑物 40 m，距公路、阴沟 5～10 m。

五是科学选择试验地块。试验地要有足够的面积和合适的形状，能在所选的地块上合理地安排整个试验。试验误差与小区形状有关，小区形状和面积、长宽比例按《测土配方施肥技术规程》的要求结合试验地形状设计，适宜的长宽比例会有效减少试验误差。据资料介绍：当小区面积不变时，将长宽比由 1∶1 改变为 3∶1，则小区间土壤变异系数可由 20.35%降到 3.46%，原因是土壤肥力局部差异大，长方形小区有利于均分，而正方形小区则不能。但小区形状并非越狭长越好，过于狭长，边际效应影响较大。一般长宽比例为（2～5）∶1，小区面积较大时（3～5）∶1，面积较小时（2～3）∶1；宽行作物小区宜宽些，密行作物小区宜窄些。机械作业时，小区宽应是施肥机、收割机宽度的倍数。

六是小区方向设计。在小区面积相等的情况下，沿土壤肥力差异大的方向设置狭长小区更能包含土壤复杂性，降低试验误差，设计小区长边应与土壤肥力变化方向一致。

（2）试验地的准备　一是前茬作物观察调查。对前茬作物生长状况进行实地观察，通过长势判定土壤肥力变化规律、土层结构差异、底层是否有砂线、人为破坏等障碍因素，作为试验定点和田间区划的依据。

二是农户调查。了解种植作物施肥历史、投入水平、产量水平、肥力水平、农技农艺水平等。

三是基础土样分析。布置试验前取土样分析基本农化性状，pH、有机质、氮、磷、钾、中微量元素、重金属等，具体分析项目要根据试验目的确定。

四是试验的布置和试验实施。试验的布置和实施要专人负责专人记录，试验过程每个环节严肃认真一丝不苟，试验全程由专业人员操作，切记不能交由农户代办，这是试验成败的关键。

五是试验的收获总结与试验报告的撰写。试验收获是田间最后一步，收获前要提前谋划、精准施策，不可盲目仓促，收获过程中将所有测量记录项目精确测量、完整记录，地点、时间、单位、人员等试验要素逐项记录不能漏落。试验报告是给别人看的，是辛勤试验的科学总结，是科技成果的数据来源，是技术推广的理论依据，是不可复制的历史记录。试验报告要做到：要素齐全、内容具体、数据（信息）真实、分析到位、结论准确。

（二）主要作物肥料配方校验与应用

测土配方施肥项目实施期间，各地都安排了肥料配方施校验试验，并根据试验结果对肥料配方进行了校正。

1. 小麦施肥配方校验试验

（1）任务来源及目的　为最大限度减少配方肥料的生产和应用风险，通过肥料效应完善肥料配方，校正测土配方施肥技术参数，修正施肥比例，提高小麦肥料配方的精度。

（2）试验时间和地点　2009 年 10 月至 2010 年 7 月，同时安排 5 处试验，试验地 A、B、C（代表试验点位）为高产试验区；D 和 E 为中产试验区。试前取耕层土壤化验，结果见表 2－2。

表 2－2　试验地土壤基础情况表

实验地点	肥力水平	土壤类型	有机质 (g/kg)	碱解氮 (mg/kg)	有效磷 (mg/kg)	速效钾 (mg/kg)	pH
A	高	中壤表厚黏心洪冲积褐土	14.0	124.6	37.5	154	6.7
B	高	轻壤表均壤质非石灰性河潮土	17.3	112.8	33.7	115	6.8
C	高	轻壤表均质洪积物淋溶褐土	12.0	156.7	64.1	111	7.0
D	中	轻壤表均质洪积物淋溶褐土	15.0	89.6	71.3	123	7.2
E	中	轻壤表均壤质洪冲积潮褐土	16.8	113.5	57	98	6.7

（3）材料与方法

① 供试作物。小麦。

② 试验设计。试验设两个推荐施肥处理，另加习惯施肥处理，共设三个处理。两个推荐施肥处理的施肥量通过参数 CN 和 CP 确定。

$$NT = 0.025 \times YM + CN$$

$$PT = 0.015 \times YM + (15 - PS) \times 0.1 + CP$$

式中，NT、PT 为高氮、磷推荐量，YM 为目标产量，PS 为耕层土壤有效磷测定值，CN、CP 为基础参数。

钾肥用量通过表 2－3 确定。

表 2－3　钾肥亩用量（kg）

目标亩产量（kg）	土壤速效钾（mg/kg）		
	＜75	75～100	＞100
350	5	0	0
400	6	5	0
500	8	6	5

注：目标亩产量为常年产量的 110%～120%；对照 CK：习惯施肥；推荐施肥处理 1：按 CN 为 4、CP 为 2 确定氮、磷肥用量；推荐施肥处理 2：按 CN 为 2、CP 为 1 确定氮、磷肥用量。

小麦配方校验试验各处理施肥量如表 2－4 所示。

表 2-4　小麦配方校验试验各处理施肥量

试验处理	高产田亩施肥量（kg）			中产田亩施肥量（kg）		
	N	P_2O_5	K_2O	N	P_2O_5	K_2O
习惯施肥（CK）	15	15	15	15	15	15
推荐施肥 1	16.5	8	6	14	7.5	5
推荐施肥 2	14.5	7	6	12	6.5	5

注：试验小区面积为长 10 m、宽 3.5 m，随机区组排列，重复三次。

③ 试验方法及要求。配方肥料品种为尿素、磷酸二铵、硫酸钾。磷、钾肥全部基施，氮肥 60%基施、40%追施。其他管理均按当地栽培措施进行，做到均匀一致。

（4）小麦配方校验试验结果与分析

① 配方施肥对冬小麦群体生长发育的影响。通过田间观察（表 2-5），配方施肥处理较习惯施肥长势好、叶色绿，冬前分蘖和春季最大分蘖都较习惯施肥明显增加。

表 2-5　冬小麦群体生长发育考察

试验地点	冬前蘖（万）			春季最大分蘖（万）			叶色			株高（cm）		
	CK	处理 1	处理 2	CK	处理 1	处理 2	CK	处理 1	处理 2	CK	处理 1	处理 2
A	40.7	43.6	41.0	111.8	120.3	139.1	淡绿	绿	绿	79	82	80
B	43.2	33.9	37.3	94.8	119.5	109.7	绿	淡绿	绿	83	87	85
C	27.8	44.7	32.9	83.3	100.4	84.7	绿	绿	绿	87	90	85
D	60.1	34.2	41.8	103.7	121.4	101.4	绿	绿	绿	85	89	88
E	40.0	41.4	46.2	79.4	89.6	81.3	淡绿	绿	淡绿	82	81	83

② 产量结果分析。

A. 不同处理小麦产量性状影响。试验收获前考察小麦亩穗数、穗粒数及千粒重，结果见表 2-6。从小麦产量性状统计来看：配方施肥处理较群众习惯性施肥处理小麦亩穗数、穗粒数、千粒重等均有明显增长趋势，从而促进了小麦产量的增加。

表 2-6　小麦产量性状

肥效试验地点	亩穗数（万）			穗粒数（粒）			千粒重（g）		
	CK	处理 1	处理 2	CK	处理 1	处理 2	CK	处理 1	处理 2
A	42.4	50.6	46.7	27.7	29.5	30.0	34.0	33.7	34.1
B	40.1	44.7	46.0	31.5	32.1	30.6	34.2	35.1	33.1
C	35.7	34.7	35.3	33.4	33.2	32.0	32.7	35.4	35.5
D	39.7	45.0	43.1	28.6	27.0	27.0	33.4	35.8	32.9
E	40.4	41.2	38.9	26.6	25.0	25.0	33.7	40.6	33.9

B. 配方施肥对小麦产量的影响。对产量结果进行统计（表 2-7），配方施肥处理 1 平均比对照亩增产 52.1 kg，增产幅度达 15.5%；配方施肥处理 2 平均比对照亩增产 30.3 kg，增产幅度达 8.94%；配方施肥较农民习惯性施肥均有明显的增产效果。

表 2-7 肥效对比试验产量影响

试验地点	各处理亩产量结果（kg）						
	习惯施肥	配方施肥处理 1			配方施肥处理 2		
		产量（kg）	增产量（kg）	增长率（%）	产量（kg）	增产量（kg）	增长率（%）
A	339.8	427.5	87.7	25.8	405.8	66	19.4
B	366.8	428.2	61.4	16.7	396.2	29.4	8.0
C	331.2	345.4	14.2	4.3	340.9	9.7	2.9
D	322.4	372.2	49.8	15.4	333.7	11.3	3.5
E	307.9	355.6	47.7	15.5	341.6	33.7	10.9

③ 小麦不同处理效益分析。对小麦试验按高肥力和中肥力进行统计分析，结果见表 2-8。

表 2-8 肥效对比试验经济效益

试验地点	肥力水平	习惯施肥区			配方施肥处理 1			配方施肥处理 2		
		亩产量（kg）	亩投入（元）	投入产出比	亩产量（kg）	亩投入（元）	投入产出比	亩产量（kg）	亩投入（元）	投入产出比
A	高	339.8	313.65	1∶1.84	427.5	176.52	1∶4.12	405.8	163.70	1∶4.21
B	高	366.8	313.65	1∶1.99	428.2	176.52	1∶4.12	396.2	163.70	1∶4.11
C	高	331.2	313.65	1∶1.80	345.4	176.52	1∶3.33	340.9	163.70	1∶3.54
高平均	高	345.9	313.65	1∶1.87	400.4	176.52	1∶386	381	163.70	1∶3.96
D	中	322.4	313.65	1∶1.75	372.2	152.24	1∶4.16	333.7	139.42	1∶4.07
E	中	307.9	313.65	1∶1.67	355.6	152.24	1∶3.97	341.6	139.42	1∶4.17
中平均	中	315.2	313.65	1∶1.71	363.9	152.24	1∶4.06	337.7	139.42	1∶4.12

注：纯 N 3.91 元/kg，纯 P_2O_5 5.00 元/kg，纯 K_2O 12.00 元/kg，小麦价格 1.70 元/kg。

经对高肥力地块肥效对比试验点统计，对照区小麦平均亩产 345.9 kg，亩产值达 588.03 元，亩投入肥料 313.65 元，投入产出比达 1∶1.87；配方施肥处理 1 小麦平均亩产 400.4 kg，亩产值 680.68 元，亩投入肥料成本 176.52 元，投入产出比达 1∶3.86；配方处理施肥 2 小麦平均亩产 381.0 kg，亩产值达 647.70 元，亩投肥料成本 163.70 元，投入产出比达 1∶3.96。高肥力对照区亩纯收入为 274.38 元，配方处理 1 亩纯收入 504.16 元，配方处理 2 亩纯收入 484.00 元。

经对中肥力地块肥效对比试验点统计，习惯性施肥区小麦平均亩产 315.2 kg，亩产值达 535.84 元，亩投入肥料 313.65 元，投入产出比达 1∶1.71；配方施肥处理 1 小麦平均亩产 363.9 kg，亩产值 618.63 元，亩投入肥料成本 152.24 元，投入产出比达 1∶4.06；配方处理施肥 2 小麦平均亩产 337.7 kg，亩产值达 574.09 元，亩投肥料成本 139.42 元，投入产出比达 1∶4.12。中肥力对照区亩纯收入为 222.19 元，配方处理 1 亩纯收入 466.19 元，配方处理 2 亩纯收入 434.67 元。

高中肥力水平配方施肥处理 1 亩纯收入最高，处理 2 次之，对照区纯收入最低。

（5）结论　试验表明配方施肥比习惯性施肥区增产增收效果明显，证明高产、中产肥料配方比例是合理的，建议在对应的高、中肥力耕地上推广，并可将配方提供给肥料生产企业，为企业生产配方肥提供依据。

2. 生姜配方肥不同施肥量田间试验

（1）试验目的　为探讨生姜配方肥（15－7－18）肥料在生姜上的施用效果，确定其适宜的施肥数量，探索在不同土壤类型、不同产量水平条件下，生姜使用该肥料的适宜数量，为测土配方施肥推广应用提供理论依据，特安排本试验。

（2）试验材料和方法

① 试验肥料。配方肥料，氮、磷、钾配比为15－7－18。

② 试验品种。安丘生姜。

③ 试验设计。试验设五个处理，三次重复，随机排列。多点试验同时进行，各处理亩施肥量如下：

处理一：配方肥（15－7－18）100 kg；

处理二：配方肥（15－7－18）200 kg；

处理三：配方肥（15－7－18）300 kg；

处理四：配方肥（15－7－18）400 kg；

处理五：配方肥（15－7－18）500 kg。

④ 试验基本情况。试验安排在栽培较集中的山东省安丘市凌河镇郑家和村、新中阿村、孟戈村生姜田内。试验区地势平坦，水浇条件良好，质地中壤，土层深厚。各试验地基本情况见表2－9。试验前取耕层土样化验，结果见表2－10。

表2－9　生姜各试验地基本情况

镇、村名	户名	土壤类型	产量水平	肥力水平	备注
凌河镇新中阿村	王瑞才	潮土	高	高	
凌河镇郑家和村	郑学全	褐土	高	高	
石堆镇孟戈村	王作福	褐土	中	中	

表2－10　生姜各试验地土壤化验数据

镇、村名	有机质 (g/kg)	碱解氮 (mg/kg)	有效磷 (mg/kg)	速效钾 (mg/kg)	pH
凌河镇新中阿村	13.1	154	73.2	113	7.0
凌河镇郑家和村	12.9	246	73.5	138	7.1
石堆镇孟戈村	12.1	64	55	129	6.8

⑤ 试验要求。试验小区面积68～75 m^2。2012年4月播种，2012年10月收获。生姜各处理施肥分5次使用，分别在4月上旬使用总量的10%、6月下旬使用总量的20%、7月上旬使用总量的20%、7月下旬使用总量的20%、8月上旬使用总量的30%。

试验地田间浇水、施肥、病虫害防治等管理措施保持一致。

试验生姜无虫害，有较轻微病害。试验期间天气良好，温度正常，无明显气候影响因素。

(3) 试验结果分析

① 产量结果。生姜试验于 2012 年 10 月下旬收获结束，分区单独记录产量，不同试验点处理平均产量见表 2 - 11。

表 2 - 11 各试验点生姜试验产量结果

处 理	新中阿村亩产量 (kg)	郑家河村亩产量 (kg)	孟戈村亩产量 (kg)	平均亩产量 (kg)
处理 1	6 726.3	7 089.56	3 703.89	5 839.9
处理 2	6 830.0	7 621.66	3 822.37	6 091.3
处理 3	7 141.1	7 684.27	4 652.08	6 492.5
处理 4	6 726.3	7 026.96	4 074.28	5 942.5
处理 5	6 607.7	6 432.25	3 970.57	5 670.2

② 回归分析。将施肥量与生姜产量结果进行回归分析，结果见图 2 - 1。

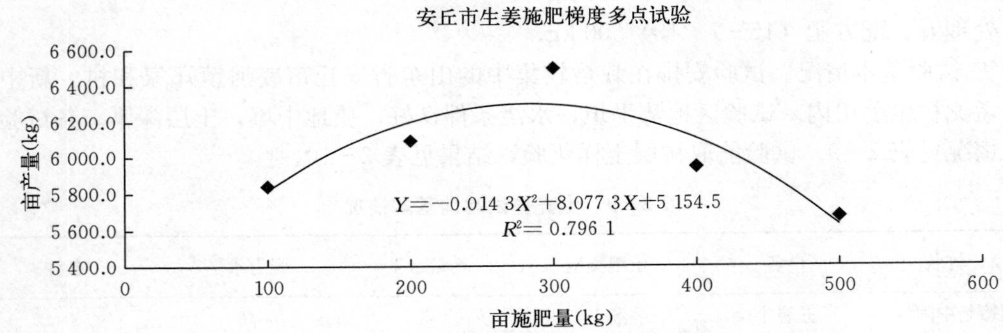

图 2 - 1 生姜产量与配方肥施肥量回归分析

对试验平均亩产量（Y，kg）与配方肥（15 - 7 - 18）亩施肥量（X，kg）进行回归分析：

$$Y=-0.0143X^2+8.773X+5154.5=-0.0143(X-306.8)^2+6500.5$$

$$R^2=0.7961$$

由回归方程求极值可知：安丘市生姜田内配方肥（15 - 7 - 18）最佳亩施肥量为 306.8 kg。

(4) 结论　在潮土、褐土土壤条件下，亩产 5 000～7 000 kg 生姜使用配方肥（15 - 7 - 18）适宜亩用量为 250～330 kg。投入产出比随着施肥量增加逐渐减少。

3. 安丘市生姜配方肥田间校验试验

(1) 试验目的　根据生姜田间施肥及配方施肥生产需要，校验生姜配方肥配方的针对性、准确性，在生姜上安排肥效对比试验，检验并校正施肥参数，提高配方肥配方的准确性。

(2) 材料与方法

① 试验时间。2009 年 3～11 月。

② 试验作物。安丘生姜。

③ 试验肥料。尿素、磷酸二铵、硫酸钾、过磷酸钙。

④ 试验设计。肥效试验设 2 个处理。

处理一（CK）：农民习惯施肥，每亩用 15－15－15 复合肥 400 kg。

处理二：配方施肥区，亩施纯 N 50 kg、纯 P_2O_5 30 kg、纯 K_2O 70 kg。

试验小区面积 30 m^2（长 10 m，宽 3.0 m），随机区组排列，重复三次。多点同期试验。

⑤ 试验地基本情况。试验地选在 6 个生姜种植村（表 2－12），试验地地势平坦，肥力均匀，试验前取耕地土样化验，结果见表 2－12。

表 2－12　试验地点及基础情况

处理	土壤类型	有机质（%）	碱解氮（mg/kg）	有效磷（mg/kg）	速效钾（mg/kg）	pH
凌河镇石家庄村	轻壤表均质非石灰性河潮土	10.9	145.2	186.3	141.0	6.7
石堆镇孟戈村	轻壤表均质洪积物淋溶褐土	10.3	161.1	191.3	111.0	7.0
凌河镇山后屯村	轻壤表均质洪积物淋溶褐土	12.3	94.4	104.2	175.0	7.1
金冢子镇中金堆村	中壤表厚砂姜腰砂姜黑土	13.2	108.9	69.3	564.0	6.4
石埠子镇陈家楼村	轻壤表均壤质非石灰性河潮土	11.8	151.0	50.0	106.0	7.2
石堆镇西莲池村	轻壤表厚黏心洪积冲积物淋溶褐土	12.0	127.8	81.3	131.0	7.1

⑥ 试验方法及要求。肥料分五次施用，基施量占总施用量的 25%。生姜 2～3 芽时追第 1 次肥，占总用量的 10%；再隔 20 d 左右追第 2 次肥，占总使用量的 10%；第 3 次追肥在立秋前后，追施量占总用量的 40%；第 4 次追肥在第 3 次追肥后 20 d，使用量占总用量的 15%。各处理除施肥量不同外，其他栽培管理均匀一致，按当地丰产措施进行。

（3）结果分析

① 生姜生育性状分析。生姜收获前取生姜植株测株高、茎粗、分枝数、姜苗鲜重，各处理平均结果见表 2－13。通过统计分析，对照区生姜株高平均为 73.60 cm，每株分枝数为 11.40 个，茎粗平均为 0.92 cm，亩产姜苗鲜重为 3 115.1 kg；配方施肥区姜苗平均株高为 75.8 cm，较对照区高 2.2 cm，分枝数为 12.4 个，比对照平均多 1.0 个，姜苗鲜重 3 385.3 kg，比对照增产 270.2 kg，详见表 2－13。

表 2－13　生姜生育性状考察

项目	处理	石家庄	孟戈村	山后屯村	中金堆村	陈家楼村	西莲池村	平均
株高（cm）	配方施肥区	97	80.9	68.9	73.5	66.3	68.4	75.83
	对照区	86.6	76.1	71.4	73	67.8	66.7	73.60
茎粗（cm）	配方施肥区	1.2	0.98	0.85	0.82	0.87	1.15	0.98
	对照区	1.07	0.94	0.83	0.79	0.77	1.1	0.92

（续）

项目	处理	石家庄	孟戈村	山后屯村	中金堆村	陈家楼村	西莲池村	平均
分枝数（个）	配方施肥区	12.7	16.1	12.3	13.9	10.6	8.7	12.38
	对照区	12.6	13.4	12	12.1	9.8	8.5	11.40
亩产姜苗鲜重（kg）	配方施肥区	4 193.3	3 295.6	3 380.5	3 645.3	3 086.2	2 711	3 385.32
	对照区	3 981.8	2 838.5	3 021.7	3 411.9	2 813.5	2 623.4	3 115.13

② 产量结果统计分析。施用配方施肥的六个点平均亩产生姜 4 769.8 kg，较对照亩产 4 152.9 kg，亩增产 616.9 kg，增产率达 14.9%。

对产量结果进行统计分析：

$$Sd=59.196 \quad t=10.42^{**}$$

查 t 表当 $n=5$ 时：

$$t_{0.05}=2.571 \quad t_{0.01}=4.032$$

$$t=10.42>t_{0.01}=4.032$$

其 $t=10.42>t_{0.01}=4.032$，差异达极显著水平，生姜施用配方肥较习惯性施肥增产效果极显著，见表 2-14。

表 2-14　产量结果进行统计分析

重复	配方（x_1）	对照（x_2）	$d=x_1-x_2$	$d-\bar{d}$	$(d-\bar{d})^2$
1	5 963.4	5 111.5	851.9	235	55 225
2	4 282.4	3 572	710.4	93.5	8 742.25
3	5 035.4	4 585.6	449.8	−167.1	27 922.41
4	4 826.7	4 315.1	511.6	−105.3	11 088.09
5	4 585.2	4 013.3	571.9	−45	2 025
6	3 925.5	3 319.6	605.9	−11	121
平均	4 769.8	4 152.9	616.9		
Σ				0	105 123.75

③ 经济效益分析。将多点试验结果平均，计算经济效益，结果见表 2-15。配方区平均亩产量为 4 769.8 kg，亩收入 9 539.60 元，亩肥料成本为 773.60 元，亩纯收入为 8 766.00 元，投入产出比达 1∶11.33；对照区产量为 4 152.9 kg，亩收入为 8 305.80 元，亩肥料成本 864.00 元，亩纯收入为 7 441.80 元，投入产出比为 1∶8.61，配方区比对照区亩纯收入增加 1 324.20 元。

表 2-15　投入产出

处理	亩产量（kg）	亩收入（元）	亩投入肥料（元）	亩纯收入（元）	投入产出比
配方区	4 769.8	9 539.60	773.60	8 766.00	1∶11.33
对照区	4 152.9	8 305.80	864.00	7 441.80	1∶8.61

注：2008 年生姜价格按 2.00 元/kg，纯 N 为 3.48 元/kg，纯 P_2O_5 为 4.12 元/kg，纯 K_2O 按 6.80 元/kg 计。

（4）结论　生姜通过配方施肥比群众习惯性施肥处理生育性状明显改善，株高、茎粗、单株分枝数增加，生物产量和鲜姜重量均明显增加。

生姜配方施肥区较对照区平均亩增产 616.9 kg，增产幅度达 14.9%，增产极显著。

生姜配方施肥能明显提高收入，配方区亩纯收入为 8 766.00 元，投入产出比为 1∶11.33，对照区亩纯收入为 7 441.80 元，投入产出比为 1∶8.61，配方区比对照区亩纯收入增加 1 324.20 元。试验证明生姜配方适合安丘市生姜生产，肥料配比和用量是适宜的。

（三）发布肥料配方

1. 摸清土壤基础状况，为肥料配方制定提供准确数据

在配方肥料施用区域内的规定作物上，统筹规划，根据种植作物和种植方式合理确定土样采集单元，按照 50～100 亩的采样密度确定有代表性的采样点并采集土样，并根据需要采集植株样。在此基础上，进行分析化验，为制定配方和田间试验提供基础数据。通过土壤养分调查，查明土壤养分丰缺状况，建立完整的土壤养分基础资料。

在采集土样的同时，在配方肥料施用区域内组织进行取样地块农户施肥情况调查和土壤立地条件调查，建立农户测土施肥档案，实行跟踪服务，掌握配方肥料施用区域内土壤立地条件与施肥管理水平。

2. 科学制定配方，及时向社会发布

在大量试验取得施肥参数的基础上，由县级以上土壤肥料工作站主持，组织有关专家，综合分析社会各界相关数据，汇总分析土壤测试和田间试验数据结果，根据气候条件、土壤类型、作物品种、产量水平、耕作制度等差异，合理划分施肥类型区。审核测土配方施肥参数，建立施肥模型，分区域、分作物制定肥料配方和提出施肥建议，在适宜农时季节小范围公开，经过一个生长季节的田间检验后，召开专家论证会，在充分听取专家意见的基础上，适当修正肥料配方，按区域形成不同作物、不同肥力水平的肥料配方建议报告，报上级主管部门批准，由当地政府发文向企业、社会公开发布。

地市级、省级、部级配方的确定，在所辖区域内，由同级土壤肥料部门主持，组织有关专家充分分析总结所辖区域成功的案例，审核各项参数，根据实际情况，分区域、分作物制定肥料配方和提出施肥建议并公布。

3. 肥料配方典型案例

安丘是生姜大县，从 2007 年实施国家测土配方施肥项目以来，重点研究了安丘生姜施肥配方和方案，现已形成较为完整的生姜施肥配方和生姜施肥方案。安丘市根据土壤条件制定了多个姜施肥配方，并向社会公布。

生姜目标亩产量：7 500 kg。

土壤条件：偏碱性土壤。

适宜区域：安丘市区东部、南部，由冲积洪积物和石灰岩发育形成的土壤。

推荐最佳施肥量：每亩施土杂肥 4 000～5 000 kg 或者亩施精制有机肥 300～400 kg。每亩施纯氮 45～50 kg、五氧化二磷 30 kg、氧化钾 53～70 kg 左右、硼砂 1.7 kg、硫酸锌 2.7 kg、硫酸亚铁 10～20 kg。

施肥方案一：每亩施肥量为土杂肥 5 000 kg 或精制有机肥 300～400 kg，复合肥

(15-15-15) 200 kg，尿素 33～44 kg，硫酸钾 46～80 kg，硼砂 1.7 kg，硫酸锌 2.7 kg，硫酸亚铁 10～20 kg。

施用方法：每亩基施土杂肥 5 000 kg 或精制有机肥 150～200 kg，硼砂 1.7 kg，硫酸锌 2.7 kg，硫酸亚铁 20 kg。

追肥：苗期每亩追施复合肥（15-15-15）30 kg，尿素 7～8 kg；三股杈期每亩追施复合肥（15-15-15）40 kg，尿素 7～8 kg，硫酸钾 10～20 kg，有机肥 150～200 kg；立秋前后每亩追施复合肥（15-15-15）100 kg，尿素 19～28 kg，硫酸钾 26～45 kg，硫酸亚铁 20 kg，分 2～3 次追施；后期每亩追施复合肥（15-15-15）30 kg，硫酸钾 10～15 kg。

施肥方案二：每亩施肥量为土杂肥 5 000 kg 或精制有机肥 300～400 kg，配方肥（15-8-17）350 kg，硼砂 1.7 kg，硫酸锌 2.7 kg，偏碱性土壤施硫酸亚铁 35～40 kg。

施用方法：每亩基施土杂肥 5 000 kg 或精制有机肥 150～200 kg，硼砂 1.7 kg，硫酸锌 2.7 kg，硫酸亚铁 20 kg。

追肥：苗期每亩追施配方肥（15-8-17）45 kg；三股杈期每亩追施配方肥（15-8-17）62 kg，精制有机肥 150～200 kg；立秋前后每亩追施配方肥（15-8-17）190 kg，硫酸亚铁 20 kg，分 2～3 次追施；后期每亩追施配方肥（15-8-17）53 kg。

（四）配方肥的推广应用

1. 成立专门组织，为配方肥推广应用提供保障

测土配方施肥是一个系统工程，“配方肥”是测土配方施肥技术的物化产品，这种产品正适应我国农村农民科学施肥水平较低、土地经营规模小、技物分离的现状，也有利于打破技术推广“最后一公里”的难题。

推广配方肥首先要确定施肥配方，施肥配方最终由县级以上农技推广部门召集各有关专家，根据区域内的土、肥、水、作物等，综合各单位研究结果制定，并由县、市、区农业行政主管部门向社会公开，肥料生产厂商及施肥服务单位按方生产配方肥或为农民提供配方施肥技术服务。

配方肥生产由肥料生产企业和复配加工厂承担，也可以肥料生产企业负责基础肥料（单质或复合肥料）的生产，复配加工厂利用基础肥料根据肥料配方进行二次加工。

配方肥推广应用是一个涉及农民千家万户的利国利民的系统工程，工作任务重、涉及环节多、技术要求高，为搞好配方肥的推广应用，在一定区域（以县级或乡镇行政分区为主）内，成立由农业科研单位或大专院校、农技推广单位、肥料生产单位（包括二次加工肥料工厂）、肥料营销单位、社会化施肥服务单位等组成的农化服务中心，全面负责配方肥的推广应用。服务中心按照单位、部门职责明确责任，农业部门负责协调各部门之间的工作及配方肥产品质量监管，科研单位大专院校和农技推广部门合作负责本地区推荐施肥技术（包括土壤和植株养分分级标准或指数制定）的研究开发和定期修订不同条件下的专用肥配方，农技推广单位、科学研究单位、大专院校、肥料生产单位，负责接收农民的土壤和植株样本并进行分析测定，并作出小区域施肥推荐报告。

农化服务中心也可负责耕作、种植、病虫防治、收获等服务，根据不同条件和服务区

域大小，农化服务中心参加单位可多可少，但必须包括测土化验、试验示范、配方制定、肥料生产、加工和销售、施用等业务部门及有关专家。

农化服务中心在所辖区域（以县级或乡镇行政分区）内应只有一家，负责统管协调这一区域的配方肥推广应用及农化服务工作，而不应当分散多头进行，这样有利于统一工作和协调参加单位的合理收益，合理收费和保护农民利益。

农化服务中心鼓励资金雄厚、科研生产推广职能齐全的肥料生产厂家，为农民提供配方肥生产加工、营销、施用一条龙服务，加快配方肥推广应用。

2. 强化宣传培训，提高农民对配方肥的认识

加强宣传培训。由相关政府部门协调，争取各级领导和社会各界的重视与支持；以县域为单位，充分利用广播、电视、报刊、互联网、赶大集等形式进行宣传，县乡之间形成上下联动、横向互动的宣传态势，增强农民科学施肥意识，具体工作由农化服务中心组织实施。

一是结合当地实际，利用主流媒体，采取适合农村、贴近农民、喜闻乐见的形式，广泛进行宣传培训，引导农民树立科学的施肥观念，自觉应用配方肥，改进施肥方式，推动测土配方施肥技术普及工作。

二是县级电视台、广播电台设立专题栏目，制作测土配方施肥录像专题片进行巡回播放，安排农化服务中心专家定期到广播电台进行测土配方施肥技术讲座等。

三是社区、村宣传栏、村民集中活动场所、肥料经销网点张贴当地主要农作物测土配方信息、施肥指导方案，推进科普标语上墙、测土配方施肥信息公告等；村广播喇叭定期有专人广播配方肥施用信息和技术。

四是组织县乡技术人员巡回开展村级培训，实现培训班到村进田。同时利用宣传车赶大集、唱大戏、发放施肥建议卡等多种形式，走村串户，广泛宣传施用配方肥的好处，提高广大农民的测土配方施肥意识。同时，加强对配方肥经销商、基层农技人员的培训。

3. 加强示范建设，充分发挥示范带动效果

突出重点，狠抓示范方到村、配方肥下地。示范方建设是推广配方肥的有效方法，也是我国测土配方施肥行动中的重要措施之一。通过建立配方肥百亩示范方、千亩示范片、万亩示范区，推进配方肥下地，并适时召开现场会议，带动并引导农民应用测土配方施肥技术，让农民看到实实在在的效果，做到以点带面，带动测土配方施肥技术的全面推广。

通过联合与合作、成立组织机构、搞好宣传培训、建立示范区等措施，逐步整合行政、推广、科研、教学和肥料生产、经营企业的人力、物力、技术和信息资源，动员各方力量，充分发挥各自优势，建立起以政府为主导、以科技为支撑、以市场为导向、以推广服务为纽带、以产销企业为主体、以法律为保障、以农民为对象的科学施肥体系，建立“测、配、产、供、施”一条龙服务的长效机制，形成各行各业关心支持测土配方施肥工作，科技、教育、农业等各有关单位积极参与技术服务，肥料企业积极参与配方肥生产，供销农资等企业积极参与配方肥推广配送，形成种植专业合作社、家庭农场、农民正确认识和积极施用配方肥的“大合唱”局面。

4. 强化合作，加快配方肥生产、流通及应用

化肥市场曾一度出现了盲目的无序竞争，化肥生产企业、流通企业以及服务行业各自为战，依靠“价格战”来抢占市场，导致生产企业产品严重压库，流通企业效益跌入低谷，造成两败俱伤。

配方肥具有针对性强、施肥效果好、节本提质增效的明显优势，深受农资企业、农民等关注，备受农民欢迎，配方肥市场同其他化肥市场一样也出现了盲目的无序竞争现象，一度出现了生产企业、流通企业、大中专农业院校、农业科研部门、农技推广部门纷纷建设土壤肥料化验室，开展土壤化验、配方制定的现象，这种重复建设、重复投资的现象，造成了较大资金、人力资源的浪费，特别是个别规模小的生产企业及部分流通企业由于资金、技术力量限制等因素，取土样品少，土壤养分代表性差，制定的配方及生产的配方肥针对性弱，影响了配方肥的效果。因此，在长期的探索实践中，配方肥的生产推广需要多部门联合，测土化验、配方研究、试验示范、配方肥生产、市场开拓、物流配送、技术推广等由不同的部门根据各自的优势分工负责，共同为配方肥下地服务。农业院校、科研单位、生产企业、农技推广单位携手搞好肥料配方和试验示范研究；生产企业与农资系统紧密地结合在一起，农资系统发挥自身的网络优势、市场信息优势、营销人才优势、仓储优势，生产企业发挥资源优势、技术优势、资金优势，实现优势互补，从根本上解决产销分离的弊端；农技推广单位、农业院校、科研单位，下连生产企业、营销企业和农民，为科研单位、生产企业、农资系统等与农民沟通架起桥梁，为配方肥配方发布、配方肥推广提供技术服务。

在这条服务和供应链上，农业院校、科研单位、部分有条件的生产企业负责配方研究与开发；农技推广单位负责配方制定、配方发布、示范推广与技术服务；生产企业开展按方生产，生产不同作物不同时期的配方肥产品；生产企业或农资系统等共同负责技术推广与市场开发；各种植合作社、农民要做到按方施肥或合理选用和施用配方肥。多部门联合，共同为用户提供由测土、配方、生产、供应及施用一条龙服务，加快配方下地。

第三章 主要农作物肥料配方

根据农业农村部发布的《全国优势农产品区域布局规划（2008—2015年）》内容，综合考虑自然条件、作物栽培特点等因素，对水稻、小麦、玉米、马铃薯、大豆、棉花、油菜、花生进行分区。

水稻包括东北平原、长江流域和东南沿海3个区。其中，东北平原区主要位于三江平原、松嫩平原、辽河平原，包括黑龙江、吉林、辽宁3个省的82个重点县；长江流域区主要位于四川盆地、云贵高原丘陵平坝地区、洞庭湖平原、江汉平原、河南南部地区、鄱阳湖平原、沿淮和沿江平原与丘陵地区，包括四川、重庆、云南、贵州、湖南、湖北、河南、安徽、江西、江苏10个省（直辖市）的449个重点县；东南沿海区主要位于杭嘉湖平原、闽江流域、珠江三角洲、潮汕平原、广西及海南的平原地区，包括上海、浙江、福建、广东、广西、海南6个省（自治区、直辖市）的208个重点县。

小麦包括黄淮海、长江中下游、西南、西北、东北5个区。其中，黄淮海区包括河北、山东、北京、天津全部，河南中北部、江苏和安徽北部、山西中南部以及陕西关中地区的336个重点县；长江中下游区包括江苏、安徽两省淮河以南、湖北北部、河南南部等地区的73个重点县；西南区包括四川、重庆、云南、贵州等省（直辖市）的59个重点县；西北区包括甘肃、宁夏、青海、新疆，陕西北部及内蒙古河套土默川地区的74个重点县；东北区包括黑龙江、吉林、辽宁全部及内蒙古东部的16个重点县。

玉米包括北方、黄淮海和西南3个区。其中，北方区包括黑龙江、吉林、辽宁、内蒙古、宁夏、甘肃、新疆，陕西北部、山西中北部、北京和河北北部及太行山沿线的233个重点县；黄淮海区包括河南、山东、天津，河北、北京大部，山西、陕西中南部和江苏、安徽淮河以北的275个重点县；西南区包括重庆、四川、云南、贵州、广西及湖北、湖南西部的67个重点县。

大豆包括东北和黄淮海2个区。其中，东北区包括黑龙江、内蒙古的81个重点县；黄淮海区包括河北、山东、河南、江苏和安徽两省的沿淮及淮河以北、山西西南地区的36个重点县。

马铃薯包括东北、华北2个区。其中，东北区包括黑龙江和吉林两省、辽宁北部和西部、内蒙古东部地区的34个重点县；华北区包括内蒙古中西部、河北北部、山西中北部和山东西南部地区的44个重点县。

棉花包括黄河流域、长江流域、西北内陆3个区。其中，黄河流域棉花优势区包括天津、冀东、冀中、冀南、鲁西南、鲁西北、鲁北、苏北、豫东、豫北、皖北、晋南、陕西关中东部地区的146个重点县；长江流域区包括江汉平原、洞庭湖、鄱阳湖、南襄盆地、安徽沿江棉区、苏北灌溉总渠以南地区的60个重点县；西北内陆区包括南疆、东疆、北疆和甘肃河西走廊地区的98个重点县。

油菜包括长江上游、中游、下游和北方4个区。其中，长江上游区包括四川、贵州、云南、重庆和陕西5个省（直辖市）的101个重点县；长江中游区包括湖北、湖南、江西、安徽4个省及河南信阳地区的166个重点县；长江下游区包括江苏、浙江两省的24个重点县；北方区包括青海、内蒙古、甘肃3个省（自治区）的27个重点县。

花生包括黄河流域、长江流域、东南沿海、云贵高原、东北5个区。其中黄河流域区包括山东、天津全部，北京、河北、河南大部，山西南部、陕西中部以及苏北、皖北地区；长江流域区包括湖北、浙江、上海全部，四川、湖南、江西、安徽、江苏大部、河南南部、福建西北、陕西西部及甘肃东南部；东南沿海区包括广东、台湾全部，广西、福建大部和江西南部；云贵高原区包括贵州全部、云南大部、湖南西部、四川西南部；东北区包括辽宁、吉林、黑龙江大部及河北燕山东段以北地区。

我国主要农作物肥料配方推荐统计如下表所示：

一、水稻

序号	区域	省份	地区名称	配方尺度	作物名称	氮（N）	五氧化二磷（P_2O_5）	氧化钾（K_2O）
1	东北平原区	辽宁省	辽宁省	省级	一季稻	26	12	10
2	东北平原区	辽宁省	辽宁省	省级	一季稻	24	8	10
3	东北平原区	辽宁省	辽宁省	省级	一季稻	24	12	10
4	东北平原区	辽宁省	辽中区	市县级	一季稻	13	17	15
5	东北平原区	辽宁省	于洪区	市县级	一季稻	23	11	12
6	东北平原区	辽宁省	苏家屯区	市县级	一季稻	26	10	12
7	东北平原区	辽宁省	苏家屯区	市县级	一季稻	13	17	15
8	东北平原区	辽宁省	新民市	市县级	一季稻	26	12	10
9	东北平原区	辽宁省	新民市	市县级	一季稻	26	10	12
10	东北平原区	辽宁省	台安县	市县级	一季稻	26	11	11
11	东北平原区	辽宁省	海城市	市县级	一季稻	22	11	13
12	东北平原区	辽宁省	海城市	市县级	一季稻	27	13	10
13	东北平原区	辽宁省	新宾县、清原县、抚顺县	市县级	一季稻	12	18	15
14	东北平原区	辽宁省	清原县、抚顺县	市县级	一季稻	13	17	15
15	东北平原区	辽宁省	新宾县、抚顺县	市县级	一季稻	24	10	14
16	东北平原区	辽宁省	桓仁县	市县级	一季稻	12	16	17
17	东北平原区	辽宁省	本溪县	市县级	一季稻	22	12	14
18	东北平原区	辽宁省	东港市	市县级	一季稻	28	12	10
19	东北平原区	辽宁省	东港市	市县级	一季稻	26	12	10

（续）

序号	区域	省份	地区名称	配方尺度	作物名称	氮 (N)	五氧化二磷 (P_2O_5)	氧化钾 (K_2O)
20	东北平原区	辽宁省	凌海市	市县级	一季稻	26	12	10
21	东北平原区	辽宁省	黑山县	市县级	一季稻	15	16	14
22	东北平原区	辽宁省	北镇市	市县级	一季稻	12	18	15
23	东北平原区	辽宁省	北镇市	市县级	一季稻	13	15	17
24	东北平原区	辽宁省	大石桥市	市县级	一季稻	26	12	10
25	东北平原区	辽宁省	盖州市	市县级	一季稻	22	8	10
26	东北平原区	辽宁省	老边区	市县级	一季稻	26	11	11
27	东北平原区	辽宁省	大洼区	市县级	一季稻	26	12	10
28	东北平原区	辽宁省	铁岭县	市县级	一季稻	28	10	12
29	东北平原区	辽宁省	铁岭县	市县级	一季稻	26	11	11
30	东北平原区	辽宁省	开原市	市县级	一季稻	18	15	15
31	东北平原区	辽宁省	开原市	市县级	一季稻	26	12	10
32	东北平原区	辽宁省	开原市	市县级	一季稻	24	11	14
33	东北平原区	辽宁省	西丰县	市县级	一季稻	26	10	10
34	东北平原区	辽宁省	西丰县	市县级	一季稻	28	10	12
35	东北平原区	辽宁省	西丰县	市县级	一季稻	26	10	12
36	东北平原区	辽宁省	绥中县	市县级	一季稻	15	16	14
37	东北平原区	辽宁省	普兰店区	市县级	一季稻	13	17	15
38	东北平原区	吉林省	双阳区	市县级	一季稻	17	17	17
39	东北平原区	吉林省	榆树市	市县级	一季稻	15	14	17
40	东北平原区	吉林省	农安县	市县级	一季稻	22	18	15
41	东北平原区	吉林省	九台区	市县级	一季稻	10	20	22
42	东北平原区	吉林省	德惠市	市县级	一季稻	18	14	19
43	东北平原区	吉林省	桦甸市	市县级	一季稻	20	10	12
44	东北平原区	吉林省	蛟河市	市县级	一季稻	16	20	14
45	东北平原区	吉林省	舒兰市	市县级	一季稻	12	18	18
46	东北平原区	吉林省	永吉县	市县级	一季稻	17	18	16
47	东北平原区	吉林省	双辽市	市县级	一季稻	12	15	18
48	东北平原区	吉林省	辽源市	市县级	一季稻	22	13	17
49	东北平原区	吉林省	东丰县	市县级	一季稻	24	10	14
50	东北平原区	吉林省	松原市本级	市县级	一季稻	20	15	15
51	东北平原区	吉林省	宁江区	市县级	一季稻	20	12	17
52	东北平原区	吉林省	扶余市	市县级	一季稻	18	14	19
53	东北平原区	吉林省	白城市本级	市县级	一季稻	17	19	11

（续）

序号	区域	省份	地区名称	配方尺度	作物名称	氮 (N)	五氧化二磷 (P_2O_5)	氧化钾 (K_2O)
54	东北平原区	吉林省	洮北区	市县级	一季稻	12	15	18
55	东北平原区	吉林省	镇赉县	市县级	一季稻	17	19	11
56	东北平原区	吉林省	洮南市	市县级	一季稻	14	16	15
57	东北平原区	吉林省	通化县	市县级	一季稻	19	10	16
58	东北平原区	吉林省	辉南县	市县级	一季稻	13	14	19
59	东北平原区	吉林省	延吉市	市县级	一季稻	13	15	17
60	东北平原区	吉林省	龙井市	市县级	一季稻	18	14	16
61	东北平原区	吉林省	图们市	市县级	一季稻	20	14	16
62	东北平原区	吉林省	珲春市	市县级	一季稻	18	14	17
63	东北平原区	吉林省	安图县	市县级	一季稻	20	12	13
64	东北平原区	吉林省	汪清县	市县级	一季稻	20	16	14
65	东北平原区	吉林省	梅河口市	市县级	一季稻	16	16	12
66	东北平原区	吉林省	公主岭市	市县级	一季稻	15	16	17
67	东北平原区	黑龙江省	爱辉区	市县级	一季稻	24	8	12
68	东北平原区	黑龙江省	海伦市	市县级	一季稻	16	19	18
69	东北平原区	黑龙江省	北林区	市县级	一季稻	23	10	13
70	东北平原区	黑龙江省	北林区	市县级	一季稻	24	10	14
71	东北平原区	黑龙江省	北林区	市县级	一季稻	25	11	15
72	东北平原区	黑龙江省	伊春市	市县级	一季稻	16	18	14
73	东北平原区	黑龙江省	铁力市	市县级	一季稻	20	12	13
74	东北平原区	黑龙江省	铁力市	市县级	一季稻	20	10	15
75	东北平原区	黑龙江省	铁力市	市县级	一季稻	20	13	12
76	东北平原区	黑龙江省	铁力市	市县级	一季稻	20	15	10
77	东北平原区	黑龙江省	铁力市	市县级	一季稻	18	15	12
78	东北平原区	黑龙江省	铁力市	市县级	一季稻	18	12	15
79	东北平原区	黑龙江省	阿城区	市县级	一季稻	14	15	13
80	东北平原区	黑龙江省	宾 县	市县级	一季稻	13	15	17
81	东北平原区	黑龙江省	方正县	市县级	一季稻	18	13	15
82	东北平原区	黑龙江省	呼兰区	市县级	一季稻	16	8	8
83	东北平原区	黑龙江省	尚志市	市县级	一季稻	14	16	15
84	东北平原区	黑龙江省	通河县	市县级	一季稻	17	13	15
85	东北平原区	黑龙江省	五常市	市县级	一季稻	18	11	16
86	东北平原区	黑龙江省	延寿县	市县级	一季稻	17	17	17
87	东北平原区	黑龙江农垦	二九〇农场	市县级	一季稻	23	21	13

（续）

序号	区域	省份	地区名称	配方尺度	作物名称	氮（N）	五氧化二磷（P_2O_5）	氧化钾（K_2O）
88	东北平原区	黑龙江农垦	江滨农场	市县级	一季稻	16	27	17
89	东北平原区	黑龙江农垦	江滨农场	市县级	一季稻	19	24	16
90	东北平原区	黑龙江农垦	军川农场	市县级	一季稻	19	25	15
91	东北平原区	黑龙江农垦	军川农场	市县级	一季稻	18	25	17
92	东北平原区	黑龙江农垦	军川农场	市县级	一季稻	19	27	14
93	东北平原区	黑龙江农垦	军川农场	市县级	一季稻	17	30	13
94	东北平原区	黑龙江农垦	军川农场	市县级	一季稻	16	28	16
95	东北平原区	黑龙江农垦	军川农场	市县级	一季稻	16	32	13
96	东北平原区	黑龙江农垦	名山农场	市县级	一季稻	17	27	16
97	东北平原区	黑龙江农垦	名山农场	市县级	一季稻	19	28	12
98	东北平原区	黑龙江农垦	名山农场	市县级	一季稻	20	27	12
99	东北平原区	黑龙江农垦	名山农场	市县级	一季稻	19	26	14
100	东北平原区	黑龙江农垦	名山农场	市县级	一季稻	20	22	16
101	东北平原区	黑龙江农垦	共青农场	市县级	一季稻	14	32	16
102	东北平原区	黑龙江农垦	宝泉岭农场（含汤原、依兰）	市县级	一季稻	14	31	17
103	东北平原区	黑龙江农垦	新华农场	市县级	一季稻	21	22	15
104	东北平原区	黑龙江农垦	普阳农场	市县级	一季稻	17	26	16
105	东北平原区	黑龙江农垦	梧桐河农场	市县级	一季稻	14	27	21
106	东北平原区	黑龙江农垦	友谊农场	市县级	一季稻	16	25	20
107	东北平原区	黑龙江农垦	友谊农场	市县级	一季稻	14	28	19
108	东北平原区	黑龙江农垦	友谊农场	市县级	一季稻	13	26	23
109	东北平原区	黑龙江农垦	友谊农场	市县级	一季稻	15	29	18
110	东北平原区	黑龙江农垦	友谊农场	市县级	一季稻	17	25	17
111	东北平原区	黑龙江农垦	五九七农场	市县级	一季稻	16	23	21
112	东北平原区	黑龙江农垦	五九七农场	市县级	一季稻	14	28	19
113	东北平原区	黑龙江农垦	五九七农场	市县级	一季稻	13	26	23
114	东北平原区	黑龙江农垦	五九七农场	市县级	一季稻	15	29	18
115	东北平原区	黑龙江农垦	八五二农场	市县级	一季稻	24	22	12
116	东北平原区	黑龙江农垦	八五三农场	市县级	一季稻	24	17	15
117	东北平原区	黑龙江农垦	饶河农场	市县级	一季稻	28	14	13
118	东北平原区	黑龙江农垦	饶河农场	市县级	一季稻	22	19	17
119	东北平原区	黑龙江农垦	二九一农场	市县级	一季稻	25	23	10
120	东北平原区	黑龙江农垦	二九一农场	市县级	一季稻	21	22	15
121	东北平原区	黑龙江农垦	二九一农场	市县级	一季稻	18	28	14

（续）

序号	区域	省份	地区名称	配方尺度	作物名称	氮（N）	五氧化二磷（P_2O_5）	氧化钾（K_2O）
122	东北平原区	黑龙江农垦	江川农场	市县级	一季稻	15	28	19
123	东北平原区	黑龙江农垦	曙光农场	市县级	一季稻	13	29	21
124	东北平原区	黑龙江农垦	北兴农场	市县级	一季稻	21	23	14
125	东北平原区	黑龙江农垦	红旗岭农场	市县级	一季稻	22	22	13
126	东北平原区	黑龙江农垦	红旗岭农场	市县级	一季稻	20	25	15
127	东北平原区	黑龙江农垦	宝山农场	市县级	一季稻	16	26	19
128	东北平原区	黑龙江农垦	八五九农场	市县级	一季稻	19	28	13
129	东北平原区	黑龙江农垦	胜利农场	市县级	一季稻	19	25	16
130	东北平原区	黑龙江农垦	七星农场	市县级	一季稻	21	22	15
131	东北平原区	黑龙江农垦	勤得利农场	市县级	一季稻	22	15	20
132	东北平原区	黑龙江农垦	大兴农场	市县级	一季稻	29	13	12
133	东北平原区	黑龙江农垦	大兴农场	市县级	一季稻	24	18	15
134	东北平原区	黑龙江农垦	青龙山农场	市县级	一季稻	18	32	12
135	东北平原区	黑龙江农垦	前进农场	市县级	一季稻	12	28	21
136	东北平原区	黑龙江农垦	前进农场	市县级	一季稻	13	30	19
137	东北平原区	黑龙江农垦	前进农场	市县级	一季稻	12	29	22
138	东北平原区	黑龙江农垦	前进农场	市县级	一季稻	12	28	22
139	东北平原区	黑龙江农垦	创业农场	市县级	一季稻	17	27	17
140	东北平原区	黑龙江农垦	红卫农场	市县级	一季稻	18	27	15
141	东北平原区	黑龙江农垦	前哨农场	市县级	一季稻	16	29	16
142	东北平原区	黑龙江农垦	前锋农场	市县级	一季稻	16	23	20
143	东北平原区	黑龙江农垦	洪河农场	市县级	一季稻	18	24	17
144	东北平原区	黑龙江农垦	鸭绿河农场	市县级	一季稻	19	25	15
145	东北平原区	黑龙江农垦	鸭绿河农场	市县级	一季稻	16	29	16
146	东北平原区	黑龙江农垦	鸭绿河农场	市县级	一季稻	20	28	12
147	东北平原区	黑龙江农垦	鸭绿河农场	市县级	一季稻	19	23	17
148	东北平原区	黑龙江农垦	鸭绿河农场	市县级	一季稻	18	29	13
149	东北平原区	黑龙江农垦	二道河农场	市县级	一季稻	22	18	18
150	东北平原区	黑龙江农垦	二道河农场	市县级	一季稻	17	22	20
151	东北平原区	黑龙江农垦	二道河农场	市县级	一季稻	15	26	20
152	东北平原区	黑龙江农垦	浓江农场	市县级	一季稻	18	29	13
153	东北平原区	黑龙江农垦	八五〇农场	市县级	一季稻	22	20	16
154	东北平原区	黑龙江农垦	八五四农场	市县级	一季稻	22	29	9
155	东北平原区	黑龙江农垦	八五四农场	市县级	一季稻	20	25	14

（续）

序号	区域	省份	地区名称	配方尺度	作物名称	氮（N）	五氧化二磷（P_2O_5）	氧化钾（K_2O）
156	东北平原区	黑龙江农垦	八五四农场	市县级	一季稻	19	30	11
157	东北平原区	黑龙江农垦	八五四农场	市县级	一季稻	20	26	13
158	东北平原区	黑龙江农垦	八五五农场	市县级	一季稻	14	25	23
159	东北平原区	黑龙江农垦	八五六农场	市县级	一季稻	20	23	16
160	东北平原区	黑龙江农垦	八五六农场	市县级	一季稻	20	20	18
161	东北平原区	黑龙江农垦	八五六农场	市县级	一季稻	21	21	15
162	东北平原区	黑龙江农垦	八五六农场	市县级	一季稻	22	19	17
163	东北平原区	黑龙江农垦	八五七农场	市县级	一季稻	16	20	24
164	东北平原区	黑龙江农垦	八五八农场	市县级	一季稻	16	28	17
165	东北平原区	黑龙江农垦	八五一一农场	市县级	一季稻	22	20	15
166	东北平原区	黑龙江农垦	庆丰农场	市县级	一季稻	19	28	13
167	东北平原区	黑龙江农垦	云山农场	市县级	一季稻	21	23	15
168	东北平原区	黑龙江农垦	兴凯湖农场	市县级	一季稻	18	23	18
169	东北平原区	黑龙江农垦	兴凯湖农场	市县级	一季稻	16	24	20
170	东北平原区	黑龙江农垦	兴凯湖农场	市县级	一季稻	19	24	17
171	东北平原区	黑龙江农垦	哈拉海农场	市县级	一季稻	22	13	20
172	东北平原区	黑龙江农垦	查哈阳农场	市县级	一季稻	20	28	12
173	东北平原区	黑龙江农垦	庆阳农场	市县级	一季稻	21	27	12
174	东北平原区	黑龙江农垦	岔林河农场	市县级	一季稻	18	21	21
175	东北平原区	黑龙江农垦	沙河农场	市县级	一季稻	16	19	24
176	东北平原区	黑龙江农垦	闫家岗农场	市县级	一季稻	16	19	24
177	长江流域区	江苏省	高淳区	市县级	晚稻	20	14	17
178	长江流域区	江苏省	溧水区	市县级	一季稻	20	10	15
179	长江流域区	江苏省	溧水区	市县级	一季稻	18	7	20
180	长江流域区	江苏省	江宁区	市县级	晚稻	20	10	15
181	长江流域区	江苏省	六合区	市县级	一季稻	20	10	15
182	长江流域区	江苏省	六合区	市县级	一季稻	18	13	14
183	长江流域区	江苏省	浦口区	市县级	一季稻	18	12	15
184	长江流域区	江苏省	浦口区	市县级	一季稻	14	16	15
185	长江流域区	江苏省	新沂市	市县级	一季稻	15	5	20
186	长江流域区	江苏省	新沂市	市县级	一季稻	13	15	22
187	长江流域区	江苏省	邳州市	市县级	一季稻	25	5	10
188	长江流域区	江苏省	睢宁县	市县级	一季稻	20	10	12
189	长江流域区	江苏省	沛县	市县级	一季稻	20	8	12

（续）

序号	区域	省份	地区名称	配方尺度	作物名称	氮（N）	五氧化二磷（P_2O_5）	氧化钾（K_2O）
190	长江流域区	江苏省	丰县	市县级	一季稻	20	5	6
191	长江流域区	江苏省	贾汪区	市县级	一季稻	20	10	15
192	长江流域区	江苏省	铜山区	市县级	一季稻	23	10	18
193	长江流域区	江苏省	宜兴市	市县级	晚稻	18	9	18
194	长江流域区	江苏省	江阴市	市县级	晚稻	16	8	16
195	长江流域区	江苏省	锡山区	市县级	一季稻	16	8	16
196	长江流域区	江苏省	惠山区	市县级	一季稻	16	8	16
197	长江流域区	江苏省	溧阳市	市县级	晚稻	20	10	10
198	长江流域区	江苏省	金坛区	市县级	晚稻	18	7	10
199	长江流域区	江苏省	武进区	市县级	晚稻	18	10	12
200	长江流域区	江苏省	武进区	市县级	晚稻	20	8	12
201	长江流域区	江苏省	吴中区	市县级	晚稻	16	12	17
202	长江流域区	江苏省	张家港市	市县级	一季稻	15	10	17
203	长江流域区	江苏省	常熟市	市县级	一季稻	22	9	15
204	长江流域区	江苏省	昆山市	市县级	晚稻	19	9	17
205	长江流域区	江苏省	太仓市	市县级	一季稻	20	8	14
206	长江流域区	江苏省	通州区	市县级	一季稻	10	7	8
207	长江流域区	江苏省	通州区	市县级	一季稻	20	8	17
208	长江流域区	江苏省	如皋市	市县级	一季稻	24	4	12
209	长江流域区	江苏省	如皋市	市县级	一季稻	30	4	12
210	长江流域区	江苏省	如皋市	市县级	一季稻	10	5	10
211	长江流域区	江苏省	如东县	市县级	一季稻	15	5	10
212	长江流域区	江苏省	如东县	市县级	一季稻	18	10	12
213	长江流域区	江苏省	如东县	市县级	一季稻	25	6	13
214	长江流域区	江苏省	如东县	市县级	一季稻	22	8	10
215	长江流域区	江苏省	如东县	市县级	一季稻	15	6	9
216	长江流域区	江苏省	灌南县	市县级	一季稻	20	15	10
217	长江流域区	江苏省	灌南县	市县级	一季稻	17	15	13
218	长江流域区	江苏省	灌南县	市县级	一季稻	12	16	12
219	长江流域区	江苏省	东海县	市县级	一季稻	18	7	15
220	长江流域区	江苏省	东海县	市县级	一季稻	20	10	10
221	长江流域区	江苏省	东海县	市县级	一季稻	15	5	15
222	长江流域区	江苏省	灌云县	市县级	一季稻	21	10	12
223	长江流域区	江苏省	灌云县	市县级	一季稻	15	13	14

（续）

序号	区域	省份	地区名称	配方尺度	作物名称	氮 (N)	五氧化二磷 (P_2O_5)	氧化钾 (K_2O)
224	长江流域区	江苏省	灌云县	市县级	一季稻	15	10	6
225	长江流域区	江苏省	赣榆区	市县级	一季稻	20	10	15
226	长江流域区	江苏省	赣榆区	市县级	一季稻	20	10	10
227	长江流域区	江苏省	赣榆区	市县级	一季稻	20	15	10
228	长江流域区	江苏省	海州区	市县级	一季稻	22	10	8
229	长江流域区	江苏省	淮阴区	市县级	一季稻	20	4	6
230	长江流域区	江苏省	淮安区	市县级	一季稻	15	13	17
231	长江流域区	江苏省	清江浦区	市县级	一季稻	20	12	16
232	长江流域区	江苏省	洪泽区	市县级	晚稻	20	6	14
233	长江流域区	江苏省	洪泽区	市县级	晚稻	15	12	18
234	长江流域区	江苏省	洪泽区	市县级	晚稻	20	10	10
235	长江流域区	江苏省	金湖县	市县级	晚稻	20	10	10
236	长江流域区	江苏省	涟水县	市县级	一季稻	20	10	15
237	长江流域区	江苏省	盱眙县	市县级	一季稻	20	8	12
238	长江流域区	江苏省	大丰区	市县级	一季稻	22	8	10
239	长江流域区	江苏省	亭湖区	市县级	一季稻	20	15	10
240	长江流域区	江苏省	盐都区	市县级	晚稻	23	9	9
241	长江流域区	江苏省	盐都区	市县级	晚稻	20	7	15
242	长江流域区	江苏省	盐都区	市县级	晚稻	22	8	12
243	长江流域区	江苏省	东台市	市县级	早稻	16	18	16
244	长江流域区	江苏省	东台市	市县级	早稻	20	5	15
245	长江流域区	江苏省	东台市	市县级	早稻	17	12	15
246	长江流域区	江苏省	东台市	市县级	早稻	18	10	16
247	长江流域区	江苏省	东台市	市县级	早稻	17	15	13
248	长江流域区	江苏省	东台市	市县级	早稻	18	12	16
249	长江流域区	江苏省	射阳县	市县级	一季稻	20	14	9
250	长江流域区	江苏省	建湖县	市县级	一季稻	20	10	10
251	长江流域区	江苏省	建湖县	市县级	一季稻	20	8	12
252	长江流域区	江苏省	建湖县	市县级	一季稻	20	15	10
253	长江流域区	江苏省	阜宁县	市县级	一季稻	26	9	13
254	长江流域区	江苏省	阜宁县	市县级	一季稻	29	10	12
255	长江流域区	江苏省	滨海县	市县级	一季稻	24	14	6
256	长江流域区	江苏省	滨海县	市县级	一季稻	29	15	0
257	长江流域区	江苏省	滨海县	市县级	一季稻	29	9	6

（续）

序号	区域	省份	地区名称	配方尺度	作物名称	氮（N）	五氧化二磷（P_2O_5）	氧化钾（K_2O）
258	长江流域区	江苏省	响水县	市县级	一季稻	20	14	6
259	长江流域区	江苏省	邗江区	市县级	一季稻	15	10	15
260	长江流域区	江苏省	江都区	市县级	一季稻	18	10	12
261	长江流域区	江苏省	宝应区	市县级	一季稻	18	12	10
262	长江流域区	江苏省	高邮市	市县级	一季稻	18	12	10
263	长江流域区	江苏省	仪征市	市县级	早稻	18	10	14
264	长江流域区	江苏省	仪征市	市县级	早稻	18	12	10
265	长江流域区	江苏省	仪征市	市县级	晚稻	18	10	14
266	长江流域区	江苏省	仪征市	市县级	晚稻	18	12	10
267	长江流域区	江苏省	丹阳市	市县级	一季稻	26	10	15
268	长江流域区	江苏省	句容市	市县级	一季稻	16	10	19
269	长江流域区	江苏省	扬中市	市县级	一季稻	20	10	15
270	长江流域区	江苏省	高港区	市县级	一季稻	20	5	15
271	长江流域区	江苏省	姜堰区	市县级	一季稻	27	10	12
272	长江流域区	江苏省	姜堰区	市县级	一季稻	30	6	12
273	长江流域区	江苏省	兴化市	市县级	一季稻	25	5	15
274	长江流域区	江苏省	兴化市	市县级	一季稻	20	10	10
275	长江流域区	江苏省	靖江市	市县级	晚稻	16	8	16
276	长江流域区	江苏省	靖江市	市县级	晚稻	22	10	18
277	长江流域区	江苏省	泰兴市	市县级	一季稻	20	5	15
278	长江流域区	江苏省	宿豫区	市县级	一季稻	20	15	10
279	长江流域区	江苏省	宿豫区	市县级	一季稻	20	10	15
280	长江流域区	江苏省	宿城区	市县级	一季稻	22	8	15
281	长江流域区	江苏省	泗洪县	市县级	晚稻	22	10	13
282	长江流域区	江苏省	泗阳县	市县级	一季稻	20	10	15
283	长江流域区	江苏省	沭阳县	市县级	一季稻	20	11	10
284	长江流域区	安徽省	肥东县	市县级	一季稻	20	10	15
285	长江流域区	安徽省	肥东县	市县级	一季稻	25	8	12
286	长江流域区	安徽省	肥东县	市县级	一季稻	18	12	15
287	长江流域区	安徽省	肥西县	市县级	一季稻	20	8	12
288	长江流域区	安徽省	肥西县	市县级	一季稻	25	8	12
289	长江流域区	安徽省	肥西县	市县级	一季稻	22	11	12
290	长江流域区	安徽省	庐江县	市县级	早稻	10	8	9
291	长江流域区	安徽省	长丰县	市县级	一季稻	22	8	12

（续）

序号	区域	省份	地区名称	配方尺度	作物名称	氮(N)	五氧化二磷(P_2O_5)	氧化钾(K_2O)
292	长江流域区	安徽省	怀远县	市县级	一季稻	18	8	14
293	长江流域区	安徽省	怀远县	市县级	一季稻	24	8	10
294	长江流域区	安徽省	五河县	市县级	一季稻	18	15	12
295	长江流域区	安徽省	五河县	市县级	一季稻	18	11	16
296	长江流域区	安徽省	淮上区	市县级	一季稻	23	11	11
297	长江流域区	安徽省	蚌山区	市县级	一季稻	19	13	12
298	长江流域区	安徽省	禹会区	市县级	一季稻	19	13	12
299	长江流域区	安徽省	龙子湖区	市县级	一季稻	20	10	10
300	长江流域区	安徽省	阜南县	市县级	一季稻	25	6	9
301	长江流域区	安徽省	阜南县	市县级	一季稻	26	7	12
302	长江流域区	安徽省	颍上县	市县级	一季稻	25	9	11
303	长江流域区	安徽省	凤台县	市县级	一季稻	20	12	10
304	长江流域区	安徽省	寿县	市县级	一季稻	28	6	12
305	长江流域区	安徽省	大通区	市县级	一季稻	23	8	14
306	长江流域区	安徽省	潘集区	市县级	一季稻	26	10	12
307	长江流域区	安徽省	明光市	市县级	一季稻	20	10	15
308	长江流域区	安徽省	明光市	市县级	一季稻	18	12	15
309	长江流域区	安徽省	明光市	市县级	一季稻	20	10	15
310	长江流域区	安徽省	明光市	市县级	一季稻	28	9	13
311	长江流域区	安徽省	天长市	市县级	一季稻	18	12	15
312	长江流域区	安徽省	天长市	市县级	一季稻	15	10	15
313	长江流域区	安徽省	天长市	市县级	一季稻	14	12	14
314	长江流域区	安徽省	定远县	市县级	一季稻	20	8	12
315	长江流域区	安徽省	定远县	市县级	一季稻	22	10	13
316	长江流域区	安徽省	凤阳县	市县级	一季稻	20	10	15
317	长江流域区	安徽省	来安县	市县级	早稻	18	12	15
318	长江流域区	安徽省	全椒县	市县级	一季稻	17	12	16
319	长江流域区	安徽省	南谯区	市县级	一季稻	18	12	15
320	长江流域区	安徽省	裕安区	市县级	晚稻	20	10	12
321	长江流域区	安徽省	裕安区	市县级	一季稻	18	10	12
322	长江流域区	安徽省	舒城县	市县级	一季稻	19	10	16
323	长江流域区	安徽省	金寨	市县级	一季稻	20	10	10
324	长江流域区	安徽省	霍山县	市县级	晚稻	15	10	15
325	长江流域区	安徽省	霍山县	市县级	一季稻	20	10	14

（续）

序号	区域	省份	地区名称	配方尺度	作物名称	氮（N）	五氧化二磷（P_2O_5）	氧化钾（K_2O）
326	长江流域区	安徽省	霍邱县	市县级	一季稻	22	8	15
327	长江流域区	安徽省	叶集区	市县级	晚稻	20	10	12
328	长江流域区	安徽省	叶集区	市县级	一季稻	18	10	12
329	长江流域区	安徽省	含山县、当涂县、和县	市县级	一季稻	18	12	15
330	长江流域区	安徽省	繁昌县	市县级	早稻	18	12	15
331	长江流域区	安徽省	繁昌县	市县级	晚稻	18	10	20
332	长江流域区	安徽省	南陵县	市县级	早稻	20	7	18
333	长江流域区	安徽省	南陵县	市县级	一季稻	17	10	18
334	长江流域区	安徽省	无为县	市县级	一季稻	20	10	15
335	长江流域区	安徽省	无为县	市县级	一季稻	18	12	15
336	长江流域区	安徽省	无为县	市县级	一季稻	20	10	15
337	长江流域区	安徽省	无为县	市县级	一季稻	26	10	12
338	长江流域区	安徽省	芜湖县	市县级	一季稻	18	12	15
339	长江流域区	安徽省	宣州区	市县级	一季稻	18	12	15
340	长江流域区	安徽省	宣州区	市县级	一季稻	17	15	16
341	长江流域区	安徽省	宣州区	市县级	一季稻	15	12	18
342	长江流域区	安徽省	宣州区	市县级	早稻	17	13	15
343	长江流域区	安徽省	宣州区	市县级	晚稻	18	13	17
344	长江流域区	安徽省	郎溪县	市县级	一季稻	15	12	18
345	长江流域区	安徽省	广德市	市县级	一季稻	20	10	18
346	长江流域区	安徽省	广德市	市县级	一季稻	19	7	18
347	长江流域区	安徽省	广德市	市县级	一季稻	20	7	13
348	长江流域区	安徽省	宁国市	市县级	一季稻	20	10	18
349	长江流域区	安徽省	泾县	市县级	一季稻	17	13	15
350	长江流域区	安徽省	泾县	市县级	早稻	16	16	16
351	长江流域区	安徽省	泾县	市县级	晚稻	18	13	17
352	长江流域区	安徽省	旌德县	市县级	一季稻	18	12	15
353	长江流域区	安徽省	旌德县	市县级	一季稻	28	9	13
354	长江流域区	安徽省	绩溪县	市县级	一季稻	18	10	12
355	长江流域区	安徽省	枞阳县	市县级	早稻	16	14	10
356	长江流域区	安徽省	枞阳县	市县级	一季稻	19	13	13
357	长江流域区	安徽省	枞阳县	市县级	一季稻	25	13	13
358	长江流域区	安徽省	枞阳县	市县级	晚稻	20	11	11
359	长江流域区	安徽省	贵池区	市县级	一季稻	18	12	15

（续）

序号	区域	省份	地区名称	配方尺度	作物名称	氮 (N)	五氧化二磷 (P_2O_5)	氧化钾 (K_2O)
360	长江流域区	安徽省	青阳县	市县级	一季稻	18	12	15
361	长江流域区	安徽省	东至县	市县级	一季稻	18	12	15
362	长江流域区	安徽省	石台县	市县级	一季稻	20	8	20
363	长江流域区	安徽省	宿松县	市县级	一季稻	19	12	14
364	长江流域区	安徽省	宿松县	市县级	一季稻	20	10	10
365	长江流域区	安徽省	潜山县	市县级	一季稻	20	12	16
366	长江流域区	安徽省	岳西县	市县级	一季稻	16	10	10
367	长江流域区	安徽省	怀宁县	市县级	早稻	20	10	10
368	长江流域区	安徽省	怀宁县	市县级	晚稻	20	10	15
369	长江流域区	安徽省	怀宁县	市县级	一季稻	18	12	15
370	长江流域区	安徽省	望江县	市县级	一季稻	20	10	15
371	长江流域区	安徽省	望江县	市县级	一季稻	18	12	15
372	长江流域区	安徽省	大观区	市县级	一季稻	20	10	15
373	长江流域区	安徽省	宜秀区	市县级	一季稻	20	10	15
374	长江流域区	安徽省	桐城市	市县级	早稻	20	10	10
375	长江流域区	安徽省	桐城市	市县级	一季稻	18	12	15
376	长江流域区	安徽省	桐城市	市县级	晚稻	20	10	15
377	长江流域区	安徽省	太湖县	市县级	早稻	18	12	15
378	长江流域区	安徽省	太湖县	市县级	晚稻	20	10	15
379	长江流域区	安徽省	太湖县	市县级	一季稻	20	10	15
380	长江流域区	安徽省	太湖县	市县级	一季稻	25	10	14
381	长江流域区	安徽省	歙县	市县级	一季稻	16	11	18
382	长江流域区	安徽省	休宁县	市县级	一季稻	16	12	18
383	长江流域区	安徽省	休宁县	市县级	一季稻	13	8	14
384	长江流域区	安徽省	黄山区	市县级	一季稻	20	8	20
385	长江流域区	安徽省	徽州区	市县级	一季稻	16	11	18
386	长江流域区	安徽省	黟县	市县级	一季稻	16	11	18
387	长江流域区	安徽省	祁门县	市县级	一季稻	10	8	12
388	长江流域区	江西省	江西省	省级	早稻	20	10	15
389	长江流域区	江西省	江西省	省级	晚稻	24	10	14
390	长江流域区	江西省	江西省	省级	一季稻	24	10	14
391	长江流域区	江西省	南昌县	市县级	晚稻	20	10	12
392	长江流域区	江西省	进贤县	市县级	早稻	20	10	12
393	长江流域区	江西省	进贤县	市县级	晚稻	20	10	12

（续）

序号	区域	省份	地区名称	配方尺度	作物名称	氮（N）	五氧化二磷（P_2O_5）	氧化钾（K_2O）
394	长江流域区	江西省	安义县	市县级	早稻	21	8	19
395	长江流域区	江西省	安义县	市县级	一季稻	21	8	19
396	长江流域区	江西省	安义县	市县级	晚稻	21	8	19
397	长江流域区	江西省	新建区	市县级	早稻	20	10	12
398	长江流域区	江西省	新建区	市县级	晚稻	20	10	12
399	长江流域区	江西省	新建区	市县级	一季稻	20	10	15
400	长江流域区	江西省	武宁县	市县级	早稻	20	10	15
401	长江流域区	江西省	彭泽县	市县级	早稻	20	10	15
402	长江流域区	江西省	丰城市	市县级	早稻	20	10	15
403	长江流域区	江西省	丰城市	市县级	早稻	16	8	8
404	长江流域区	江西省	丰城市	市县级	晚稻	20	10	15
405	长江流域区	江西省	丰城市	市县级	晚稻	16	8	8
406	长江流域区	江西省	奉新县	市县级	早稻	20	10	15
407	长江流域区	江西省	奉新县	市县级	晚稻	20	10	15
408	长江流域区	江西省	奉新县	市县级	一季稻	20	10	15
409	长江流域区	江西省	高安市	市县级	早稻	20	10	15
410	长江流域区	江西省	高安市	市县级	一季稻	20	10	15
411	长江流域区	江西省	高安市	市县级	晚稻	20	10	15
412	长江流域区	江西省	靖安县	市县级	早稻	20	10	15
413	长江流域区	江西省	靖安县	市县级	一季稻	20	10	15
414	长江流域区	江西省	靖安县	市县级	晚稻	20	10	15
415	长江流域区	江西省	万载县	市县级	早稻	20	10	15
416	长江流域区	江西省	万载县	市县级	一季稻	20	10	15
417	长江流域区	江西省	万载县	市县级	晚稻	20	10	15
418	长江流域区	江西省	宜丰县	市县级	早稻	20	10	15
419	长江流域区	江西省	宜丰县	市县级	一季稻	20	10	15
420	长江流域区	江西省	宜丰县	市县级	晚稻	20	10	15
421	长江流域区	江西省	袁州区	市县级	早稻	20	10	15
422	长江流域区	江西省	袁州区	市县级	一季稻	20	10	15
423	长江流域区	江西省	袁州区	市县级	晚稻	20	10	15
424	长江流域区	江西省	樟树市	市县级	早稻	20	10	15
425	长江流域区	江西省	樟树市	市县级	一季稻	20	10	15
426	长江流域区	江西省	樟树市	市县级	晚稻	20	10	15
427	长江流域区	江西省	上高县	市县级	早稻	18	8	18

（续）

序号	区域	省份	地区名称	配方尺度	作物名称	氮 (N)	五氧化二磷 (P_2O_5)	氧化钾 (K_2O)
428	长江流域区	江西省	上高县	市县级	一季稻	18	10	20
429	长江流域区	江西省	上高县	市县级	晚稻	18	10	20
430	长江流域区	江西省	永丰县	市县级	早稻	20	10	15
431	长江流域区	江西省	永丰县	市县级	晚稻	20	10	15
432	长江流域区	江西省	永丰县	市县级	一季稻	20	10	15
433	长江流域区	江西省	安福县	市县级	早稻	20	10	15
434	长江流域区	江西省	安福县	市县级	晚稻	20	10	15
435	长江流域区	江西省	安福县	市县级	一季稻	20	10	15
436	长江流域区	江西省	吉州区	市县级	早稻	20	10	15
437	长江流域区	江西省	吉州区	市县级	晚稻	20	10	15
438	长江流域区	江西省	青原区	市县级	早稻	20	10	15
439	长江流域区	江西省	青原区	市县级	一季稻	20	10	15
440	长江流域区	江西省	青原区	市县级	晚稻	20	10	15
441	长江流域区	江西省	遂川县	市县级	早稻	20	10	15
442	长江流域区	江西省	遂川县	市县级	晚稻	20	10	15
443	长江流域区	江西省	遂川县	市县级	一季稻	20	10	15
444	长江流域区	江西省	新干县	市县级	早稻	20	10	15
445	长江流域区	江西省	新干县	市县级	晚稻	20	10	15
446	长江流域区	江西省	新干县	市县级	一季稻	20	10	15
447	长江流域区	江西省	永新县	市县级	早稻	20	10	15
448	长江流域区	江西省	永新县	市县级	晚稻	20	10	15
449	长江流域区	江西省	永新县	市县级	一季稻	20	10	15
450	长江流域区	江西省	井冈山市	市县级	早稻	20	10	15
451	长江流域区	江西省	井冈山市	市县级	晚稻	20	10	15
452	长江流域区	江西省	井冈山市	市县级	一季稻	20	10	15
453	长江流域区	江西省	吉安县	市县级	早稻	20	10	15
454	长江流域区	江西省	吉安县	市县级	晚稻	20	10	15
455	长江流域区	江西省	吉安县	市县级	一季稻	20	10	15
456	长江流域区	江西省	婺源县	市县级	一季稻	24	10	14
457	长江流域区	江西省	信州区	市县级	早稻	20	10	15
458	长江流域区	江西省	信州区	市县级	一季稻	24	10	14
459	长江流域区	江西省	铅山县	市县级	早稻	20	10	15
460	长江流域区	江西省	铅山县	市县级	晚稻	24	10	14
461	长江流域区	江西省	铅山县	市县级	一季稻	24	10	14

（续）

序号	区域	省份	地区名称	配方尺度	作物名称	氮（N）	五氧化二磷（P_2O_5）	氧化钾（K_2O）
462	长江流域区	江西省	万年县	市县级	早稻	20	10	15
463	长江流域区	江西省	万年县	市县级	一季稻	22	11	17
464	长江流域区	江西省	余干县	市县级	早稻	20	10	15
465	长江流域区	江西省	余干县	市县级	一季稻	20	10	15
466	长江流域区	江西省	弋阳县	市县级	早稻	22	11	17
467	长江流域区	江西省	弋阳县	市县级	一季稻	22	11	17
468	长江流域区	江西省	弋阳县	市县级	晚稻	22	11	17
469	长江流域区	江西省	广丰区	市县级	一季稻	24	10	14
470	长江流域区	江西省	玉山县	市县级	早稻	22	11	17
471	长江流域区	江西省	玉山县	市县级	晚稻	22	11	17
472	长江流域区	江西省	玉山县	市县级	一季稻	20	10	15
473	长江流域区	江西省	德兴市	市县级	一季稻	22	11	17
474	长江流域区	江西省	东乡区	市县级	早稻	20	10	15
475	长江流域区	江西省	东乡区	市县级	一季稻	20	10	15
476	长江流域区	江西省	东乡区	市县级	晚稻	20	10	15
477	长江流域区	江西省	崇仁县	市县级	早稻	20	10	15
478	长江流域区	江西省	崇仁县	市县级	晚稻	21	10	15
479	长江流域区	江西省	崇仁县	市县级	一季稻	20	7	15
480	长江流域区	江西省	宜黄县	市县级	早稻	20	10	15
481	长江流域区	江西省	宜黄县	市县级	一季稻	20	10	15
482	长江流域区	江西省	宜黄县	市县级	晚稻	20	10	15
483	长江流域区	江西省	南丰县	市县级	早稻	22	11	17
484	长江流域区	江西省	南丰县	市县级	晚稻	22	11	17
485	长江流域区	江西省	南丰县	市县级	一季稻	22	11	17
486	长江流域区	江西省	上栗县	市县级	早稻	20	10	15
487	长江流域区	江西省	上栗县	市县级	一季稻	20	10	15
488	长江流域区	江西省	上栗县	市县级	晚稻	20	10	15
489	长江流域区	江西省	莲花县	市县级	早稻	20	10	15
490	长江流域区	江西省	莲花县	市县级	晚稻	24	10	14
491	长江流域区	江西省	莲花县	市县级	一季稻	24	10	14
492	长江流域区	江西省	余江区	市县级	早稻	20	10	15
493	长江流域区	江西省	余江区	市县级	一季稻	20	10	15
494	长江流域区	江西省	余江区	市县级	晚稻	20	10	15
495	长江流域区	江西省	贵溪市	市县级	早稻	20	10	15

（续）

序号	区域	省份	地区名称	配方尺度	作物名称	氮（N）	五氧化二磷（P_2O_5）	氧化钾（K_2O）
496	长江流域区	江西省	贵溪市	市县级	一季稻	20	10	15
497	长江流域区	江西省	贵溪市	市县级	晚稻	22	13	15
498	长江流域区	江西省	渝水区	市县级	早稻	20	10	15
499	长江流域区	江西省	渝水区	市县级	晚稻	20	10	15
500	长江流域区	江西省	分宜县	市县级	早稻	20	10	15
501	长江流域区	江西省	分宜县	市县级	晚稻	15	15	15
502	长江流域区	江西省	分宜县	市县级	一季稻	16	16	16
503	长江流域区	江西省	乐平市	市县级	早稻	20	10	15
504	长江流域区	江西省	会昌县	市县级	早稻	20	10	15
505	长江流域区	江西省	会昌县	市县级	晚稻	20	10	15
506	长江流域区	江西省	会昌县	市县级	一季稻	20	10	15
507	长江流域区	江西省	宁都县	市县级	早稻	20	10	15
508	长江流域区	江西省	宁都县	市县级	晚稻	20	10	15
509	长江流域区	江西省	宁都县	市县级	一季稻	20	10	15
510	长江流域区	江西省	瑞金市	市县级	早稻	20	10	15
511	长江流域区	江西省	瑞金市	市县级	晚稻	20	10	15
512	长江流域区	江西省	章贡区	市县级	早稻	20	10	15
513	长江流域区	江西省	章贡区	市县级	晚稻	22	9	13
514	长江流域区	江西省	崇义县	市县级	早稻	20	10	15
515	长江流域区	江西省	崇义县	市县级	晚稻	20	10	15
516	长江流域区	江西省	崇义县	市县级	一季稻	20	10	15
517	长江流域区	江西省	全南县	市县级	早稻	20	10	15
518	长江流域区	江西省	全南县	市县级	晚稻	20	10	15
519	长江流域区	江西省	全南县	市县级	一季稻	20	10	15
520	长江流域区	江西省	龙南县	市县级	早稻	20	10	15
521	长江流域区	江西省	龙南县	市县级	晚稻	20	10	15
522	长江流域区	江西省	龙南县	市县级	一季稻	22	11	17
523	长江流域区	江西省	安远县	市县级	早稻	20	10	15
524	长江流域区	江西省	安远县	市县级	晚稻	20	10	15
525	长江流域区	江西省	安远县	市县级	一季稻	20	10	15
526	长江流域区	江西省	于都县	市县级	早稻	20	10	15
527	长江流域区	江西省	于都县	市县级	晚稻	20	10	15
528	长江流域区	江西省	于都县	市县级	一季稻	20	10	15
529	长江流域区	江西省	上犹县	市县级	早稻	20	10	15

（续）

序号	区域	省份	地区名称	配方尺度	作物名称	氮(N)	五氧化二磷(P_2O_5)	氧化钾(K_2O)
530	长江流域区	江西省	上犹县	市县级	晚稻	20	8	12
531	长江流域区	江西省	上犹县	市县级	一季稻	22	11	17
532	长江流域区	江西省	赣县区	市县级	早稻	20	10	15
533	长江流域区	江西省	赣县区	市县级	晚稻	20	10	15
534	长江流域区	江西省	赣县区	市县级	一季稻	20	10	15
535	长江流域区	江西省	南康区	市县级	早稻	20	10	15
536	长江流域区	江西省	南康区	市县级	一季稻	20	10	15
537	长江流域区	江西省	南康区	市县级	晚稻	20	10	15
538	长江流域区	江西省	寻乌县	市县级	早稻	20	10	15
539	长江流域区	江西省	寻乌县	市县级	晚稻	20	10	15
540	长江流域区	江西省	寻乌县	市县级	一季稻	20	10	15
541	长江流域区	江西省	信丰县	市县级	早稻	20	10	15
542	长江流域区	江西省	信丰县	市县级	晚稻	20	10	15
543	长江流域区	江西省	石城县	市县级	早稻	20	10	15
544	长江流域区	江西省	石城县	市县级	晚稻	20	10	15
545	长江流域区	江西省	兴国县	市县级	早稻	20	10	15
546	长江流域区	江西省	兴国县	市县级	晚稻	20	10	15
547	长江流域区	江西省	兴国县	市县级	一季稻	20	10	15
548	长江流域区	河南省	桐柏县	市县级	一季稻	20	10	15
549	长江流域区	河南省	南召县	市县级	一季稻	25	6	9
550	长江流域区	河南省	濮阳县	市县级	一季稻	17	18	5
551	长江流域区	河南省	平桥区	市县级	一季稻	23	10	12
552	长江流域区	河南省	封丘县	市县级	一季稻	18	15	12
553	长江流域区	河南省	获嘉县	市县级	一季稻	18	15	7
554	长江流域区	河南省	获嘉县	市县级	一季稻	18	15	8
555	长江流域区	河南省	获嘉县	市县级	一季稻	22	13	10
556	长江流域区	河南省	息县	市县级	一季稻	27	9	9
557	长江流域区	河南省	固始县	市县级	一季稻	11	11	9
558	长江流域区	河南省	固始县	市县级	一季稻	14	7	7.5
559	长江流域区	河南省	合并区	市县级	一季稻	20	10	10
560	长江流域区	河南省	商城县	市县级	一季稻	28	13	7
561	长江流域区	河南省	新县	市县级	一季稻	11	3	5
562	长江流域区	河南省	新县	市县级	一季稻	11	5	5
563	长江流域区	河南省	新县	市县级	一季稻	11	5	6

（续）

序号	区域	省份	地区名称	配方尺度	作物名称	氮（N）	五氧化二磷（P_2O_5）	氧化钾（K_2O）
564	长江流域区	河南省	新县	市县级	一季稻	12	4	6
565	长江流域区	河南省	新县	市县级	一季稻	24	13	8
566	长江流域区	河南省	光山县	市县级	一季稻	7	6	8
567	长江流域区	河南省	光山县	市县级	一季稻	24	15	15
568	长江流域区	河南省	潢川县	市县级	一季稻	11	11	9
569	长江流域区	河南省	潢川县	市县级	一季稻	25	12	10
570	长江流域区	河南省	潢川县	市县级	一季稻	25	10	8
571	长江流域区	河南省	罗山县	市县级	一季稻	25 23	8 10	12 12
572	长江流域区	河南省	罗山县	市县级	一季稻	25	10	12
573	长江流域区	河南省	正阳县	市县级	一季稻	26	10	12
574	长江流域区	湖北省	黄陂区	市县级	早稻	22	10	12
575	长江流域区	湖北省	黄陂区	市县级	晚稻	24	10	16
576	长江流域区	湖北省	黄陂区	市县级	一季稻	22	8	14
577	长江流域区	湖北省	江夏区	市县级	早稻	22	10	16
578	长江流域区	湖北省	江夏区	市县级	晚稻	22	10	16
579	长江流域区	湖北省	江夏区	市县级	一季稻	22	10	16
580	长江流域区	湖北省	新洲区	市县级	早稻	18	12	10
581	长江流域区	湖北省	新洲区	市县级	晚稻	20	10	15
582	长江流域区	湖北省	新洲区	市县级	一季稻	22	8	15
583	长江流域区	湖北省	阳新县	市县级	一季稻	12	5	6
584	长江流域区	湖北省	丹江口市	市县级	一季稻	18	6	6
585	长江流域区	湖北省	郧阳区	市县级	一季稻	16	7	7
586	长江流域区	湖北省	郧西县	市县级	一季稻	20	8	12
587	长江流域区	湖北省	竹山县	市县级	一季稻	24	7	9
588	长江流域区	湖北省	竹溪县	市县级	一季稻	15	5	10
589	长江流域区	湖北省	房县	市县级	一季稻	12	7	6
590	长江流域区	湖北省	沙市区	市县级	一季稻	25	10	16
591	长江流域区	湖北省	江陵县	市县级	一季稻	26	10	15
592	长江流域区	湖北省	松滋市	市县级	一季稻	25	10	15
593	长江流域区	湖北省	公安县	市县级	一季稻	22	9	14
594	长江流域区	湖北省	石首市	市县级	早稻	20	12	13
595	长江流域区	湖北省	石首市	市县级	晚稻	20	9	16
596	长江流域区	湖北省	石首市	市县级	一季稻	20	12	13

（续）

序号	区域	省份	地区名称	配方尺度	作物名称	氮 (N)	五氧化二磷 (P_2O_5)	氧化钾 (K_2O)
597	长江流域区	湖北省	监利县	市县级	早稻	22	11	12
598	长江流域区	湖北省	监利县	市县级	晚稻	22	8	15
599	长江流域区	湖北省	监利县	市县级	一季稻	5	10	16
600	长江流域区	湖北省	洪湖市	市县级	一季稻	26	10	16
601	长江流域区	湖北省	洪湖市	市县级	早稻	20	16	10
602	长江流域区	湖北省	洪湖市	市县级	晚稻	26	10	16
603	长江流域区	湖北省	宜昌市	市县级	一季稻	18	5	12
604	长江流域区	湖北省	南漳县	市县级	一季稻	20	12	13
605	长江流域区	湖北省	老河口市	市县级	一季稻	14	7	7
606	长江流域区	湖北省	襄州区	市县级	一季稻	20	6	14
607	长江流域区	湖北省	襄州区	市县级	一季稻	22	7	16
608	长江流域区	湖北省	襄州区	市县级	一季稻	25	8	18
609	长江流域区	湖北省	襄州区	市县级	一季稻	20	9	11
610	长江流域区	湖北省	襄州区	市县级	一季稻	22	10	13
611	长江流域区	湖北省	襄州区	市县级	一季稻	25	12	14
612	长江流域区	湖北省	宜城市	市县级	一季稻	22	8	10
613	长江流域区	湖北省	枣阳市	市县级	一季稻	25	7	11
614	长江流域区	湖北省	鄂州市	市县级	早稻	15	8	7
615	长江流域区	湖北省	鄂州市	市县级	晚稻	22	11	12
616	长江流域区	湖北省	鄂州市	市县级	一季稻	22	9	14
617	长江流域区	湖北省	东宝区	市县级	一季稻	26	10	15
618	长江流域区	湖北省	掇刀区	市县级	一季稻	26	12	14
619	长江流域区	湖北省	京山市	市县级	早稻	25	12	14
620	长江流域区	湖北省	京山市	市县级	晚稻	26	12	14
621	长江流域区	湖北省	京山市	市县级	一季稻	26	12	14
622	长江流域区	湖北省	屈家岭	市县级	一季稻	15	5	10
623	长江流域区	湖北省	屈家岭	市县级	一季稻	18	7	5
624	长江流域区	湖北省	沙洋县	市县级	早稻	16	5	9
625	长江流域区	湖北省	沙洋县	市县级	一季稻	16	5	9
626	长江流域区	湖北省	钟祥市	市县级	一季稻	25	12	12
627	长江流域区	湖北省	孝感市	市县级	早稻	23	10	12
628	长江流域区	湖北省	孝感市	市县级	早稻	25	10	16
629	长江流域区	湖北省	孝感市	市县级	晚稻	23	7	15
630	长江流域区	湖北省	孝感市	市县级	晚稻	28	9	13

（续）

序号	区域	省份	地区名称	配方尺度	作物名称	氮 (N)	五氧化二磷 (P_2O_5)	氧化钾 (K_2O)
631	长江流域区	湖北省	孝感市	市县级	一季稻	14	10	10
632	长江流域区	湖北省	孝感市	市县级	一季稻	23	9	13
633	长江流域区	湖北省	孝感市	市县级	一季稻	18	12	15
634	长江流域区	湖北省	孝感市	市县级	一季稻	17	8	20
635	长江流域区	湖北省	孝感市	市县级	一季稻	23	10	13
636	长江流域区	湖北省	孝感市	市县级	一季稻	26	10	12
637	长江流域区	湖北省	孝感市	市县级	一季稻	28	10	13
638	长江流域区	湖北省	孝感市	市县级	一季稻	25	10	16
639	长江流域区	湖北省	黄州区	市县级	一季稻	20	9	16
640	长江流域区	湖北省	团风县	市县级	一季稻	25	10	16
641	长江流域区	湖北省	红安县	市县级	一季稻	20	10	15
642	长江流域区	湖北省	麻城市	市县级	早稻	26	15	10
643	长江流域区	湖北省	麻城市	市县级	晚稻	23	10	18
644	长江流域区	湖北省	麻城市	市县级	一季稻	26	10	15
645	长江流域区	湖北省	罗田县	市县级	早稻	15	8	7
646	长江流域区	湖北省	罗田县	市县级	晚稻	15	6	9
647	长江流域区	湖北省	罗田县	市县级	一季稻	15	6	9
648	长江流域区	湖北省	罗田县	市县级	一季稻	24	10	15
649	长江流域区	湖北省	罗田县	市县级	一季稻	25	10	16
650	长江流域区	湖北省	英山县	市县级	一季稻	15	6	9
651	长江流域区	湖北省	浠水县	市县级	早稻	18	15	12
652	长江流域区	湖北省	浠水县	市县级	晚稻	18	12	15
653	长江流域区	湖北省	浠水县	市县级	一季稻	18	11	16
654	长江流域区	湖北省	蕲春县	市县级	早稻	15	8	7
655	长江流域区	湖北省	蕲春县	市县级	晚稻	15	8	9
656	长江流域区	湖北省	蕲春县	市县级	一季稻	20	9	10
657	长江流域区	湖北省	武穴市	市县级	一季稻	20	10	15
658	长江流域区	湖北省	黄梅县	市县级	一季稻	22	11	12
659	长江流域区	湖北省	黄梅县	市县级	一季稻	21	12	12
660	长江流域区	湖北省	龙感湖管理区	市县级	一季稻	20	15	10
661	长江流域区	湖北省	龙感湖管理区	市县级	一季稻	20	12	13
662	长江流域区	湖北省	龙感湖管理区	市县级	一季稻	15	11	12
663	长江流域区	湖北省	崇阳县	市县级	一季稻	22	8	12
664	长江流域区	湖北省	崇阳县	市县级	早稻	20	12	13

（续）

序号	区域	省份	地区名称	配方尺度	作物名称	氮 (N)	五氧化二磷 (P_2O_5)	氧化钾 (K_2O)
665	长江流域区	湖北省	崇阳县	市县级	晚稻	20	12	13
666	长江流域区	湖北省	赤壁市	市县级	一季稻	22	8	12
667	长江流域区	湖北省	赤壁市	市县级	早稻	20	12	13
668	长江流域区	湖北省	赤壁市	市县级	晚稻	20	12	13
669	长江流域区	湖北省	赤壁市	市县级	一季稻	22	8	12
670	长江流域区	湖北省	嘉鱼县	市县级	一季稻	20	9	16
671	长江流域区	湖北省	通城县	市县级	早稻	13	6	4
672	长江流域区	湖北省	通城县	市县级	晚稻	13	4	6
673	长江流域区	湖北省	通城县	市县级	一季稻	14	6	6
674	长江流域区	湖北省	咸安区	市县级	早稻	13	6	4
675	长江流域区	湖北省	咸安区	市县级	晚稻	13	4	6
676	长江流域区	湖北省	咸安区	市县级	一季稻	14	6	6
677	长江流域区	湖北省	通山县	市县级	早稻	14	6	4
678	长江流域区	湖北省	通山县	市县级	晚稻	14	4	6
679	长江流域区	湖北省	通山县	市县级	一季稻	15	6	6
680	长江流域区	湖北省	来凤县	市县级	一季稻	18	10	12
681	长江流域区	湖北省	来凤县	市县级	一季稻	27	11	16
682	长江流域区	湖北省	利川市	市县级	一季稻	15	10	15
683	长江流域区	湖北省	利川市	市县级	一季稻	18	10	15
684	长江流域区	湖北省	曾都区	市县级	一季稻	27	10	12
685	长江流域区	湖北省	曾都区	市县级	一季稻	24	10	15
686	长江流域区	湖北省	广水市	市县级	一季稻	22	11	12
687	长江流域区	湖北省	随县	市县级	一季稻	20	8	12
688	长江流域区	湖北省	仙桃市	市县级	一季稻	25	10	16
689	长江流域区	湖北省	天门市	市县级	早稻	23	16	9
690	长江流域区	湖北省	天门市	市县级	晚稻	23	8	17
691	长江流域区	湖北省	天门市	市县级	一季稻	23	12	13
692	长江流域区	湖北省	潜江市	市县级	一季稻	21	9	12
693	长江流域区	湖北省	潜江市	市县级	一季稻	20	10	10
694	长江流域区	湖北省	潜江市	市县级	一季稻	22	11	12
695	长江流域区	湖北省	神农架林区	市县级	一季稻	15	8	9
696	长江流域区	湖南省	长沙县	市县级	早稻	12	4	9
697	长江流域区	湖南省	长沙县	市县级	晚稻	12	4	9
698	长江流域区	湖南省	长沙县	市县级	早稻	20	8	12

（续）

序号	区域	省份	地区名称	配方尺度	作物名称	氮 (N)	五氧化二磷 (P_2O_5)	氧化钾 (K_2O)
699	长江流域区	湖南省	长沙县	市县级	晚稻	20	8	12
700	长江流域区	湖南省	长沙县	市县级	早稻	17	7	14
701	长江流域区	湖南省	长沙县	市县级	一季稻	20	8	12
702	长江流域区	湖南省	望城区	市县级	一季稻	12	5	6
703	长江流域区	湖南省	浏阳市	市县级	早稻	20	10	10
704	长江流域区	湖南省	浏阳市	市县级	晚稻	22	8	10
705	长江流域区	湖南省	浏阳市	市县级	一季稻	22	8	10
706	长江流域区	湖南省	宁乡市	市县级	早稻	22	8	15
707	长江流域区	湖南省	宁乡市	市县级	早稻	15	6	8
708	长江流域区	湖南省	宁乡市	市县级	晚稻	26	10	15
709	长江流域区	湖南省	宁乡市	市县级	一季稻	20	8	12
710	长江流域区	湖南省	宁乡市	市县级	一季稻	26	8	17
711	长江流域区	湖南省	华容县	市县级	早稻	20	8	12
712	长江流域区	湖南省	华容县	市县级	晚稻	23	8	14
713	长江流域区	湖南省	华容县	市县级	一季稻	22	9	14
714	长江流域区	湖南省	临湘市	市县级	早稻	21	10	14
715	长江流域区	湖南省	临湘市	市县级	晚稻	22	9	14
716	长江流域区	湖南省	临湘市	市县级	一季稻	22	10	13
717	长江流域区	湖南省	屈原管理区	市县级	早稻	20	10	10
718	长江流域区	湖南省	屈原管理区	市县级	晚稻	20	8	12
719	长江流域区	湖南省	湘阴县	市县级	早稻	20	10	10
720	长江流域区	湖南省	湘阴县	市县级	晚稻	20	8	12
721	长江流域区	湖南省	湘阴县	市县级	一季稻	20	8	12
722	长江流域区	湖南省	岳阳县	市县级	早稻	20	10	10
723	长江流域区	湖南省	岳阳县	市县级	一季稻	20	8	12
724	长江流域区	湖南省	岳阳县	市县级	晚稻	22	8	10
725	长江流域区	湖南省	汨罗市	市县级	早稻	18	10	12
726	长江流域区	湖南省	汨罗市	市县级	晚稻	20	8	12
727	长江流域区	湖南省	汨罗市	市县级	一季稻	20	8	12
728	长江流域区	湖南省	平江县	市县级	早稻	15	7	8
729	长江流域区	湖南省	平江县	市县级	晚稻	20	8	12
730	长江流域区	湖南省	平江县	市县级	一季稻	20	10	10
731	长江流域区	湖南省	赫山区	市县级	早稻	20	10	10
732	长江流域区	湖南省	赫山区	市县级	早稻	15	7	8

（续）

序号	区域	省份	地区名称	配方尺度	作物名称	氮(N)	五氧化二磷(P_2O_5)	氧化钾(K_2O)
733	长江流域区	湖南省	赫山区	市县级	晚稻	21	7	12
734	长江流域区	湖南省	赫山区	市县级	晚稻	20	8	12
735	长江流域区	湖南省	赫山区	市县级	一季稻	20	10	10
736	长江流域区	湖南省	桃江县	市县级	早稻	20	10	10
737	长江流域区	湖南省	桃江县	市县级	早稻	22	11	12
738	长江流域区	湖南省	桃江县	市县级	晚稻	20	8	12
739	长江流域区	湖南省	桃江县	市县级	一季稻	22	11	12
740	长江流域区	湖南省	安化县	市县级	一季稻	18	10	12
741	长江流域区	湖南省	沅江市	市县级	早稻	20	8	12
742	长江流域区	湖南省	沅江市	市县级	晚稻	21	7	12
743	长江流域区	湖南省	南县	市县级	晚稻	22	8	10
744	长江流域区	湖南省	湘潭县	市县级	早稻	20	8	12
745	长江流域区	湖南省	湘潭县	市县级	晚稻	20	8	12
746	长江流域区	湖南省	湘潭县	市县级	一季稻	20	8	12
747	长江流域区	湖南省	湘乡市	市县级	早稻	20	8	12
748	长江流域区	湖南省	湘乡市	市县级	晚稻	20	8	12
749	长江流域区	湖南省	湘乡市	市县级	一季稻	20	8	12
750	长江流域区	湖南省	湘乡市	市县级	晚稻	13	5	7
751	长江流域区	湖南省	韶山市	市县级	早稻	20	8	12
752	长江流域区	湖南省	韶山市	市县级	晚稻	20	8	12
753	长江流域区	湖南省	韶山市	市县级	一季稻	22	10	13
754	长江流域区	湖南省	雨湖区	市县级	早稻	20	8	12
755	长江流域区	湖南省	雨湖区	市县级	晚稻	20	8	12
756	长江流域区	湖南省	雨湖区	市县级	一季稻	21	9	13
757	长江流域区	湖南省	桂阳县	市县级	晚稻	16	9	12
758	长江流域区	湖南省	桂阳县	市县级	一季稻	16	12	12
759	长江流域区	湖南省	桂阳县	市县级	早稻	15	15	13
760	长江流域区	湖南省	嘉禾县	市县级	晚稻	18	10	12
761	长江流域区	湖南省	嘉禾县	市县级	一季稻	17	13	10
762	长江流域区	湖南省	永兴县	市县级	早稻	15	7	8
763	长江流域区	湖南省	永兴县	市县级	晚稻	15	10	15
764	长江流域区	湖南省	永兴县	市县级	一季稻	13	4	8
765	长江流域区	湖南省	资兴市	市县级	早稻	12	7	6
766	长江流域区	湖南省	资兴市	市县级	早稻	14	9	7

（续）

序号	区域	省份	地区名称	配方尺度	作物名称	氮(N)	五氧化二磷(P_2O_5)	氧化钾(K_2O)
767	长江流域区	湖南省	资兴市	市县级	早稻	19	12	9
768	长江流域区	湖南省	资兴市	市县级	一季稻	11	9	5
769	长江流域区	湖南省	资兴市	市县级	一季稻	13	11	6
770	长江流域区	湖南省	资兴市	市县级	一季稻	18	14	8
771	长江流域区	湖南省	资兴市	市县级	晚稻	13	6	6
772	长江流域区	湖南省	资兴市	市县级	晚稻	16	7	7
773	长江流域区	湖南省	资兴市	市县级	晚稻	21	10	9
774	长江流域区	湖南省	宜章县	市县级	早稻	18	10	12
775	长江流域区	湖南省	宜章县	市县级	早稻	20	10	10
776	长江流域区	湖南省	宜章县	市县级	一季稻	20	10	15
777	长江流域区	湖南省	宜章县	市县级	一季稻	18	14	8
778	长江流域区	湖南省	宜章县	市县级	晚稻	16	7	7
779	长江流域区	湖南省	宜章县	市县级	晚稻	21	10	9
780	长江流域区	湖南省	汝城县	市县级	一季稻	13	5	7
781	长江流域区	湖南省	零陵县	市县级	早稻	18	6	10
782	长江流域区	湖南省	零陵县	市县级	晚稻	21	7	12
783	长江流域区	湖南省	零陵县	市县级	一季稻	20	8	12
784	长江流域区	湖南省	道县	市县级	早稻	15	8	7
785	长江流域区	湖南省	道县	市县级	晚稻	15	7	8
786	长江流域区	湖南省	道县	市县级	一季稻	15	8	7
787	长江流域区	湖南省	东安县	市县级	晚稻	18	12	15
788	长江流域区	湖南省	东安县	市县级	晚稻	20	10	15
789	长江流域区	湖南省	江华县	市县级	早稻	12	5	8
790	长江流域区	湖南省	江华县	市县级	早稻	12	4	9
791	长江流域区	湖南省	江华县	市县级	晚稻	12	5	8
792	长江流域区	湖南省	江华县	市县级	晚稻	12	4	9
793	长江流域区	湖南省	江华县	市县级	一季稻	12	5	8
794	长江流域区	湖南省	江华县	市县级	一季稻	12	4	9
795	长江流域区	湖南省	宁远县	市县级	早稻	14	8	8
796	长江流域区	湖南省	宁远县	市县级	晚稻	20	9	11
797	长江流域区	湖南省	宁远县	市县级	一季稻	17	11	12
798	长江流域区	湖南省	新田县	市县级	早稻	20	10	15
799	长江流域区	湖南省	新田县	市县级	一季稻	20	10	15
800	长江流域区	湖南省	永定区	市县级	一季稻	12	7	11

（续）

序号	区域	省份	地区名称	配方尺度	作物名称	氮(N)	五氧化二磷(P_2O_5)	氧化钾(K_2O)
801	长江流域区	湖南省	永定区	市县级	一季稻	16	9	15
802	长江流域区	湖南省	慈利县	市县级	一季稻	24	9	15
803	长江流域区	湖南省	桑植县	市县级	一季稻	18	10	12
804	长江流域区	湖南省	醴陵市	市县级	早稻	20	8	12
805	长江流域区	湖南省	醴陵市	市县级	晚稻	22	8	10
806	长江流域区	湖南省	醴陵市	市县级	一季稻	25	5	10
807	长江流域区	湖南省	茶陵县	市县级	早稻	20	8	12
808	长江流域区	湖南省	渌口区	市县级	早稻	13	5	7
809	长江流域区	湖南省	渌口区	市县级	晚稻	20	8	12
810	长江流域区	湖南省	渌口区	市县级	晚稻	12	5	8
811	长江流域区	湖南省	渌口区	市县级	一季稻	21	10	14
812	长江流域区	湖南省	临澧县	市县级	早稻	20	8	12
813	长江流域区	湖南省	临澧县	市县级	一季稻	20	8	12
814	长江流域区	湖南省	临澧县	市县级	晚稻	20	8	12
815	长江流域区	湖南省	津市市	市县级	早稻	20	8	12
816	长江流域区	湖南省	津市市	市县级	晚稻	12	5	8
817	长江流域区	湖南省	石门县	市县级	一季稻	16	8	6
818	长江流域区	湖南省	石门县	市县级	一季稻	20	8	12
819	长江流域区	湖南省	石门县	市县级	一季稻	22	8	10
820	长江流域区	湖南省	鼎城区	市县级	早稻	20	8	12
821	长江流域区	湖南省	鼎城区	市县级	晚稻	20	8	12
822	长江流域区	湖南省	鼎城区	市县级	一季稻	20	8	12
823	长江流域区	湖南省	澧县	市县级	早稻	16	10	14
824	长江流域区	湖南省	澧县	市县级	晚稻	16	10	14
825	长江流域区	湖南省	澧县	市县级	一季稻	16	10	14
826	长江流域区	湖南省	桃源县	市县级	早稻	18	10	12
827	长江流域区	湖南省	桃源县	市县级	早稻	20	10	10
828	长江流域区	湖南省	桃源县	市县级	一季稻	18	8	14
829	长江流域区	湖南省	桃源县	市县级	一季稻	20	8	12
830	长江流域区	湖南省	桃源县	市县级	晚稻	20	5	15
831	长江流域区	湖南省	桃源县	市县级	晚稻	18	5	17
832	长江流域区	湖南省	保靖县	市县级	一季稻	17	8	10
833	长江流域区	湖南省	凤凰县	市县级	一季稻	12	6	9
834	长江流域区	湖南省	吉首市	市县级	一季稻	14	8	13

（续）

序号	区域	省份	地区名称	配方尺度	作物名称	氮 (N)	五氧化二磷 (P_2O_5)	氧化钾 (K_2O)
835	长江流域区	湖南省	龙山县	市县级	一季稻	15	8	12
836	长江流域区	湖南省	泸溪县	市县级	一季稻	12	6	7
837	长江流域区	湖南省	永顺县	市县级	一季稻	17	8	10
838	长江流域区	湖南省	花垣县	市县级	一季稻	15	7	10
839	长江流域区	湖南省	古丈县	市县级	一季稻	14	8	13
840	长江流域区	湖南省	隆回县	市县级	早稻	13	5	7
841	长江流域区	湖南省	隆回县	市县级	晚稻	14	5	6
842	长江流域区	湖南省	隆回县	市县级	一季稻	18	8	16
843	长江流域区	湖南省	隆回县	市县级	一季稻	20	8	12
844	长江流域区	湖南省	城步县	市县级	一季稻	11	6	8
845	长江流域区	湖南省	洞口县	市县级	晚稻	20	8	12
846	长江流域区	湖南省	洞口县	市县级	晚稻	20	8	12
847	长江流域区	湖南省	洞口县	市县级	一季稻	20	10	15
848	长江流域区	湖南省	邵东市	市县级	一季稻	20	8	12
849	长江流域区	湖南省	邵东市	市县级	晚稻	17	5	8
850	长江流域区	湖南省	武冈市	市县级	早稻	20	12	11
851	长江流域区	湖南省	武冈市	市县级	晚稻	20	12	11
852	长江流域区	湖南省	武冈市	市县级	一季稻	20	10	16
853	长江流域区	湖南省	新宁县	市县级	早稻	18	10	12
854	长江流域区	湖南省	新宁县	市县级	一季稻	18	10	12
855	长江流域区	湖南省	新邵县	市县级	晚稻	20	8	12
856	长江流域区	湖南省	新邵县	市县级	一季稻	20	10	15
857	长江流域区	重庆市	重庆市	省级	一季稻	18	12	10
858	长江流域区	重庆市	梁平区	市县级	一季稻	18	12	10
859	长江流域区	重庆市	忠县	市县级	一季稻	18	12	10
860	长江流域区	重庆市	江津区	市县级	一季稻	20	10	10
861	长江流域区	重庆市	合川区	市县级	一季稻	28	16	7
862	长江流域区	重庆市	合川区	市县级	一季稻	28	14	9
863	长江流域区	重庆市	合川区	市县级	一季稻	26	14	7
864	长江流域区	重庆市	永川区	市县级	一季稻	22	8	10
865	长江流域区	重庆市	南川区	市县级	一季稻	22	8	10
866	长江流域区	重庆市	南川区	市县级	一季稻	20	10	10
867	长江流域区	重庆市	南川区	市县级	一季稻	20	12	8
868	长江流域区	重庆市	万州区	市县级	一季稻	22	8	14

（续）

序号	区域	省份	地区名称	配方尺度	作物名称	氮(N)	五氧化二磷(P_2O_5)	氧化钾(K_2O)
869	长江流域区	重庆市	潼南区	市县级	一季稻	22	10	8
870	长江流域区	重庆市	丰都县	市县级	一季稻	12	6	7
871	长江流域区	重庆市	垫江县	市县级	一季稻	18	12	10
872	长江流域区	重庆市	垫江县	市县级	一季稻	23	11	9
873	长江流域区	重庆市	垫江县	市县级	一季稻	20	8	10
874	长江流域区	重庆市	武隆区	市县级	一季稻	18	7	15
875	长江流域区	重庆市	奉节县	市县级	一季稻	16	12	12
876	长江流域区	重庆市	奉节县	市县级	一季稻	16	10	14
877	长江流域区	重庆市	黔江去	市县级	一季稻	18	12	10
878	长江流域区	重庆市	长寿区	市县级	一季稻	18	12	10
879	长江流域区	重庆市	铜梁区	市县级	一季稻	20	12	8
880	长江流域区	重庆市	大足区	市县级	一季稻	22	12	6
881	长江流域区	重庆市	大足区	市县级	一季稻	24	10	6
882	长江流域区	重庆市	开州区	市县级	一季稻	20	10	10
883	长江流域区	重庆市	云阳县	市县级	一季稻	18	12	10
884	长江流域区	重庆市	石柱县	市县级	一季稻	13	9	8
885	长江流域区	重庆市	秀山县	市县级	一季稻	20	13	12
886	长江流域区	重庆市	酉阳县	市县级	一季稻	18	10	12
887	长江流域区	重庆市	涪陵区	市县级	一季稻	18	10	12
888	长江流域区	重庆市	綦江区	市县级	一季稻	18	12	10
889	长江流域区	重庆市	彭水县	市县级	一季稻	18	12	10
890	长江流域区	重庆市	巴南区	市县级	一季稻	18	14	8
891	长江流域区	重庆市	渝北区	市县级	一季稻	18	12	10
892	长江流域区	重庆市	璧山区	市县级	一季稻	20	12	10
893	长江流域区	重庆市	巫山县	市县级	一季稻	18	12	10
894	长江流域区	重庆市	巫溪县	市县级	一季稻	16	12	10
895	长江流域区	重庆市	城口县	市县级	一季稻	16	12	12
896	长江流域区	重庆市	北碚区	市县级	一季稻	18	12	10
897	长江流域区	重庆市	万盛区	市县级	一季稻	24	8	8
898	长江流域区	重庆市	九龙坡区	市县级	一季稻	16	10	14
899	长江流域区	重庆市	沙坪坝区	市县级	一季稻	22	8	10
900	长江流域区	重庆市	江北区	市县级	一季稻	13	9	13
901	长江流域区	重庆市	南岸区	市县级	一季稻	20	12	8
902	长江流域区	四川省	四川省	省级	一季稻	25	15	10

（续）

序号	区域	省份	地区名称	配方尺度	作物名称	氮（N）	五氧化二磷（P_2O_5）	氧化钾（K_2O）
903	长江流域区	四川省	四川省	省级	一季稻	20	12	8
904	长江流域区	四川省	四川省	省级	一季稻	20	5	5
905	长江流域区	四川省	四川省	省级	一季稻	10	10	10
906	长江流域区	四川省	四川省	省级	一季稻	20	5	5
907	长江流域区	四川省	四川省	省级	一季稻	15	10	10
908	长江流域区	四川省	邛崃市	市县级	早稻	20	8	12
909	长江流域区	四川省	崇州市	市县级	一季稻	10	8	12
910	长江流域区	四川省	都江堰市	市县级	一季稻	13	7	5
911	长江流域区	四川省	金堂县	市县级	一季稻	12	10	18
912	长江流域区	四川省	新津县	市县级	一季稻	13	8	7
913	长江流域区	四川省	郫都区	市县级	一季稻	25	15	10
914	长江流域区	四川省	青白江区	市县级	一季稻	25	15	10
915	长江流域区	四川省	温江区	市县级	一季稻	10	8	8
916	长江流域区	四川省	双流区	市县级	晚稻	13	5	7
917	长江流域区	四川省	涪城区	市县级	一季稻	22	7	6
918	长江流域区	四川省	游仙区	市县级	一季稻	12	10	18
919	长江流域区	四川省	三台县	市县级	一季稻	24	7	9
920	长江流域区	四川省	江油市	市县级	一季稻	25	15	10
921	长江流域区	四川省	梓潼县	市县级	一季稻	21	8	6
922	长江流域区	四川省	梓潼县	市县级	一季稻	22	8	10
923	长江流域区	四川省	自贡市	市县级	一季稻	20	8	12
924	长江流域区	四川省	贡井区	市县级	一季稻	20	8	12
925	长江流域区	四川省	大安区	市县级	一季稻	20	8	12
926	长江流域区	四川省	沿滩区	市县级	一季稻	16	7	7
927	长江流域区	四川省	荣县	市县级	一季稻	20	8	12
928	长江流域区	四川省	米易县	市县级	一季稻	10	6	13
929	长江流域区	四川省	盐边县	市县级	一季稻	12	16	12
930	长江流域区	四川省	江阳区	市县级	一季稻	20	9	11
931	长江流域区	四川省	龙马潭区	市县级	一季稻	20	9	11
932	长江流域区	四川省	纳溪区	市县级	一季稻	10	10	5
933	长江流域区	四川省	泸县	市县级	一季稻	20	9	11
934	长江流域区	四川省	合江县	市县级	一季稻	22	8	10
935	长江流域区	四川省	叙永县	市县级	一季稻	20	12	10
936	长江流域区	四川省	古蔺县	市县级	一季稻	15	13	12

（续）

序号	区域	省份	地区名称	配方尺度	作物名称	氮（N）	五氧化二磷（P₂O₅）	氧化钾（K₂O）
937	长江流域区	四川省	旌阳区	市县级	一季稻	8	8	10
938	长江流域区	四川省	罗江区	市县级	一季稻	20	8	10
939	长江流域区	四川省	中江县	市县级	一季稻	23	7	10
940	长江流域区	四川省	绵竹市	市县级	一季稻	18	8	10
941	长江流域区	四川省	绵竹市	市县级	一季稻	20	8	8
942	长江流域区	四川省	绵竹市	市县级	一季稻	22	7	8
943	长江流域区	四川省	广汉市	市县级	一季稻	20	8	10
944	长江流域区	四川省	什邡市	市县级	一季稻	22	10	8
945	长江流域区	四川省	苍溪县	市县级	一季稻	24	8	8
946	长江流域区	四川省	剑阁县	市县级	早稻	19	7	9
947	长江流域区	四川省	旺苍县	市县级	一季稻	21	9	10
948	长江流域区	四川省	利州区	市县级	一季稻	12	6	6
949	长江流域区	四川省	昭化区	市县级	一季稻	12	6	6
950	长江流域区	四川省	朝天区	市县级	一季稻	12	6	6
951	长江流域区	四川省	船山区	市县级	一季稻	8	15	5
952	长江流域区	四川省	蓬溪县	市县级	一季稻	26	8	6
953	长江流域区	四川省	射洪市	市县级	一季稻	22	10	8
954	长江流域区	四川省	内江市	市县级	一季稻	18	6	5
955	长江流域区	四川省	东兴区	市县级	一季稻	25	15	10
956	长江流域区	四川省	威远县	市县级	一季稻	22	8	10
957	长江流域区	四川省	井研县	市县级	一季稻	26	8	6
958	长江流域区	四川省	犍为县	市县级	一季稻	26	6	8
959	长江流域区	四川省	犍为县	市县级	一季稻	28	6	6
960	长江流域区	四川省	犍为县	市县级	一季稻	20	10	10
961	长江流域区	四川省	市中区	市县级	一季稻	20	6	9
962	长江流域区	四川省	市中区	市县级	一季稻	22	8	10
963	长江流域区	四川省	市中区	市县级	一季稻	24	6	10
964	长江流域区	四川省	市中区	市县级	一季稻	22	8	12
965	长江流域区	四川省	雁江区	市县级	一季稻	25	10	5
966	长江流域区	四川省	安岳县	市县级	一季稻	22	10	8
967	长江流域区	四川省	安岳县	市县级	一季稻	22	9	9
968	长江流域区	四川省	乐至县	市县级	一季稻	26	8	6
969	长江流域区	四川省	翠屏区	市县级	一季稻	24	10	9
970	长江流域区	四川省	南溪区	市县级	一季稻	15	7	8

（续）

序号	区域	省份	地区名称	配方尺度	作物名称	氮 (N)	五氧化二磷 (P_2O_5)	氧化钾 (K_2O)
971	长江流域区	四川省	叙州区	市县级	一季稻	16	7	7
972	长江流域区	四川省	叙州区	市县级	一季稻	22	8	10
973	长江流域区	四川省	长宁县	市县级	一季稻	22	8	10
974	长江流域区	四川省	高县	市县级	一季稻	16	6	8
975	长江流域区	四川省	南部县	市县级	一季稻	25	8	7
976	长江流域区	四川省	西充县	市县级	一季稻	25	9	9
977	长江流域区	四川省	仪陇县	市县级	一季稻	25	8	7
978	长江流域区	四川省	营山县	市县级	一季稻	24	8	8
979	长江流域区	四川省	营山县	市县级	一季稻	26	8	6
980	长江流域区	四川省	开江县	市县级	一季稻	22	8	5
981	长江流域区	四川省	渠县	市县级	一季稻	22	10	8
982	长江流域区	四川省	万源市	市县级	一季稻	22	10	8
983	长江流域区	四川省	雨城区	市县级	一季稻	22	8	9
984	长江流域区	四川省	名山区	市县级	一季稻	12	6	6
985	长江流域区	四川省	汉源县	市县级	一季稻	17	10	12
986	长江流域区	四川省	天全县	市县级	一季稻	16	12	10
987	长江流域区	四川省	天全县	市县级	一季稻	19	11	9
988	长江流域区	四川省	天全县	市县级	一季稻	18	12	9
989	长江流域区	四川省	芦山县	市县级	一季稻	12	7	8
990	长江流域区	四川省	宝兴县	市县级	一季稻	14	12	13
991	长江流域区	四川省	宝兴县	市县级	一季稻	15	11	11
992	长江流域区	四川省	宝兴县	市县级	一季稻	15	11	15
993	长江流域区	四川省	雅安市	市县级	一季稻	15	6	9
994	长江流域区	四川省	西昌市	市县级	晚稻	22	8	10
995	长江流域区	四川省	木里县	市县级	一季稻	12	8	8
996	长江流域区	四川省	雷波县	市县级	一季稻	15	30	10
997	长江流域区	四川省	盐源县	市县级	一季稻	15	10	15
998	长江流域区	四川省	会理县	市县级	一季稻	14	20	14
999	长江流域区	四川省	昭觉县	市县级	早稻	7	9	10
1000	长江流域区	四川省	越西县	市县级	一季稻	20	10	12
1001	长江流域区	四川省	会东县	市县级	一季稻	12	8	5
1002	长江流域区	四川省	广安区	市县级	一季稻	22	10	8
1003	长江流域区	四川省	广安区	市县级	一季稻	22	8	12
1004	长江流域区	四川省	前锋区	市县级	一季稻	16	10	6

（续）

序号	区域	省份	地区名称	配方尺度	作物名称	氮 (N)	五氧化二磷 (P_2O_5)	氧化钾 (K_2O)
1005	长江流域区	四川省	华蓥市	市县级	一季稻	22	8	5
1006	长江流域区	四川省	岳池县	市县级	一季稻	22	10	8
1007	长江流域区	四川省	武胜县	市县级	一季稻	22	10	8
1008	长江流域区	四川省	邻水县	市县级	一季稻	20	8	12
1009	长江流域区	四川省	巴中市	市县级	一季稻	25	12	8
1010	长江流域区	四川省	巴州区	市县级	一季稻	28	10	7
1011	长江流域区	四川省	恩阳区	市县级	一季稻	22	8	5
1012	长江流域区	四川省	南江县	市县级	一季稻	22	10	8
1013	长江流域区	四川省	通江县	市县级	一季稻	22	8	5
1014	长江流域区	四川省	平昌县	市县级	一季稻	25	12	8
1015	长江流域区	四川省	彭山区	市县级	一季稻	16	8	8
1016	长江流域区	四川省	仁寿县	市县级	一季稻	25	15	10
1017	长江流域区	四川省	洪雅县	市县级	一季稻	20	10	15
1018	长江流域区	四川省	丹棱县	市县级	一季稻	20	5	10
1019	长江流域区	四川省	青神县	市县级	一季稻	25	12	8
1020	长江流域区	贵州省	贵州省	省级	一季稻	17	13	15
1021	长江流域区	贵州省	贵州省	省级	一季稻	12	5	8
1022	长江流域区	贵州省	贵州省	省级	一季稻	16	10	14
1023	长江流域区	云南省	文山市	市县级	一季稻	16	8	8
1024	长江流域区	云南省	砚山县	市县级	一季稻	12	8	5
1025	长江流域区	云南省	西畴县	市县级	一季稻	15	5	8
1026	长江流域区	云南省	麻栗坡县	市县级	一季稻	19	7	6
1027	长江流域区	云南省	麻栗坡县	市县级	一季稻	13	5	7
1028	长江流域区	云南省	马关县	市县级	一季稻	13	6	6
1029	长江流域区	云南省	广南县	市县级	一季稻	18	8	9
1030	长江流域区	云南省	富宁县	市县级	一季稻	18	6	8
1031	长江流域区	云南省	大理市	市县级	一季稻	13	5	7
1032	长江流域区	云南省	漾濞县	市县级	一季稻	5	15	5
1033	长江流域区	云南省	祥云县	市县级	一季稻	14	6	5
1034	长江流域区	云南省	南涧县	市县级	一季稻	13	5	7
1035	长江流域区	云南省	弥渡县	市县级	一季稻	15	9	6
1036	长江流域区	云南省	巍山县	市县级	一季稻	20	16	2
1037	长江流域区	云南省	云龙县	市县级	一季稻	15	9	6
1038	长江流域区	云南省	洱源县	市县级	一季稻	14	6	5

（续）

序号	区域	省份	地区名称	配方尺度	作物名称	氮(N)	五氧化二磷(P_2O_5)	氧化钾(K_2O)
1039	长江流域区	云南省	鹤庆县	市县级	一季稻	13	18	15
1040	长江流域区	云南省	景洪市	市县级	一季稻	8	10	11
1041	长江流域区	云南省	勐海县	市县级	一季稻	16	9	9
1042	长江流域区	云南省	勐海县	市县级	一季稻	16	8	10
1043	长江流域区	云南省	隆阳区	市县级	一季稻	13	7	5
1044	长江流域区	云南省	施甸县	市县级	一季稻	13	7	5
1045	长江流域区	云南省	腾冲市	市县级	一季稻	16	9	9
1046	长江流域区	云南省	龙陵县	市县级	一季稻	12	10	8
1047	长江流域区	云南省	龙陵县	市县级	一季稻	13	11	8
1048	长江流域区	云南省	龙陵县	市县级	一季稻	14	12	8
1049	长江流域区	云南省	昌宁县	市县级	一季稻	7	10	9
1050	长江流域区	云南省	昌宁县	市县级	一季稻	6	10	12
1051	长江流域区	云南省	寻甸县	市县级	一季稻	12	7	6
1052	长江流域区	云南省	宜良县	市县级	一季稻	15	12	9
1053	长江流域区	云南省	晋宁区	市县级	一季稻	9	9	11
1054	长江流域区	云南省	石林县	市县级	一季稻	9	9	7
1055	长江流域区	云南省	富民县	市县级	一季稻	12	8	5
1056	长江流域区	云南省	福贡县	市县级	一季稻	14	13	8
1057	长江流域区	云南省	贡山县	市县级	一季稻	15	10	10
1058	长江流域区	云南省	永善县	市县级	一季稻	10	6	8
1059	长江流域区	云南省	大关县	市县级	一季稻	11	8	6
1060	长江流域区	云南省	盐津县	市县级	一季稻	10	10	8
1061	长江流域区	云南省	昭阳区	市县级	一季稻	13	5	4
1062	长江流域区	云南省	彝良县	市县级	一季稻	16	5	4
1063	长江流域区	云南省	彝良县	市县级	一季稻	16	5	4
1064	长江流域区	云南省	个旧市	市县级	一季稻	16	6	8
1065	长江流域区	云南省	屏边县	市县级	一季稻	13	7	5
1066	长江流域区	云南省	屏边县	市县级	一季稻	10	9	6
1067	长江流域区	云南省	元阳区	市县级	一季稻	12	5	8
1068	长江流域区	云南省	元阳区	市县级	一季稻	10	9	6
1069	长江流域区	云南省	红河州	市县级	一季稻	13	7	5
1070	长江流域区	云南省	河口县	市县级	一季稻	20	8	6
1071	长江流域区	云南省	河口县	市县级	一季稻	18	8	6
1072	长江流域区	云南省	古城区	市县级	一季稻	13	5	7

（续）

序号	区域	省份	地区名称	配方尺度	作物名称	氮（N）	五氧化二磷（P_2O_5）	氧化钾（K_2O）
1073	长江流域区	云南省	玉龙县	市县级	一季稻	13	5	7
1074	长江流域区	云南省	永胜县	市县级	一季稻	13	5	7
1075	长江流域区	云南省	华坪县	市县级	一季稻	13	5	7
1076	长江流域区	云南省	宁蒗县	市县级	一季稻	13	5	7
1077	长江流域区	云南省	红塔区	市县级	一季稻	16	12	4
1078	长江流域区	云南省	红塔区	市县级	一季稻	24	6	10
1079	长江流域区	云南省	江川区	市县级	一季稻	13	5	7
1080	长江流域区	云南省	澄江县	市县级	一季稻	21	6	8
1081	长江流域区	云南省	华宁县	市县级	一季稻	18	5	6
1082	长江流域区	云南省	易门县	市县级	一季稻	12	12	10
1083	长江流域区	云南省	峨山县	市县级	一季稻	16	5	5
1084	长江流域区	云南省	峨山县	市县级	一季稻	15	8	8
1085	长江流域区	云南省	新平县	市县级	一季稻	15	8	8
1086	长江流域区	云南省	新平县	市县级	晚稻	14	7	6
1087	长江流域区	云南省	元江县	市县级	早稻	14	8	7
1088	长江流域区	云南省	元江县	市县级	晚稻	14	9	10
1089	长江流域区	云南省	元江县	市县级	一季稻	14	8	7
1090	长江流域区	云南省	楚雄市	市县级	一季稻	22	8	12
1091	长江流域区	云南省	双柏县	市县级	一季稻	19	7	6
1092	长江流域区	云南省	牟定县	市县级	一季稻	13	5	7
1093	长江流域区	云南省	南华县	市县级	一季稻	13	5	7
1094	长江流域区	云南省	姚安县	市县级	一季稻	15	5	5
1095	长江流域区	云南省	大姚县	市县级	一季稻	18	9	5
1096	长江流域区	云南省	大姚县	市县级	一季稻	19	5	8
1097	长江流域区	云南省	永仁县	市县级	一季稻	15	10	10
1098	长江流域区	云南省	永仁县	市县级	一季稻	25	8	10
1099	长江流域区	云南省	元谋县	市县级	一季稻	10	18	12
1100	长江流域区	云南省	武定县	市县级	一季稻	15	10	10
1101	长江流域区	云南省	禄丰县	市县级	一季稻	18	5	7
1102	长江流域区	云南省	禄丰县	市县级	一季稻	14	6	5
1103	长江流域区	云南省	禄丰县	市县级	一季稻	21	8	9
1104	长江流域区	云南省	禄丰县	市县级	一季稻	23	10	12
1105	长江流域区	云南省	云县	市县级	一季稻	18	6	5
1106	长江流域区	云南省	云县	市县级	一季稻	14	7	6

（续）

序号	区域	省份	地区名称	配方尺度	作物名称	氮 (N)	五氧化二磷 (P_2O_5)	氧化钾 (K_2O)
1107	长江流域区	云南省	云县	市县级	一季稻	11	6	4
1108	长江流域区	云南省	临翔区	市县级	一季稻	15	10	10
1109	长江流域区	云南省	永德县	市县级	一季稻	15	6	8
1110	长江流域区	云南省	永德县	市县级	一季稻	18	5	7
1111	长江流域区	云南省	沧源县	市县级	一季稻	14	10	6
1112	长江流域区	云南省	耿马县	市县级	一季稻	15	8	6
1113	长江流域区	云南省	耿马县	市县级	一季稻	15	7	5
1114	长江流域区	云南省	耿马县	市县级	一季稻	10	10	5
1115	长江流域区	云南省	镇康县	市县级	一季稻	8	10	9
1116	长江流域区	云南省	双江县	市县级	一季稻	10	20	10
1117	长江流域区	云南省	墨江县	市县级	一季稻	12	8	5
1118	长江流域区	云南省	墨江县	市县级	一季稻	18	12	10
1119	长江流域区	云南省	澜沧县	市县级	一季稻	19	8	5
1120	长江流域区	云南省	澜沧县	市县级	一季稻	13	7	5
1121	长江流域区	云南省	景东县	市县级	一季稻	10	15	6
1122	长江流域区	云南省	景东县	市县级	一季稻	8	15	6
1123	长江流域区	云南省	景东县	市县级	一季稻	7	12	5
1124	长江流域区	云南省	宁洱县	市县级	一季稻	11	15	8
1125	长江流域区	云南省	宁洱县	市县级	一季稻	10	15	7
1126	长江流域区	云南省	宁洱县	市县级	一季稻	12	15	10
1127	长江流域区	云南省	思茅区	市县级	一季稻	10	13	5
1128	长江流域区	云南省	思茅区	市县级	一季稻	12	17	6
1129	长江流域区	云南省	思茅区	市县级	一季稻	12	15	10
1130	长江流域区	云南省	思茅区	市县级	一季稻	24	6	10
1131	长江流域区	云南省	镇沅县	市县级	一季稻	14	6	5
1132	长江流域区	云南省	镇沅县	市县级	一季稻	19	7	6
1133	长江流域区	云南省	镇沅县	市县级	一季稻	13	5	7
1134	长江流域区	云南省	江城县	市县级	一季稻	8	15	6
1135	长江流域区	云南省	江城县	市县级	一季稻	7	13	5
1136	长江流域区	云南省	孟连县	市县级	一季稻	8	12	10
1137	长江流域区	云南省	孟连县	市县级	一季稻	8	12	12
1138	长江流域区	云南省	孟连县	市县级	一季稻	8	12	8
1139	长江流域区	云南省	孟连县	市县级	一季稻	7	11	10
1140	长江流域区	云南省	盈江县	市县级	一季稻	13	5	7

（续）

序号	区域	省份	地区名称	配方尺度	作物名称	氮 (N)	五氧化二磷 (P_2O_5)	氧化钾 (K_2O)
1141	东南沿海区	上海市	松江区	市县级	一季稻	30	6	6
1142	东南沿海区	上海市	光明米业	市县级	一季稻	12	10	14
1143	东南沿海区	上海市	光明米业	市县级	一季稻	14	16	12
1144	东南沿海区	上海市	光明米业	市县级	一季稻	18	5	22
1145	东南沿海区	上海市	光明米业	市县级	一季稻	28	6	6
1146	东南沿海区	上海市	金山区	市县级	一季稻	24	8	10
1147	东南沿海区	上海市	金山区	市县级	一季稻	30	6	6
1148	东南沿海区	上海市	青浦区	市县级	一季稻	30	6	6
1149	东南沿海区	上海市	崇明区	市县级	一季稻	30	6	6
1150	东南沿海区	上海市	宝山区	市县级	晚稻	24	8	10
1151	东南沿海区	上海市	浦东新区	市县级	晚稻	30	6	6
1152	东南沿海区	上海市	浦东新区	市县级	晚稻	24	8	10
1153	东南沿海区	浙江省	余杭区	市县级	一季稻	16	10	14
1154	东南沿海区	浙江省	富阳区	市县级	一季稻	20	8	12
1155	东南沿海区	浙江省	桐庐县	市县级	一季稻	20	8	12
1156	东南沿海区	浙江省	桐庐县	市县级	一季稻	20	11	18
1157	东南沿海区	浙江省	淳安县	市县级	一季稻	21	6	13
1158	东南沿海区	浙江省	鄞州区	市县级	早稻	18	15	5
1159	东南沿海区	浙江省	鄞州区	市县级	一季稻	23	12	5
1160	东南沿海区	浙江省	宁海县	市县级	一季稻	25	15	8
1161	东南沿海区	浙江省	宁海县	市县级	一季稻	24	12	12
1162	东南沿海区	浙江省	象山县	市县级	早稻	24	12	12
1163	东南沿海区	浙江省	象山县	市县级	一季稻	20	15	5
1164	东南沿海区	浙江省	象山县	市县级	一季稻	24	12	12
1165	东南沿海区	浙江省	象山县	市县级	一季稻	15	4	6
1166	东南沿海区	浙江省	奉化区	市县级	早稻	20	8	12
1167	东南沿海区	浙江省	奉化区	市县级	一季稻	23	12	5
1168	东南沿海区	浙江省	奉化区	市县级	一季稻	20	15	10
1169	东南沿海区	浙江省	余姚市	市县级	早稻	20	8	12
1170	东南沿海区	浙江省	北仑区	市县级	一季稻	20	15	10
1171	东南沿海区	浙江省	镇海区	市县级	一季稻	20	8	12
1172	东南沿海区	浙江省	江北区	市县级	一季稻	23	12	5
1173	东南沿海区	浙江省	瓯海区	市县级	早稻	12	25	8
1174	东南沿海区	浙江省	文成县	市县级	晚稻	12	5	8

（续）

序号	区域	省份	地区名称	配方尺度	作物名称	氮 (N)	五氧化二磷 (P_2O_5)	氧化钾 (K_2O)
1175	东南沿海区	浙江省	南湖区	市县级	晚稻	18	8	18
1176	东南沿海区	浙江省	秀洲区	市县级	晚稻	18	8	18
1177	东南沿海区	浙江省	嘉善县	市县级	一季稻	22	8	12
1178	东南沿海区	浙江省	平湖市	市县级	晚稻	18	8	18
1179	东南沿海区	浙江省	平湖市	市县级	晚稻	26	10	15
1180	东南沿海区	浙江省	平湖市	市县级	晚稻	28	9	13
1181	东南沿海区	浙江省	平湖市	市县级	晚稻	15	4	6
1182	东南沿海区	浙江省	海盐县	市县级	晚稻	18	8	18
1183	东南沿海区	浙江省	海宁市	市县级	一季稻	16	6	8
1184	东南沿海区	浙江省	桐乡市	市县级	一季稻	18	8	18
1185	东南沿海区	浙江省	德清县	市县级	晚稻	11	5	9
1186	东南沿海区	浙江省	德清县	市县级	晚稻	12	6	7
1187	东南沿海区	浙江省	长兴县	市县级	一季稻	17	4	6
1188	东南沿海区	浙江省	长兴县	市县级	一季稻	16	4	6
1189	东南沿海区	浙江省	安吉县	市县级	一季稻	16	8	16
1190	东南沿海区	浙江省	安吉县	市县级	一季稻	15	4	6
1191	东南沿海区	浙江省	安吉县	市县级	一季稻	20	7	18
1192	东南沿海区	浙江省	柯桥区	市县级	早稻	13	7	8
1193	东南沿海区	浙江省	柯桥区	市县级	晚稻	13	7	8
1194	东南沿海区	浙江省	柯桥区	市县级	一季稻	13	7	8
1195	东南沿海区	浙江省	诸暨市	市县级	早稻	16	13	16
1196	东南沿海区	浙江省	诸暨市	市县级	一季稻	15	8	12
1197	东南沿海区	浙江省	新昌县	市县级	一季稻	14	7	8
1198	东南沿海区	浙江省	婺城区	市县级	早稻	15	4	6
1199	东南沿海区	浙江省	婺城区	市县级	晚稻	16	5	7
1200	东南沿海区	浙江省	兰溪市	市县级	早稻	15	6	9
1201	东南沿海区	浙江省	兰溪市	市县级	晚稻	15	6	9
1202	东南沿海区	浙江省	兰溪市	市县级	一季稻	15	6	9
1203	东南沿海区	浙江省	东阳市	市县级	早稻	15	6	9
1204	东南沿海区	浙江省	东阳市	市县级	晚稻	15	6	9
1205	东南沿海区	浙江省	东阳市	市县级	一季稻	15	6	9
1206	东南沿海区	浙江省	东阳市	市县级	早稻	18	12	10
1207	东南沿海区	浙江省	东阳市	市县级	晚稻	18	12	10
1208	东南沿海区	浙江省	东阳市	市县级	一季稻	18	12	10

（续）

序号	区域	省份	地区名称	配方尺度	作物名称	氮（N）	五氧化二磷（P_2O_5）	氧化钾（K_2O）
1209	东南沿海区	浙江省	义乌市	市县级	早稻	20	10	12
1210	东南沿海区	浙江省	义乌市	市县级	晚稻	20	10	12
1211	东南沿海区	浙江省	永康市	市县级	早稻	21	9	15
1212	东南沿海区	浙江省	永康市	市县级	晚稻	21	9	15
1213	东南沿海区	浙江省	永康市	市县级	一季稻	21	9	15
1214	东南沿海区	浙江省	永康市	市县级	早稻	21	10	11
1215	东南沿海区	浙江省	永康市	市县级	晚稻	21	10	11
1216	东南沿海区	浙江省	永康市	市县级	一季稻	21	10	11
1217	东南沿海区	浙江省	武义县	市县级	早稻	20	8	12
1218	东南沿海区	浙江省	柯城区	市县级	早稻	12	6	12
1219	东南沿海区	浙江省	柯城区	市县级	一季稻	13	6	11
1220	东南沿海区	浙江省	衢江区	市县级	早稻	12	6	12
1221	东南沿海区	浙江省	衢江区	市县级	一季稻	13	6	11
1222	东南沿海区	浙江省	龙游县	市县级	早稻	20	10	15
1223	东南沿海区	浙江省	定海区	市县级	一季稻	22	12	14
1224	东南沿海区	浙江省	普陀区	市县级	一季稻	22	12	14
1225	东南沿海区	浙江省	岱山县	市县级	一季稻	22	12	14
1226	东南沿海区	浙江省	天台县	市县级	一季稻	20	9	11
1227	东南沿海区	浙江省	椒江区	市县级	一季稻	22	8	10
1228	东南沿海区	浙江省	三门县	市县级	一季稻	22	8	10
1229	东南沿海区	浙江省	玉环市	市县级	一季稻	21	8	11
1230	东南沿海区	浙江省	温岭市	市县级	早稻	20	9	11
1231	东南沿海区	浙江省	温岭市	市县级	晚稻	20	9	11
1232	东南沿海区	浙江省	温岭市	市县级	一季稻	20	9	11
1233	东南沿海区	浙江省	温岭市	市县级	早稻	26	6	8
1234	东南沿海区	浙江省	温岭市	市县级	晚稻	26	6	8
1235	东南沿海区	浙江省	温岭市	市县级	一季稻	26	6	8
1236	东南沿海区	浙江省	路桥区	市县级	一季稻	20	8	12
1237	东南沿海区	浙江省	龙泉市	市县级	晚稻	13	5	7
1238	东南沿海区	浙江省	青田县	市县级	一季稻	15	4	6
1239	东南沿海区	浙江省	遂昌县	市县级	晚稻	15	4	6
1240	东南沿海区	浙江省	遂昌县	市县级	一季稻	15	4	6
1241	东南沿海区	浙江省	云和县	市县级	晚稻	20	12	14
1242	东南沿海区	浙江省	庆元县	市县级	一季稻	12	5	8

（续）

序号	区域	省份	地区名称	配方尺度	作物名称	氮（N）	五氧化二磷（P_2O_5）	氧化钾（K_2O）
1243	东南沿海区	浙江省	景宁县	市县级	一季稻	15	6	9
1244	东南沿海区	福建省	福清市	市县级	早稻	12	3	16
1245	东南沿海区	福建省	永泰县	市县级	早稻	11	4	16
1246	东南沿海区	福建省	连江县	市县级	早稻	13	5	17
1247	东南沿海区	福建省	罗源县	市县级	早稻	19	7	8
1248	东南沿海区	福建省	周宁县	市县级	一季稻	28	6	6
1249	东南沿海区	福建省	福安市	市县级	一季稻	12	6	6
1250	东南沿海区	福建省	仙游县	市县级	早稻	12	4	15
1251	东南沿海区	福建省	仙游县	市县级	一季稻	18	8	9
1252	东南沿海区	福建省	泉州市	市县级	早稻	12	4	16
1253	东南沿海区	福建省	南安市	市县级	早稻	10	4	11
1254	东南沿海区	福建省	南安市	市县级	晚稻	8	5	12
1255	东南沿海区	福建省	南安市	市县级	一季稻	13	5	7
1256	东南沿海区	福建省	安溪县	市县级	一季稻	21	6	13
1257	东南沿海区	福建省	惠安县	市县级	早稻	11	4	15
1258	东南沿海区	福建省	龙海市	市县级	早稻	14	3	8
1259	东南沿海区	福建省	连城县	市县级	早稻	10	4	16
1260	东南沿海区	福建省	漳平市	市县级	一季稻	22	7	9
1261	东南沿海区	福建省	武平县	市县级	一季稻	22	7	7
1262	东南沿海区	福建省	三明市	市县级	早稻	12	4	15
1263	东南沿海区	福建省	三明市	市县级	一季稻	20	7	8
1264	东南沿海区	福建省	尤溪县	市县级	一季稻	15	3	7
1265	东南沿海区	福建省	明溪县	市县级	早稻	12	4	9
1266	东南沿海区	福建省	建瓯市	市县级	一季稻	20	10	10
1267	东南沿海区	广西壮族自治区	金城江区	市县级	早稻	11	4	10
1268	东南沿海区	广西壮族自治区	金城江区	市县级	晚稻	12	3	10
1269	东南沿海区	广西壮族自治区	金城江区	市县级	一季稻	12	3	10
1270	东南沿海区	广西壮族自治区	罗城仫佬族自治县	市县级	早稻	18	8	12
1271	东南沿海区	广西壮族自治区	罗城仫佬族自治县	市县级	晚稻	18	8	12
1272	东南沿海区	广西壮族自治区	罗城仫佬族自治县	市县级	一季稻	18	8	12
1273	东南沿海区	广西壮族自治区	荔浦市	市县级	早稻	18	8	19
1274	东南沿海区	广西壮族自治区	荔浦市	市县级	早稻	17	7	21
1275	东南沿海区	广西壮族自治区	荔浦市	市县级	晚稻	16	6	23
1276	东南沿海区	广西壮族自治区	资源县	市县级	一季稻	10	11	17

（续）

序号	区域	省份	地区名称	配方尺度	作物名称	氮（N）	五氧化二磷（P_2O_5）	氧化钾（K_2O）
1277	东南沿海区	广西壮族自治区	资源县	市县级	一季稻	22	8	10
1278	东南沿海区	广西壮族自治区	资源县	市县级	一季稻	20	12	16
1279	东南沿海区	广西壮族自治区	恭城瑶族自治县	市县级	早稻	12	5	8
1280	东南沿海区	广西壮族自治区	恭城瑶族自治县	市县级	晚稻	13	5	7
1281	东南沿海区	广西壮族自治区	阳朔县	市县级	一季稻	18	9	17
1282	东南沿海区	广西壮族自治区	全州县	市县级	早稻	10	4	8
1283	东南沿海区	广西壮族自治区	全州县	市县级	晚稻	10	4	8
1284	东南沿海区	广西壮族自治区	全州县	市县级	一季稻	12	4	8
1285	东南沿海区	广西壮族自治区	梧州市	市县级	早稻	15	6	9
1286	东南沿海区	广西壮族自治区	梧州市	市县级	晚稻	15	6	9
1287	东南沿海区	广西壮族自治区	苍梧县	市县级	早稻	13	5	7
1288	东南沿海区	广西壮族自治区	苍梧县	市县级	晚稻	13	5	7
1289	东南沿海区	广西壮族自治区	岑溪市	市县级	早稻	15	6	8
1290	东南沿海区	广西壮族自治区	岑溪市	市县级	晚稻	13	6	7
1291	东南沿海区	广西壮族自治区	藤县	市县级	早稻	13	7	10
1292	东南沿海区	海南省	海口市	市县级	早稻	12	6	10
1293	东南沿海区	海南省	三亚市	市县级	晚稻	10	5	11
1294	东南沿海区	海南省	昌江县	市县级	早稻	12	6	10
1295	东南沿海区	海南省	文昌市	市县级	早稻	9	5	10
1296	东南沿海区	海南省	文昌市	市县级	晚稻	10	6	12

二、小麦

序号	区域	省份	地区名称	配方尺度	作物名称	氮（N）	五氧化二磷（P_2O_5）	氧化钾（K_2O）
1	黄淮海区	北京	北京市	省级	冬小麦	18	20	7
2	黄淮海区	天津市	天津市	省级	春小麦	18	16	12
3	黄淮海区	天津市	天津市	省级	春小麦	17	20	8
4	黄淮海区	天津市	天津市	省级	春小麦	17	18	10
5	黄淮海区	天津市	天津市	省级	冬小麦	16	24	8
6	黄淮海区	天津市	天津市	省级	冬小麦	18	22	6
7	黄淮海区	天津市	天津市	省级	冬小麦	18	20	10
8	黄淮海区	天津市	蓟州区	市县级	冬小麦	18	24	6
9	黄淮海区	天津市	宝坻区	市县级	冬小麦	18	20	12

（续）

序号	区域	省份	地区名称	配方尺度	作物名称	氮（N）	五氧化二磷（P_2O_5）	氧化钾（K_2O）
10	黄淮海区	天津市	武清区	市县级	冬小麦	16	21	10
11	黄淮海区	天津市	武清区	市县级	冬小麦	17	19	10
12	黄淮海区	天津市	武清区	市县级	冬小麦	16	24	5
13	黄淮海区	天津市	宁河区	市县级	春小麦	18	21	6
14	黄淮海区	天津市	宁河区	市县级	冬小麦	18	24	6
15	黄淮海区	天津市	静海区	市县级	冬小麦	18	22	10
16	黄淮海区	天津市	西青区	市县级	冬小麦	18	22	10
17	黄淮海区	天津市	北辰区	市县级	冬小麦	18	20	10
18	黄淮海区	天津市	滨海新区	市县级	冬小麦	20	24	6
19	黄淮海区	河北省	桃城区	市县级	冬小麦	18	22	5
20	黄淮海区	河北省	安平县	市县级	冬小麦	18	23	7
21	黄淮海区	河北省	阜城县	市县级	冬小麦	15	20	10
22	黄淮海区	河北省	阜城县	市县级	冬小麦	18	22	5
23	黄淮海区	河北省	饶阳县	市县级	冬小麦	18	22	5
24	黄淮海区	河北省	深州市	市县级	冬小麦	18	20	7
25	黄淮海区	河北省	枣强县	市县级	冬小麦	17	23	5
26	黄淮海区	河北省	武邑县	市县级	冬小麦	18	22	5
27	黄淮海区	河北省	武邑县	市县级	冬小麦	18	22	5
28	黄淮海区	河北省	故城县	市县级	冬小麦	18	24	8
29	黄淮海区	河北省	景县	市县级	冬小麦	18	20	7
30	黄淮海区	河北省	昌黎县	市县级	冬小麦	15	14	16
31	黄淮海区	河北省	藁城区	市县级	冬小麦	18	22	5
32	黄淮海区	河北省	藁城区	市县级	冬小麦	20	20	5
33	黄淮海区	河北省	高邑县	市县级	冬小麦	24	15	6
34	黄淮海区	河北省	高邑县	市县级	冬小麦	18	15	7
35	黄淮海区	河北省	高邑县	市县级	冬小麦	20	15	0
36	黄淮海区	河北省	平山县	市县级	冬小麦	16	20	9
37	黄淮海区	河北省	深泽县	市县级	冬小麦	25	15	5
38	黄淮海区	河北省	深泽县	市县级	冬小麦	20	15	5
39	黄淮海区	河北省	深泽县	市县级	冬小麦	20	18	7
40	黄淮海区	河北省	深泽县	市县级	冬小麦	18	15	7
41	黄淮海区	河北省	赵县	市县级	冬小麦	14	15	6
42	黄淮海区	河北省	赵县	市县级	冬小麦	25	14	6
43	黄淮海区	河北省	无极县	市县级	冬小麦	15	16	9

（续）

序号	区域	省份	地区名称	配方尺度	作物名称	氮（N）	五氧化二磷（P_2O_5）	氧化钾（K_2O）
44	黄淮海区	河北省	行唐县	市县级	冬小麦	16	15	14
45	黄淮海区	河北省	晋州市	市县级	冬小麦	18	15	12
46	黄淮海区	河北省	晋州市	市县级	冬小麦	20	15	10
47	黄淮海区	河北省	晋州市	市县级	冬小麦	17	15	8
48	黄淮海区	河北省	晋州市	市县级	冬小麦	16	14	10
49	黄淮海区	河北省	晋州市	市县级	冬小麦	15	12	8
50	黄淮海区	河北省	晋州市	市县级	冬小麦	18	17	10
51	黄淮海区	河北省	灵寿县	市县级	冬小麦	20	17	8
52	黄淮海区	河北省	鹿泉区	市县级	冬小麦	18	16	10
53	黄淮海区	河北省	鹿泉区	市县级	冬小麦	16	18	6
54	黄淮海区	河北省	鹿泉区	市县级	冬小麦	14	16	10
55	黄淮海区	河北省	栾城区	市县级	冬小麦	17	15	8
56	黄淮海区	河北省	栾城区	市县级	冬小麦	16	18	6
57	黄淮海区	河北省	栾城区	市县级	冬小麦	16	15	4
58	黄淮海区	河北省	赞皇县	市县级	冬小麦	17	15	8
59	黄淮海区	河北省	赞皇县	市县级	冬小麦	24	15	6
60	黄淮海区	河北省	新乐市	市县级	冬小麦	20	15	10
61	黄淮海区	河北省	新乐市	市县级	冬小麦	18	17	10
62	黄淮海区	河北省	元氏县	市县级	冬小麦	17	16	12
63	黄淮海区	河北省	元氏县	市县级	冬小麦	15	18	10
64	黄淮海区	河北省	元氏县	市县级	冬小麦	15	15	10
65	黄淮海区	河北省	柏乡县	市县级	冬小麦	18	20	7
66	黄淮海区	河北省	巨鹿县	市县级	冬小麦	18	16	6
67	黄淮海区	河北省	临城县	市县级	冬小麦	18	16	6
68	黄淮海区	河北省	临城县	市县级	冬小麦	16	16	8
69	黄淮海区	河北省	临西县	市县级	冬小麦	19	20	6
70	黄淮海区	河北省	隆尧县	市县级	冬小麦	18	16	6
71	黄淮海区	河北省	隆尧县	市县级	冬小麦	18	16	4
72	黄淮海区	河北省	南宫市	市县级	冬小麦	17	18	10
73	黄淮海区	河北省	南和县	市县级	冬小麦	16	18	9
74	黄淮海区	河北省	南和县	市县级	冬小麦	18	17	8
75	黄淮海区	河北省	内丘县	市县级	冬小麦	18	16	6
76	黄淮海区	河北省	宁晋县	市县级	冬小麦	17	17	5
77	黄淮海区	河北省	宁晋县	市县级	冬小麦	16	18	10

（续）

序号	区域	省份	地区名称	配方尺度	作物名称	氮 (N)	五氧化二磷 (P_2O_5)	氧化钾 (K_2O)
78	黄淮海区	河北省	平乡县	市县级	冬小麦	18	20	7
79	黄淮海区	河北省	平乡县	市县级	冬小麦	18	16	6
80	黄淮海区	河北省	沙河市	市县级	冬小麦	18	16	6
81	黄淮海区	河北省	威县	市县级	冬小麦	18	19	8
82	黄淮海区	河北省	新河县	市县级	冬小麦	9	16	8
83	黄淮海区	河北省	广宗县	市县级	冬小麦	18	19	8
84	黄淮海区	河北省	邢台县	市县级	冬小麦	20	18	7
85	黄淮海区	河北省	任县	市县级	冬小麦	18	16	6
86	黄淮海区	河北省	大名县	市县级	冬小麦	18	20	12
87	黄淮海区	河北省	大名县	市县级	冬小麦	16	20	12
88	黄淮海区	河北省	大名县	市县级	冬小麦	15	20	10
89	黄淮海区	河北省	大名县	市县级	冬小麦	18	20	10
90	黄淮海区	河北省	魏县	市县级	冬小麦	16	20	9
91	黄淮海区	河北省	曲周县	市县级	冬小麦	16	18	10
92	黄淮海区	河北省	曲周县	市县级	冬小麦	20	18	6
93	黄淮海区	河北省	鸡泽县	市县级	冬小麦	25	10	10
94	黄淮海区	河北省	鸡泽县	市县级	冬小麦	18	15	12
95	黄淮海区	河北省	肥乡区	市县级	冬小麦	20	20	10
96	黄淮海区	河北省	肥乡区	市县级	冬小麦	20	15	10
97	黄淮海区	河北省	肥乡区	市县级	冬小麦	25	15	5
98	黄淮海区	河北省	邱县	市县级	冬小麦	18	20	12
99	黄淮海区	河北省	邱县	市县级	冬小麦	18	20	10
100	黄淮海区	河北省	邱县	市县级	冬小麦	16	19	10
101	黄淮海区	河北省	广平县	市县级	冬小麦	18	20	12
102	黄淮海区	河北省	广平县	市县级	冬小麦	18	20	10
103	黄淮海区	河北省	广平县	市县级	冬小麦	16	19	10
104	黄淮海区	河北省	成安县	市县级	冬小麦	18	17	10
105	黄淮海区	河北省	成安县	市县级	冬小麦	15	22	8
106	黄淮海区	河北省	临漳县	市县级	冬小麦	16	8	6
107	黄淮海区	河北省	磁县	市县级	冬小麦	18	8	5
108	黄淮海区	河北省	永年区	市县级	冬小麦	20	22	8
109	黄淮海区	河北省	永年区	市县级	冬小麦	18	18	8
110	黄淮海区	河北省	武安市	市县级	冬小麦	18	20	10
111	黄淮海区	河北省	馆陶县	市县级	冬小麦	16	20	9

（续）

序号	区域	省份	地区名称	配方尺度	作物名称	氮（N）	五氧化二磷（P_2O_5）	氧化钾（K_2O）
112	黄淮海区	河北省	邯山区	市县级	冬小麦	16	20	12
113	黄淮海区	河北省	邯山区	市县级	冬小麦	15	20	10
114	黄淮海区	河北省	孟村县	市县级	冬小麦	24	16	6
115	黄淮海区	河北省	孟村县	市县级	冬小麦	18	20	5
116	黄淮海区	河北省	泊头市	市县级	冬小麦	16	23	6
117	黄淮海区	河北省	泊头市	市县级	冬小麦	19	21	5
118	黄淮海区	河北省	沧县	市县级	冬小麦	20	16	10
119	黄淮海区	河北省	沧县	市县级	冬小麦	18	22	8
120	黄淮海区	河北省	任丘市	市县级	冬小麦	18	20	5
121	黄淮海区	河北省	任丘市	市县级	冬小麦	18	22	8
122	黄淮海区	河北省	河间市	市县级	冬小麦	20	24	10
123	黄淮海区	河北省	南皮县	市县级	冬小麦	20	24	8
124	黄淮海区	河北省	南皮县	市县级	冬小麦	18	21	6
125	黄淮海区	河北省	肃宁县	市县级	冬小麦	18	20	7
126	黄淮海区	河北省	肃宁县	市县级	冬小麦	22	18	5
127	黄淮海区	河北省	肃宁县	市县级	冬小麦	18	22	5
128	黄淮海区	河北省	吴桥县	市县级	冬小麦	20	22	8
129	黄淮海区	河北省	献县	市县级	冬小麦	16	24	6
130	黄淮海区	河北省	献县	市县级	冬小麦	18	25	5
131	黄淮海区	河北省	海兴县	市县级	冬小麦	18	19	8
132	黄淮海区	河北省	海兴县	市县级	冬小麦	25	19	8
133	黄淮海区	河北省	盐山县	市县级	冬小麦	21	19	5
134	黄淮海区	河北省	盐山县	市县级	冬小麦	18	18	6
135	黄淮海区	河北省	黄骅市	市县级	冬小麦	12	7	3
136	黄淮海区	河北省	东光县	市县级	冬小麦	19	21	7
137	黄淮海区	河北省	东光县	市县级	冬小麦	18	20	6
138	黄淮海区	河北省	青县	市县级	冬小麦	15	20	10
139	黄淮海区	河北省	玉田县	市县级	冬小麦	18	13	12
140	黄淮海区	河北省	丰润区	市县级	冬小麦	16	8	9
141	黄淮海区	河北省	迁安市	市县级	冬小麦	18	16	8
142	黄淮海区	河北省	滦州市	市县级	冬小麦	15	16	14
143	黄淮海区	河北省	滦州市	市县级	冬小麦	18	18	6
144	黄淮海区	河北省	滦州市	市县级	冬小麦	15	16	14
145	黄淮海区	河北省	滦州市	市县级	冬小麦	18	18	6

（续）

序号	区域	省份	地区名称	配方尺度	作物名称	氮 (N)	五氧化二磷 (P_2O_5)	氧化钾 (K_2O)
146	黄淮海区	河北省	遵化市	市县级	冬小麦	16	16	13
147	黄淮海区	河北省	开平区	市县级	冬小麦	12	8	12
148	黄淮海区	河北省	三河市	市县级	冬小麦	14	26	10
149	黄淮海区	河北省	三河市	市县级	冬小麦	16	20	9
150	黄淮海区	河北省	香河县	市县级	冬小麦	20	18	8
151	黄淮海区	河北省	香河县	市县级	冬小麦	20	23	9
152	黄淮海区	河北省	香河县	市县级	冬小麦	22	15	10
153	黄淮海区	河北省	香河县	市县级	冬小麦	16	20	9
154	黄淮海区	河北省	大厂县	市县级	冬小麦	15	25	10
155	黄淮海区	河北省	安次区	市县级	冬小麦	12	25	8
156	黄淮海区	河北省	永清县	市县级	冬小麦	18	17	6
157	黄淮海区	河北省	永清县	市县级	冬小麦	18	17	6
158	黄淮海区	河北省	固安县	市县级	冬小麦	20	20	6
159	黄淮海区	河北省	固安县	市县级	冬小麦	18	20	7
160	黄淮海区	河北省	大城县	市县级	冬小麦	18	22	8
161	黄淮海区	河北省	大城县	市县级	冬小麦	12	18	10
162	黄淮海区	河北省	霸州市	市县级	冬小麦	16	25	10
163	黄淮海区	河北省	文安县	市县级	冬小麦	20	25	8
164	黄淮海区	河北省	文安县	市县级	冬小麦	18	18	6
165	黄淮海区	河北省	广阳区	市县级	冬小麦	12	16	8
166	黄淮海区	河北省	广阳区	市县级	冬小麦	15	18	10
167	黄淮海区	河北省	安国市、高碑店市、涞水县、蠡县、满城区、清苑区、曲阳县、顺平县、徐水区、易县、阜平县、望都县、高阳县、涞源县、唐县、涿州市、博野县	市县级	冬小麦	18	15	7
168	黄淮海区	河北省	容城县	市县级	冬小麦	20	12	8
169	黄淮海区	河北省	容城县	市县级	冬小麦	20	4	16
170	黄淮海区	河北省	安新县	市县级	冬小麦	20	14	4
171	黄淮海区	河北省	雄县	市县级	冬小麦	20	12	8
172	黄淮海区	河北省	辛集市	市县级	冬小麦	16	18	6
173	黄淮海区	河北省	辛集市	市县级	冬小麦	18	18	4
174	黄淮海区	河北省	辛集市	市县级	冬小麦	17	18	5
175	黄淮海区	河北省	定州市	市县级	冬小麦	18	18	6

（续）

序号	区域	省份	地区名称	配方尺度	作物名称	氮(N)	五氧化二磷(P_2O_5)	氧化钾(K_2O)
176	黄淮海区	河北省	定州市	市县级	冬小麦	16	20	9
177	黄淮海区	山西省	古县	市县级	冬小麦	22	12	5
178	黄淮海区	山西省	洪洞县	市县级	冬小麦	25	14	6
179	黄淮海区	山西省	侯马市	市县级	冬小麦	25	15	5
180	黄淮海区	山西省	侯马市	市县级	冬小麦	22	10	4
181	黄淮海区	山西省	襄汾县	市县级	冬小麦	25	14	6
182	黄淮海区	山西省	尧都区	市县级	冬小麦	25	15	5
183	黄淮海区	山西省	翼城县	市县级	冬小麦	25	15	5
184	黄淮海区	山西省	霍州市	市县级	冬小麦	25	12	8
185	黄淮海区	山西省	祁县	市县级	冬小麦	22	15	8
186	黄淮海区	山西省	介休市	市县级	冬小麦	25	16	7
187	黄淮海区	山西省	灵石县	市县级	冬小麦	23	12	3
188	黄淮海区	山西省	云州区	市县级	春小麦	24	14	7
189	黄淮海区	山西省	永济市	市县级	冬小麦	26	13	6
190	黄淮海区	山西省	临猗县	市县级	冬小麦	20	15	10
191	黄淮海区	山西省	绛县	市县级	冬小麦	22	18	5
192	黄淮海区	山西省	芮城县	市县级	冬小麦	17	23	5
193	黄淮海区	山西省	河津市	市县级	冬小麦	22	18	5
194	黄淮海区	山西省	河津市	市县级	冬小麦	20	15	10
195	黄淮海区	山西省	河津市	市县级	冬小麦	15	15	12
196	黄淮海区	山西省	垣曲县	市县级	冬小麦	15	15	5
197	黄淮海区	山西省	盐湖区	市县级	冬小麦	18	20	10
198	黄淮海区	山西省	夏县	市县级	冬小麦	18	20	10
199	黄淮海区	山西省	阳城县	市县级	冬小麦	25	15	6
200	黄淮海区	山西省	陵川县	市县级	冬小麦	25	14	6
201	黄淮海区	山西省	陵川县	市县级	冬小麦	19	16	5
202	黄淮海区	山西省	泽州县	市县级	冬小麦	25	14	6
203	黄淮海区	山西省	泽州县	市县级	冬小麦	19	16	5
204	黄淮海区	山西省	孝义市	市县级	冬小麦	15	20	5
205	黄淮海区	江苏省	高淳区	市县级	冬小麦	19	12	17
206	黄淮海区	江苏省	溧水区	市县级	冬小麦	20	10	10
207	黄淮海区	江苏省	溧水区	市县级	冬小麦	15	10	20
208	黄淮海区	江苏省	六合区	市县级	冬小麦	20	10	10
209	黄淮海区	江苏省	六合区	市县级	冬小麦	20	15	10

（续）

序号	区域	省份	地区名称	配方尺度	作物名称	氮(N)	五氧化二磷(P_2O_5)	氧化钾(K_2O)
210	黄淮海区	江苏省	浦口区	市县级	冬小麦	12	18	15
211	黄淮海区	江苏省	浦口区	市县级	冬小麦	15	14	16
212	黄淮海区	江苏省	新沂市	市县级	冬小麦	20	15	13
213	黄淮海区	江苏省	新沂市	市县级	冬小麦	20	5	15
214	黄淮海区	江苏省	邳州市	市县级	冬小麦	20	10	10
215	黄淮海区	江苏省	睢宁县	市县级	冬小麦	20	12	10
216	黄淮海区	江苏省	沛县	市县级	冬小麦	20	10	10
217	黄淮海区	江苏省	丰县	市县级	冬小麦	19	4	5
218	黄淮海区	江苏省	铜山区	市县级	冬小麦	20	9	13
219	黄淮海区	江苏省	宜兴市	市县级	冬小麦	15	14	16
220	黄淮海区	江苏省	江阴市	市县级	冬小麦	15	15	10
221	黄淮海区	江苏省	锡山区	市县级	冬小麦	15	15	10
222	黄淮海区	江苏省	溧阳市	市县级	冬小麦	22	8	10
223	黄淮海区	江苏省	金坛区	市县级	冬小麦	16	18	8
224	黄淮海区	江苏省	武进区	市县级	冬小麦	18	10	12
225	黄淮海区	江苏省	武进区	市县级	冬小麦	16	16	8
226	黄淮海区	江苏省	吴江区	市县级	冬小麦	16	8	16
227	黄淮海区	江苏省	张家港市	市县级	冬小麦	18	12	12
228	黄淮海区	江苏省	常熟市	市县级	冬小麦	25	15	8
229	黄淮海区	江苏省	昆山市	市县级	冬小麦	17	15	13
230	黄淮海区	江苏省	太仓市	市县级	冬小麦	16	8	16
231	黄淮海区	江苏省	通州区	市县级	冬小麦	10	6	9
232	黄淮海区	江苏省	通州区	市县级	冬小麦	11	8	21
233	黄淮海区	江苏省	如皋市	市县级	冬小麦	15	6	9
234	黄淮海区	江苏省	如皋市	市县级	冬小麦	27	6	12
235	黄淮海区	江苏省	如东县	市县级	冬小麦	15	9	6
236	黄淮海区	江苏省	如东县	市县级	冬小麦	18	12	10
237	黄淮海区	江苏省	如东县	市县级	冬小麦	20	15	5
238	黄淮海区	江苏省	灌南县	市县级	冬小麦	10	15	10
239	黄淮海区	江苏省	灌南县	市县级	冬小麦	10	8	12
240	黄淮海区	江苏省	东海县	市县级	冬小麦	15	10	15
241	黄淮海区	江苏省	东海县	市县级	冬小麦	18	12	10
242	黄淮海区	江苏省	东海县	市县级	冬小麦	15	5	15
243	黄淮海区	江苏省	灌云县	市县级	冬小麦	20	10	12

（续）

序号	区域	省份	地区名称	配方尺度	作物名称	氮（N）	五氧化二磷（P_2O_5）	氧化钾（K_2O）
244	黄淮海区	江苏省	灌云县	市县级	冬小麦	12	15	6
245	黄淮海区	江苏省	赣榆区	市县级	冬小麦	18	12	10
246	黄淮海区	江苏省	赣榆区	市县级	冬小麦	20	10	10
247	黄淮海区	江苏省	赣榆区	市县级	冬小麦	20	10	15
248	黄淮海区	江苏省	海州区	市县级	冬小麦	20	8	12
249	黄淮海区	江苏省	淮阴区	市县级	冬小麦	18	5	3
250	黄淮海区	江苏省	淮安区	市县级	冬小麦	15	17	13
251	黄淮海区	江苏省	淮安区	市县级	冬小麦	15	15	15
252	黄淮海区	江苏省	淮安区	市县级	冬小麦	20	15	10
253	黄淮海区	江苏省	清江浦区	市县级	冬小麦	20	15	12
254	黄淮海区	江苏省	洪泽区	市县级	冬小麦	15	12	18
255	黄淮海区	江苏省	洪泽区	市县级	冬小麦	22	8	10
256	黄淮海区	江苏省	洪泽区	市县级	冬小麦	20	10	10
257	黄淮海区	江苏省	金湖县	市县级	冬小麦	17	13	10
258	黄淮海区	江苏省	涟水县	市县级	冬小麦	20	12	8
259	黄淮海区	江苏省	盱眙县	市县级	冬小麦	18	12	12
260	黄淮海区	江苏省	大丰区	市县级	冬小麦	20	14	6
261	黄淮海区	江苏省	亭湖区	市县级	冬小麦	20	15	5
262	黄淮海区	江苏省	盐都区	市县级	冬小麦	23	11	8
263	黄淮海区	江苏省	盐都区	市县级	冬小麦	23	8	13
264	黄淮海区	江苏省	盐都区	市县级	冬小麦	23	9	9
265	黄淮海区	江苏省	东台市	市县级	冬小麦	18	12	15
266	黄淮海区	江苏省	东台市	市县级	冬小麦	18	10	16
267	黄淮海区	江苏省	东台市	市县级	冬小麦	20	13	12
268	黄淮海区	江苏省	东台市	市县级	冬小麦	17	17	10
269	黄淮海区	江苏省	东台市	市县级	冬小麦	17	15	13
270	黄淮海区	江苏省	东台市	市县级	冬小麦	18	12	15
271	黄淮海区	江苏省	射阳县	市县级	春小麦	20	18	5
272	黄淮海区	江苏省	建湖县	市县级	冬小麦	18	12	12
273	黄淮海区	江苏省	建湖县	市县级	冬小麦	20	8	14
274	黄淮海区	江苏省	建湖县	市县级	冬小麦	20	13	12
275	黄淮海区	江苏省	阜宁县	市县级	冬小麦	20	15	10
276	黄淮海区	江苏省	阜宁县	市县级	冬小麦	15	15	15
277	黄淮海区	江苏省	阜宁县	市县级	冬小麦	26	15	8

（续）

序号	区域	省份	地区名称	配方尺度	作物名称	氮 (N)	五氧化二磷 (P_2O_5)	氧化钾 (K_2O)
278	黄淮海区	江苏省	滨海县	市县级	冬小麦	20	16	8
279	黄淮海区	江苏省	滨海县	市县级	冬小麦	24	14	6
280	黄淮海区	江苏省	响水县	市县级	冬小麦	16	18	6
281	黄淮海区	江苏省	邗江区	市县级	冬小麦	15	15	10
282	黄淮海区	江苏省	江都区	市县级	冬小麦	18	12	10
283	黄淮海区	江苏省	宝应区	市县级	冬小麦	20	15	10
284	黄淮海区	江苏省	高邮市	市县级	冬小麦	15	15	15
285	黄淮海区	江苏省	高邮市	市县级	冬小麦	16	16	8
286	黄淮海区	江苏省	高邮市	市县级	冬小麦	18	12	10
287	黄淮海区	江苏省	仪征市	市县级	冬小麦	25	12	10
288	黄淮海区	江苏省	仪征市	市县级	冬小麦	22	12	6
289	黄淮海区	江苏省	丹徒区	市县级	冬小麦	16	8	16
290	黄淮海区	江苏省	丹阳市	市县级	春小麦	20	10	18
291	黄淮海区	江苏省	扬中市	市县级	冬小麦	20	15	10
292	黄淮海区	江苏省	海陵区	市县级	春小麦	10	5	5
293	黄淮海区	江苏省	高港区	市县级	冬小麦	20	10	10
294	黄淮海区	江苏省	姜堰区	市县级	冬小麦	26	12	12
295	黄淮海区	江苏省	姜堰区	市县级	冬小麦	25	5	10
296	黄淮海区	江苏省	兴化市	市县级	冬小麦	20	10	15
297	黄淮海区	江苏省	兴化市	市县级	冬小麦	20	15	5
298	黄淮海区	江苏省	靖江市	市县级	冬小麦	16	16	8
299	黄淮海区	江苏省	靖江市	市县级	冬小麦	14	14	12
300	黄淮海区	江苏省	泰兴市	市县级	冬小麦	20	10	10
301	黄淮海区	江苏省	宿豫区	市县级	冬小麦	18	12	15
302	黄淮海区	江苏省	宿豫区	市县级	冬小麦	17	16	12
303	黄淮海区	江苏省	宿城区	市县级	冬小麦	20	10	15
304	黄淮海区	江苏省	泗洪县	市县级	冬小麦	25	10	10
305	黄淮海区	江苏省	泗阳县	市县级	冬小麦	18	10	15
306	黄淮海区	江苏省	沭阳县	市县级	冬小麦	20	12	13
307	黄淮海区	山东省	章丘区	市县级	冬小麦	18	22	4
308	黄淮海区	山东省	章丘区	市县级	冬小麦	17	18	5
309	黄淮海区	山东省	历城区	市县级	冬小麦	14	18	10
310	黄淮海区	山东省	长清区	市县级	冬小麦	18	20	7
311	黄淮海区	山东省	济阳区	市县级	冬小麦	14	18	10

（续）

序号	区域	省份	地区名称	配方尺度	作物名称	氮(N)	五氧化二磷(P_2O_5)	氧化钾(K_2O)
312	黄淮海区	山东省	莱芜区	市县级	冬小麦	14	18	10
313	黄淮海区	山东省	钢城区	市县级	冬小麦	14	16	10
314	黄淮海区	山东省	钢城区	市县级	冬小麦	14	18	10
315	黄淮海区	山东省	商河县	市县级	冬小麦	18	22	5
316	黄淮海区	山东省	平阴县	市县级	冬小麦	20	12	13
317	黄淮海区	山东省	平阴县	市县级	冬小麦	20	15	10
318	黄淮海区	山东省	青西新区	市县级	冬小麦	16	14	12
319	黄淮海区	山东省	青西新区	市县级	冬小麦	25	12	8
320	黄淮海区	山东省	即墨区	市县级	冬小麦	18	12	12
321	黄淮海区	山东省	胶州市	市县级	冬小麦	18	12	15
322	黄淮海区	山东省	平度市	市县级	冬小麦	15	12	15
323	黄淮海区	山东省	莱西市	市县级	冬小麦	24	10	10
324	黄淮海区	山东省	临淄区	市县级	冬小麦	17	18	5
325	黄淮海区	山东省	桓台县	市县级	春小麦	18	18	6
326	黄淮海区	山东省	桓台县	市县级	冬小麦	25	9	6
327	黄淮海区	山东省	周村区	市县级	冬小麦	16	18	8
328	黄淮海区	山东省	市中区	市县级	冬小麦	20	14	6
329	黄淮海区	山东省	峄城区	市县级	冬小麦	22	10	13
330	黄淮海区	山东省	台儿庄区	市县级	冬小麦	25	10	10
331	黄淮海区	山东省	东营区	市县级	冬小麦	18	22	5
332	黄淮海区	山东省	广饶县	市县级	冬小麦	15	15	15
333	黄淮海区	山东省	河口区	市县级	冬小麦	18	22	5
334	黄淮海区	山东省	利津县	市县级	冬小麦	18	22	5
335	黄淮海区	山东省	利津县	市县级	冬小麦	16	24	5
336	黄淮海区	山东省	利津县	市县级	冬小麦	15	25	5
337	黄淮海区	山东省	垦利区	市县级	冬小麦	16	20	6
338	黄淮海区	山东省	福山区	市县级	冬小麦	14	10	16
339	黄淮海区	山东省	海阳市	市县级	冬小麦	17	11	17
340	黄淮海区	山东省	莱州市	市县级	冬小麦	17	12	16
341	黄淮海区	山东省	龙口市	市县级	冬小麦	15	5	20
342	黄淮海区	山东省	牟平区	市县级	冬小麦	15	10	20
343	黄淮海区	山东省	牟平区	市县级	冬小麦	21	8	11
344	黄淮海区	山东省	蓬莱市	市县级	冬小麦	15	20	12
345	黄淮海区	山东省	招远市	市县级	冬小麦	18	12	18

（续）

序号	区域	省份	地区名称	配方尺度	作物名称	氮 (N)	五氧化二磷 (P_2O_5)	氧化钾 (K_2O)
346	黄淮海区	山东省	招远市	市县级	冬小麦	14	8	6
347	黄淮海区	山东省	招远市	市县级	冬小麦	18	10	12
348	黄淮海区	山东省	招远市	市县级	冬小麦	18	12	16
349	黄淮海区	山东省	潍城区	市县级	冬小麦	15	15	10
350	黄淮海区	山东省	坊子区	市县级	冬小麦	18	10	17
351	黄淮海区	山东省	寒亭区	市县级	冬小麦	15	15	15
352	黄淮海区	山东省	青州市	市县级	冬小麦	15	16	12
353	黄淮海区	山东省	诸城市	市县级	冬小麦	18	14	13
354	黄淮海区	山东省	诸城市	市县级	冬小麦	18	10	17
355	黄淮海区	山东省	寿光市	市县级	冬小麦	17	18	10
356	黄淮海区	山东省	安丘市	市县级	冬小麦	22	15	8
357	黄淮海区	山东省	高密市	市县级	冬小麦	25	10	10
358	黄淮海区	山东省	高密市	市县级	冬小麦	18	12	15
359	黄淮海区	山东省	高密市	市县级	冬小麦	20	15	10
360	黄淮海区	山东省	高密市	市县级	冬小麦	17	17	8
361	黄淮海区	山东省	昌邑市	市县级	冬小麦	18	15	12
362	黄淮海区	山东省	嘉祥县	市县级	冬小麦	18	18	9
363	黄淮海区	山东省	梁山县	市县级	冬小麦	18	17	10
364	黄淮海区	山东省	曲阜市	市县级	冬小麦	13	8	7
365	黄淮海区	山东省	泗水县	市县级	冬小麦	30	15	25
366	黄淮海区	山东省	微山县	市县级	冬小麦	18	18	9
367	黄淮海区	山东省	微山县	市县级	冬小麦	18	17	10
368	黄淮海区	山东省	汶上县	市县级	冬小麦	18	16	8
369	黄淮海区	山东省	兖州区	市县级	冬小麦	17	16	12
370	黄淮海区	山东省	邹城市	市县级	冬小麦	18	12	12
371	黄淮海区	山东省	东平县	市县级	冬小麦	16	16	8
372	黄淮海区	山东省	肥城市	市县级	冬小麦	17	15	8
373	黄淮海区	山东省	宁阳县	市县级	冬小麦	18	16	6
374	黄淮海区	山东省	新泰市	市县级	冬小麦	16	16	10
375	黄淮海区	山东省	文登区	市县级	冬小麦	21	10	11
376	黄淮海区	山东省	荣成市	市县级	冬小麦	12	6	7
377	黄淮海区	山东省	环翠区	市县级	冬小麦	15	8	17
378	黄淮海区	山东省	乳山市	市县级	冬小麦	16	10	16
379	黄淮海区	山东省	五莲县	市县级	冬小麦	17	10	15

（续）

序号	区域	省份	地区名称	配方尺度	作物名称	氮 (N)	五氧化二磷 (P_2O_5)	氧化钾 (K_2O)
380	黄淮海区	山东省	莒县	市县级	冬小麦	17	10	15
381	黄淮海区	山东省	莒县	市县级	冬小麦	16	11	15
382	黄淮海区	山东省	河东区	市县级	冬小麦	18	14	12
383	黄淮海区	山东省	莒南县	市县级	冬小麦	18	12	15
384	黄淮海区	山东省	兰陵县	市县级	冬小麦	20	12	13
385	黄淮海区	山东省	罗庄区	市县级	冬小麦	18	12	15
386	黄淮海区	山东省	沂南县	市县级	冬小麦	18	10	17
387	黄淮海区	山东省	临沭县	市县级	冬小麦	12	18	12
388	黄淮海区	山东省	临邑县	市县级	冬小麦	18	22	5
389	黄淮海区	山东省	武城县	市县级	冬小麦	19	20	5
390	黄淮海区	山东省	武城县	市县级	冬小麦	18	20	6
391	黄淮海区	山东省	武城县	市县级	冬小麦	20	20	8
392	黄淮海区	山东省	夏津县	市县级	冬小麦	18	22	5
393	黄淮海区	山东省	夏津县	市县级	冬小麦	20	25	6
394	黄淮海区	山东省	夏津县	市县级	冬小麦	18	22	5
395	黄淮海区	山东省	夏津县	市县级	冬小麦	20	25	6
396	黄淮海区	山东省	夏津县	市县级	冬小麦	18	23	5
397	黄淮海区	山东省	夏津县	市县级	冬小麦	20	22	6
398	黄淮海区	山东省	庆云县	市县级	冬小麦	18	22	5
399	黄淮海区	山东省	庆云县	市县级	冬小麦	18	20	7
400	黄淮海区	山东省	庆云县	市县级	冬小麦	16	20	6
401	黄淮海区	山东省	庆云县	市县级	冬小麦	14	22	6
402	黄淮海区	山东省	陵城区	市县级	冬小麦	20	20	5
403	黄淮海区	山东省	宁津县	市县级	冬小麦	18	22	5
404	黄淮海区	山东省	齐河县	市县级	冬小麦	14	22	6
405	黄淮海区	山东省	齐河县	市县级	冬小麦	14	22	8
406	黄淮海区	山东省	齐河县	市县级	冬小麦	15	20	6
407	黄淮海区	山东省	齐河县	市县级	冬小麦	15	20	6
408	黄淮海区	山东省	齐河县	市县级	冬小麦	17	22	6
409	黄淮海区	山东省	齐河县	市县级	冬小麦	14	22	6
410	黄淮海区	山东省	德城区	市县级	冬小麦	18	22	8
411	黄淮海区	山东省	德城区	市县级	冬小麦	17	20	8
412	黄淮海区	山东省	德城区	市县级	冬小麦	17	22	6
413	黄淮海区	山东省	德城区	市县级	冬小麦	17	20	8

（续）

序号	区域	省份	地区名称	配方尺度	作物名称	氮(N)	五氧化二磷(P_2O_5)	氧化钾(K_2O)
414	黄淮海区	山东省	德城区	市县级	冬小麦	17	22	6
415	黄淮海区	山东省	德城区	市县级	冬小麦	17	20	8
416	黄淮海区	山东省	平原县	市县级	冬小麦	18	22	5
417	黄淮海区	山东省	禹城市	市县级	冬小麦	18	20	7
418	黄淮海区	山东省	禹城市	市县级	冬小麦	17	23	5
419	黄淮海区	山东省	东昌府区	市县级	冬小麦	18	18	9
420	黄淮海区	山东省	临清市	市县级	冬小麦	12	18	15
421	黄淮海区	山东省	冠县	市县级	冬小麦	18	18	9
422	黄淮海区	山东省	冠县	市县级	冬小麦	18	20	7
423	黄淮海区	山东省	冠县	市县级	冬小麦	16	20	9
424	黄淮海区	山东省	冠县	市县级	冬小麦	18	22	5
425	黄淮海区	山东省	莘县	市县级	冬小麦	18	18	9
426	黄淮海区	山东省	阳谷县	市县级	冬小麦	15	17	12
427	黄淮海区	山东省	阳谷县	市县级	冬小麦	14	16	10
428	黄淮海区	山东省	阳谷县	市县级	冬小麦	16	18	8
429	黄淮海区	山东省	东阿县	市县级	冬小麦	18	20	7
430	黄淮海区	山东省	茌平区	市县级	冬小麦	17	20	8
431	黄淮海区	山东省	高唐县	市县级	冬小麦	18	18	9
432	黄淮海区	山东省	滨城区	市县级	冬小麦	18	20	7
433	黄淮海区	山东省	滨城区	市县级	冬小麦	18	22	14
434	黄淮海区	山东省	沾化区	市县级	冬小麦	18	20	5
435	黄淮海区	山东省	惠民县	市县级	冬小麦	18	22	5
436	黄淮海区	山东省	阳信县	市县级	冬小麦	15	20	8
437	黄淮海区	山东省	无棣县	市县级	冬小麦	18	22	5
438	黄淮海区	山东省	无棣县	市县级	冬小麦	18	20	7
439	黄淮海区	山东省	博兴县	市县级	冬小麦	18	22	5
440	黄淮海区	山东省	牡丹区	市县级	冬小麦	17	18	5
441	黄淮海区	山东省	牡丹区	市县级	冬小麦	18	18	9
442	黄淮海区	山东省	牡丹区	市县级	冬小麦	15	20	10
443	黄淮海区	山东省	牡丹区	市县级	冬小麦	24	18	6
444	黄淮海区	山东省	定陶区	市县级	冬小麦	17	18	0
445	黄淮海区	山东省	定陶区	市县级	冬小麦	20	20	5
446	黄淮海区	山东省	定陶区	市县级	冬小麦	18	18	9
447	黄淮海区	山东省	曹县	市县级	冬小麦	18	18	9

（续）

序号	区域	省份	地区名称	配方尺度	作物名称	氮（N）	五氧化二磷（P_2O_5）	氧化钾（K_2O）
448	黄淮海区	山东省	曹县	市县级	冬小麦	17	18	5
449	黄淮海区	山东省	成武	市县级	冬小麦	18	18	9
450	黄淮海区	山东省	成武	市县级	冬小麦	20	15	5
451	黄淮海区	山东省	单县	市县级	冬小麦	18	18	9
452	黄淮海区	山东省	单县	市县级	冬小麦	17	18	5
453	黄淮海区	山东省	巨野县	市县级	冬小麦	18	18	9
454	黄淮海区	山东省	郓城县	市县级	冬小麦	17	18	5
455	黄淮海区	山东省	鄄城县	市县级	冬小麦	17	18	5
456	黄淮海区	山东省	鄄城县	市县级	冬小麦	18	18	9
457	黄淮海区	山东省	鄄城县	市县级	冬小麦	15	20	10
458	黄淮海区	山东省	东明县	市县级	冬小麦	17	18	5
459	黄淮海区	山东省	东明县	市县级	冬小麦	18	18	9
460	黄淮海区	山东省	东明县	市县级	冬小麦	18	20	7
461	黄淮海区	河南省	河南省	省级	冬小麦	18	18	9
462	黄淮海区	河南省	河南省	省级	冬小麦	22	15	8
463	黄淮海区	河南省	河南省	省级	冬小麦	18	15	12
464	黄淮海区	河南省	河南省	省级	冬小麦	22	13	10
465	黄淮海区	河南省	河南省	省级	冬小麦	25	15	5
466	黄淮海区	河南省	滑县	市县级	冬小麦	18	22	5
467	黄淮海区	河南省	滑县	市县级	冬小麦	18	18	9
468	黄淮海区	河南省	滑县	市县级	冬小麦	20	15	10
469	黄淮海区	河南省	滑县	市县级	冬小麦	18	22	5
470	黄淮海区	河南省	安阳县	市县级	冬小麦	12	6	4
471	黄淮海区	河南省	安阳县	市县级	冬小麦	17	22	6
472	黄淮海区	河南省	安阳县	市县级	冬小麦	22	17	6
473	黄淮海区	河南省	合并区	市县级	冬小麦	18	18	9
474	黄淮海区	河南省	合并区	市县级	冬小麦	25	15	5
475	黄淮海区	河南省	林州市	市县级	冬小麦	22	14	4
476	黄淮海区	河南省	林州市	市县级	冬小麦	20	11	9
477	黄淮海区	河南省	林州市	市县级	冬小麦	22	13	5
478	黄淮海区	河南省	林州市	市县级	冬小麦	22	8	10
479	黄淮海区	河南省	林州市	市县级	冬小麦	26	8	6
480	黄淮海区	河南省	内黄县	市县级	冬小麦	20	15	10
481	黄淮海区	河南省	内黄县	市县级	冬小麦	18	15	12

（续）

序号	区域	省份	地区名称	配方尺度	作物名称	氮 (N)	五氧化二磷 (P_2O_5)	氧化钾 (K_2O)
482	黄淮海区	河南省	内黄县	市县级	冬小麦	15	15	15
483	黄淮海区	河南省	内黄县	市县级	冬小麦	20	15	10
484	黄淮海区	河南省	合并区	市县级	冬小麦	18	15	12
485	黄淮海区	河南省	浚县	市县级	冬小麦	18	16	12
486	黄淮海区	河南省	浚县、淇县	市县级	冬小麦	14	16	10
487	黄淮海区	河南省	浚县、淇县	市县级	冬小麦	15	19	11
488	黄淮海区	河南省	浚县、淇县	市县级	冬小麦	15	20	12
489	黄淮海区	河南省	浚县、淇县	市县级	冬小麦	29	12	6
490	黄淮海区	河南省	济源市	市县级	冬小麦	16	6	3
491	黄淮海区	河南省	济源市	市县级	冬小麦	26	20	0
492	黄淮海区	河南省	济源市	市县级	冬小麦	25	15	5
493	黄淮海区	河南省	济源市	市县级	冬小麦	25	15	5
494	黄淮海区	河南省	温县	市县级	冬小麦	25	12	8
495	黄淮海区	河南省	温县	市县级	冬小麦	16	18	4
496	黄淮海区	河南省	温县	市县级	冬小麦	16	18	4
497	黄淮海区	河南省	温县	市县级	冬小麦	23	10	7
498	黄淮海区	河南省	温县	市县级	冬小麦	23	12	5
499	黄淮海区	河南省	修武县	市县级	冬小麦	15	18	10
500	黄淮海区	河南省	修武县	市县级	冬小麦	15	18	10
501	黄淮海区	河南省	修武县	市县级	冬小麦	15	18	10
502	黄淮海区	河南省	修武县	市县级	冬小麦	25	12	8
503	黄淮海区	河南省	修武县	市县级	冬小麦	18	14	10
504	黄淮海区	河南省	修武县	市县级	冬小麦	20	14	8
505	黄淮海区	河南省	博爱县	市县级	冬小麦	16	6	5
506	黄淮海区	河南省	博爱县	市县级	冬小麦	22	15	8
507	黄淮海区	河南省	博爱县	市县级	冬小麦	16	6	4
508	黄淮海区	河南省	合并区	市县级	冬小麦	15	6	3
509	黄淮海区	河南省	孟州市	市县级	冬小麦	25	12	8
510	黄淮海区	河南省	孟州市	市县级	冬小麦	15	15	15
511	黄淮海区	河南省	孟州市	市县级	冬小麦	25	15	5
512	黄淮海区	河南省	孟州市	市县级	冬小麦	13	7	3
513	黄淮海区	河南省	沁阳市	市县级	冬小麦	23	17	5
514	黄淮海区	河南省	沁阳市	市县级	冬小麦	25	15	5
515	黄淮海区	河南省	沁阳市	市县级	冬小麦	18	22	5

（续）

序号	区域	省份	地区名称	配方尺度	作物名称	氮（N）	五氧化二磷（P_2O_5）	氧化钾（K_2O）
516	黄淮海区	河南省	沁阳市	市县级	冬小麦	17	23	5
517	黄淮海区	河南省	武陟县	市县级	冬小麦	16	18	6
518	黄淮海区	河南省	武陟县	市县级	冬小麦	16	18	6
519	黄淮海区	河南省	武陟县	市县级	冬小麦	22	12	6
520	黄淮海区	河南省	武陟县	市县级	冬小麦	25	12	8
521	黄淮海区	河南省	武陟县	市县级	冬小麦	20	20	5
522	黄淮海区	河南省	武陟县	市县级	冬小麦	18	18	9
523	黄淮海区	河南省	开封市合并区	市县级	冬小麦	22	10	13
524	黄淮海区	河南省	开封市杞县	市县级	冬小麦	24	13	8
525	黄淮海区	河南省	兰考县	市县级	冬小麦	22	16	9
526	黄淮海区	河南省	兰考县	市县级	冬小麦	24	14	10
527	黄淮海区	河南省	兰考县	市县级	冬小麦	26	15	5
528	黄淮海区	河南省	杞县	市县级	冬小麦	25	15	5
529	黄淮海区	河南省	兰考县	市县级	冬小麦	22	14	9
530	黄淮海区	河南省	兰考县	市县级	冬小麦	25	14	6
531	黄淮海区	河南省	兰考县	市县级	冬小麦	20	16	9
532	黄淮海区	河南省	通许县	市县级	冬小麦	13	8	3
533	黄淮海区	河南省	通许县	市县级	冬小麦	12	8	4
534	黄淮海区	河南省	通许县	市县级	冬小麦	24	16	8
535	黄淮海区	河南省	通许县	市县级	冬小麦	25	15	5
536	黄淮海区	河南省	通许县	市县级	冬小麦	26	16	6
537	黄淮海区	河南省	尉氏县	市县级	冬小麦	22	14	9
538	黄淮海区	河南省	尉氏县	市县级	冬小麦	25	13	7
539	黄淮海区	河南省	尉氏县	市县级	冬小麦	24	11	6
540	黄淮海区	河南省	尉氏县	市县级	冬小麦	22	15	8
541	黄淮海区	河南省	祥符区	市县级	冬小麦	13	6	4
542	黄淮海区	河南省	祥符区	市县级	冬小麦	24	16	8
543	黄淮海区	河南省	祥符区	市县级	冬小麦	25	15	5
544	黄淮海区	河南省	新安县	市县级	冬小麦	28	12	10
545	黄淮海区	河南省	新安县	市县级	冬小麦	25	12	8
546	黄淮海区	河南省	新安县	市县级	冬小麦	24	14	7
547	黄淮海区	河南省	新安县	市县级	冬小麦	26	13	6
548	黄淮海区	河南省	合并区	市县级	冬小麦	23	15	7
549	黄淮海区	河南省	合并区	市县级	冬小麦	20	14	6

（续）

序号	区域	省份	地区名称	配方尺度	作物名称	氮(N)	五氧化二磷(P_2O_5)	氧化钾(K_2O)
550	黄淮海区	河南省	合并区	市县级	冬小麦	25	14	6
551	黄淮海区	河南省	栾川县	市县级	冬小麦	25	12	8
552	黄淮海区	河南省	栾川县	市县级	冬小麦	28	6	6
553	黄淮海区	河南省	洛宁县	市县级	冬小麦	22	16	7
554	黄淮海区	河南省	洛宁县	市县级	冬小麦	22	16	7
555	黄淮海区	河南省	洛宁县	市县级	冬小麦	25	14	6
556	黄淮海区	河南省	洛宁县	市县级	冬小麦	25	14	6
557	黄淮海区	河南省	洛宁县	市县级	冬小麦	24	15	6
558	黄淮海区	河南省	洛宁县	市县级	冬小麦	22	12	6
559	黄淮海区	河南省	洛宁县	市县级	冬小麦	20	11	4
560	黄淮海区	河南省	孟津县	市县级	冬小麦	25	13	7
561	黄淮海区	河南省	孟津县	市县级	冬小麦	25	13	7
562	黄淮海区	河南省	孟津县	市县级	冬小麦	25	13	7
563	黄淮海区	河南省	孟津县	市县级	冬小麦	22	10	8
564	黄淮海区	河南省	孟津县	市县级	冬小麦	25	13	7
565	黄淮海区	河南省	孟津县	市县级	冬小麦	22	10	8
566	黄淮海区	河南省	孟津县	市县级	冬小麦	24	15	6
567	黄淮海区	河南省	汝阳县	市县级	冬小麦	25	12	8
568	黄淮海区	河南省	汝阳县	市县级	冬小麦	25	12	6
569	黄淮海区	河南省	汝阳县	市县级	冬小麦	23	10	5
570	黄淮海区	河南省	汝阳县	市县级	冬小麦	18	15	12
571	黄淮海区	河南省	汝阳县	市县级	冬小麦	24	13	8
572	黄淮海区	河南省	汝阳县	市县级	冬小麦	25	13	7
573	黄淮海区	河南省	汝阳县	市县级	冬小麦	25	15	5
574	黄淮海区	河南省	嵩县	市县级	冬小麦	13	7	2.5
575	黄淮海区	河南省	嵩县	市县级	冬小麦	12.5	7.5	2.5
576	黄淮海区	河南省	嵩县	市县级	冬小麦	22	15	0
577	黄淮海区	河南省	嵩县	市县级	冬小麦	25	15	0
578	黄淮海区	河南省	嵩县	市县级	冬小麦	25	16	5
579	黄淮海区	河南省	嵩县	市县级	冬小麦	22	15	8
580	黄淮海区	河南省	嵩县	市县级	冬小麦	22	15	8
581	黄淮海区	河南省	嵩县	市县级	冬小麦	23	15	7
582	黄淮海区	河南省	新安县	市县级	冬小麦	20	10	10
583	黄淮海区	河南省	新安县	市县级	冬小麦	26	13	6

（续）

序号	区域	省份	地区名称	配方尺度	作物名称	氮（N）	五氧化二磷（P_2O_5）	氧化钾（K_2O）
584	黄淮海区	河南省	偃师市	市县级	冬小麦	26	14	5
585	黄淮海区	河南省	偃师市	市县级	冬小麦	25	11	10
586	黄淮海区	河南省	偃师市	市县级	冬小麦	20	15	5
587	黄淮海区	河南省	偃师市	市县级	冬小麦	24	15	6
588	黄淮海区	河南省	偃师市	市县级	冬小麦	23	13	10
589	黄淮海区	河南省	偃师市	市县级	冬小麦	25	12	8
590	黄淮海区	河南省	伊川县	市县级	冬小麦	18	15	12
591	黄淮海区	河南省	伊川县	市县级	冬小麦	24	13	8
592	黄淮海区	河南省	伊川县	市县级	冬小麦	25	13	7
593	黄淮海区	河南省	伊川县	市县级	冬小麦	25	15	5
594	黄淮海区	河南省	伊川县	市县级	冬小麦	18	15	12
595	黄淮海区	河南省	伊川县	市县级	冬小麦	24	13	8
596	黄淮海区	河南省	伊川县	市县级	冬小麦	25	13	7
597	黄淮海区	河南省	伊川县	市县级	冬小麦	25	15	5
598	黄淮海区	河南省	宜阳县	市县级	冬小麦	25	15	5
599	黄淮海区	河南省	宜阳县	市县级	冬小麦	26	14	5
600	黄淮海区	河南省	宜阳县	市县级	冬小麦	25	15	5
601	黄淮海区	河南省	宜阳县	市县级	冬小麦	26	14	5
602	黄淮海区	河南省	宜阳县	市县级	冬小麦	13	8	3
603	黄淮海区	河南省	临颍县	市县级	冬小麦	25	13	6
604	黄淮海区	河南省	临颍县	市县级	冬小麦	24	13	5
605	黄淮海区	河南省	临颍县	市县级	冬小麦	25	13	7
606	黄淮海区	河南省	临颍县	市县级	冬小麦	24	13	6
607	黄淮海区	河南省	郾城区	市县级	冬小麦	30	7	8
608	黄淮海区	河南省	郾城区	市县级	冬小麦	28	7	10
609	黄淮海区	河南省	郾城区	市县级	冬小麦	30	8	7
610	黄淮海区	河南省	郾城区	市县级	冬小麦	30	8	7
611	黄淮海区	河南省	方城县	市县级	冬小麦	25	11	12
612	黄淮海区	河南省	方城县	市县级	冬小麦	24	10	10
613	黄淮海区	河南省	方城县	市县级	冬小麦	24	12	12
614	黄淮海区	河南省	方城县	市县级	冬小麦	20	8	8
615	黄淮海区	河南省	唐河县	市县级	冬小麦	26	10	12
616	黄淮海区	河南省	唐河县	市县级	冬小麦	25	11	10
617	黄淮海区	河南省	唐河县	市县级	冬小麦	24	12	12

（续）

序号	区域	省份	地区名称	配方尺度	作物名称	氮 (N)	五氧化二磷 (P_2O_5)	氧化钾 (K_2O)
618	黄淮海区	河南省	桐柏县	市县级	冬小麦	15	10	10
619	黄淮海区	河南省	宛城区	市县级	冬小麦	22	13	10
620	黄淮海区	河南省	宛城区	市县级	冬小麦	29	6	10
621	黄淮海区	河南省	宛城区	市县级	冬小麦	25	9	11
622	黄淮海区	河南省	宛城区	市县级	冬小麦	29	6	10
623	黄淮海区	河南省	宛城区	市县级	冬小麦	25	9	11
624	黄淮海区	河南省	邓州市	市县级	冬小麦	24	10	12
625	黄淮海区	河南省	邓州市	市县级	冬小麦	24	10	10
626	黄淮海区	河南省	邓州市	市县级	冬小麦	24	10	12
627	黄淮海区	河南省	邓州市	市县级	冬小麦	23	9	11
628	黄淮海区	河南省	邓州市	市县级	冬小麦	25	8	13
629	黄淮海区	河南省	内乡县	市县级	冬小麦	18	15	12
630	黄淮海区	河南省	社旗县	市县级	冬小麦	26	12	10
631	黄淮海区	河南省	社旗县	市县级	冬小麦	24	12	10
632	黄淮海区	河南省	卧龙区	市县级	冬小麦	22	13	10
633	黄淮海区	河南省	卧龙区	市县级	冬小麦	22	13	10
634	黄淮海区	河南省	卧龙区	市县级	冬小麦	29	6	10
635	黄淮海区	河南省	卧龙区	市县级	冬小麦	25	9	11
636	黄淮海区	河南省	卧龙区	市县级	冬小麦	29	6	10
637	黄淮海区	河南省	卧龙区	市县级	冬小麦	25	9	11
638	黄淮海区	河南省	西峡县	市县级	冬小麦	26	10	9
639	黄淮海区	河南省	西峡县	市县级	冬小麦	23	12	10
640	黄淮海区	河南省	西峡县	市县级	冬小麦	18	15	12
641	黄淮海区	河南省	西峡县	市县级	冬小麦	16	15	14
642	黄淮海区	河南省	西峡县	市县级	冬小麦	24	11	10
643	黄淮海区	河南省	淅川县	市县级	冬小麦	17	13	15
644	黄淮海区	河南省	新野县	市县级	冬小麦	21	13	11
645	黄淮海区	河南省	新野县	市县级	冬小麦	21	13	11
646	黄淮海区	河南省	镇平县	市县级	冬小麦	20	8	12
647	黄淮海区	河南省	镇平县	市县级	冬小麦	22	13	10
648	黄淮海区	河南省	镇平县	市县级	冬小麦	22	13	10
649	黄淮海区	河南省	宝丰县	市县级	冬小麦	22	10	10
650	黄淮海区	河南省	宝丰县	市县级	冬小麦	24	10	12
651	黄淮海区	河南省	宝丰县	市县级	冬小麦	24	10	12

（续）

序号	区域	省份	地区名称	配方尺度	作物名称	氮(N)	五氧化二磷(P_2O_5)	氧化钾(K_2O)
652	黄淮海区	河南省	宝丰县	市县级	冬小麦	24	10	10
653	黄淮海区	河南省	合并区	市县级	冬小麦	18	15	12
654	黄淮海区	河南省	合并区	市县级	冬小麦	19	13	13
655	黄淮海区	河南省	合并区	市县级	冬小麦	25	15	5
656	黄淮海区	河南省	郏县	市县级	冬小麦	18	15	12
657	黄淮海区	河南省	郏县	市县级	冬小麦	20	10	10
658	黄淮海区	河南省	郏县	市县级	冬小麦	25	10	10
659	黄淮海区	河南省	郏县	市县级	冬小麦	25	15	5
660	黄淮海区	河南省	郏县	市县级	冬小麦	25	15	5
661	黄淮海区	河南省	郏县	市县级	冬小麦	25	10	10
662	黄淮海区	河南省	郏县	市县级	冬小麦	20	10	10
663	黄淮海区	河南省	鲁山县	市县级	冬小麦	14	6	5
664	黄淮海区	河南省	鲁山县	市县级	冬小麦	23	13	10
665	黄淮海区	河南省	鲁山县	市县级	冬小麦	25	12	8
666	黄淮海区	河南省	鲁山县	市县级	冬小麦	23	13	10
667	黄淮海区	河南省	鲁山县	市县级	冬小麦	25	12	8
668	黄淮海区	河南省	鹿邑县	市县级	冬小麦	22	18	6
669	黄淮海区	河南省	鹿邑县	市县级	冬小麦	28	15	6
670	黄淮海区	河南省	汝州市	市县级	冬小麦	20	12	10
671	黄淮海区	河南省	汝州市	市县级	冬小麦	27	15	6
672	黄淮海区	河南省	汝州市	市县级	冬小麦	24	12	8
673	黄淮海区	河南省	汝州市	市县级	冬小麦	22	11	6
674	黄淮海区	河南省	陕州区	市县级	冬小麦	18	12	8
675	黄淮海区	河南省	叶县	市县级	冬小麦	24	15	6
676	黄淮海区	河南省	叶县	市县级	冬小麦	25	14	6
677	黄淮海区	河南省	叶县	市县级	冬小麦	23	15	7
678	黄淮海区	河南省	舞钢市	市县级	冬小麦	25	14	8
679	黄淮海区	河南省	舞钢市	市县级	冬小麦	22	10	8
680	黄淮海区	河南省	范县	市县级	冬小麦	15	22	8
681	黄淮海区	河南省	范县	市县级	冬小麦	18	17	10
682	黄淮海区	河南省	南乐县	市县级	冬小麦	15	20	10
683	黄淮海区	河南省	南乐县	市县级	冬小麦	18	20	7
684	黄淮海区	河南省	南召县	市县级	冬小麦	25	9	6
685	黄淮海区	河南省	濮阳县	市县级	冬小麦	15	22	8

（续）

序号	区域	省份	地区名称	配方尺度	作物名称	氮(N)	五氧化二磷(P_2O_5)	氧化钾(K_2O)
686	黄淮海区	河南省	濮阳县	市县级	冬小麦	17	18	5
687	黄淮海区	河南省	台前县	市县级	冬小麦	15	20	10
688	黄淮海区	河南省	合并区	市县级	冬小麦	15	22	8
689	黄淮海区	河南省	清丰县	市县级	冬小麦	18	17	10
690	黄淮海区	河南省	渑池县	市县级	冬小麦	25	15	5
691	黄淮海区	河南省	渑池县	市县级	冬小麦	25	14	6
692	黄淮海区	河南省	渑池县	市县级	冬小麦	27	16	5
693	黄淮海区	河南省	陕州区	市县级	冬小麦	26	14	5
694	黄淮海区	河南省	陕州区	市县级	冬小麦	22	10	10
695	黄淮海区	河南省	梁园区	市县级	冬小麦	25	13	7
696	黄淮海区	河南省	民权县	市县级	冬小麦	25	13	7
697	黄淮海区	河南省	民权县	市县级	冬小麦	29	16	6
698	黄淮海区	河南省	商丘市合并区	市县级	冬小麦	25	14	6
699	黄淮海区	河南省	商丘市合并区	市县级	冬小麦	23	15	7
700	黄淮海区	河南省	商丘市合并区	市县级	冬小麦	20	16	9
701	黄淮海区	河南省	夏邑县	市县级	冬小麦	22	15	8
702	黄淮海区	河南省	永城市	市县级	冬小麦	15	17	13
703	黄淮海区	河南省	永城市	市县级	冬小麦	16	17	12
704	黄淮海区	河南省	永城市	市县级	冬小麦	19	15	11
705	黄淮海区	河南省	永城市	市县级	冬小麦	20	15	10
706	黄淮海区	河南省	永城市	市县级	冬小麦	13	18	14
707	黄淮海区	河南省	永城市	市县级	冬小麦	14	17	14
708	黄淮海区	河南省	柘城县	市县级	冬小麦	20	13	12
709	黄淮海区	河南省	柘城县	市县级	冬小麦	20	15	10
710	黄淮海区	河南省	柘城县	市县级	冬小麦	22	14	9
711	黄淮海区	河南省	柘城县	市县级	冬小麦	25	14	6
712	黄淮海区	河南省	柘城县	市县级	冬小麦	26	14	5
713	黄淮海区	河南省	柘城县	市县级	冬小麦	18	17	10
714	黄淮海区	河南省	封丘县	市县级	冬小麦	18	18	9
715	黄淮海区	河南省	封丘县	市县级	冬小麦	18	22	5
716	黄淮海区	河南省	封丘县	市县级	冬小麦	18	18	9
717	黄淮海区	河南省	辉县	市县级	冬小麦	20	18	7
718	黄淮海区	河南省	获嘉县	市县级	冬小麦	22	12	6
719	黄淮海区	河南省	获嘉县	市县级	冬小麦	20	15	5

（续）

序号	区域	省份	地区名称	配方尺度	作物名称	氮(N)	五氧化二磷(P_2O_5)	氧化钾(K_2O)
720	黄淮海区	河南省	获嘉县	市县级	冬小麦	23	14	8
721	黄淮海区	河南省	卫辉市	市县级	冬小麦	18	12	10
722	黄淮海区	河南省	卫辉市	市县级	冬小麦	20	12	8
723	黄淮海区	河南省	新乡县	市县级	冬小麦	17	23	5
724	黄淮海区	河南省	新乡县	市县级	冬小麦	15	25	5
725	黄淮海区	河南省	延津县	市县级	冬小麦	18	12	10
726	黄淮海区	河南省	延津县	市县级	冬小麦	18	12	10
727	黄淮海区	河南省	延津县	市县级	冬小麦	20	12	8
728	黄淮海区	河南省	原阳县	市县级	冬小麦	14	16	15
729	黄淮海区	河南省	长垣县	市县级	冬小麦	16	22	7
730	黄淮海区	河南省	长垣县	市县级	冬小麦	22	18	5
731	黄淮海区	河南省	长垣县	市县级	冬小麦	18	22	5
732	黄淮海区	河南省	息县	市县级	冬小麦	23	11	11
733	黄淮海区	河南省	息县	市县级	冬小麦	25	10	10
734	黄淮海区	河南省	固始县	市县级	冬小麦	12	10	8
735	黄淮海区	河南省	固始县	市县级	冬小麦	12	6	6
736	黄淮海区	河南省	合并区	市县级	冬小麦	18	8	6
737	黄淮海区	河南省	淮滨县	市县级	冬小麦	11.5	6	5
738	黄淮海区	河南省	潢川县	市县级	冬小麦	12	10	8
739	黄淮海区	河南省	潢川县	市县级	冬小麦	20	14	12
740	黄淮海区	河南省	潢川县	市县级	冬小麦	20	12	10
741	黄淮海区	河南省	罗山县	市县级	冬小麦	23 22	12 10	10 13
742	黄淮海区	河南省	罗山县	市县级	冬小麦	25	10	13
743	黄淮海区	河南省	合并区	市县级	冬小麦	20	18	7
744	黄淮海区	河南省	合并区	市县级	冬小麦	20	14	6
745	黄淮海区	河南省	建安区	市县级	冬小麦	22	16	7
746	黄淮海区	河南省	建安区	市县级	冬小麦	23	17	5
747	黄淮海区	河南省	建安区	市县级	冬小麦	20	18	7
748	黄淮海区	河南省	建安区	市县级	冬小麦	24	16	5
749	黄淮海区	河南省	襄城县	市县级	冬小麦	18	15	12
750	黄淮海区	河南省	襄城县	市县级	冬小麦	22	15	5
751	黄淮海区	河南省	襄城县	市县级	冬小麦	26	16	6
752	黄淮海区	河南省	襄城县	市县级	冬小麦	25	15	5

（续）

序号	区域	省份	地区名称	配方尺度	作物名称	氮 (N)	五氧化二磷 (P_2O_5)	氧化钾 (K_2O)
753	黄淮海区	河南省	襄城县	市县级	冬小麦	22	15	6
754	黄淮海区	河南省	襄城县	市县级	冬小麦	23	15	6
755	黄淮海区	河南省	襄城县	市县级	冬小麦	26	16	8
756	黄淮海区	河南省	襄城县	市县级	冬小麦	25	14	6
757	黄淮海区	河南省	襄城县	市县级	冬小麦	26	15	5
758	黄淮海区	河南省	襄城县	市县级	冬小麦	28	16	7
759	黄淮海区	河南省	许昌市	市县级	冬小麦	20	18	7
760	黄淮海区	河南省	许昌市	市县级	冬小麦	20	18	7
761	黄淮海区	河南省	许昌市	市县级	冬小麦	22	14	6
762	黄淮海区	河南省	鄢陵县	市县级	冬小麦	25	14	6
763	黄淮海区	河南省	鄢陵县	市县级	冬小麦	20	18	7
764	黄淮海区	河南省	鄢陵县	市县级	冬小麦	20	18	7
765	黄淮海区	河南省	禹州市	市县级	冬小麦	23	15	7
766	黄淮海区	河南省	禹州市	市县级	冬小麦	25	12	8
767	黄淮海区	河南省	禹州市	市县级	冬小麦	30	14	8
768	黄淮海区	河南省	禹州市	市县级	冬小麦	34	16	10
769	黄淮海区	河南省	禹州市	市县级	冬小麦	28	14	9
770	黄淮海区	河南省	禹州市	市县级	冬小麦	32	16	10
771	黄淮海区	河南省	禹州市	市县级	冬小麦	32	16	12
772	黄淮海区	河南省	长葛市	市县级	冬小麦	24	16	5
773	黄淮海区	河南省	长葛市	市县级	冬小麦	22	18	5
774	黄淮海区	河南省	长葛市	市县级	冬小麦	24	16	5
775	黄淮海区	河南省	长葛市	市县级	冬小麦	25	15	5
776	黄淮海区	河南省	登封市	市县级	冬小麦	25	10	5
777	黄淮海区	河南省	登封市	市县级	冬小麦	25	15	5
778	黄淮海区	河南省	巩义市	市县级	冬小麦	26	14	5
779	黄淮海区	河南省	合并区	市县级	冬小麦	13	7	6
780	黄淮海区	河南省	合并区	市县级	冬小麦	15	8	8
781	黄淮海区	河南省	新密市	市县级	冬小麦	25	12	5
782	黄淮海区	河南省	新密市	市县级	冬小麦	20	9	4
783	黄淮海区	河南省	新密市	市县级	冬小麦	23	12	5
784	黄淮海区	河南省	新密市	市县级	冬小麦	20	15	10
785	黄淮海区	河南省	荥阳市	市县级	冬小麦	25	10	10
786	黄淮海区	河南省	荥阳市	市县级	冬小麦	24	8	8

（续）

序号	区域	省份	地区名称	配方尺度	作物名称	氮（N）	五氧化二磷（P_2O_5）	氧化钾（K_2O）
787	黄淮海区	河南省	荥阳市	市县级	冬小麦	18	6	6
788	黄淮海区	河南省	荥阳市	市县级	冬小麦	25	10	10
789	黄淮海区	河南省	荥阳市	市县级	冬小麦	24	8	8
790	黄淮海区	河南省	郸城县	市县级	冬小麦	18	20	7
791	黄淮海区	河南省	郸城县	市县级	冬小麦	21	17	7
792	黄淮海区	河南省	郸城县	市县级	冬小麦	20	18	6
793	黄淮海区	河南省	郸城县	市县级	冬小麦	22	18	5
794	黄淮海区	河南省	西华县	市县级	冬小麦	25	15	12
795	黄淮海区	河南省	西华县	市县级	冬小麦	20	15	10
796	黄淮海区	河南省	泌阳县	市县级	冬小麦	12.5	5	7.5
797	黄淮海区	河南省	平舆县	市县级	冬小麦	26	12	7
798	黄淮海区	河南省	确山县	市县级	冬小麦	12	6	7
799	黄淮海区	河南省	汝南县	市县级	冬小麦	13	8	8
800	黄淮海区	河南省	上蔡县	市县级	冬小麦	25	8	12
801	黄淮海区	河南省	遂平县	市县级	冬小麦	18	10	12
802	黄淮海区	河南省	西平县	市县级	冬小麦	13	6	8
803	黄淮海区	河南省	新蔡县	市县级	冬小麦	26	8	12
804	黄淮海区	河南省	新蔡县	市县级	冬小麦	16	7	14
805	黄淮海区	河南省	驿城区	市县级	冬小麦	13	5	8
806	黄淮海区	河南省	正阳县	市县级	冬小麦	25	11	10
807	黄淮海区	河南省	驻马店市合并区	市县级	冬小麦	18	10	12
808	黄淮海区	河南省	驻马店市合并区	市县级	冬小麦	22	8	10
809	黄淮海区	河南省	驻马店市合并区	市县级	冬小麦	21	11	13
810	黄淮海区	河南省	驻马店市合并区	市县级	冬小麦	20	11	14
811	长江中下游区	安徽省	肥东县	市县级	冬小麦	25	8	12
812	长江中下游区	安徽省	肥东县	市县级	冬小麦	20	10	10
813	长江中下游区	安徽省	肥东县	市县级	冬小麦	22	8	15
814	长江中下游区	安徽省	肥西县	市县级	冬小麦	23	12	10
815	长江中下游区	安徽省	肥西县	市县级	冬小麦	20	10	10
816	长江中下游区	安徽省	庐江县	市县级	冬小麦	12	6	7
817	长江中下游区	安徽省	长丰县	市县级	冬小麦	24	8	13
818	长江中下游区	安徽省	濉溪县	市县级	冬小麦	20	10	10
819	长江中下游区	安徽省	濉溪县	市县级	冬小麦	20	10	10
820	长江中下游区	安徽省	相山区	市县级	冬小麦	18	12	11

（续）

序号	区域	省份	地区名称	配方尺度	作物名称	氮(N)	五氧化二磷(P_2O_5)	氧化钾(K_2O)
821	长江中下游区	安徽省	烈山区	市县级	冬小麦	20	15	10
822	长江中下游区	安徽省	烈山区	市县级	冬小麦	18	10	12
823	长江中下游区	安徽省	杜集区	市县级	冬小麦	23	11	11
824	长江中下游区	安徽省	谯城区	市县级	冬小麦	23	12	10
825	长江中下游区	安徽省	利辛县	市县级	冬小麦	23	10	10
826	长江中下游区	安徽省	蒙城县	市县级	冬小麦	20	10	10
827	长江中下游区	安徽省	蒙城县	市县级	冬小麦	20	12	12
828	长江中下游区	安徽省	蒙城县	市县级	冬小麦	20	12	10
829	长江中下游区	安徽省	涡阳县	市县级	冬小麦	20	14	8
830	长江中下游区	安徽省	埇桥区	市县级	冬小麦	25	12	8
831	长江中下游区	安徽省	埇桥区	市县级	冬小麦	18	20	10
832	长江中下游区	安徽省	埇桥区	市县级	冬小麦	25	10	10
833	长江中下游区	安徽省	埇桥区	市县级	冬小麦	22	11	12
834	长江中下游区	安徽省	埇桥区	市县级	冬小麦	25	11	12
835	长江中下游区	安徽省	埇桥区	市县级	冬小麦	20	10	10
836	长江中下游区	安徽省	埇桥区	市县级	冬小麦	20	14	14
837	长江中下游区	安徽省	埇桥区	市县级	冬小麦	25	10	13
838	长江中下游区	安徽省	灵璧县	市县级	冬小麦	22	12	10
839	长江中下游区	安徽省	萧县	市县级	冬小麦	20	15	10
840	长江中下游区	安徽省	萧县	市县级	冬小麦	24	9	12
841	长江中下游区	安徽省	砀山县	市县级	冬小麦	20	12	13
842	长江中下游区	安徽省	砀山县	市县级	冬小麦	24	10	11
843	长江中下游区	安徽省	泗县	市县级	冬小麦	22	16	8
844	长江中下游区	安徽省	泗县	市县级	冬小麦	22	12	10
845	长江中下游区	安徽省	怀远县	市县级	冬小麦	20	13	12
846	长江中下游区	安徽省	怀远县	市县级	冬小麦	18	12	10
847	长江中下游区	安徽省	怀远县	市县级	冬小麦	22	10	13
848	长江中下游区	安徽省	固镇县	市县级	冬小麦	20	12	13
849	长江中下游区	安徽省	五河县	市县级	冬小麦	25	13	7
850	长江中下游区	安徽省	五河县	市县级	冬小麦	23	12	10
851	长江中下游区	安徽省	五河县	市县级	冬小麦	18	15	12
852	长江中下游区	安徽省	五河县	市县级	冬小麦	26	14	10
853	长江中下游区	安徽省	淮上区	市县级	冬小麦	19	13	13
854	长江中下游区	安徽省	蚌山区	市县级	冬小麦	20	12	13

（续）

序号	区域	省份	地区名称	配方尺度	作物名称	氮（N）	五氧化二磷（P_2O_5）	氧化钾（K_2O）
855	长江中下游区	安徽省	禹会区	市县级	冬小麦	20	12	13
856	长江中下游区	安徽省	龙子湖区	市县级	冬小麦	20	12	13
857	长江中下游区	安徽省	颍州区	市县级	冬小麦	25	12	8
858	长江中下游区	安徽省	太和县	市县级	冬小麦	25	13	7
859	长江中下游区	安徽省	阜南县	市县级	冬小麦	27	8	10
860	长江中下游区	安徽省	阜南县	市县级	冬小麦	25	7	10
861	长江中下游区	安徽省	阜南县	市县级	冬小麦	22	8	10
862	长江中下游区	安徽省	临泉县	市县级	冬小麦	24	9	12
863	长江中下游区	安徽省	临泉县	市县级	冬小麦	23	10	9
864	长江中下游区	安徽省	颍上县	市县级	冬小麦	20	12	8
865	长江中下游区	安徽省	界首市	市县级	冬小麦	25	10	10
866	长江中下游区	安徽省	界首市	市县级	冬小麦	25	12	8
867	长江中下游区	安徽省	界首市	市县级	冬小麦	25	13	7
868	长江中下游区	安徽省	凤台县	市县级	冬小麦	25	10	10
869	长江中下游区	安徽省	寿县	市县级	冬小麦	24	12	16
870	长江中下游区	安徽省	大通区	市县级	冬小麦	20	14	16
871	长江中下游区	安徽省	潘集区	市县级	冬小麦	26	12	10
872	长江中下游区	安徽省	明光市	市县级	冬小麦	20	15	10
873	长江中下游区	安徽省	明光市	市县级	冬小麦	20	10	15
874	长江中下游区	安徽省	明光市	市县级	冬小麦	18	12	15
875	长江中下游区	安徽省	天长市	市县级	冬小麦	23	9	13
876	长江中下游区	安徽省	天长市	市县级	冬小麦	22	10	10
877	长江中下游区	安徽省	天长市	市县级	冬小麦	18	15	12
878	长江中下游区	安徽省	天长市	市县级	冬小麦	18	18	8
879	长江中下游区	安徽省	天长市	市县级	冬小麦	19	15	10
880	长江中下游区	安徽省	定远县	市县级	冬小麦	18	12	15
881	长江中下游区	安徽省	定远县	市县级	冬小麦	17	13	15
882	长江中下游区	安徽省	凤阳县	市县级	冬小麦	18	12	15
883	长江中下游区	安徽省	来安县	市县级	冬小麦	20	12	15
884	长江中下游区	安徽省	全椒县	市县级	冬小麦	17	13	15
885	长江中下游区	安徽省	南谯区	市县级	冬小麦	18	10	12
886	长江中下游区	安徽省	裕安区	市县级	冬小麦	18	12	10
887	长江中下游区	安徽省	舒城县	市县级	冬小麦	19	12	14
888	长江中下游区	安徽省	金寨县	市县级	冬小麦	18	12	15

（续）

序号	区域	省份	地区名称	配方尺度	作物名称	氮(N)	五氧化二磷(P_2O_5)	氧化钾(K_2O)
889	长江中下游区	安徽省	霍山县	市县级	冬小麦	15	10	15
890	长江中下游区	安徽省	霍邱县	市县级	冬小麦	20	10	15
891	长江中下游区	安徽省	叶集区	市县级	冬小麦	18	12	10
892	长江中下游区	安徽省	含山县、和县	市县级	冬小麦	18	12	15
893	长江中下游区	安徽省	繁昌县	市县级	冬小麦	18	12	15
894	长江中下游区	安徽省	南陵县	市县级	冬小麦	20	7	18
895	长江中下游区	安徽省	无为县	市县级	冬小麦	20	15	10
896	长江中下游区	安徽省	无为县	市县级	冬小麦	26	13	7
897	长江中下游区	安徽省	芜湖县	市县级	冬小麦	18	15	12
898	长江中下游区	安徽省	宣州区	市县级	冬小麦	15	20	10
899	长江中下游区	安徽省	宣州区	市县级	冬小麦	13	20	15
900	长江中下游区	安徽省	郎溪县	市县级	冬小麦	15	18	12
901	长江中下游区	安徽省	宁国市	市县级	冬小麦	20	10	18
902	长江中下游区	安徽省	枞阳县	市县级	冬小麦	18	13	15
903	长江中下游区	安徽省	枞阳县	市县级	冬小麦	16	11	13
904	长江中下游区	安徽省	义安区	市县级	冬小麦	15	4	8
905	长江中下游区	安徽省	宿松县	市县级	冬小麦	15	12	13
906	长江中下游区	安徽省	望江县	市县级	冬小麦	18	12	15
907	长江中下游区	安徽省	太湖县	市县级	冬小麦	19	10	16
908	长江中下游区	湖北省	新洲区	市县级	冬小麦	19	5	6
909	长江中下游区	湖北省	丹江口市	市县级	冬小麦	20	12	9
910	长江中下游区	湖北省	郧阳区	市县级	冬小麦	18	6	6
911	长江中下游区	湖北省	郧西县	市县级	冬小麦	20	10	15
912	长江中下游区	湖北省	房县	市县级	冬小麦	15	8	7
913	长江中下游区	湖北省	江陵县	市县级	冬小麦	25	7	8
914	长江中下游区	湖北省	松滋市	市县级	冬小麦	20	10	10
915	长江中下游区	湖北省	公安县	市县级	冬小麦	23	10	12
916	长江中下游区	湖北省	宜昌市	市县级	冬小麦	20	12	13
917	长江中下游区	湖北省	南漳县	市县级	冬小麦	20	10	10
918	长江中下游区	湖北省	老河口市	市县级	冬小麦	14	7	6
919	长江中下游区	湖北省	襄州区	市县级	冬小麦	20	9	11
920	长江中下游区	湖北省	襄州区	市县级	冬小麦	22	10	13
921	长江中下游区	湖北省	襄州区	市县级	冬小麦	25	12	14
922	长江中下游区	湖北省	宜城市	市县级	冬小麦	22	10	8

（续）

序号	区域	省份	地区名称	配方尺度	作物名称	氮（N）	五氧化二磷（P_2O_5）	氧化钾（K_2O）
923	长江中下游区	湖北省	枣阳市	市县级	冬小麦	25	12	8
924	长江中下游区	湖北省	鄂州市	市县级	冬小麦	15	6	9
925	长江中下游区	湖北省	掇刀区	市县级	冬小麦	25	12	14
926	长江中下游区	湖北省	京山市	市县级	冬小麦	25	12	14
927	长江中下游区	湖北省	屈家岭	市县级	冬小麦	15	7	8
928	长江中下游区	湖北省	屈家岭	市县级	冬小麦	15	5	10
929	长江中下游区	湖北省	屈家岭	市县级	冬小麦	18	12	15
930	长江中下游区	湖北省	沙洋县	市县级	冬小麦	26	12	14
931	长江中下游区	湖北省	钟祥市	市县级	冬小麦	24	10	12
932	长江中下游区	湖北省	孝感市	市县级	冬小麦	10	6	9
933	长江中下游区	湖北省	孝感市	市县级	冬小麦	25	10	10
934	长江中下游区	湖北省	孝感市	市县级	冬小麦	15	7	8
935	长江中下游区	湖北省	孝感市	市县级	冬小麦	20	12	8
936	长江中下游区	湖北省	孝感市	市县级	冬小麦	25	6	9
937	长江中下游区	湖北省	孝感市	市县级	冬小麦	24	10	14
938	长江中下游区	湖北省	黄州区	市县级	冬小麦	22	10	13
939	长江中下游区	湖北省	团风县	市县级	冬小麦	20	13	12
940	长江中下游区	湖北省	红安县	市县级	冬小麦	25	10	10
941	长江中下游区	湖北省	麻城市	市县级	冬小麦	23	13	9
942	长江中下游区	湖北省	罗田县	市县级	冬小麦	15	7	8
943	长江中下游区	湖北省	黄梅县	市县级	冬小麦	23	12	10
944	长江中下游区	湖北省	龙感湖管理区	市县级	冬小麦	15	9	6
945	长江中下游区	湖北省	嘉鱼县	市县级	冬小麦	22	10	13
946	长江中下游区	湖北省	巴东县	市县级	冬小麦	22	10	13
947	长江中下游区	湖北省	曾都区	市县级	冬小麦	27	16	9
948	长江中下游区	湖北省	曾都区	市县级	冬小麦	27	15	10
949	长江中下游区	湖北省	广水市	市县级	冬小麦	18	12	10
950	长江中下游区	湖北省	仙桃市	市县级	冬小麦	20	10	8
951	长江中下游区	湖北省	天门市	市县级	冬小麦	23	12	13
952	长江中下游区	湖北省	潜江市	市县级	春小麦	20	10	10
953	长江中下游区	湖北省	潜江市	市县级	春小麦	20	12	8
954	长江中下游区	湖北省	潜江市	市县级	春小麦	21	9	12
955	长江中下游区	湖北省	神农架林区	市县级	冬小麦	15	7	8
956	西南区	重庆市	云阳县	市县级	冬小麦	18	12	10

（续）

序号	区域	省份	地区名称	配方尺度	作物名称	氮 (N)	五氧化二磷 (P_2O_5)	氧化钾 (K_2O)
957	西南区	重庆市	江北区	市县级	冬小麦	18	12	8
958	西南区	四川省	四川省	省级	冬小麦	12	8	9
959	西南区	四川省	四川省	省级	冬小麦	13	12	10
960	西南区	四川省	四川省	省级	冬小麦	12	10	8
961	西南区	四川省	四川省	省级	冬小麦	12	10	10
962	西南区	四川省	四川省	省级	冬小麦	12	10	8
963	西南区	四川省	邛崃市	市县级	春小麦	16	10	14
964	西南区	四川省	郫都区	市县级	冬小麦	12	8	9
965	西南区	四川省	青白江区	市县级	冬小麦	12	8	9
966	西南区	四川省	温江区	市县级	冬小麦	10	10	5
967	西南区	四川省	新都区	市县级	冬小麦	18	10	12
968	西南区	四川省	涪城区	市县级	冬小麦	22	8	5
969	西南区	四川省	游仙区	市县级	冬小麦	24	12	9
970	西南区	四川省	三台县	市县级	冬小麦	23	11	6
971	西南区	四川省	江油市	市县级	春小麦	15	15	15
972	西南区	四川省	梓潼县	市县级	冬小麦	19	6	10
973	西南区	四川省	梓潼县	市县级	冬小麦	24	7	9
974	西南区	四川省	纳溪区	市县级	冬小麦	10	10	5
975	西南区	四川省	旌阳区	市县级	冬小麦	10	6	10
976	西南区	四川省	罗江区	市县级	冬小麦	20	8	10
977	西南区	四川省	中江县	市县级	冬小麦	23	11	6
978	西南区	四川省	绵竹市	市县级	冬小麦	20	8	10
979	西南区	四川省	绵竹市	市县级	冬小麦	22	7	8
980	西南区	四川省	绵竹市	市县级	冬小麦	22	8	8
981	西南区	四川省	广汉市	市县级	冬小麦	20	10	13
982	西南区	四川省	什邡市	市县级	冬小麦	20	10	10
983	西南区	四川省	苍溪县	市县级	冬小麦	25	7	8
984	西南区	四川省	剑阁县	市县级	冬小麦	20	7	8
985	西南区	四川省	剑阁县	市县级	冬小麦	20	8	7
986	西南区	四川省	旺苍县	市县级	冬小麦	21	10	9
987	西南区	四川省	船山区	市县级	冬小麦	8	15	5
988	西南区	四川省	蓬溪县	市县级	冬小麦	23	11	6
989	西南区	四川省	蓬溪县	市县级	冬小麦	23	11	6
990	西南区	四川省	射洪市	市县级	冬小麦	20	9	11

（续）

序号	区域	省份	地区名称	配方尺度	作物名称	氮 (N)	五氧化二磷 (P_2O_5)	氧化钾 (K_2O)
991	西南区	四川省	东兴区	市县级	冬小麦	12	12	10
992	西南区	四川省	安岳县	市县级	冬小麦	24	6	8
993	西南区	四川省	乐至县	市县级	冬小麦	23	10	7
994	西南区	四川省	高县	市县级	春小麦	15	6	9
995	西南区	四川省	阆中市	市县级	冬小麦	24	11	5
996	西南区	四川省	仪陇县	市县级	冬小麦	25	9	8
997	西南区	四川省	蓬安县	市县级	春小麦	23	10	6
998	西南区	四川省	汉源县	市县级	冬小麦	17	12	12
999	西南区	四川省	天全县	市县级	冬小麦	16	12	9
1000	西南区	四川省	天全县	市县级	冬小麦	18	12	9
1001	西南区	四川省	天全县	市县级	冬小麦	19	12	8
1002	西南区	四川省	天全县	市县级	冬小麦	20	12	6
1003	西南区	四川省	雅安市	市县级	冬小麦	16	8	9
1004	西南区	四川省	甘孜州	市县级	冬小麦	23	11	6
1005	西南区	四川省	西昌市	市县级	冬小麦	24	6	10
1006	西南区	四川省	木里县	市县级	冬小麦	12	9	9
1007	西南区	四川省	会理县	市县级	春小麦	24	14	4
1008	西南区	四川省	冕宁县	市县级	冬小麦	22	10	8
1009	西南区	四川省	会东县	市县级	冬小麦	14	7	4
1010	西南区	四川省	前锋区	市县级	冬小麦	22	8	10
1011	西南区	四川省	岳池县	市县级	冬小麦	22	8	10
1012	西南区	四川省	武胜县	市县级	冬小麦	20	8	6
1013	西南区	四川省	邻水县	市县级	冬小麦	20	10	15
1014	西南区	四川省	巴中市	市县级	冬小麦	22	10	8
1015	西南区	四川省	恩阳区	市县级	冬小麦	18	6	6
1016	西南区	四川省	通江县	市县级	冬小麦	18	7	5
1017	西南区	四川省	彭山区	市县级	冬小麦	18	8	9
1018	西南区	四川省	仁寿县	市县级	冬小麦	12	8	9
1019	西南区	云南省	砚山县	市县级	冬小麦	13	5	7
1020	西南区	云南省	广南县	市县级	冬小麦	16	8	8
1021	西南区	云南省	南涧县	市县级	冬小麦	13	5	7
1022	西南区	云南省	富民县	市县级	冬小麦	13	7	5
1023	西南区	云南省	兰坪县	市县级	冬小麦	10	10	5
1024	西南区	云南省	镇雄县	市县级	冬小麦	16	6	3

（续）

序号	区域	省份	地区名称	配方尺度	作物名称	氮 (N)	五氧化二磷 (P_2O_5)	氧化钾 (K_2O)
1025	西南区	云南省	德钦县	市县级	冬小麦	13	5	7
1026	西南区	云南省	维西县	市县级	冬小麦	13	5	7
1027	西南区	云南省	弥勒市	市县级	冬小麦	13	7	5
1028	西南区	云南省	弥勒市	市县级	冬小麦	10	9	6
1029	西南区	云南省	澄江县	市县级	冬小麦	18	10	10
1030	西南区	云南省	澄江县	市县级	冬小麦	18	10	10
1031	西南区	云南省	华宁县	市县级	冬小麦	12	5	7
1032	西南区	云南省	易门县	市县级	冬小麦	12	12	10
1033	西南区	云南省	峨山县	市县级	冬小麦	14	6	5
1034	西南区	云南省	元江县	市县级	冬小麦	15	6	4
1035	西南区	云南省	楚雄市	市县级	冬小麦	15	10	10
1036	西南区	云南省	双柏县	市县级	冬小麦	15	10	10
1037	西南区	云南省	牟定县	市县级	冬小麦	13	5	7
1038	西南区	云南省	姚安县	市县级	冬小麦	14	6	5
1039	西南区	云南省	大姚县	市县级	冬小麦	16	5	5
1040	西南区	云南省	永仁县	市县级	冬小麦	10	15	15
1041	西南区	云南省	武定县	市县级	冬小麦	20	5	5
1042	西南区	云南省	禄丰县	市县级	冬小麦	18	7	9
1043	西南区	云南省	禄丰县	市县级	冬小麦	20	8	7
1044	西南区	云南省	云县	市县级	冬小麦	22	8	6
1045	西南区	云南省	云县	市县级	冬小麦	18	8	5
1046	西南区	云南省	临翔区	市县级	冬小麦	18	10	12
1047	西南区	云南省	永德县	市县级	冬小麦	12	8	6
1048	西南区	云南省	凤庆县	市县级	冬小麦	11	8	6
1049	西南区	云南省	镇康县	市县级	冬小麦	12	11	8
1050	西南区	云南省	宁洱县	市县级	冬小麦	13	15	10
1051	西南区	云南省	宁洱县	市县级	冬小麦	12	13	10
1052	西南区	云南省	思茅区	市县级	冬小麦	12	15	12
1053	西南区	云南省	思茅区	市县级	冬小麦	10	12	10
1054	西南区	云南省	镇沅县	市县级	冬小麦	19	7	6
1055	西南区	云南省	镇沅县	市县级	冬小麦	18	9	5
1056	西北区	内蒙古自治区	临河区	市县级	春小麦	11	27	7
1057	西北区	内蒙古自治区	乌拉特中旗	市县级	春小麦	20	20	6
1058	西北区	内蒙古自治区	五原县	市县级	春小麦	20	20	5

（续）

序号	区域	省份	地区名称	配方尺度	作物名称	氮 (N)	五氧化二磷 (P_2O_5)	氧化钾 (K_2O)
1059	西北区	内蒙古自治区	乌拉特后旗	市县级	春小麦	18	26	8
1060	西北区	内蒙古自治区	乌拉特前旗	市县级	春小麦	11	27	7
1061	西北区	内蒙古自治区	土默特右旗	市县级	春小麦	26	20	9
1062	西北区	内蒙古自治区	固阳县	市县级	春小麦	15	15	15
1063	西北区	内蒙古自治区	鄂伦春旗	市县级	冬小麦	15	23	10
1064	西北区	内蒙古自治区	牙克石市	市县级	春小麦	20	22	9
1065	西北区	内蒙古自治区	额尔古纳市	市县级	春小麦	18	22	5
1066	西北区	内蒙古自治区	察右中旗	市县级	春小麦	13	9	5
1067	西北区	内蒙古自治区	太仆寺旗	市县级	春小麦	14	19	7
1068	西北区	内蒙古自治区	乌拉盖管理区	市县级	春小麦	17	20	8
1069	西北区	陕西省	陕西省	省级	冬小麦	20	18	10
1070	西北区	陕西省	岐山县	市县级	冬小麦	15	9	6
1071	西北区	陕西省	陇县	市县级	冬小麦	24	10	6
1072	西北区	陕西省	陇县	市县级	冬小麦	26	8	5
1073	西北区	陕西省	陇县	市县级	冬小麦	28	8	4
1074	西北区	陕西省	麟游县	市县级	冬小麦	25	10	5
1075	西北区	陕西省	扶风县	市县级	冬小麦	25	14	6
1076	西北区	陕西省	扶风县	市县级	冬小麦	22	18	5
1077	西北区	陕西省	白水县	市县级	冬小麦	25	10	5
1078	西北区	陕西省	白水县	市县级	冬小麦	25	9	6
1079	西北区	陕西省	白水县	市县级	冬小麦	18	12	15
1080	西北区	陕西省	澄城县	市县级	冬小麦	23	12	5
1081	西北区	陕西省	大荔县	市县级	冬小麦	20	18	7
1082	西北区	陕西省	合阳县	市县级	冬小麦	13	30	0
1083	西北区	陕西省	华州区	市县级	冬小麦	18	22	6
1084	西北区	陕西省	临渭区	市县级	冬小麦	22	18	5
1085	西北区	陕西省	蒲城县	市县级	冬小麦	18	10	4
1086	西北区	陕西省	蒲城县	市县级	冬小麦	20	15	5
1087	西北区	陕西省	蒲城县	市县级	冬小麦	20	18	8
1088	西北区	陕西省	潼关县	市县级	冬小麦	25	15	5
1089	西北区	陕西省	高陵区	市县级	冬小麦	20	20	5
1090	西北区	陕西省	长安区	市县级	冬小麦	20	18	8
1091	西北区	陕西省	蓝田县	市县级	冬小麦	25	14	6
1092	西北区	陕西省	灞桥区	市县级	冬小麦	16	20	10

（续）

序号	区域	省份	地区名称	配方尺度	作物名称	氮 (N)	五氧化二磷 (P_2O_5)	氧化钾 (K_2O)
1093	西北区	陕西省	临潼区	市县级	冬小麦	20	8	10
1094	西北区	陕西省	临潼区	市县级	冬小麦	15	8	10
1095	西北区	陕西省	阎良区	市县级	冬小麦	20	15	5
1096	西北区	陕西省	阎良区	市县级	冬小麦	18	20	7
1097	西北区	陕西省	鄠邑区	市县级	冬小麦	23	11	6
1098	西北区	陕西省	周至县	市县级	冬小麦	25	10	5
1099	西北区	陕西省	武功县	市县级	冬小麦	25	15	5
1100	西北区	陕西省	礼泉县	市县级	冬小麦	20	15	5
1101	西北区	陕西省	旬邑县	市县级	冬小麦	23	12	5
1102	西北区	陕西省	淳化县	市县级	冬小麦	20	15	5
1103	西北区	陕西省	泾阳县	市县级	冬小麦	18	22	5
1104	西北区	甘肃省	河西地区	省级	春小麦	14	8	3
1105	西北区	甘肃省	陇中地区	省级	春小麦	12	8	2
1106	西北区	甘肃省	陇东地区	省级	冬小麦	12	8	3
1107	西北区	甘肃省	华亭市	市县级	春小麦	11	10	4
1108	西北区	甘肃省	静宁县	市县级	春小麦	13	7	5
1109	西北区	甘肃省	灵台县	市县级	春小麦	12	7	3
1110	西北区	甘肃省	环县	市县级	春小麦	15	15	5
1111	西北区	甘肃省	庆城县	市县级	春小麦	14	10	5
1112	西北区	甘肃省	镇原县	市县级	春小麦	11	6	4
1113	西北区	甘肃省	安定区	市县级	春小麦	18	12	9
1114	西北区	甘肃省	安定区	市县级	春小麦	18	8	6
1115	西北区	甘肃省	渭源县	市县级	春小麦	18	6	5
1116	西北区	甘肃省	皋兰县	市县级	冬小麦	15	11	9
1117	西北区	甘肃省	景泰县	市县级	冬小麦	21	16	7
1118	西北区	甘肃省	山丹县	市县级	冬小麦	12	12	9
1119	西北区	甘肃省	古浪县	市县级	冬小麦	19	16	10
1120	西北区	甘肃省	古浪县	市县级	冬小麦	16	13	3
1121	西北区	甘肃省	凉州区	市县级	冬小麦	16	24	5
1122	西北区	甘肃省	嘉峪关市	市县级	冬小麦	19	13	10
1123	西北区	甘肃省	金塔县	市县级	冬小麦	18	22	5
1124	西北区	甘肃省	麦积区	市县级	冬小麦	14	10	5
1125	西北区	甘肃省	麦积区	市县级	冬小麦	15	10	5
1126	西北区	甘肃省	张家川回族自治县	市县级	冬小麦	19	10	3

（续）

序号	区域	省份	地区名称	配方尺度	作物名称	氮 (N)	五氧化二磷 (P_2O_5)	氧化钾 (K_2O)
1127	西北区	甘肃省	武山县	市县级	冬小麦	12	6	7
1128	西北区	甘肃省	临夏州	市县级	冬小麦	10	8	4
1129	西北区	甘肃省	徽县	市县级	冬小麦	15	10	5
1130	西北区	甘肃省	崇信县	市县级	冬小麦	12	12	4
1131	西北区	青海省	青海省	省级	春小麦	16	14	5
1132	西北区	青海省	大通县	市县级	春小麦	16	13	6
1133	西北区	宁夏回族自治区	贺兰县、永宁县、兴庆区、金凤区、西夏区	市县级	春小麦	26	17	5
1134	西北区	宁夏回族自治区	惠农区、平罗县	市县级	春小麦	26	17	5
1135	西北区	宁夏回族自治区	利通区、青铜峡市	市县级	春小麦	30	11	6
1136	西北区	宁夏回族自治区	同心县、红寺堡区	市县级	春小麦	27	10	9
1137	西北区	宁夏回族自治区	沙坡头区、中宁县	市县级	春小麦	30	11	6
1138	西北区	宁夏回族自治区	原州区、西吉县、隆德县、彭阳县	市县级	冬小麦	30	17	0
1139	西北区	新疆维吾尔自治区	沙湾县	市县级	春小麦	16	10	5
1140	西北区	新疆维吾尔自治区	沙湾县	市县级	冬小麦	18	12	6
1141	西北区	新疆维吾尔自治区	塔城地区	市县级	春小麦	16	20	0
1142	西北区	新疆维吾尔自治区	和田县	市县级	冬小麦	30	15	10
1143	西北区	新疆维吾尔自治区	墨玉县	市县级	冬小麦	20	15	5
1144	西北区	新疆维吾尔自治区	和田县	市县级	冬小麦	12	23	10
1145	西北区	新疆维吾尔自治区	奇台县	市县级	春小麦	12	28	5
1146	西北区	新疆维吾尔自治区	奇台县	市县级	冬小麦	12	28	5
1147	西北区	新疆维吾尔自治区	温泉县	市县级	春小麦	20	26	5
1148	西北区	新疆维吾尔自治区	温泉县	市县级	冬小麦	20	26	5
1149	西北区	新疆维吾尔自治区	阿克苏市	市县级	冬小麦	10	24	6
1150	西北区	新疆维吾尔自治区	库车市	市县级	冬小麦	15	20	5
1151	西北区	新疆维吾尔自治区	沙雅县	市县级	冬小麦	12	22	4
1152	西北区	新疆维吾尔自治区	阿瓦提县	市县级	冬小麦	21	18	6
1153	西北区	新疆维吾尔自治区	乌什县	市县级	冬小麦	15	20	5
1154	西北区	新疆维吾尔自治区	柯坪县	市县级	冬小麦	10	25	5
1155	西北区	新疆维吾尔自治区	麦盖提县	市县级	冬小麦	16	14	4
1156	西北区	新疆维吾尔自治区	疏勒县	市县级	冬小麦	15	20	5
1157	西北区	新疆维吾尔自治区	莎车县	市县级	冬小麦	16	25	4
1158	西北区	新疆维吾尔自治区	叶城县	市县级	冬小麦	12	23	5

（续）

序号	区域	省份	地区名称	配方尺度	作物名称	氮（N）	五氧化二磷（P_2O_5）	氧化钾（K_2O）
1159	东北区	黑龙江省	爱辉区	市县级	春小麦	16	16	16
1160	东北区	黑龙江省	逊克县	市县级	春小麦	23	10	12
1161	东北区	黑龙江省	安达市	市县级	春小麦	20	14	11
1162	东北区	黑龙江农垦	逊克农场	市县级	春小麦	25	28	5
1163	东北区	黑龙江农垦	襄河农场（含龙门）	市县级	春小麦	24	24	10
1164	东北区	黑龙江农垦	二龙山农场	市县级	春小麦	25	25	7
1165	东北区	黑龙江农垦	建边农场	市县级	春小麦	24	24	10

三、玉米

序号	区域	省份	地区名称	配方尺度	作物名称	氮（N）	五氧化二磷（P_2O_5）	氧化钾（K_2O）
1	北方区	山西省	安泽县	市县级	春玉米	25	15	6
2	北方区	山西省	安泽县	市县级	春玉米	25	13	7
3	北方区	山西省	大宁县	市县级	春玉米	25	13	7
4	北方区	山西省	古县	市县级	春玉米	25	15	5
5	北方区	山西省	洪洞县	市县级	春玉米	25	13	7
6	北方区	山西省	洪洞县	市县级	夏玉米	25	10	5
7	北方区	山西省	侯马市	市县级	夏玉米	22	10	8
8	北方区	山西省	蒲县	市县级	春玉米	26	14	10
9	北方区	山西省	隰县	市县级	春玉米	25	15	8
10	北方区	山西省	乡宁县	市县级	春玉米	10	7	4
11	北方区	山西省	襄汾县	市县级	春玉米	25	13	7
12	北方区	山西省	襄汾县	市县级	夏玉米	25	10	5
13	北方区	山西省	尧都区	市县级	夏玉米	22	13	4
14	北方区	山西省	翼城县	市县级	春玉米	28	11	11
15	北方区	山西省	永和县	市县级	春玉米	28	6	6
16	北方区	山西省	霍州市	市县级	春玉米	25	12	8
17	北方区	山西省	榆次区	市县级	春玉米	19	16	5
18	北方区	山西省	太谷县	市县级	春玉米	19	14	5
19	北方区	山西省	祁县	市县级	春玉米	19	15	6
20	北方区	山西省	平遥县	市县级	春玉米	19	15	6
21	北方区	山西省	介休市	市县级	春玉米	19	18	8
22	北方区	山西省	灵石县	市县级	春玉米	25	12	0

（续）

序号	区域	省份	地区名称	配方尺度	作物名称	氮（N）	五氧化二磷（P_2O_5）	氧化钾（K_2O）
23	北方区	山西省	榆社县	市县级	春玉米	27	13	0
24	北方区	山西省	左权县	市县级	春玉米	18	15	6
25	北方区	山西省	和顺县	市县级	春玉米	22	18	5
26	北方区	山西省	昔阳县	市县级	春玉米	28	12	4
27	北方区	山西省	寿阳县	市县级	春玉米	27	13	0
28	北方区	山西省	阳高县	市县级	春玉米	23	12	5
29	北方区	山西省	阳高县	市县级	春玉米	26	12	8
30	北方区	山西省	阳高县	市县级	春玉米	28	15	5
31	北方区	山西省	浑源县	市县级	春玉米	25	13	7
32	北方区	山西省	浑源县	市县级	春玉米	28	15	8
33	北方区	山西省	天镇县	市县级	春玉米	25	16	10
34	北方区	山西省	左云县	市县级	夏玉米	21	13	6
35	北方区	山西省	新荣区	市县级	春玉米	22	13	10
36	北方区	山西省	广灵县	市县级	春玉米	26	17	8
37	北方区	山西省	灵丘县	市县级	春玉米	23	10	10
38	北方区	山西省	清徐县	市县级	春玉米	18	12	0
39	北方区	山西省	清徐县	市县级	春玉米	23	12	5
40	北方区	山西省	清徐县	市县级	春玉米	26	13	6
41	北方区	山西省	临猗县	市县级	夏玉米	22	9	9
42	北方区	山西省	绛县	市县级	夏玉米	26	10	8
43	北方区	山西省	芮城县	市县级	夏玉米	30	5	5
44	北方区	山西省	河津市	市县级	夏玉米	26	9	9
45	北方区	山西省	新绛县	市县级	夏玉米	28	6	6
46	北方区	山西省	新绛县	市县级	夏玉米	26	14	5
47	北方区	山西省	垣曲县	市县级	夏玉米	22	9	9
48	北方区	山西省	闻喜县	市县级	夏玉米	26	13	6
49	北方区	山西省	盐湖区	市县级	夏玉米	22	9	9
50	北方区	山西省	夏县	市县级	夏玉米	22	9	9
51	北方区	山西省	平陆县	市县级	夏玉米	28	6	8
52	北方区	山西省	平陆县	市县级	夏玉米	24	14	7
53	北方区	山西省	潞城区	市县级	春玉米	21	7	5
54	北方区	山西省	盂县	市县级	春玉米	20	15	10
55	北方区	山西省	平定县	市县级	春玉米	27	16	8
56	北方区	山西省	平定县	市县级	春玉米	27	15	8

（续）

序号	区域	省份	地区名称	配方尺度	作物名称	氮（N）	五氧化二磷（P_2O_5）	氧化钾（K_2O）
57	北方区	山西省	平定县	市县级	春玉米	27	15	7
58	北方区	山西省	阳城县	市县级	春玉米	25	12	8
59	北方区	山西省	阳城县	市县级	夏玉米	27	9	6
60	北方区	山西省	陵川县	市县级	春玉米	22	13	5
61	北方区	山西省	陵川县	市县级	春玉米	27	13	5
62	北方区	山西省	陵川县	市县级	春玉米	27	12	0
63	北方区	山西省	泽州县	市县级	春玉米	27	13	5
64	北方区	山西省	泽州县	市县级	春玉米	22	13	5
65	北方区	山西省	怀仁市、应县	市县级	春玉米	25	14	6
66	北方区	山西省	怀仁市、应县	市县级	春玉米	25	10	5
67	北方区	山西省	中阳县	市县级	春玉米	26	13	6
68	北方区	山西省	交城县	市县级	春玉米	26	13	6
69	北方区	山西省	文水县	市县级	春玉米	26	12	7
70	北方区	山西省	文水县	市县级	春玉米	26	13	6
71	北方区	山西省	文水县	市县级	春玉米	28	12	8
72	北方区	山西省	岚县	市县级	春玉米	15	20	10
73	北方区	山西省	临县	市县级	春玉米	26	13	6
74	北方区	山西省	石楼县	市县级	春玉米	25	15	5
75	北方区	山西省	交口县	市县级	春玉米	23	12	5
76	北方区	山西省	孝义市	市县级	春玉米	15	20	10
77	北方区	山西省	兴县	市县级	春玉米	19	13	6
78	北方区	山西省	柳林县	市县级	春玉米	15	20	10
79	北方区	山西省	柳林县	市县级	春玉米	22	15	8
80	北方区	山西省	柳林县	市县级	春玉米	20	15	0
81	北方区	山西省	代县	市县级	春玉米	17	8	7
82	北方区	山西省	忻府区	市县级	春玉米	25	13	10
83	北方区	山西省	原平市	市县级	春玉米	12	10	27
84	北方区	山西省	五台县	市县级	春玉米	15	8	6
85	北方区	山西省	繁峙县	市县级	春玉米	25	14	10
86	北方区	山西省	保德县	市县级	春玉米	25	13	7
87	北方区	内蒙古自治区	阿拉善右旗	市县级	春玉米	10	21	9
88	北方区	内蒙古自治区	临河区	市县级	春玉米	14	24	7
89	北方区	内蒙古自治区	乌拉特中旗	市县级	春玉米	26	12	10
90	北方区	内蒙古自治区	乌拉特中旗	市县级	春玉米	15	15	15

（续）

序号	区域	省份	地区名称	配方尺度	作物名称	氮（N）	五氧化二磷（P_2O_5）	氧化钾（K_2O）
91	北方区	内蒙古自治区	五原县	市县级	春玉米	25	10	5
92	北方区	内蒙古自治区	五原县	市县级	春玉米	17	26	5
93	北方区	内蒙古自治区	乌拉特后旗	市县级	春玉米	16	26	6
94	北方区	内蒙古自治区	乌拉特前旗	市县级	春玉米	14	24	7
95	北方区	内蒙古自治区	固阳县	市县级	春玉米	17	21	7
96	北方区	内蒙古自治区	九原区	市县级	春玉米	16	16	8
97	北方区	内蒙古自治区	土默特右旗	市县级	春玉米	26	20	9
98	北方区	内蒙古自治区	阿鲁科尔沁旗	市县级	春玉米	8	23	14
99	北方区	内蒙古自治区	阿鲁科尔沁旗	市县级	春玉米	9	17	19
100	北方区	内蒙古自治区	敖汉旗	市县级	春玉米	15	23	7
101	北方区	内蒙古自治区	巴林左旗	市县级	春玉米	13	24	8
102	北方区	内蒙古自治区	巴林左旗	市县级	春玉米	15	22	8
103	北方区	内蒙古自治区	红山区	市县级	春玉米	25	15	8
104	北方区	内蒙古自治区	松山区	市县级	春玉米	13	25	10
105	北方区	内蒙古自治区	松山区	市县级	春玉米	25	15	8
106	北方区	内蒙古自治区	翁牛特旗	市县级	春玉米	28	15	10
107	北方区	内蒙古自治区	翁牛特旗	市县级	春玉米	25	15	10
108	北方区	内蒙古自治区	元宝山区	市县级	春玉米	13	22	10
109	北方区	内蒙古自治区	元宝山区	市县级	春玉米	25	15	10
110	北方区	内蒙古自治区	喀喇沁旗	市县级	春玉米	15	22	8
111	北方区	内蒙古自治区	巴林右旗	市县级	春玉米	13	25	7
112	北方区	内蒙古自治区	克什克腾旗	市县级	春玉米	13	22	10
113	北方区	内蒙古自治区	林西县	市县级	春玉米	13	13	7
114	北方区	内蒙古自治区	宁城县	市县级	春玉米	26	14	8
115	北方区	内蒙古自治区	达拉特旗	市县级	春玉米	16	19	5
116	北方区	内蒙古自治区	杭锦旗	市县级	春玉米	13	21	6
117	北方区	内蒙古自治区	准格尔旗	市县级	春玉米	16	21	8
118	北方区	内蒙古自治区	乌审旗	市县级	春玉米	13	25	7
119	北方区	内蒙古自治区	鄂托克旗	市县级	春玉米	12	24	9
120	北方区	内蒙古自治区	鄂托克前旗	市县级	春玉米	14	12	4
121	北方区	内蒙古自治区	托克托县县	市县级	春玉米	22	18	8
122	北方区	内蒙古自治区	清水河县	市县级	春玉米	26	16	6
123	北方区	内蒙古自治区	赛罕区	市县级	春玉米	14	19	7
124	北方区	内蒙古自治区	阿荣旗	市县级	春玉米	23	12	13

（续）

序号	区域	省份	地区名称	配方尺度	作物名称	氮（N）	五氧化二磷（P_2O_5）	氧化钾（K_2O）
125	北方区	内蒙古自治区	扎兰屯市	市县级	春玉米	18	14	13
126	北方区	内蒙古自治区	扎兰屯市	市县级	春玉米	20	13	12
127	北方区	内蒙古自治区	莫力达瓦旗	市县级	春玉米	23	16	11
128	北方区	内蒙古自治区	莫力达瓦旗	市县级	春玉米	21	18	11
129	北方区	内蒙古自治区	莫力达瓦旗	市县级	春玉米	25	14	11
130	北方区	内蒙古自治区	科尔沁区	市县级	春玉米	17	22	12
131	北方区	内蒙古自治区	开鲁县	市县级	春玉米	14	14	17
132	北方区	内蒙古自治区	开鲁县	市县级	春玉米	13	22	10
133	北方区	内蒙古自治区	开鲁县	市县级	春玉米	17	10	13
134	北方区	内蒙古自治区	开鲁县	市县级	春玉米	13	12	15
135	北方区	内蒙古自治区	开鲁县	市县级	春玉米	11	20	9
136	北方区	内蒙古自治区	科左中旗	市县级	春玉米	15	20	10
137	北方区	内蒙古自治区	科左中旗	市县级	春玉米	15	22	8
138	北方区	内蒙古自治区	科左后旗	市县级	春玉米	15	23	7
139	北方区	内蒙古自治区	奈曼旗	市县级	春玉米	15	20	10
140	北方区	内蒙古自治区	奈曼旗	市县级	春玉米	15	22	8
141	北方区	内蒙古自治区	库伦旗	市县级	春玉米	15	22	8
142	北方区	内蒙古自治区	扎鲁特旗	市县级	春玉米	16	21	8
143	北方区	内蒙古自治区	丰镇市	市县级	春玉米	13	16	11
144	北方区	内蒙古自治区	凉城县	市县级	春玉米	16	16	8
145	北方区	内蒙古自治区	察右前旗	市县级	春玉米	17	16	9
146	北方区	内蒙古自治区	兴和县	市县级	春玉米	24	12	12
147	北方区	内蒙古自治区	兴和县	市县级	春玉米	28	6	6
148	北方区	内蒙古自治区	察右中旗	市县级	春玉米	12	6	5
149	北方区	内蒙古自治区	突泉县	市县级	春玉米	10	20	10
150	北方区	内蒙古自治区	扎赉特旗	市县级	春玉米	14	19	12
151	北方区	内蒙古自治区	科右前旗	市县级	春玉米	26	12	10
152	北方区	内蒙古自治区	科右中旗	市县级	春玉米	10	20	10
153	北方区	内蒙古自治区	乌兰浩特市	市县级	春玉米	15	20	10
154	北方区	辽宁省	辽宁省	省级	春玉米	26	12	10
155	北方区	辽宁省	辽宁省	省级	春玉米	24	12	12
156	北方区	辽宁省	辽宁省	省级	春玉米	22	12	8
157	北方区	辽宁省	辽宁省	省级	春玉米	13	17	15
158	北方区	辽宁省	辽中区	市县级	春玉米	12	18	15

（续）

序号	区域	省份	地区名称	配方尺度	作物名称	氮（N）	五氧化二磷（P_2O_5）	氧化钾（K_2O）
159	北方区	辽宁省	康平县	市县级	春玉米	26	12	12
160	北方区	辽宁省	康平县	市县级	春玉米	24	10	10
161	北方区	辽宁省	康平县	市县级	春玉米	15	15	15
162	北方区	辽宁省	康平县	市县级	春玉米	12	18	15
163	北方区	辽宁省	于洪区	市县级	春玉米	26	11	11
164	北方区	辽宁省	苏家屯区	市县级	春玉米	26	10	12
165	北方区	辽宁省	苏家屯区	市县级	春玉米	24	10	10
166	北方区	辽宁省	新民市	市县级	春玉米	28	12	10
167	北方区	辽宁省	新民市	市县级	春玉米	15	15	15
168	北方区	辽宁省	沈北新区	市县级	春玉米	27	13	15
169	北方区	辽宁省	千山区	市县级	春玉米	26	10	12
170	北方区	辽宁省	千山区	市县级	春玉米	26	12	10
171	北方区	辽宁省	千山区	市县级	春玉米	26	11	13
172	北方区	辽宁省	千山区	市县级	春玉米	28	11	11
173	北方区	辽宁省	台安县	市县级	春玉米	27	13	12
174	北方区	辽宁省	台安县	市县级	春玉米	24	10	10
175	北方区	辽宁省	海城市	市县级	春玉米	30	10	10
176	北方区	辽宁省	海城市	市县级	春玉米	26	11	11
177	北方区	辽宁省	海城市	市县级	春玉米	25	10	13
178	北方区	辽宁省	海城市	市县级	春玉米	28	10	12
179	北方区	辽宁省	岫岩县	市县级	春玉米	24	10	11
180	北方区	辽宁省	岫岩县	市县级	春玉米	24	10	10
181	北方区	辽宁省	岫岩县	市县级	春玉米	24	9	10
182	北方区	辽宁省	岫岩县	市县级	春玉米	25	10	10
183	北方区	辽宁省	新宾县、清原县、抚顺县	市县级	春玉米	26	10	12
184	北方区	辽宁省	新宾县、抚顺县	市县级	春玉米	26	12	10
185	北方区	辽宁省	清原县、抚顺县	市县级	春玉米	27	10	13
186	北方区	辽宁省	本溪县	市县级	春玉米	26	10	12
187	北方区	辽宁省	本溪县	市县级	春玉米	26	12	10
188	北方区	辽宁省	本溪县	市县级	春玉米	26	10	12
189	北方区	辽宁省	东港市	市县级	春玉米	26	12	10
190	北方区	辽宁省	凤城市	市县级	春玉米	26	12	10
191	北方区	辽宁省	宽甸县	市县级	春玉米	26	10	12
192	北方区	辽宁省	振安区	市县级	春玉米	26	10	10

（续）

序号	区域	省份	地区名称	配方尺度	作物名称	氮(N)	五氧化二磷(P_2O_5)	氧化钾(K_2O)
193	北方区	辽宁省	凌海市	市县级	春玉米	26	10	12
194	北方区	辽宁省	凌海市	市县级	春玉米	25	13	15
195	北方区	辽宁省	凌海市	市县级	春玉米	28	12	10
196	北方区	辽宁省	凌海市	市县级	春玉米	24	12	12
197	北方区	辽宁省	黑山县	市县级	春玉米	15	15	15
198	北方区	辽宁省	黑山县	市县级	春玉米	15	18	12
199	北方区	辽宁省	黑山县	市县级	春玉米	26	10	12
200	北方区	辽宁省	黑山县	市县级	春玉米	24	10	12
201	北方区	辽宁省	义县	市县级	春玉米	16	16	12
202	北方区	辽宁省	义县	市县级	春玉米	26	10	12
203	北方区	辽宁省	义县	市县级	春玉米	28	10	12
204	北方区	辽宁省	义县	市县级	春玉米	15	18	12
205	北方区	辽宁省	义县	市县级	春玉米	27	10	12
206	北方区	辽宁省	北镇市	市县级	春玉米	28	10	10
207	北方区	辽宁省	北镇市	市县级	春玉米	26	12	10
208	北方区	辽宁省	盖州市	市县级	春玉米	24	12	10
209	北方区	辽宁省	阜蒙县	市县级	春玉米	26	12	12
210	北方区	辽宁省	阜蒙县	市县级	春玉米	12	18	15
211	北方区	辽宁省	辽阳县，灯塔市，太子河区，文圣区，宏伟区，弓长岭区	市县级	春玉米	26	10	12
212	北方区	辽宁省	辽阳县，灯塔市，太子河区，文圣区，宏伟区，弓长岭区	市县级	春玉米	26	12	12
213	北方区	辽宁省	辽阳县，灯塔市，太子河区，文圣区，宏伟区，弓长岭区	市县级	春玉米	26	12	10
214	北方区	辽宁省	辽阳县，灯塔市，太子河区，文圣区，宏伟区，弓长岭区	市县级	春玉米	23	11	12
215	北方区	辽宁省	辽阳县，灯塔市，太子河区，文圣区，宏伟区，弓长岭区	市县级	春玉米	26	12	10
216	北方区	辽宁省	铁岭县	市县级	春玉米	26	12	12

（续）

序号	区域	省份	地区名称	配方尺度	作物名称	氮（N）	五氧化二磷（P_2O_5）	氧化钾（K_2O）
217	北方区	辽宁省	铁岭县	市县级	春玉米	26	11	11
218	北方区	辽宁省	铁岭县	市县级	春玉米	28	10	12
219	北方区	辽宁省	铁岭县	市县级	春玉米	24	8	10
220	北方区	辽宁省	开原市	市县级	春玉米	26	12	12
221	北方区	辽宁省	开原市	市县级	春玉米	28	10	10
222	北方区	辽宁省	开原市	市县级	春玉米	26	12	10
223	北方区	辽宁省	开原市	市县级	春玉米	12	18	15
224	北方区	辽宁省	昌图县	市县级	春玉米	26	10	12
225	北方区	辽宁省	西丰县	市县级	春玉米	26	10	12
226	北方区	辽宁省	西丰县	市县级	春玉米	26	10	10
227	北方区	辽宁省	西丰县	市县级	春玉米	28	10	12
228	北方区	辽宁省	西丰县	市县级	春玉米	24	10	12
229	北方区	辽宁省	建平县	市县级	春玉米	18	20	12
230	北方区	辽宁省	建平县	市县级	春玉米	15	20	10
231	北方区	辽宁省	建平县	市县级	春玉米	26	12	10
232	北方区	辽宁省	建平县	市县级	春玉米	26	12	12
233	北方区	辽宁省	喀左县	市县级	春玉米	13	17	15
234	北方区	辽宁省	喀左县	市县级	春玉米	28	12	10
235	北方区	辽宁省	喀左县	市县级	春玉米	26	10	12
236	北方区	辽宁省	北票市	市县级	春玉米	24	12	12
237	北方区	辽宁省	北票市	市县级	春玉米	12	18	15
238	北方区	辽宁省	南票区	市县级	春玉米	22	16	10
239	北方区	辽宁省	建昌县	市县级	春玉米	24	10	7
240	北方区	辽宁省	建昌县	市县级	春玉米	28	12	9
241	北方区	辽宁省	连山区	市县级	春玉米	14	13	18
242	北方区	辽宁省	兴城县	市县级	春玉米	25	10	13
243	北方区	辽宁省	兴城县	市县级	春玉米	14	13	18
244	北方区	辽宁省	绥中县	市县级	春玉米	30	10	10
245	北方区	辽宁省	绥中县	市县级	春玉米	26	10	12
246	北方区	辽宁省	绥中县	市县级	春玉米	15	18	12
247	北方区	辽宁省	绥中县	市县级	春玉米	15	20	10
248	北方区	辽宁省	普兰店区	市县级	春玉米	15	15	15
249	北方区	辽宁省	瓦房店市	市县级	春玉米	24	12	10
250	北方区	吉林省	长春市本级	市县级	春玉米	15	16	14

（续）

序号	区域	省份	地区名称	配方尺度	作物名称	氮（N）	五氧化二磷（P_2O_5）	氧化钾（K_2O）
251	北方区	吉林省	双阳区	市县级	春玉米	28	12	10
252	北方区	吉林省	榆树市	市县级	春玉米	27	11	12
253	北方区	吉林省	农安县	市县级	春玉米	26	10	12
254	北方区	吉林省	九台区	市县级	春玉米	27	10	10
255	北方区	吉林省	德惠市	市县级	春玉米	15	14	17
256	北方区	吉林省	吉林市	市县级	春玉米	26	10	12
257	北方区	吉林省	桦甸市	市县级	春玉米	26	10	13
258	北方区	吉林省	蛟河市	市县级	春玉米	26	10	12
259	北方区	吉林省	舒兰市	市县级	春玉米	28	10	10
260	北方区	吉林省	舒兰市	市县级	春玉米	11	19	19
261	北方区	吉林省	永吉县	市县级	春玉米	18	15	18
262	北方区	吉林省	磐石市	市县级	春玉米	26	13	14
263	北方区	吉林省	铁东区、铁西区	市县级	春玉米	26	11	11
264	北方区	吉林省	伊通满族自治县	市县级	春玉米	28	10	12
265	北方区	吉林省	双辽市	市县级	春玉米	12	18	15
266	北方区	吉林省	梨树县	市县级	春玉米	15	15	15
267	北方区	吉林省	辽源市	市县级	春玉米	26	11	13
268	北方区	吉林省	松原市本级	市县级	春玉米	16	15	17
269	北方区	吉林省	宁江区	市县级	春玉米	18	13	16
270	北方区	吉林省	前郭县	市县级	春玉米	26	10	12
271	北方区	吉林省	乾安县	市县级	春玉米	13	17	15
272	北方区	吉林省	白城市本级	市县级	春玉米	20	16	12
273	北方区	吉林省	通榆县	市县级	春玉米	22	13	16
274	北方区	吉林省	镇赉县	市县级	春玉米	20	18	12
275	北方区	吉林省	镇赉县	市县级	春玉米	20	16	10
276	北方区	吉林省	镇赉县	市县级	春玉米	20	16	12
277	北方区	吉林省	洮南市	市县级	春玉米	12	18	15
278	北方区	吉林省	洮南市	市县级	春玉米	13	16	16
279	北方区	吉林省	通化市本级	市县级	春玉米	20	10	15
280	北方区	吉林省	通化县	市县级	春玉米	20	10	15
281	北方区	吉林省	抚松县	市县级	春玉米	15	15	17
282	北方区	吉林省	长白县	市县级	春玉米	18	12	15
283	北方区	吉林省	长白县	市县级	春玉米	16	13	15
284	北方区	吉林省	长白县	市县级	春玉米	26	8	12

（续）

序号	区域	省份	地区名称	配方尺度	作物名称	氮（N）	五氧化二磷（P_2O_5）	氧化钾（K_2O）
285	北方区	吉林省	延吉市	市县级	春玉米	18	15	12
286	北方区	吉林省	敦化市	市县级	春玉米	16	14	17
287	北方区	吉林省	龙井市	市县级	春玉米	26	12	12
288	北方区	吉林省	图们市	市县级	春玉米	26	10	12
289	北方区	吉林省	珲春市	市县级	春玉米	17	15	14
290	北方区	吉林省	安图县	市县级	春玉米	18	15	16
291	北方区	吉林省	安图县	市县级	春玉米	18	13	15
292	北方区	吉林省	汪清县	市县级	春玉米	22	16	12
293	北方区	吉林省	公主岭市	市县级	春玉米	19	17	17
294	北方区	黑龙江省	爱辉区	市县级	春玉米	26	16	9
295	北方区	黑龙江省	爱辉区	市县级	春玉米	26	12	12
296	北方区	黑龙江省	爱辉区	市县级	春玉米	28	10	12
297	北方区	黑龙江省	北安市	市县级	春玉米	15	23	8
298	北方区	黑龙江省	五大连池市	市县级	春玉米	26	13	9
299	北方区	黑龙江省	逊克县	市县级	春玉米	24	12	12
300	北方区	黑龙江省	安达市	市县级	春玉米	20	15	10
301	北方区	黑龙江省	安达市	市县级	春玉米	20	16	10
302	北方区	黑龙江省	安达市	市县级	春玉米	18	17	13
303	北方区	黑龙江省	北林区	市县级	春玉米	24	11	13
304	北方区	黑龙江省	北林区	市县级	春玉米	26	10	10
305	北方区	黑龙江省	伊春市	市县级	春玉米	18	18	12
306	北方区	黑龙江省	伊春市	市县级	春玉米	20	19	13
307	北方区	黑龙江省	铁力市	市县级	春玉米	18	17	10
308	北方区	黑龙江省	铁力市	市县级	春玉米	20	13	12
309	北方区	黑龙江省	铁力市	市县级	春玉米	15	20	10
310	北方区	黑龙江省	铁力市	市县级	春玉米	15	23	10
311	北方区	黑龙江省	铁力市	市县级	春玉米	15	18	14
312	北方区	黑龙江省	市本级	市县级	春玉米	18	15	15
313	北方区	黑龙江省	阿城区	市县级	春玉米	13	17	15
314	北方区	黑龙江省	巴彦县	市县级	春玉米	15	15	15
315	北方区	黑龙江省	宾县	市县级	春玉米	14	16	15
316	北方区	黑龙江省	呼兰区	市县级	春玉米	18	15	15
317	北方区	黑龙江省	双城区	市县级	春玉米	12	18	15
318	北方区	黑龙江省	五常市	市县级	春玉米	12	18	15

（续）

序号	区域	省份	地区名称	配方尺度	作物名称	氮（N）	五氧化二磷（P_2O_5）	氧化钾（K_2O）
319	北方区	黑龙江省	依兰县	市县级	春玉米	13	17	18
320	北方区	黑龙江农垦	二九〇农场	市县级	春玉米	24	18	14
321	北方区	黑龙江农垦	二九〇农场	市县级	春玉米	22	20	16
322	北方区	黑龙江农垦	江滨农场	市县级	春玉米	20	22	17
323	北方区	黑龙江农垦	江滨农场	市县级	春玉米	22	20	16
324	北方区	黑龙江农垦	江滨农场	市县级	春玉米	18	24	18
325	北方区	黑龙江农垦	江滨农场	市县级	春玉米	20	22	16
326	北方区	黑龙江农垦	军川农场	市县级	春玉米	23	21	13
327	北方区	黑龙江农垦	军川农场	市县级	春玉米	21	25	13
328	北方区	黑龙江农垦	军川农场	市县级	春玉米	22	23	12
329	北方区	黑龙江农垦	名山农场	市县级	春玉米	18	25	16
330	北方区	黑龙江农垦	名山农场	市县级	春玉米	19	24	17
331	北方区	黑龙江农垦	名山农场	市县级	春玉米	20	24	15
332	北方区	黑龙江农垦	名山农场	市县级	春玉米	20	22	17
333	北方区	黑龙江农垦	名山农场	市县级	春玉米	21	23	14
334	北方区	黑龙江农垦	延军农场	市县级	春玉米	15	26	19
335	北方区	黑龙江农垦	共青农场	市县级	春玉米	26	17	13
336	北方区	黑龙江农垦	宝泉岭农场（含汤原、依兰）	市县级	春玉米	16	28	17
337	北方区	黑龙江农垦	新华农场	市县级	春玉米	19	25	16
338	北方区	黑龙江农垦	梧桐河农场	市县级	春玉米	18	23	18
339	北方区	黑龙江农垦	友谊农场	市县级	春玉米	18	28	14
340	北方区	黑龙江农垦	友谊农场	市县级	春玉米	21	24	14
341	北方区	黑龙江农垦	友谊农场	市县级	春玉米	19	26	15
342	北方区	黑龙江农垦	友谊农场	市县级	春玉米	22	22	13
343	北方区	黑龙江农垦	友谊农场	市县级	春玉米	20	25	13
344	北方区	黑龙江农垦	五九七农场	市县级	春玉米	18	29	13
345	北方区	黑龙江农垦	五九七农场	市县级	春玉米	20	25	14
346	北方区	黑龙江农垦	五九七农场	市县级	春玉米	20	25	14
347	北方区	黑龙江农垦	五九七农场	市县级	春玉米	22	23	13
348	北方区	黑龙江农垦	五九七农场	市县级	春玉米	21	23	14
349	北方区	黑龙江农垦	八五二农场	市县级	春玉米	22	21	15
350	北方区	黑龙江农垦	二九一农场	市县级	春玉米	20	19	18
351	北方区	黑龙江农垦	二九一农场	市县级	春玉米	19	25	15
352	北方区	黑龙江农垦	二九一农场	市县级	春玉米	19	24	16

（续）

序号	区域	省份	地区名称	配方尺度	作物名称	氮（N）	五氧化二磷（P_2O_5）	氧化钾（K_2O）
353	北方区	黑龙江农垦	双鸭山农场	市县级	春玉米	21	23	15
354	北方区	黑龙江农垦	曙光农场	市县级	春玉米	22	21	14
355	北方区	黑龙江农垦	北兴农场	市县级	春玉米	20	20	17
356	北方区	黑龙江农垦	红旗岭农场	市县级	春玉米	21	21	17
357	北方区	黑龙江农垦	八五九农场	市县级	春玉米	25	22	10
358	北方区	黑龙江农垦	勤得利农场	市县级	春玉米	25	19	13
359	北方区	黑龙江农垦	八五四农场	市县级	春玉米	21	19	17
360	北方区	黑龙江农垦	八五四农场	市县级	春玉米	21	22	15
361	北方区	黑龙江农垦	八五四农场	市县级	春玉米	26	19	11
362	北方区	黑龙江农垦	八五四农场	市县级	春玉米	24	21	12
363	北方区	黑龙江农垦	八五五农场	市县级	春玉米	23	21	13
364	北方区	黑龙江农垦	八五六农场	市县级	春玉米	26	19	11
365	北方区	黑龙江农垦	八五六农场	市县级	春玉米	26	17	12
366	北方区	黑龙江农垦	八五六农场	市县级	春玉米	27	17	12
367	北方区	黑龙江农垦	八五七农场	市县级	春玉米	30	15	9
368	北方区	黑龙江农垦	八五一〇农场	市县级	春玉米	24	20	13
369	北方区	黑龙江农垦	八五一一农场	市县级	春玉米	22	21	15
370	北方区	黑龙江农垦	庆丰农场	市县级	春玉米	32	14	8
371	北方区	黑龙江农垦	云山农场	市县级	春玉米	20	24	14
372	北方区	黑龙江农垦	海林农场	市县级	春玉米	19	32	10
373	北方区	黑龙江农垦	宁安农场	市县级	春玉米	29	15	10
374	北方区	黑龙江农垦	红色边疆农场（含锦河）	市县级	春玉米	27	20	8
375	北方区	黑龙江农垦	逊克农场	市县级	春玉米	29	16	10
376	北方区	黑龙江农垦	襄河农场（含龙门）	市县级	春玉米	18	25	16
377	北方区	黑龙江农垦	龙镇农场	市县级	春玉米	24	20	12
378	北方区	黑龙江农垦	二龙山农场	市县级	春玉米	30	14	9
379	北方区	黑龙江农垦	二龙山农场	市县级	春玉米	29	14	11
380	北方区	黑龙江农垦	二龙山农场	市县级	春玉米	29	16	10
381	北方区	黑龙江农垦	引龙河农场	市县级	春玉米	18	30	12
382	北方区	黑龙江农垦	格球山农场（含尾山）	市县级	春玉米	28	18	9
383	北方区	黑龙江农垦	长水河农场	市县级	春玉米	27	19	10
384	北方区	黑龙江农垦	赵光农场	市县级	春玉米	19	28	14
385	北方区	黑龙江农垦	红星农场	市县级	春玉米	16	26	19
386	北方区	黑龙江农垦	建设农场	市县级	春玉米	24	20	12

（续）

序号	区域	省份	地区名称	配方尺度	作物名称	氮 (N)	五氧化二磷 (P_2O_5)	氧化钾 (K_2O)
387	北方区	黑龙江农垦	五大连池农场	市县级	春玉米	20	26	13
388	北方区	黑龙江农垦	鹤山农场	市县级	春玉米	20	21	17
389	北方区	黑龙江农垦	大西江农场	市县级	春玉米	21	24	13
390	北方区	黑龙江农垦	尖山农场	市县级	春玉米	26	23	8
391	北方区	黑龙江农垦	荣军农场（含红五月）	市县级	春玉米	19	22	18
392	北方区	黑龙江农垦	山河农场	市县级	春玉米	23	20	13
393	北方区	黑龙江农垦	嫩北农场	市县级	春玉米	22	20	16
394	北方区	黑龙江农垦	建边农场	市县级	春玉米	28	16	11
395	北方区	黑龙江农垦	克山农场	市县级	春玉米	29	20	6
396	北方区	黑龙江农垦	克山农场	市县级	春玉米	30	20	5
397	北方区	黑龙江农垦	克山农场	市县级	春玉米	31	20	4
398	北方区	黑龙江农垦	克山农场	市县级	春玉米	30	19	6
399	北方区	黑龙江农垦	克山农场	市县级	春玉米	31	19	5
400	北方区	黑龙江农垦	克山农场	市县级	春玉米	31	19	4
401	北方区	黑龙江农垦	克山农场	市县级	春玉米	30	18	6
402	北方区	黑龙江农垦	克山农场	市县级	春玉米	31	18	5
403	北方区	黑龙江农垦	克山农场	市县级	春玉米	32	19	4
404	北方区	黑龙江农垦	克山农场	市县级	春玉米	29	20	6
405	北方区	黑龙江农垦	克山农场	市县级	春玉米	29	21	5
406	北方区	黑龙江农垦	克山农场	市县级	春玉米	30	21	4
407	北方区	黑龙江农垦	克山农场	市县级	春玉米	29	19	6
408	北方区	黑龙江农垦	克山农场	市县级	春玉米	30	20	5
409	北方区	黑龙江农垦	克山农场	市县级	春玉米	31	20	4
410	北方区	黑龙江农垦	克山农场	市县级	春玉米	30	19	6
411	北方区	黑龙江农垦	克山农场	市县级	春玉米	30	19	5
412	北方区	黑龙江农垦	克山农场	市县级	春玉米	31	19	4
413	北方区	黑龙江农垦	克山农场	市县级	春玉米	28	21	6
414	北方区	黑龙江农垦	克山农场	市县级	春玉米	29	22	5
415	北方区	黑龙江农垦	克山农场	市县级	春玉米	30	22	4
416	北方区	黑龙江农垦	克山农场	市县级	春玉米	29	20	7
417	北方区	黑龙江农垦	克山农场	市县级	春玉米	29	21	5
418	北方区	黑龙江农垦	克山农场	市县级	春玉米	30	21	4
419	北方区	黑龙江农垦	克山农场	市县级	春玉米	29	19	7
420	北方区	黑龙江农垦	克山农场	市县级	春玉米	30	20	5

（续）

序号	区域	省份	地区名称	配方尺度	作物名称	氮（N）	五氧化二磷（P_2O_5）	氧化钾（K_2O）
421	北方区	黑龙江农垦	克山农场	市县级	春玉米	31	20	4
422	北方区	黑龙江农垦	查哈阳农场	市县级	春玉米	20	26	13
423	北方区	黑龙江农垦	嘉荫农场	市县级	春玉米	23	23	12
424	北方区	黑龙江农垦	海伦农场（含红光、桜棱）	市县级	春玉米	31	13	9
425	北方区	黑龙江农垦	庆阳农场	市县级	春玉米	19	19	19
426	北方区	黑龙江农垦	沙河农场	市县级	春玉米	29	15	11
427	北方区	黑龙江农垦	香坊农场	市县级	春玉米	16	24	20
428	北方区	黑龙江农垦	闫家岗农场	市县级	春玉米	28	15	11
429	北方区	黑龙江农垦	红旗农场	市县级	春玉米	27	15	13
430	北方区	黑龙江农垦	四方山农场	市县级	春玉米	25	15	15
431	北方区	陕西省	陕西省	省级	春玉米	15	18	12
432	北方区	陕西省	陕西省	省级	夏玉米	12	18	10
433	北方区	陕西省	印台区	市县级	春玉米	14	8	4
434	北方区	陕西省	王益区	市县级	春玉米	12	7	3
435	北方区	陕西省	洋县	市县级	夏玉米	17	6	8
436	北方区	陕西省	岐山县	市县级	夏玉米	18	6	5
437	北方区	陕西省	凤翔县	市县级	夏玉米	17	5	6
438	北方区	陕西省	陇县	市县级	春玉米	24	10	6
439	北方区	陕西省	陇县	市县级	春玉米	27	8	5
440	北方区	陕西省	陇县	市县级	春玉米	29	7	4
441	北方区	陕西省	麟游县	市县级	春玉米	26	10	4
442	北方区	陕西省	扶风县	市县级	夏玉米	29	6	4
443	北方区	陕西省	扶风县	市县级	夏玉米	28	6	6
444	北方区	陕西省	澄城县	市县级	春玉米	24	13	8
445	北方区	陕西省	大荔县	市县级	夏玉米	26	8	6
446	北方区	陕西省	合阳县	市县级	春玉米	14	21	8
447	北方区	陕西省	华州区	市县级	春玉米	23	12	5
448	北方区	陕西省	临渭区	市县级	夏玉米	26	8	6
449	北方区	陕西省	蒲城县	市县级	夏玉米	22	12	10
450	北方区	陕西省	潼关县	市县级	夏玉米	20	15	5
451	北方区	陕西省	安塞区	市县级	春玉米	18	9	6
452	北方区	陕西省	安塞区	市县级	春玉米	20	15	5
453	北方区	陕西省	甘泉县	市县级	春玉米	28	6	6
454	北方区	陕西省	黄陵县	市县级	春玉米	20	10	15

（续）

序号	区域	省份	地区名称	配方尺度	作物名称	氮 (N)	五氧化二磷 (P_2O_5)	氧化钾 (K_2O)
455	北方区	陕西省	黄陵县	市县级	春玉米	23	12	10
456	北方区	陕西省	黄陵县	市县级	春玉米	25	9	6
457	北方区	陕西省	吴起县	市县级	春玉米	23	8	9
458	北方区	陕西省	延川县	市县级	春玉米	20	15	5
459	北方区	陕西省	延川县	市县级	春玉米	20	15	5
460	北方区	陕西省	阎良区	市县级	夏玉米	28	8	6
461	北方区	陕西省	高陵区	市县级	夏玉米	28	8	6
462	北方区	陕西省	长安区	市县级	夏玉米	20	13	13
463	北方区	陕西省	蓝田县	市县级	夏玉米	26	8	8
464	北方区	陕西省	灞桥区	市县级	夏玉米	24	12	10
465	北方区	陕西省	临潼区	市县级	夏玉米	18	8	10
466	北方区	陕西省	临潼区	市县级	夏玉米	15	10	12
467	北方区	陕西省	鄠邑区	市县级	夏玉米	25	10	5
468	北方区	陕西省	周至县	市县级	夏玉米	28	6	6
469	北方区	陕西省	武功县	市县级	夏玉米	28	6	8
470	北方区	陕西省	礼泉县	市县级	夏玉米	25	9	6
471	北方区	陕西省	旬邑县	市县级	春玉米	25	9	6
472	北方区	陕西省	淳化县	市县级	春玉米	25	20	5
473	北方区	陕西省	泾阳县	市县级	夏玉米	28	6	6
474	北方区	甘肃省	河西地区	省级	夏玉米	24	7	2
475	北方区	甘肃省	陇中地区	省级	春玉米	18	7	1
476	北方区	甘肃省	陇南地区	省级	春玉米	15	7	2
477	北方区	甘肃省	皋兰县	市县级	春玉米	19	12	8
478	北方区	甘肃省	会宁县	市县级	春玉米	18	13	6
479	北方区	甘肃省	景泰县	市县级	春玉米	23	13	10
480	北方区	甘肃省	安定区	市县级	春玉米	15	9	5
481	北方区	甘肃省	安定区	市县级	春玉米	14	6	5
482	北方区	甘肃省	渭源县	市县级	春玉米	12	9	4
483	北方区	甘肃省	麦积区	市县级	春玉米	16	6	4
484	北方区	甘肃省	麦积区	市县级	春玉米	16	6	5
485	北方区	甘肃省	秦安县	市县级	春玉米	14	5	6
486	北方区	甘肃省	武山县	市县级	春玉米	13	9	4
487	北方区	甘肃省	临夏州	市县级	春玉米	20	10	6
488	北方区	甘肃省	徽县	市县级	春玉米	15	10	5

（续）

序号	区域	省份	地区名称	配方尺度	作物名称	氮（N）	五氧化二磷（P_2O_5）	氧化钾（K_2O）
489	北方区	甘肃省	崇信县	市县级	春玉米	13	13	4
490	北方区	甘肃省	华亭市	市县级	春玉米	15	10	5
491	北方区	甘肃省	静宁县	市县级	春玉米	14	6	5
492	北方区	甘肃省	灵台县	市县级	春玉米	18	8	4
493	北方区	甘肃省	嘉峪关市	市县级	春玉米	14	13	10
494	北方区	甘肃省	金塔县	市县级	春玉米	15	20	10
495	北方区	甘肃省	镇原县	市县级	春玉米	16	7	4
496	北方区	甘肃省	正宁县	市县级	春玉米	18	8	4
497	北方区	甘肃省	古浪县	市县级	夏玉米	19	16	10
498	北方区	甘肃省	古浪县	市县级	夏玉米	17	18	10
499	北方区	甘肃省	凉州区	市县级	夏玉米	22	18	5
500	北方区	甘肃省	临泽县	市县级	夏玉米	24	12	6
501	北方区	甘肃省	临泽县	市县级	夏玉米	24	12	6
502	北方区	甘肃省	山丹县	市县级	夏玉米	20	11	8
503	北方区	甘肃省	张家川回族自治县	市县级	夏玉米	15	8	7
504	北方区	甘肃省	庄浪县	市县级	夏玉米	16	10	5
505	北方区	甘肃省	华池县	市县级	夏玉米	20	10	5
506	北方区	甘肃省	华池县	市县级	夏玉米	20	15	6
507	北方区	甘肃省	庆城县	市县级	夏玉米	15	11	6
508	北方区	宁夏回族自治区	贺兰县、永宁县、兴庆区、金凤区、西夏区、灵武市	市县级	春玉米	20	18	8
509	北方区	宁夏回族自治区	惠农区、平罗县	市县级	春玉米	20	18	8
510	北方区	宁夏回族自治区	利通区、青铜峡市	市县级	春玉米	18	12	4
511	北方区	宁夏回族自治区	同心县、红寺堡区、盐池县	市县级	春玉米	26	21	0
512	北方区	宁夏回族自治区	沙坡头区、中宁县、海原县	市县级	春玉米	20	18	0
513	北方区	宁夏回族自治区	原州区、西吉县、隆德县、彭阳县	市县级	春玉米	26	21	1
514	北方区	新疆维吾尔自治区	托克逊县	市县级	春玉米	15	10	0
515	北方区	新疆维吾尔自治区	塔城市	市县级	春玉米	24	22	4
516	北方区	新疆维吾尔自治区	额敏县	市县级	春玉米	15	25	5
517	北方区	新疆维吾尔自治区	沙湾县	市县级	春玉米	19	12	5
518	北方区	新疆维吾尔自治区	呼图壁县	市县级	春玉米	10	10	20
519	北方区	新疆维吾尔自治区	拜城县	市县级	春玉米	18	16	6
520	北方区	新疆维吾尔自治区	拜城县	市县级	春玉米	15	21	4

（续）

序号	区域	省份	地区名称	配方尺度	作物名称	氮 (N)	五氧化二磷 (P_2O_5)	氧化钾 (K_2O)
521	北方区	新疆维吾尔自治区	乌什县	市县级	春玉米	15	25	6
522	北方区	新疆维吾尔自治区	麦盖提县	市县级	夏玉米	22	14	6
523	北方区	新疆维吾尔自治区	疏勒县	市县级	夏玉米	15	20	5
524	北方区	新疆维吾尔自治区	莎车县	市县级	春玉米	16	25	4
525	北方区	新疆维吾尔自治区	叶城县	市县级	春玉米	11	24	5
526	黄淮海区	北京市	北京市	省级	春玉米	18	15	12
527	黄淮海区	北京市	北京市	省级	夏玉米	20	10	15
528	黄淮海区	天津市	天津市	省级	春玉米	26	12	10
529	黄淮海区	天津市	天津市	省级	春玉米	26	10	8
530	黄淮海区	天津市	天津市	省级	夏玉米	28	12	8
531	黄淮海区	天津市	宝坻区	市县级	夏玉米	24	12	12
532	黄淮海区	天津市	武清区	市县级	春玉米	25	12	10
533	黄淮海区	天津市	武清区	市县级	春玉米	25	15	8
534	黄淮海区	天津市	武清区	市县级	夏玉米	25	10	10
535	黄淮海区	天津市	武清区	市县级	夏玉米	27	10	12
536	黄淮海区	天津市	宁河区	市县级	春玉米	28	14	6
537	黄淮海区	天津市	宁河区	市县级	夏玉米	28	15	5
538	黄淮海区	天津市	东丽区	市县级	春玉米	28	13	5
539	黄淮海区	天津市	津南区	市县级	春玉米	24	10	6
540	黄淮海区	天津市	津南区	市县级	春玉米	23	10	8
541	黄淮海区	天津市	津南区	市县级	春玉米	13	20	12
542	黄淮海区	天津市	津南区	市县级	春玉米	13	20	12
543	黄淮海区	天津市	津南区	市县级	春玉米	28	15	5
544	黄淮海区	天津市	西青区	市县级	夏玉米	27	13	10
545	黄淮海区	天津市	北辰区	市县级	春玉米	15	20	10
546	黄淮海区	天津市	北辰区	市县级	春玉米	28	12	8
547	黄淮海区	天津市	北辰区	市县级	春玉米	25	15	8
548	黄淮海区	天津市	滨海新区	市县级	春玉米	28	16	4
549	黄淮海区	天津市	滨海新区	市县级	春玉米	28	14	6
550	黄淮海区	天津市	滨海新区	市县级	春玉米	26	16	6
551	黄淮海区	河北省	丰宁县	市县级	春玉米	28	17	5
552	黄淮海区	河北省	丰宁县	市县级	春玉米	28	18	3
553	黄淮海区	河北省	滦平县	市县级	春玉米	14	5	6
554	黄淮海区	河北省	滦平县	市县级	春玉米	27	9	6

（续）

序号	区域	省份	地区名称	配方尺度	作物名称	氮(N)	五氧化二磷(P_2O_5)	氧化钾(K_2O)
555	黄淮海区	河北省	滦平县	市县级	春玉米	26	12	6
556	黄淮海区	河北省	滦平县	市县级	春玉米	15	6	7
557	黄淮海区	河北省	兴隆县	市县级	春玉米	15	20	10
558	黄淮海区	河北省	宽城县	市县级	春玉米	17	18	15
559	黄淮海区	河北省	桃城区	市县级	夏玉米	30	5	5
560	黄淮海区	河北省	安平县	市县级	夏玉米	25	6	9
561	黄淮海区	河北省	阜城县	市县级	夏玉米	15	10	20
562	黄淮海区	河北省	阜城县	市县级	夏玉米	15	15	15
563	黄淮海区	河北省	饶阳县	市县级	夏玉米	26	4	10
564	黄淮海区	河北省	深州市	市县级	夏玉米	28	6	8
565	黄淮海区	河北省	枣强县	市县级	夏玉米	26	6	8
566	黄淮海区	河北省	青龙县	市县级	春玉米	16	13	11
567	黄淮海区	河北省	昌黎县	市县级	春玉米	25	12	10
568	黄淮海区	河北省	昌黎县	市县级	春玉米	15	15	15
569	黄淮海区	河北省	昌黎县	市县级	夏玉米	25	12	10
570	黄淮海区	河北省	藁城区	市县级	夏玉米	28	6	6
571	黄淮海区	河北省	高邑县	市县级	夏玉米	28	4	8
572	黄淮海区	河北省	高邑县	市县级	夏玉米	28	6	8
573	黄淮海区	河北省	井陉县	市县级	春玉米	25	5	10
574	黄淮海区	河北省	平山县	市县级	春玉米	23	12	10
575	黄淮海区	河北省	深泽县	市县级	夏玉米	28	6	8
576	黄淮海区	河北省	深泽县	市县级	夏玉米	25	5	10
577	黄淮海区	河北省	深泽县	市县级	夏玉米	28	6	6
578	黄淮海区	河北省	赵县	市县级	夏玉米	28	4	8
579	黄淮海区	河北省	赵县	市县级	夏玉米	30	5	10
580	黄淮海区	河北省	正定县	市县级	夏玉米	10	2	4
581	黄淮海区	河北省	行唐县	市县级	夏玉米	26	7	12
582	黄淮海区	河北省	晋州市	市县级	夏玉米	16	14	10
583	黄淮海区	河北省	晋州市	市县级	夏玉米	25	5	10
584	黄淮海区	河北省	晋州市	市县级	夏玉米	30	7	8
585	黄淮海区	河北省	晋州市	市县级	夏玉米	28	7	10
586	黄淮海区	河北省	晋州市	市县级	夏玉米	28	4	8
587	黄淮海区	河北省	灵寿县	市县级	夏玉米	28	4	10
588	黄淮海区	河北省	鹿泉区	市县级	夏玉米	26	8	12

（续）

序号	区域	省份	地区名称	配方尺度	作物名称	氮(N)	五氧化二磷(P_2O_5)	氧化钾(K_2O)
589	黄淮海区	河北省	鹿泉区	市县级	夏玉米	28	6	10
590	黄淮海区	河北省	鹿泉区	市县级	夏玉米	26	6	8
591	黄淮海区	河北省	栾城区	市县级	夏玉米	28	10	8
592	黄淮海区	河北省	栾城区	市县级	夏玉米	30	0	8
593	黄淮海区	河北省	赞皇县	市县级	夏玉米	28	10	8
594	黄淮海区	河北省	赞皇县	市县级	夏玉米	28	10	8
595	黄淮海区	河北省	新乐市	市县级	夏玉米	28	6	12
596	黄淮海区	河北省	新乐市	市县级	夏玉米	26	8	12
597	黄淮海区	河北省	元氏县	市县级	夏玉米	28	4	6
598	黄淮海区	河北省	元氏县	市县级	夏玉米	28	0	8
599	黄淮海区	河北省	元氏县	市县级	夏玉米	20	0	10
600	黄淮海区	河北省	柏乡县	市县级	夏玉米	28	6	8
601	黄淮海区	河北省	柏乡县	市县级	夏玉米	24	6	10
602	黄淮海区	河北省	巨鹿县	市县级	夏玉米	28	6	6
603	黄淮海区	河北省	临城县	市县级	夏玉米	28	6	8
604	黄淮海区	河北省	临城县	市县级	夏玉米	26	6	8
605	黄淮海区	河北省	临西县	市县级	夏玉米	24	8	8
606	黄淮海区	河北省	临西县	市县级	夏玉米	26	9	10
607	黄淮海区	河北省	隆尧县	市县级	夏玉米	28	6	6
608	黄淮海区	河北省	隆尧县	市县级	夏玉米	25	5	10
609	黄淮海区	河北省	南宫市	市县级	夏玉米	30	5	10
610	黄淮海区	河北省	南和县	市县级	夏玉米	28	7	10
611	黄淮海区	河北省	南和县	市县级	夏玉米	26	6	10
612	黄淮海区	河北省	内丘县	市县级	夏玉米	28	6	6
613	黄淮海区	河北省	宁晋县	市县级	夏玉米	28	4	8
614	黄淮海区	河北省	宁晋县	市县级	夏玉米	28	5	5
615	黄淮海区	河北省	平乡县	市县级	夏玉米	28	6	6
616	黄淮海区	河北省	平乡县	市县级	夏玉米	25	5	10
617	黄淮海区	河北省	清河县	市县级	夏玉米	25	9	6
618	黄淮海区	河北省	沙河市	市县级	夏玉米	25	5	10
619	黄淮海区	河北省	威县	市县级	夏玉米	25	8	12
620	黄淮海区	河北省	新河县	市县级	夏玉米	14	6	8
621	黄淮海区	河北省	广宗县	市县级	夏玉米	17	9	12
622	黄淮海区	河北省	邢台县	市县级	春玉米	28	6	6

（续）

序号	区域	省份	地区名称	配方尺度	作物名称	氮（N）	五氧化二磷（P_2O_5）	氧化钾（K_2O）
623	黄淮海区	河北省	邢台县	市县级	夏玉米	22	9	9
624	黄淮海区	河北省	任县	市县级	夏玉米	28	6	6
625	黄淮海区	河北省	任县	市县级	夏玉米	20	15	10
626	黄淮海区	河北省	大名县	市县级	夏玉米	28	7	10
627	黄淮海区	河北省	魏县	市县级	夏玉米	28	5	7
628	黄淮海区	河北省	曲周县	市县级	夏玉米	26	10	10
629	黄淮海区	河北省	曲周县	市县级	夏玉米	28	8	10
630	黄淮海区	河北省	鸡泽县	市县级	夏玉米	22	10	13
631	黄淮海区	河北省	鸡泽县	市县级	夏玉米	30	5	5
632	黄淮海区	河北省	肥乡区	市县级	夏玉米	22	10	15
633	黄淮海区	河北省	肥乡区	市县级	夏玉米	28	6	6
634	黄淮海区	河北省	肥乡区	市县级	夏玉米	30	5	5
635	黄淮海区	河北省	邱县	市县级	夏玉米	30	9	11
636	黄淮海区	河北省	邱县	市县级	夏玉米	28	8	9
637	黄淮海区	河北省	邱县	市县级	夏玉米	21	10	14
638	黄淮海区	河北省	广平县	市县级	夏玉米	30	9	11
639	黄淮海区	河北省	广平县	市县级	夏玉米	28	8	9
640	黄淮海区	河北省	广平县	市县级	夏玉米	21	10	14
641	黄淮海区	河北省	成安县	市县级	夏玉米	26	10	10
642	黄淮海区	河北省	成安县	市县级	夏玉米	28	6	8
643	黄淮海区	河北省	临漳县	市县级	夏玉米	17	5	6
644	黄淮海区	河北省	磁县	市县级	春玉米	18	5	6
645	黄淮海区	河北省	磁县	市县级	夏玉米	18	5	6
646	黄淮海区	河北省	永年区	市县级	夏玉米	28	7	10
647	黄淮海区	河北省	永年区	市县级	夏玉米	28	6	6
648	黄淮海区	河北省	武安市	市县级	夏玉米	18	20	10
649	黄淮海区	河北省	馆陶县	市县级	夏玉米	25	10	10
650	黄淮海区	河北省	邯山区	市县级	夏玉米	21	10	14
651	黄淮海区	河北省	邯山区	市县级	夏玉米	21	10	14
652	黄淮海区	河北省	孟村县	市县级	夏玉米	28	10	10
653	黄淮海区	河北省	孟村县	市县级	夏玉米	22	9	9
654	黄淮海区	河北省	泊头市	市县级	夏玉米	28	8	12
655	黄淮海区	河北省	泊头市	市县级	夏玉米	26	10	12
656	黄淮海区	河北省	泊头市	市县级	夏玉米	25	7	8

（续）

序号	区域	省份	地区名称	配方尺度	作物名称	氮 (N)	五氧化二磷 (P_2O_5)	氧化钾 (K_2O)
657	黄淮海区	河北省	沧县	市县级	夏玉米	28	10	12
658	黄淮海区	河北省	沧县	市县级	夏玉米	24	12	12
659	黄淮海区	河北省	任丘市	市县级	夏玉米	22	8	10
660	黄淮海区	河北省	任丘市	市县级	夏玉米	26	10	12
661	黄淮海区	河北省	河间市	市县级	夏玉米	28	12	10
662	黄淮海区	河北省	河间市	市县级	夏玉米	26	8	6
663	黄淮海区	河北省	河间市	市县级	夏玉米	18	18	18
664	黄淮海区	河北省	南皮县	市县级	夏玉米	28	9	12
665	黄淮海区	河北省	南皮县	市县级	夏玉米	24	8	8
666	黄淮海区	河北省	肃宁县	市县级	春玉米	26	10	12
667	黄淮海区	河北省	肃宁县	市县级	春玉米	25	10	10
668	黄淮海区	河北省	肃宁县	市县级	夏玉米	28	6	6
669	黄淮海区	河北省	肃宁县	市县级	夏玉米	26	8	8
670	黄淮海区	河北省	吴桥县	市县级	夏玉米	28	8	10
671	黄淮海区	河北省	献县	市县级	夏玉米	15	15	15
672	黄淮海区	河北省	献县	市县级	夏玉米	25	15	8
673	黄淮海区	河北省	献县	市县级	夏玉米	28	8	9
674	黄淮海区	河北省	献县	市县级	夏玉米	24	15	6
675	黄淮海区	河北省	海兴县	市县级	夏玉米	28	9	9
676	黄淮海区	河北省	盐山县	市县级	夏玉米	28	6	8
677	黄淮海区	河北省	盐山县	市县级	夏玉米	26	6	8
678	黄淮海区	河北省	黄骅市	市县级	夏玉米	16	8	4
679	黄淮海区	河北省	黄骅市	市县级	夏玉米	15	6	4
680	黄淮海区	河北省	黄骅市	市县级	夏玉米	14	7	5
681	黄淮海区	河北省	东光县	市县级	夏玉米	28	8	12
682	黄淮海区	河北省	东光县	市县级	夏玉米	26	8	10
683	黄淮海区	河北省	青县	市县级	春玉米	25	10	10
684	黄淮海区	河北省	青县	市县级	夏玉米	25	10	10
685	黄淮海区	河北省	宣化区（河川区）	市县级	春玉米	10	8	5
686	黄淮海区	河北省	怀安县	市县级	春玉米	18	22	5
687	黄淮海区	河北省	玉田县	市县级	春玉米	19	10	14
688	黄淮海区	河北省	玉田县	市县级	春玉米	26	10	14
689	黄淮海区	河北省	滦南县	市县级	春玉米	24	8	10
690	黄淮海区	河北省	滦南县	市县级	春玉米	26	10	12

（续）

序号	区域	省份	地区名称	配方尺度	作物名称	氮（N）	五氧化二磷（P_2O_5）	氧化钾（K_2O）
691	黄淮海区	河北省	滦南县	市县级	春玉米	20	10	12
692	黄淮海区	河北省	丰润区	市县级	春玉米	16	6	9
693	黄淮海区	河北省	丰润区	市县级	夏玉米	17	5	10
694	黄淮海区	河北省	滦州市	市县级	春玉米	17	13	15
695	黄淮海区	河北省	滦州市	市县级	春玉米	25	10	13
696	黄淮海区	河北省	滦州市	市县级	春玉米	17	13	15
697	黄淮海区	河北省	滦州市	市县级	春玉米	25	10	13
698	黄淮海区	河北省	遵化市	市县级	夏玉米	17	14	14
699	黄淮海区	河北省	迁西县	市县级	春玉米	16	12	12
700	黄淮海区	河北省	三河市	市县级	夏玉米	20	12	18
701	黄淮海区	河北省	三河市	市县级	夏玉米	22	10	13
702	黄淮海区	河北省	三河市	市县级	夏玉米	26	10	12
703	黄淮海区	河北省	香河县	市县级	夏玉米	26	12	10
704	黄淮海区	河北省	香河县	市县级	夏玉米	24	11	10
705	黄淮海区	河北省	大厂县	市县级	春玉米	27	13	10
706	黄淮海区	河北省	安次区	市县级	夏玉米	18	20	7
707	黄淮海区	河北省	永清县	市县级	夏玉米	20	15	5
708	黄淮海区	河北省	永清县	市县级	夏玉米	18	10	10
709	黄淮海区	河北省	永清县	市县级	夏玉米	20	15	10
710	黄淮海区	河北省	固安县	市县级	夏玉米	27	9	9
711	黄淮海区	河北省	固安县	市县级	夏玉米	26	10	12
712	黄淮海区	河北省	固安县	市县级	夏玉米	26	6	10
713	黄淮海区	河北省	固安县	市县级	夏玉米	25	10	16
714	黄淮海区	河北省	大城县	市县级	夏玉米	18	22	8
715	黄淮海区	河北省	大城县	市县级	夏玉米	16	16	8
716	黄淮海区	河北省	大城县	市县级	夏玉米	18	15	12
717	黄淮海区	河北省	大城县	市县级	夏玉米	20	15	10
718	黄淮海区	河北省	霸州市	市县级	夏玉米	21	12	12
719	黄淮海区	河北省	霸州市	市县级	夏玉米	18	10	17
720	黄淮海区	河北省	文安县	市县级	春玉米	25	17	8
721	黄淮海区	河北省	文安县	市县级	春玉米	20	20	8
722	黄淮海区	河北省	文安县	市县级	夏玉米	24	15	6
723	黄淮海区	河北省	广阳区	市县级	夏玉米	10	15	12
724	黄淮海区	河北省	广阳区	市县级	夏玉米	12	18	14

（续）

序号	区域	省份	地区名称	配方尺度	作物名称	氮（N）	五氧化二磷（P_2O_5）	氧化钾（K_2O）
725	黄淮海区	河北省	曲阳县、易县、涞水县、涞源县	市县级	春玉米	20	12	7
726	黄淮海区	河北省	安国市、高碑店市、涞水县、蠡县、满城区、清苑区、曲阳县、顺平县、徐水区、易县、涿州市、博野县、阜平县	市县级	夏玉米	23	8	9
727	黄淮海区	河北省	容城县	市县级	夏玉米	20	12	8
728	黄淮海区	河北省	容城县	市县级	夏玉米	25	8	10
729	黄淮海区	河北省	安新县	市县级	夏玉米	24	8	4
730	黄淮海区	河北省	雄县	市县级	夏玉米	25	8	10
731	黄淮海区	河北省	辛集市	市县级	夏玉米	28	5	7
732	黄淮海区	河北省	辛集市	市县级	夏玉米	28	6	6
733	黄淮海区	河北省	辛集市	市县级	夏玉米	30	0	10
734	黄淮海区	河北省	定州市	市县级	夏玉米	20	10	10
735	黄淮海区	河北省	定州市	市县级	夏玉米	22	8	10
736	黄淮海区	河北省	定州市	市县级	夏玉米	25	7	8
737	黄淮海区	江苏省	高淳区	市县级	夏玉米	20	12	16
738	黄淮海区	江苏省	新沂市	市县级	夏玉米	18	12	15
739	黄淮海区	江苏省	新沂市	市县级	夏玉米	20	10	15
740	黄淮海区	江苏省	贾汪区	市县级	夏玉米	15	10	15
741	黄淮海区	江苏省	如东县	市县级	春玉米	12	6	7
742	黄淮海区	江苏省	如东县	市县级	春玉米	18	10	12
743	黄淮海区	江苏省	如东县	市县级	春玉米	22	10	14
744	黄淮海区	江苏省	如东县	市县级	春玉米	15	6	9
745	黄淮海区	江苏省	如东县	市县级	春玉米	20	10	10
746	黄淮海区	江苏省	海门市	市县级	春玉米	12	6	7
747	黄淮海区	江苏省	启东市	市县级	春玉米	12	6	7
748	黄淮海区	江苏省	东海县	市县级	夏玉米	28	6	6
749	黄淮海区	江苏省	东海县	市县级	夏玉米	30	5	5
750	黄淮海区	江苏省	盱眙县	市县级	夏玉米	20	10	15
751	黄淮海区	江苏省	滨海县	市县级	夏玉米	25	9	6
752	黄淮海区	江苏省	响水县	市县级	夏玉米	28	6	6
753	黄淮海区	江苏省	泗洪县	市县级	夏玉米	20	10	15
754	黄淮海区	江苏省	泗阳县	市县级	夏玉米	20	10	15

（续）

序号	区域	省份	地区名称	配方尺度	作物名称	氮(N)	五氧化二磷(P_2O_5)	氧化钾(K_2O)
755	黄淮海区	江苏省	沭阳县	市县级	夏玉米	20	13	12
756	黄淮海区	安徽省	肥东县	市县级	夏玉米	22	10	13
757	黄淮海区	安徽省	庐江县	市县级	春玉米	18	10	12
758	黄淮海区	安徽省	长丰县	市县级	夏玉米	18	10	18
759	黄淮海区	安徽省	濉溪县	市县级	夏玉米	17	6	7
760	黄淮海区	安徽省	濉溪县	市县级	夏玉米	15	5	6
761	黄淮海区	安徽省	相山区	市县级	夏玉米	24	10	11
762	黄淮海区	安徽省	烈山区	市县级	夏玉米	18	11	16
763	黄淮海区	安徽省	烈山区	市县级	夏玉米	15	7	8
764	黄淮海区	安徽省	杜集区	市县级	夏玉米	27	7	6
765	黄淮海区	安徽省	谯城区	市县级	夏玉米	26	8	5
766	黄淮海区	安徽省	利辛县	市县级	夏玉米	28	8	9
767	黄淮海区	安徽省	蒙城县	市县级	夏玉米	22	10	13
768	黄淮海区	安徽省	蒙城县	市县级	夏玉米	23	10	12
769	黄淮海区	安徽省	蒙城县	市县级	夏玉米	20	12	13
770	黄淮海区	安徽省	蒙城县	市县级	夏玉米	20	10	10
771	黄淮海区	安徽省	蒙城县	市县级	夏玉米	23	12	10
772	黄淮海区	安徽省	涡阳县	市县级	夏玉米	25	8	9
773	黄淮海区	安徽省	埇桥区	市县级	夏玉米	28	8	9
774	黄淮海区	安徽省	埇桥区	市县级	夏玉米	25	10	10
775	黄淮海区	安徽省	埇桥区	市县级	夏玉米	20	8	12
776	黄淮海区	安徽省	埇桥区	市县级	夏玉米	18	10	12
777	黄淮海区	安徽省	灵璧县	市县级	夏玉米	18	10	10
778	黄淮海区	安徽省	砀山县	市县级	夏玉米	21	10	13
779	黄淮海区	安徽省	砀山县	市县级	夏玉米	24	9	12
780	黄淮海区	安徽省	泗县	市县级	夏玉米	30	6	6
781	黄淮海区	安徽省	怀远县	市县级	夏玉米	18	10	12
782	黄淮海区	安徽省	怀远县	市县级	夏玉米	25	13	7
783	黄淮海区	安徽省	怀远县	市县级	夏玉米	28	8	9
784	黄淮海区	安徽省	固镇县	市县级	夏玉米	28	8	8
785	黄淮海区	安徽省	五河县	市县级	夏玉米	28	8	9
786	黄淮海区	安徽省	龙子湖区	市县级	夏玉米	15	4	7
787	黄淮海区	安徽省	颍州区	市县级	夏玉米	24	8	8
788	黄淮海区	安徽省	太和县	市县级	夏玉米	27	6	7

（续）

序号	区域	省份	地区名称	配方尺度	作物名称	氮(N)	五氧化二磷(P_2O_5)	氧化钾(K_2O)
789	黄淮海区	安徽省	阜南县	市县级	夏玉米	25	6	9
790	黄淮海区	安徽省	阜南县	市县级	夏玉米	28	7	10
791	黄淮海区	安徽省	临泉县	市县级	夏玉米	25	8	12
792	黄淮海区	安徽省	临泉县	市县级	夏玉米	22	6	12
793	黄淮海区	安徽省	临泉县	市县级	夏玉米	19	8	18
794	黄淮海区	安徽省	颍上县	市县级	夏玉米	26	8	8
795	黄淮海区	安徽省	界首市	市县级	夏玉米	20	8	12
796	黄淮海区	安徽省	界首市	市县级	夏玉米	20	10	10
797	黄淮海区	安徽省	界首市	市县级	夏玉米	20	12	8
798	黄淮海区	安徽省	明光市	市县级	夏玉米	20	12	13
799	黄淮海区	安徽省	明光市	市县级	夏玉米	25	10	10
800	黄淮海区	安徽省	明光市	市县级	夏玉米	28	6	8
801	黄淮海区	安徽省	定远县	市县级	夏玉米	20	12	13
802	黄淮海区	安徽省	凤阳县	市县级	夏玉米	18	13	14
803	黄淮海区	安徽省	全椒县	市县级	夏玉米	14	13	18
804	黄淮海区	安徽省	南谯区	市县级	夏玉米	18	12	10
805	黄淮海区	安徽省	舒城县	市县级	夏玉米	20	11	14
806	黄淮海区	安徽省	金寨县	市县级	夏玉米	20	10	15
807	黄淮海区	安徽省	霍山县	市县级	春玉米	15	7	8
808	黄淮海区	安徽省	旌德县	市县级	夏玉米	15	15	15
809	黄淮海区	安徽省	绩溪县	市县级	春玉米	20	10	15
810	黄淮海区	安徽省	歙县	市县级	夏玉米	16	8	16
811	黄淮海区	山东省	章丘区	市县级	夏玉米	26	10	6
812	黄淮海区	山东省	章丘区	市县级	夏玉米	30	7	7
813	黄淮海区	山东省	历城区	市县级	夏玉米	26	6	8
814	黄淮海区	山东省	长清区	市县级	夏玉米	28	5	9
815	黄淮海区	山东省	济阳区	市县级	夏玉米	26	6	8
816	黄淮海区	山东省	莱芜区	市县级	春玉米	26	6	8
817	黄淮海区	山东省	莱芜区	市县级	夏玉米	28	6	6
818	黄淮海区	山东省	钢城区	市县级	春玉米	27	5	6
819	黄淮海区	山东省	钢城区	市县级	夏玉米	28	6	6
820	黄淮海区	山东省	商河县	市县级	夏玉米	26	6	8
821	黄淮海区	山东省	平阴县	市县级	夏玉米	26	6	8
822	黄淮海区	山东省	平阴县	市县级	夏玉米	26	9	5

（续）

序号	区域	省份	地区名称	配方尺度	作物名称	氮（N）	五氧化二磷（P_2O_5）	氧化钾（K_2O）
823	黄淮海区	山东省	青西新区	市县级	夏玉米	18	12	15
824	黄淮海区	山东省	青西新区	市县级	夏玉米	28	7	9
825	黄淮海区	山东省	即墨区	市县级	夏玉米	22	8	15
826	黄淮海区	山东省	胶州市	市县级	夏玉米	22	8	10
827	黄淮海区	山东省	平度市	市县级	夏玉米	16	12	15
828	黄淮海区	山东省	莱西市	市县级	夏玉米	20	12	14
829	黄淮海区	山东省	临淄区	市县级	夏玉米	15	10	15
830	黄淮海区	山东省	周村区	市县级	夏玉米	18	16	8
831	黄淮海区	山东省	薛城区	市县级	夏玉米	20	12	13
832	黄淮海区	山东省	薛城区	市县级	夏玉米	28	5	7
833	黄淮海区	山东省	市中区	市县级	夏玉米	28	6	6
834	黄淮海区	山东省	峄城区	市县级	夏玉米	27	5	9
835	黄淮海区	山东省	台儿庄区	市县级	夏玉米	30	7	8
836	黄淮海区	山东省	东营区	市县级	夏玉米	22	10	8
837	黄淮海区	山东省	广饶县	市县级	夏玉米	26	6	8
838	黄淮海区	山东省	利津县	市县级	夏玉米	26	8	8
839	黄淮海区	山东省	利津县	市县级	夏玉米	26	5	10
840	黄淮海区	山东省	垦利区	市县级	夏玉米	25	10	5
841	黄淮海区	山东省	福山区	市县级	夏玉米	24	6	12
842	黄淮海区	山东省	海阳市	市县级	夏玉米	20	10	15
843	黄淮海区	山东省	莱阳市	市县级	夏玉米	20	8	12
844	黄淮海区	山东省	莱州市	市县级	夏玉米	17	11	17
845	黄淮海区	山东省	龙口市	市县级	夏玉米	16	8	24
846	黄淮海区	山东省	牟平区	市县级	夏玉米	20	10	15
847	黄淮海区	山东省	牟平区	市县级	夏玉米	24	5	11
848	黄淮海区	山东省	蓬莱市	市县级	夏玉米	15	12	18
849	黄淮海区	山东省	招远市	市县级	夏玉米	24	6	12
850	黄淮海区	山东省	招远市	市县级	夏玉米	28	6	6
851	黄淮海区	山东省	招远市	市县级	夏玉米	26	6	10
852	黄淮海区	山东省	招远市	市县级	夏玉米	28	6	8
853	黄淮海区	山东省	潍城区	市县级	夏玉米	20	10	10
854	黄淮海区	山东省	坊子区	市县级	夏玉米	18	10	17
855	黄淮海区	山东省	寒亭区	市县级	夏玉米	18	12	15
856	黄淮海区	山东省	青州市	市县级	夏玉米	13	15	10

（续）

序号	区域	省份	地区名称	配方尺度	作物名称	氮（N）	五氧化二磷（P_2O_5）	氧化钾（K_2O）
857	黄淮海区	山东省	寿光市	市县级	夏玉米	17	16	9
858	黄淮海区	山东省	安丘市	市县级	夏玉米	22	8	12
859	黄淮海区	山东省	高密市	市县级	夏玉米	20	12	13
860	黄淮海区	山东省	高密市	市县级	夏玉米	25	9	11
861	黄淮海区	山东省	高密市	市县级	夏玉米	26	10	10
862	黄淮海区	山东省	高密市	市县级	夏玉米	23	10	11
863	黄淮海区	山东省	昌邑市	市县级	夏玉米	20	15	10
864	黄淮海区	山东省	昌乐县	市县级	夏玉米	12	4	4
865	黄淮海区	山东省	梁山县	市县级	夏玉米	28	6	8
866	黄淮海区	山东省	曲阜市	市县级	夏玉米	14	3	5
867	黄淮海区	山东省	任城区	市县级	夏玉米	28	9	8
868	黄淮海区	山东省	微山县	市县级	夏玉米	28	6	8
869	黄淮海区	山东省	微山县	市县级	夏玉米	30	5	5
870	黄淮海区	山东省	汶上县	市县级	夏玉米	28	5	7
871	黄淮海区	山东省	兖州区	市县级	夏玉米	30	8	12
872	黄淮海区	山东省	邹城市	市县级	夏玉米	28	6	8
873	黄淮海区	山东省	东平县	市县级	夏玉米	26	6	8
874	黄淮海区	山东省	肥城市	市县级	夏玉米	28	6	8
875	黄淮海区	山东省	宁阳县	市县级	夏玉米	26	5	9
876	黄淮海区	山东省	新泰市	市县级	夏玉米	27	5	8
877	黄淮海区	山东省	文登区	市县级	夏玉米	28	6	6
878	黄淮海区	山东省	荣成市	市县级	夏玉米	15	4	8
879	黄淮海区	山东省	环翠区	市县级	春玉米	24	6	15
880	黄淮海区	山东省	乳山市	市县级	夏玉米	27	6	9
881	黄淮海区	山东省	东港区	市县级	夏玉米	18	10	14
882	黄淮海区	山东省	河东区	市县级	夏玉米	26	6	6
883	黄淮海区	山东省	莒南县	市县级	夏玉米	28	6	8
884	黄淮海区	山东省	兰陵县	市县级	夏玉米	28	5	7
885	黄淮海区	山东省	罗庄区	市县级	夏玉米	28	5	9
886	黄淮海区	山东省	沂南县	市县级	夏玉米	26	6	8
887	黄淮海区	山东省	临沭县	市县级	夏玉米	26	5	9
888	黄淮海区	山东省	临邑县	市县级	夏玉米	28	6	6
889	黄淮海区	山东省	武城县	市县级	夏玉米	25	5	10
890	黄淮海区	山东省	武城县	市县级	夏玉米	28	6	6

（续）

序号	区域	省份	地区名称	配方尺度	作物名称	氮(N)	五氧化二磷(P_2O_5)	氧化钾(K_2O)
891	黄淮海区	山东省	武城县	市县级	夏玉米	26	6	8
892	黄淮海区	山东省	夏津县	市县级	夏玉米	25	11	12
893	黄淮海区	山东省	夏津县	市县级	夏玉米	18	12	15
894	黄淮海区	山东省	夏津县	市县级	夏玉米	26	11	11
895	黄淮海区	山东省	夏津县	市县级	夏玉米	18	12	15
896	黄淮海区	山东省	夏津县	市县级	夏玉米	25	11	12
897	黄淮海区	山东省	夏津县	市县级	夏玉米	18	12	15
898	黄淮海区	山东省	庆云县	市县级	夏玉米	28	6	9
899	黄淮海区	山东省	庆云县	市县级	夏玉米	28	5	7
900	黄淮海区	山东省	庆云县	市县级	夏玉米	28	6	8
901	黄淮海区	山东省	庆云县	市县级	夏玉米	28	9	8
902	黄淮海区	山东省	陵城区	市县级	夏玉米	28	6	8
903	黄淮海区	山东省	宁津县	市县级	夏玉米	28	6	8
904	黄淮海区	山东省	齐河县	市县级	夏玉米	18	15	10
905	黄淮海区	山东省	齐河县	市县级	夏玉米	29	10	6
906	黄淮海区	山东省	齐河县	市县级	夏玉米	17	18	10
907	黄淮海区	山东省	齐河县	市县级	夏玉米	26	13	6
908	黄淮海区	山东省	齐河县	市县级	夏玉米	17	18	10
909	黄淮海区	山东省	齐河县	市县级	夏玉米	27	13	5
910	黄淮海区	山东省	齐河县	市县级	夏玉米	17	18	10
911	黄淮海区	山东省	齐河县	市县级	夏玉米	27	13	5
912	黄淮海区	山东省	齐河县	市县级	夏玉米	17	18	10
913	黄淮海区	山东省	齐河县	市县级	夏玉米	27	13	5
914	黄淮海区	山东省	齐河县	市县级	夏玉米	24	11	13
915	黄淮海区	山东省	齐河县	市县级	夏玉米	28	10	7
916	黄淮海区	山东省	德城区	市县级	夏玉米	22	6	12
917	黄淮海区	山东省	德城区	市县级	夏玉米	24	6	10
918	黄淮海区	山东省	德城区	市县级	夏玉米	26	6	8
919	黄淮海区	山东省	德城区	市县级	夏玉米	26	6	8
920	黄淮海区	山东省	德城区	市县级	夏玉米	24	6	10
921	黄淮海区	山东省	平原县	市县级	夏玉米	28	6	8
922	黄淮海区	山东省	禹城市	市县级	夏玉米	26	6	8
923	黄淮海区	山东省	禹城市	市县级	夏玉米	28	7	10
924	黄淮海区	山东省	东昌府区	市县级	夏玉米	15	15	15

（续）

序号	区域	省份	地区名称	配方尺度	作物名称	氮 (N)	五氧化二磷 (P_2O_5)	氧化钾 (K_2O)
925	黄淮海区	山东省	临清市	市县级	夏玉米	27	5	8
926	黄淮海区	山东省	冠县	市县级	夏玉米	30	7	8
927	黄淮海区	山东省	冠县	市县级	夏玉米	28	6	8
928	黄淮海区	山东省	冠县	市县级	夏玉米	22	8	10
929	黄淮海区	山东省	莘县	市县级	夏玉米	30	5	5
930	黄淮海区	山东省	莘县	市县级	夏玉米	27	5	8
931	黄淮海区	山东省	阳谷县	市县级	夏玉米	26	6	8
932	黄淮海区	山东省	阳谷县	市县级	夏玉米	24	6	10
933	黄淮海区	山东省	东阿县	市县级	夏玉米	28	6	6
934	黄淮海区	山东省	茌平区	市县级	夏玉米	28	6	6
935	黄淮海区	山东省	高唐县	市县级	夏玉米	28	10	6
936	黄淮海区	山东省	滨城区	市县级	夏玉米	30	6	5
937	黄淮海区	山东省	滨城区	市县级	夏玉米	27	6	7
938	黄淮海区	山东省	沾化区	市县级	夏玉米	26	10	10
939	黄淮海区	山东省	邹平市	市县级	夏玉米	25	11	12
940	黄淮海区	山东省	邹平市	市县级	夏玉米	26	11	11
941	黄淮海区	山东省	惠民县	市县级	夏玉米	30	5	5
942	黄淮海区	山东省	阳信县	市县级	夏玉米	28	6	6
943	黄淮海区	山东省	无棣县	市县级	夏玉米	28	6	6
944	黄淮海区	山东省	博兴县	市县级	夏玉米	28	6	6
945	黄淮海区	山东省	牡丹区	市县级	夏玉米	30	5	5
946	黄淮海区	山东省	牡丹区	市县级	夏玉米	28	6	6
947	黄淮海区	山东省	定陶区	市县级	夏玉米	30	5	5
948	黄淮海区	山东省	定陶区	市县级	夏玉米	28	5	7
949	黄淮海区	山东省	曹县	市县级	夏玉米	30	5	5
950	黄淮海区	山东省	曹县	市县级	夏玉米	28	6	6
951	黄淮海区	山东省	成武县	市县级	夏玉米	30	6	9
952	黄淮海区	山东省	成武县	市县级	夏玉米	30	5	5
953	黄淮海区	山东省	单县	市县级	夏玉米	28	6	8
954	黄淮海区	山东省	单县	市县级	夏玉米	27	8	8
955	黄淮海区	山东省	巨野县	市县级	夏玉米	30	6	8
956	黄淮海区	山东省	郓城县	市县级	夏玉米	28	6	6
957	黄淮海区	山东省	鄄城县	市县级	夏玉米	28	5	7
958	黄淮海区	山东省	鄄城县	市县级	夏玉米	30	5	5

（续）

序号	区域	省份	地区名称	配方尺度	作物名称	氮（N）	五氧化二磷（P_2O_5）	氧化钾（K_2O）
959	黄淮海区	山东省	东明县	市县级	夏玉米	30	5	5
960	黄淮海区	山东省	东明县	市县级	夏玉米	28	6	6
961	黄淮海区	河南省	河南省	省级	夏玉米	17	13	15
962	黄淮海区	河南省	河南省	省级	夏玉米	15	15	15
963	黄淮海区	河南省	河南省	省级	夏玉米	24	12	9
964	黄淮海区	河南省	河南省	省级	夏玉米	27	8	10
965	黄淮海区	河南省	河南省	省级	夏玉米	25	9	11
966	黄淮海区	河南省	河南省	省级	夏玉米	30	10	5
967	黄淮海区	河南省	河南省	省级	夏玉米	27	10	8
968	黄淮海区	河南省	滑县	市县级	夏玉米	25	12	8
969	黄淮海区	河南省	滑县	市县级	夏玉米	28	7	9
970	黄淮海区	河南省	滑县	市县级	夏玉米	25	8	7
971	黄淮海区	河南省	滑县	市县级	夏玉米	25	12	8
972	黄淮海区	河南省	滑县	市县级	夏玉米	28	7	9
973	黄淮海区	河南省	安阳县	市县级	夏玉米	10	3	4
974	黄淮海区	河南省	安阳县	市县级	夏玉米	17	10	15
975	黄淮海区	河南省	合并区	市县级	夏玉米	17	13	15
976	黄淮海区	河南省	合并区	市县级	夏玉米	27	8	10
977	黄淮海区	河南省	合并区	市县级	夏玉米	25	7	8
978	黄淮海区	河南省	合并区	市县级	夏玉米	24	12	9
979	黄淮海区	河南省	合并区	市县级	夏玉米	30	10	5
980	黄淮海区	河南省	合并区	市县级	夏玉米	27	9	4
981	黄淮海区	河南省	林州市	市县级	夏玉米	25	5	10
982	黄淮海区	河南省	林州市	市县级	夏玉米	17	10	15
983	黄淮海区	河南省	林州市	市县级	夏玉米	25	5	10
984	黄淮海区	河南省	内黄县	市县级	夏玉米	28	6	6
985	黄淮海区	河南省	内黄县	市县级	夏玉米	28	6	8
986	黄淮海区	河南省	内黄县	市县级	夏玉米	20	15	10
987	黄淮海区	河南省	内黄县	市县级	夏玉米	28	6	6
988	黄淮海区	河南省	汤阴县	市县级	夏玉米	13	3	4
989	黄淮海区	河南省	汤阴县	市县级	夏玉米	18	4	5
990	黄淮海区	河南省	汤阴县	市县级	夏玉米	20	15	10
991	黄淮海区	河南省	汤阴县	市县级	夏玉米	25	15	5
992	黄淮海区	河南省	汤阴县	市县级	夏玉米	30	10	5

（续）

序号	区域	省份	地区名称	配方尺度	作物名称	氮(N)	五氧化二磷(P_2O_5)	氧化钾(K_2O)
993	黄淮海区	河南省	合并区	市县级	夏玉米	25	8	8
994	黄淮海区	河南省	浚县	市县级	夏玉米	24	8	10
995	黄淮海区	河南省	浚县、淇县	市县级	夏玉米	18	10	12
996	黄淮海区	河南省	浚县、淇县	市县级	夏玉米	30	4	6
997	黄淮海区	河南省	浚县、淇县	市县级	夏玉米	18	12	15
998	黄淮海区	河南省	济源市	市县级	夏玉米	16	3	3
999	黄淮海区	河南省	济源市	市县级	夏玉米	28	18	0
1000	黄淮海区	河南省	济源市	市县级	夏玉米	25	15	5
1001	黄淮海区	河南省	济源市	市县级	夏玉米	25	15	5
1002	黄淮海区	河南省	温县	市县级	夏玉米	28	6	6
1003	黄淮海区	河南省	温县	市县级	夏玉米	28	12	5
1004	黄淮海区	河南省	温县	市县级	夏玉米	25	10	5
1005	黄淮海区	河南省	温县	市县级	夏玉米	23	10	8
1006	黄淮海区	河南省	修武县	市县级	夏玉米	25	10	10
1007	黄淮海区	河南省	修武县	市县级	夏玉米	30	10	5
1008	黄淮海区	河南省	修武县	市县级	夏玉米	25	10	10
1009	黄淮海区	河南省	修武县	市县级	夏玉米	25	12	8
1010	黄淮海区	河南省	修武县	市县级	夏玉米	22	14	6
1011	黄淮海区	河南省	博爱县	市县级	夏玉米	16	3	3
1012	黄淮海区	河南省	博爱县	市县级	夏玉米	25	12	8
1013	黄淮海区	河南省	合并区	市县级	夏玉米	16	3	3
1014	黄淮海区	河南省	孟州市	市县级	夏玉米	25	10	5
1015	黄淮海区	河南省	孟州市	市县级	夏玉米	30	5	5
1016	黄淮海区	河南省	孟州市	市县级	夏玉米	28	6	6
1017	黄淮海区	河南省	孟州市	市县级	夏玉米	14	3	3
1018	黄淮海区	河南省	沁阳市	市县级	夏玉米	28	6	6
1019	黄淮海区	河南省	沁阳市	市县级	夏玉米	30	5	5
1020	黄淮海区	河南省	沁阳市	市县级	夏玉米	28	12	5
1021	黄淮海区	河南省	沁阳市	市县级	夏玉米	28	6	6
1022	黄淮海区	河南省	武陟县	市县级	夏玉米	25	10	10
1023	黄淮海区	河南省	武陟县	市县级	夏玉米	28	6	6
1024	黄淮海区	河南省	武陟县	市县级	夏玉米	26	6	8
1025	黄淮海区	河南省	武陟县	市县级	夏玉米	22	8	10
1026	黄淮海区	河南省	武陟县	市县级	春玉米	25	6	9

（续）

序号	区域	省份	地区名称	配方尺度	作物名称	氮(N)	五氧化二磷(P_2O_5)	氧化钾(K_2O)
1027	黄淮海区	河南省	武陟县	市县级	春玉米	30	5	5
1028	黄淮海区	河南省	开封市合并区	市县级	夏玉米	14	4	5
1029	黄淮海区	河南省	开封市合并区	市县级	夏玉米	26	8	11
1030	黄淮海区	河南省	开封市杞县	市县级	夏玉米	28	7	10
1031	黄淮海区	河南省	兰考县	市县级	夏玉米	30	8	7
1032	黄淮海区	河南省	兰考县	市县级	夏玉米	28	7	10
1033	黄淮海区	河南省	兰考县	市县级	夏玉米	30	6	9
1034	黄淮海区	河南省	杞县	市县级	夏玉米	30	5	8
1035	黄淮海区	河南省	兰考县	市县级	夏玉米	28	12	5
1036	黄淮海区	河南省	兰考县	市县级	夏玉米	22	10	8
1037	黄淮海区	河南省	兰考县	市县级	夏玉米	25	7	8
1038	黄淮海区	河南省	通许县	市县级	夏玉米	28	8	7
1039	黄淮海区	河南省	尉氏县	市县级	夏玉米	30	7	8
1040	黄淮海区	河南省	尉氏县	市县级	夏玉米	17	13	15
1041	黄淮海区	河南省	祥符区	市县级	夏玉米	28	8	7
1042	黄淮海区	河南省	新安县	市县级	夏玉米	30	8	7
1043	黄淮海区	河南省	新安县	市县级	夏玉米	28	6	6
1044	黄淮海区	河南省	新安县	市县级	夏玉米	25	8	7
1045	黄淮海区	河南省	合并区	市县级	夏玉米	28	7	5
1046	黄淮海区	河南省	栾川县	市县级	春玉米	25	10	5
1047	黄淮海区	河南省	栾川县	市县级	春玉米	15	15	15
1048	黄淮海区	河南省	栾川县	市县级	夏玉米	30	5	5
1049	黄淮海区	河南省	洛宁县	市县级	夏玉米	30	9	6
1050	黄淮海区	河南省	洛宁县	市县级	夏玉米	28	8	4
1051	黄淮海区	河南省	洛宁县	市县级	夏玉米	30	8	7
1052	黄淮海区	河南省	洛宁县	市县级	夏玉米	28	7	5
1053	黄淮海区	河南省	洛宁县	市县级	夏玉米	30	9	6
1054	黄淮海区	河南省	洛宁县	市县级	夏玉米	28	7	5
1055	黄淮海区	河南省	孟津县	市县级	夏玉米	28	6	6
1056	黄淮海区	河南省	孟津县	市县级	夏玉米	25	9	6
1057	黄淮海区	河南省	孟津县	市县级	夏玉米	28	6	6
1058	黄淮海区	河南省	孟津县	市县级	夏玉米	25	9	6
1059	黄淮海区	河南省	汝阳县	市县级	夏玉米	25	9	6
1060	黄淮海区	河南省	汝阳县	市县级	夏玉米	25	10	5

（续）

序号	区域	省份	地区名称	配方尺度	作物名称	氮 (N)	五氧化二磷 (P_2O_5)	氧化钾 (K_2O)
1061	黄淮海区	河南省	汝阳县	市县级	夏玉米	30	8	7
1062	黄淮海区	河南省	汝阳县	市县级	夏玉米	28	11	6
1063	黄淮海区	河南省	汝阳县	市县级	夏玉米	25	10	5
1064	黄淮海区	河南省	嵩县	市县级	夏玉米	25	9	6
1065	黄淮海区	河南省	嵩县	市县级	夏玉米	28	6	6
1066	黄淮海区	河南省	嵩县	市县级	夏玉米	30	5	5
1067	黄淮海区	河南省	嵩县	市县级	夏玉米	25	10	10
1068	黄淮海区	河南省	新安县	市县级	夏玉米	30	5	5
1069	黄淮海区	河南省	新安县	市县级	夏玉米	30	8	7
1070	黄淮海区	河南省	偃师市	市县级	夏玉米	30	0	6
1071	黄淮海区	河南省	偃师市	市县级	夏玉米	30	0	6
1072	黄淮海区	河南省	偃师市	市县级	夏玉米	27	9	4
1073	黄淮海区	河南省	偃师市	市县级	夏玉米	18	12	15
1074	黄淮海区	河南省	偃师市	市县级	夏玉米	25	7	8
1075	黄淮海区	河南省	伊川县	市县级	夏玉米	30	8	7
1076	黄淮海区	河南省	伊川县	市县级	夏玉米	28	11	6
1077	黄淮海区	河南省	伊川县	市县级	夏玉米	25	10	5
1078	黄淮海区	河南省	伊川县	市县级	夏玉米	30	8	7
1079	黄淮海区	河南省	伊川县	市县级	夏玉米	28	11	6
1080	黄淮海区	河南省	伊川县	市县级	夏玉米	25	10	5
1081	黄淮海区	河南省	宜阳县	市县级	夏玉米	28	6	6
1082	黄淮海区	河南省	宜阳县	市县级	夏玉米	30	5	5
1083	黄淮海区	河南省	宜阳县	市县级	夏玉米	30	5	0
1084	黄淮海区	河南省	临颍县	市县级	夏玉米	28	6	6
1085	黄淮海区	河南省	临颍县	市县级	夏玉米	28	5	5
1086	黄淮海区	河南省	临颍县	市县级	夏玉米	28	4	4
1087	黄淮海区	河南省	方城县	市县级	夏玉米	30	6	6
1088	黄淮海区	河南省	方城县	市县级	夏玉米	28	5	5
1089	黄淮海区	河南省	唐河县	市县级	夏玉米	27	12	11
1090	黄淮海区	河南省	唐河县	市县级	夏玉米	26	10	10
1091	黄淮海区	河南省	宛城区	市县级	夏玉米	28	8	9
1092	黄淮海区	河南省	宛城区	市县级	夏玉米	28	8	9
1093	黄淮海区	河南省	宛城区	市县级	夏玉米	24	10	11
1094	黄淮海区	河南省	宛城区	市县级	夏玉米	24	10	11

（续）

序号	区域	省份	地区名称	配方尺度	作物名称	氮 (N)	五氧化二磷 (P_2O_5)	氧化钾 (K_2O)
1095	黄淮海区	河南省	邓州市	市县级	夏玉米	28	10	10
1096	黄淮海区	河南省	邓州市	市县级	夏玉米	27	8	13
1097	黄淮海区	河南省	邓州市	市县级	夏玉米	25	8	13
1098	黄淮海区	河南省	邓州市	市县级	夏玉米	30	6	6
1099	黄淮海区	河南省	内乡县	市县级	夏玉米	18	15	12
1100	黄淮海区	河南省	内乡县	市县级	夏玉米	18	15	12
1101	黄淮海区	河南省	社旗县	市县级	夏玉米	30	5	5
1102	黄淮海区	河南省	社旗县	市县级	夏玉米	28	6	6
1103	黄淮海区	河南省	卧龙区	市县级	夏玉米	28	8	9
1104	黄淮海区	河南省	卧龙区	市县级	夏玉米	24	10	11
1105	黄淮海区	河南省	西峡县	市县级	夏玉米	17	13	15
1106	黄淮海区	河南省	西峡县	市县级	夏玉米	16	13	16
1107	黄淮海区	河南省	西峡县	市县级	夏玉米	15	15	15
1108	黄淮海区	河南省	西峡县	市县级	夏玉米	16	15	14
1109	黄淮海区	河南省	淅川县	市县级	夏玉米	17	13	15
1110	黄淮海区	河南省	新野县	市县级	夏玉米	14	12	14
1111	黄淮海区	河南省	镇平县	市县级	夏玉米	22	13	10
1112	黄淮海区	河南省	合并区	市县级	夏玉米	25	9	11
1113	黄淮海区	河南省	合并区	市县级	夏玉米	30	10	5
1114	黄淮海区	河南省	郏县	市县级	夏玉米	28	6	6
1115	黄淮海区	河南省	郏县	市县级	夏玉米	25	9	6
1116	黄淮海区	河南省	郏县	市县级	夏玉米	30	0	5
1117	黄淮海区	河南省	郏县	市县级	夏玉米	28	6	6
1118	黄淮海区	河南省	汝州市	市县级	夏玉米	29	5	7
1119	黄淮海区	河南省	汝州市	市县级	夏玉米	28	10	7
1120	黄淮海区	河南省	舞钢市	市县级	夏玉米	30	5	5
1121	黄淮海区	河南省	舞钢市	市县级	夏玉米	28	6	6
1122	黄淮海区	河南省	范县	市县级	夏玉米	17	13	15
1123	黄淮海区	河南省	范县	市县级	夏玉米	30	5	10
1124	黄淮海区	河南省	南乐县	市县级	夏玉米	29	6	5
1125	黄淮海区	河南省	南乐县	市县级	夏玉米	30	5	5
1126	黄淮海区	河南省	南召县	市县级	夏玉米	28	6	6
1127	黄淮海区	河南省	濮阳县	市县级	夏玉米	17	13	15
1128	黄淮海区	河南省	濮阳县	市县级	夏玉米	30	5	5

（续）

序号	区域	省份	地区名称	配方尺度	作物名称	氮（N）	五氧化二磷（P_2O_5）	氧化钾（K_2O）
1129	黄淮海区	河南省	台前县	市县级	夏玉米	29	6	5
1130	黄淮海区	河南省	合并区	市县级	夏玉米	28	6	6
1131	黄淮海区	河南省	清丰县	市县级	夏玉米	28	6	6
1132	黄淮海区	河南省	清丰县	市县级	夏玉米	30	5	10
1133	黄淮海区	河南省	台前县	市县级	夏玉米	17	17	17
1134	黄淮海区	河南省	卢氏县	市县级	春玉米	28	5	7
1135	黄淮海区	河南省	卢氏县	市县级	夏玉米	28	6	6
1136	黄淮海区	河南省	渑池县	市县级	夏玉米	28	6	6
1137	黄淮海区	河南省	渑池县	市县级	夏玉米	30	5	5
1138	黄淮海区	河南省	陕州区	市县级	夏玉米	16	10	3
1139	黄淮海区	河南省	梁园区	市县级	夏玉米	28	6	6
1140	黄淮海区	河南省	民权县	市县级	夏玉米	28	6	6
1141	黄淮海区	河南省	商丘市合并区	市县级	夏玉米	28	6	6
1142	黄淮海区	河南省	商丘市合并区	市县级	夏玉米	30	5	5
1143	黄淮海区	河南省	夏邑县	市县级	春玉米	28	6	6
1144	黄淮海区	河南省	永城市	市县级	夏玉米	23	11	11
1145	黄淮海区	河南省	永城市	市县级	夏玉米	21	8	16
1146	黄淮海区	河南省	永城市	市县级	夏玉米	19	13	13
1147	黄淮海区	河南省	永城市	市县级	夏玉米	21	10	14
1148	黄淮海区	河南省	永城市	市县级	夏玉米	15	15	15
1149	黄淮海区	河南省	永城市	市县级	夏玉米	15	12	18
1150	黄淮海区	河南省	柘城县	市县级	春玉米	17	13	15
1151	黄淮海区	河南省	柘城县	市县级	春玉米	29	5	6
1152	黄淮海区	河南省	柘城县	市县级	春玉米	28	6	6
1153	黄淮海区	河南省	柘城县	市县级	春玉米	26	5	9
1154	黄淮海区	河南省	封丘县	市县级	夏玉米	28	6	6
1155	黄淮海区	河南省	封丘县	市县级	夏玉米	30	5	5
1156	黄淮海区	河南省	封丘县	市县级	夏玉米	30	5	5
1157	黄淮海区	河南省	封丘县	市县级	夏玉米	28	6	6
1158	黄淮海区	河南省	辉县	市县级	夏玉米	28	6	6
1159	黄淮海区	河南省	辉县市	市县级	夏玉米	28	6	6
1160	黄淮海区	河南省	获嘉县	市县级	夏玉米	30	5	5
1161	黄淮海区	河南省	获嘉县	市县级	夏玉米	28	6	6
1162	黄淮海区	河南省	新乡县	市县级	夏玉米	30	5	5

（续）

序号	区域	省份	地区名称	配方尺度	作物名称	氮（N）	五氧化二磷（P_2O_5）	氧化钾（K_2O）
1163	黄淮海区	河南省	新乡县	市县级	夏玉米	28	6	6
1164	黄淮海区	河南省	原阳县	市县级	夏玉米	28	6	6
1165	黄淮海区	河南省	原阳县	市县级	夏玉米	30	5	5
1166	黄淮海区	河南省	原阳县	市县级	夏玉米	26	5	9
1167	黄淮海区	河南省	原阳县	市县级	夏玉米	28	6	6
1168	黄淮海区	河南省	长垣县	市县级	夏玉米	28	5	7
1169	黄淮海区	河南省	息县	市县级	夏玉米	25	10	10
1170	黄淮海区	河南省	合并区	市县级	夏玉米	18	15	12
1171	黄淮海区	河南省	合并区	市县级	夏玉米	18	15	12
1172	黄淮海区	河南省	建安区	市县级	夏玉米	27	8	5
1173	黄淮海区	河南省	襄城县	市县级	夏玉米	28	10	5
1174	黄淮海区	河南省	襄城县	市县级	夏玉米	32	12	8
1175	黄淮海区	河南省	襄城县	市县级	夏玉米	30	9	6
1176	黄淮海区	河南省	襄城县	市县级	夏玉米	30	10	8
1177	黄淮海区	河南省	襄城县	市县级	夏玉米	26	6	6
1178	黄淮海区	河南省	襄城县	市县级	夏玉米	28	7	7
1179	黄淮海区	河南省	许昌市	市县级	夏玉米	23	12	8
1180	黄淮海区	河南省	许昌市	市县级	夏玉米	28	7	6
1181	黄淮海区	河南省	鄢陵县	市县级	夏玉米	22	18	5
1182	黄淮海区	河南省	鄢陵县	市县级	夏玉米	18	18	10
1183	黄淮海区	河南省	禹州市	市县级	夏玉米	30	8	7
1184	黄淮海区	河南省	禹州市	市县级	夏玉米	28	10	8
1185	黄淮海区	河南省	禹州市	市县级	夏玉米	26	6	6
1186	黄淮海区	河南省	禹州市	市县级	夏玉米	28	7	7
1187	黄淮海区	河南省	长葛市	市县级	夏玉米	30	10	5
1188	黄淮海区	河南省	长葛市	市县级	夏玉米	30	5	5
1189	黄淮海区	河南省	长葛市	市县级	夏玉米	30	10	5
1190	黄淮海区	河南省	长葛市	市县级	夏玉米	25	8	7
1191	黄淮海区	河南省	新郑市	市县级	夏玉米	25	8	12
1192	黄淮海区	河南省	中牟县	市县级	夏玉米	27	8	10
1193	黄淮海区	河南省	登封市	市县级	夏玉米	30	10	5
1194	黄淮海区	河南省	登封市	市县级	夏玉米	24	12	9
1195	黄淮海区	河南省	巩义市	市县级	夏玉米	30	5	5
1196	黄淮海区	河南省	合并区	市县级	夏玉米	14	7	7

（续）

序号	区域	省份	地区名称	配方尺度	作物名称	氮(N)	五氧化二磷(P_2O_5)	氧化钾(K_2O)
1197	黄淮海区	河南省	新密市	市县级	夏玉米	27	11	6
1198	黄淮海区	河南省	新密市	市县级	夏玉米	20	9	5
1199	黄淮海区	河南省	新密市	市县级	夏玉米	29	6	5
1200	黄淮海区	河南省	新密市	市县级	夏玉米	28	8	8
1201	黄淮海区	河南省	荥阳市	市县级	夏玉米	25	10	10
1202	黄淮海区	河南省	荥阳市	市县级	夏玉米	20	10	10
1203	黄淮海区	河南省	荥阳市	市县级	夏玉米	24	10	6
1204	黄淮海区	河南省	荥阳市	市县级	夏玉米	30	9	6
1205	黄淮海区	河南省	荥阳市	市县级	夏玉米	20	10	0
1206	黄淮海区	河南省	中牟县	市县级	夏玉米	16	7	9
1207	黄淮海区	河南省	中牟县	市县级	夏玉米	18	8	10
1208	黄淮海区	河南省	郸城县	市县级	夏玉米	25	17	3
1209	黄淮海区	河南省	郸城县	市县级	夏玉米	21	21	3
1210	黄淮海区	河南省	郸城县	市县级	夏玉米	23	15	8
1211	黄淮海区	河南省	郸城县	市县级	夏玉米	24	15	6
1212	黄淮海区	河南省	扶沟县	市县级	夏玉米	30	10	5
1213	黄淮海区	河南省	淮阳县	市县级	夏玉米	25	8	12
1214	黄淮海区	河南省	淮阳县	市县级	夏玉米	30	10	5
1215	黄淮海区	河南省	商水县	市县级	夏玉米	25	5	10
1216	黄淮海区	河南省	商水县	市县级	夏玉米	25	9	11
1217	黄淮海区	河南省	沈丘县	市县级	夏玉米	22	8	15
1218	黄淮海区	河南省	沈丘县	市县级	夏玉米	30	5	10
1219	黄淮海区	河南省	太康县	市县级	夏玉米	28	7	10
1220	黄淮海区	河南省	太康县	市县级	夏玉米	28	12	5
1221	黄淮海区	河南省	西华县	市县级	夏玉米	25	8	12
1222	黄淮海区	河南省	西华县	市县级	夏玉米	23	13	9
1223	黄淮海区	河南省	泌阳县	市县级	夏玉米	14	5	6
1224	黄淮海区	河南省	上蔡县	市县级	夏玉米	27	8	10
1225	黄淮海区	河南省	遂平县	市县级	夏玉米	20	10	10
1226	黄淮海区	河南省	新蔡县	市县级	夏玉米	24	5	5
1227	黄淮海区	河南省	新蔡县	市县级	夏玉米	18	5	7
1228	黄淮海区	河南省	驿城区	市县级	夏玉米	14	5	6
1229	黄淮海区	河南省	驻马店市合并区	市县级	夏玉米	20	11	15
1230	黄淮海区	河南省	驻马店市合并区	市县级	夏玉米	18	10	12

（续）

序号	区域	省份	地区名称	配方尺度	作物名称	氮(N)	五氧化二磷(P_2O_5)	氧化钾(K_2O)
1231	黄淮海区	河南省	驻马店市合并区	市县级	夏玉米	21	9	10
1232	黄淮海区	河南省	驻马店市合并区	市县级	夏玉米	23	7	10
1233	西南区	湖北省	阳新县	市县级	春玉米	13	5	4
1234	西南区	湖北省	郧阳区	市县级	春玉米	20	7	8
1235	西南区	湖北省	郧西县	市县级	夏玉米	22	8	15
1236	西南区	湖北省	竹山县	市县级	夏玉米	24	9	12
1237	西南区	湖北省	竹溪县	市县级	夏玉米	10	6	9
1238	西南区	湖北省	房县	市县级	春玉米	14	6	5
1239	西南区	湖北省	松滋市	市县级	春玉米	20	8	12
1240	西南区	湖北省	石首市	市县级	春玉米	15	15	15
1241	西南区	湖北省	洪湖市	市县级	夏玉米	26	10	16
1242	西南区	湖北省	宜昌市	市县级	春玉米	18	10	7
1243	西南区	湖北省	宜昌市	市县级	夏玉米	18	6	11
1244	西南区	湖北省	南漳县	市县级	春玉米	20	12	13
1245	西南区	湖北省	南漳县	市县级	夏玉米	20	12	13
1246	西南区	湖北省	襄州区	市县级	夏玉米	20	9	11
1247	西南区	湖北省	襄州区	市县级	夏玉米	22	10	13
1248	西南区	湖北省	襄州区	市县级	夏玉米	25	12	14
1249	西南区	湖北省	襄州区	市县级	夏玉米	20	6	14
1250	西南区	湖北省	襄州区	市县级	夏玉米	22	7	16
1251	西南区	湖北省	襄州区	市县级	夏玉米	25	8	18
1252	西南区	湖北省	宜城市	市县级	春玉米	24	9	7
1253	西南区	湖北省	宜城市	市县级	夏玉米	25	7	8
1254	西南区	湖北省	枣阳市	市县级	夏玉米	25	10	5
1255	西南区	湖北省	鄂州市	市县级	春玉米	25	10	16
1256	西南区	湖北省	鄂州市	市县级	夏玉米	20	8	12
1257	西南区	湖北省	掇刀区	市县级	春玉米	27	11	14
1258	西南区	湖北省	京山市	市县级	春玉米	27	11	14
1259	西南区	湖北省	沙洋县	市县级	春玉米	26	12	14
1260	西南区	湖北省	钟祥市	市县级	春玉米	26	10	12
1261	西南区	湖北省	孝感市	市县级	春玉米	25	10	10
1262	西南区	湖北省	孝感市	市县级	夏玉米	22	11	12
1263	西南区	湖北省	孝感市	市县级	夏玉米	30	6	7
1264	西南区	湖北省	嘉鱼县	市县级	春玉米	20	10	15

（续）

序号	区域	省份	地区名称	配方尺度	作物名称	氮 (N)	五氧化二磷 (P_2O_5)	氧化钾 (K_2O)
1265	西南区	湖北省	通城县	市县级	夏玉米	16	8	9
1266	西南区	湖北省	咸安区	市县级	夏玉米	16	8	9
1267	西南区	湖北省	巴东县	市县级	春玉米	15	15	15
1268	西南区	湖北省	来凤县	市县级	夏玉米	18	12	15
1269	西南区	湖北省	利川市	市县级	春玉米	18	10	12
1270	西南区	湖北省	利川市	市县级	春玉米	18	10	17
1271	西南区	湖北省	曾都区	市县级	春玉米	22	9	14
1272	西南区	湖北省	曾都区	市县级	春玉米	22	10	13
1273	西南区	湖北省	广水市	市县级	春玉米	22	10	8
1274	西南区	湖北省	仙桃市	市县级	夏玉米	26	10	15
1275	西南区	湖北省	潜江市	市县级	春玉米	22	11	12
1276	西南区	湖北省	潜江市	市县级	夏玉米	22	9	14
1277	西南区	湖北省	神农架林区	市县级	春玉米	15	7	8
1278	西南区	湖南省	宁乡市	市县级	春玉米	20	10	10
1279	西南区	湖南省	湘阴县	市县级	春玉米	22	8	10
1280	西南区	湖南省	岳阳县	市县级	春玉米	22	8	10
1281	西南区	湖南省	汨罗市	市县级	春玉米	18	10	12
1282	西南区	湖南省	平江县	市县级	夏玉米	18	12	10
1283	西南区	湖南省	桃江县	市县级	春玉米	20	10	10
1284	西南区	湖南省	湘潭县	市县级	春玉米	20	8	12
1285	西南区	湖南省	韶山市	市县级	春玉米	18	10	12
1286	西南区	湖南省	韶山市	市县级	夏玉米	18	10	12
1287	西南区	湖南省	雨湖区	市县级	春玉米	19	9	12
1288	西南区	湖南省	雨湖区	市县级	夏玉米	19	9	12
1289	西南区	湖南省	嘉禾县	市县级	春玉米	18	12	10
1290	西南区	湖南省	永兴县	市县级	春玉米	15	10	15
1291	西南区	湖南省	永兴县	市县级	夏玉米	15	7	8
1292	西南区	湖南省	宜章县	市县级	春玉米	22	8	15
1293	西南区	湖南省	汝城县	市县级	春玉米	15	10	15
1294	西南区	湖南省	道县	市县级	夏玉米	15	9	12
1295	西南区	湖南省	东安县	市县级	春玉米	18	12	15
1296	西南区	湖南省	江华瑶族自治县	市县级	春玉米	12	5	8
1297	西南区	湖南省	江华瑶族自治县	市县级	春玉米	14	12	14
1298	西南区	湖南省	江永县	市县级	春玉米	12	5	8

（续）

序号	区域	省份	地区名称	配方尺度	作物名称	氮（N）	五氧化二磷（P_2O_5）	氧化钾（K_2O）
1299	西南区	湖南省	宁远县	市县级	夏玉米	18	12	10
1300	西南区	湖南省	祁阳县	市县级	夏玉米	16	9	10
1301	西南区	湖南省	永定区	市县级	春玉米	15	12	13
1302	西南区	湖南省	慈利县	市县级	春玉米	20	10	10
1303	西南区	湖南省	桑植县	市县级	春玉米	16	10	14
1304	西南区	湖南省	石门县	市县级	春玉米	14	6	10
1305	西南区	湖南省	石门县	市县级	春玉米	22	10	10
1306	西南区	湖南省	澧县	市县级	春玉米	20	8	12
1307	西南区	湖南省	保靖县	市县级	夏玉米	18	9	8
1308	西南区	湖南省	凤凰县	市县级	春玉米	18	10	17
1309	西南区	湖南省	吉首市	市县级	春玉米	15	7	8
1310	西南区	湖南省	龙山县	市县级	春玉米	20	6	6
1311	西南区	湖南省	永顺县	市县级	春玉米	18	8	9
1312	西南区	湖南省	花垣县	市县级	春玉米	14	9	7
1313	西南区	湖南省	古丈县	市县级	春玉米	15	7	8
1314	西南区	湖南省	隆回县	市县级	夏玉米	20	10	15
1315	西南区	湖南省	洞口县	市县级	春玉米	20	10	12
1316	西南区	湖南省	邵东县	市县级	春玉米	18	12	10
1317	西南区	湖南省	武冈市	市县级	春玉米	20	12	11
1318	西南区	湖南省	新邵县	市县级	春玉米	20	12	11
1319	西南区	广西壮族自治区	金城江区	市县级	春玉米	16	8	15
1320	西南区	广西壮族自治区	罗城仫佬族自治县	市县级	春玉米	13	5	7
1321	西南区	广西壮族自治区	东兰县	市县级	春玉米	12	3	10
1322	西南区	广西壮族自治区	东兰县	市县级	夏玉米	12	3	10
1323	西南区	广西壮族自治区	恭城瑶族自治县	市县级	春玉米	13	5	8
1324	西南区	广西壮族自治区	恭城瑶族自治县	市县级	夏玉米	14	5	8
1325	西南区	广西壮族自治区	灌阳县	市县级	春玉米	7	3	6
1326	西南区	重庆市	重庆市	省级	春玉米	20	15	10
1327	西南区	重庆市	梁平区	市县级	春玉米	20	15	10
1328	西南区	重庆市	忠县	市县级	春玉米	22	8	10
1329	西南区	重庆市	江津区	市县级	春玉米	22	8	10
1330	西南区	重庆市	合川区	市县级	春玉米	15	7	9
1331	西南区	重庆市	合川区	市县级	春玉米	28	14	14
1332	西南区	重庆市	合川区	市县级	春玉米	15	9	7

（续）

序号	区域	省份	地区名称	配方尺度	作物名称	氮（N）	五氧化二磷（P_2O_5）	氧化钾（K_2O）
1333	西南区	重庆市	永川区	市县级	春玉米	20	12	8
1334	西南区	重庆市	南川区	市县级	春玉米	23	8	9
1335	西南区	重庆市	南川区	市县级	春玉米	22	12	8
1336	西南区	重庆市	南川区	市县级	春玉米	20	12	8
1337	西南区	重庆市	万州区	市县级	春玉米	13	8	25
1338	西南区	重庆市	潼南区	市县级	春玉米	23	8	11
1339	西南区	重庆市	丰都县	市县级	春玉米	22	10	8
1340	西南区	重庆市	垫江县	市县级	春玉米	20	15	10
1341	西南区	重庆市	垫江县	市县级	春玉米	15	15	15
1342	西南区	重庆市	垫江县	市县级	春玉米	20	15	10
1343	西南区	重庆市	武隆区	市县级	春玉米	22	8	10
1344	西南区	重庆市	奉节县	市县级	春玉米	22	10	13
1345	西南区	重庆市	奉节县	市县级	春玉米	24	8	13
1346	西南区	重庆市	黔江区	市县级	春玉米	20	15	10
1347	西南区	重庆市	长寿区	市县级	春玉米	20	8	12
1348	西南区	重庆市	铜梁区	市县级	春玉米	22	15	8
1349	西南区	重庆市	大足区	市县级	春玉米	24	10	6
1350	西南区	重庆市	开州区	市县级	春玉米	20	15	10
1351	西南区	重庆市	云阳县	市县级	春玉米	18	12	10
1352	西南区	重庆市	石柱县	市县级	春玉米	20	11	9
1353	西南区	重庆市	秀山县	市县级	春玉米	20	13	12
1354	西南区	重庆市	酉阳县	市县级	春玉米	22	10	12
1355	西南区	重庆市	涪陵区	市县级	春玉米	22	8	10
1356	西南区	重庆市	綦江区	市县级	春玉米	20	15	10
1357	西南区	重庆市	彭水县	市县级	春玉米	20	15	10
1358	西南区	重庆市	巴南区	市县级	春玉米	20	15	10
1359	西南区	重庆市	渝北区	市县级	春玉米	20	15	10
1360	西南区	重庆市	璧山区	市县级	春玉米	20	15	10
1361	西南区	重庆市	巫山县	市县级	春玉米	20	15	10
1362	西南区	重庆市	巫溪县	市县级	春玉米	22	10	12
1363	西南区	重庆市	城口县	市县级	春玉米	18	12	10
1364	西南区	重庆市	北碚区	市县级	春玉米	20	15	10
1365	西南区	重庆市	万盛区	市县级	春玉米	20	15	10
1366	西南区	重庆市	九龙坡区	市县级	春玉米	22	8	10

（续）

序号	区域	省份	地区名称	配方尺度	作物名称	氮 (N)	五氧化二磷 (P_2O_5)	氧化钾 (K_2O)
1367	西南区	重庆市	沙坪坝区	市县级	春玉米	22	10	18
1368	西南区	重庆市	江北区	市县级	春玉米	18	17	8
1369	西南区	重庆市	南岸区	市县级	春玉米	20	17	8
1370	西南区	四川省	四川省	省级	夏玉米	20	15	10
1371	西南区	四川省	四川省	省级	夏玉米	15	15	10
1372	西南区	四川省	四川省	省级	夏玉米	15	10	10
1373	西南区	四川省	四川省	省级	夏玉米	15	8	7
1374	西南区	四川省	邛崃市	市县级	夏玉米	25	8	12
1375	西南区	四川省	金堂县	市县级	夏玉米	25	10	15
1376	西南区	四川省	青白江区	市县级	夏玉米	20	15	10
1377	西南区	四川省	涪城区	市县级	夏玉米	20	9	6
1378	西南区	四川省	三台县	市县级	春玉米	27	8	5
1379	西南区	四川省	江油市	市县级	夏玉米	20	15	10
1380	西南区	四川省	梓潼县	市县级	夏玉米	23	6	6
1381	西南区	四川省	梓潼县	市县级	夏玉米	25	7	8
1382	西南区	四川省	平武县	市县级	夏玉米	15	7	6
1383	西南区	四川省	自贡市	市县级	春玉米	20	15	10
1384	西南区	四川省	贡井区	市县级	春玉米	20	15	10
1385	西南区	四川省	贡井区	市县级	春玉米	15	15	10
1386	西南区	四川省	大安区	市县级	春玉米	20	15	10
1387	西南区	四川省	大安区	市县级	春玉米	15	15	10
1388	西南区	四川省	沿滩区	市县级	春玉米	20	15	10
1389	西南区	四川省	沿滩区	市县级	春玉米	15	15	10
1390	西南区	四川省	荣县	市县级	春玉米	20	15	10
1391	西南区	四川省	米易县	市县级	夏玉米	10	6	13
1392	西南区	四川省	盐边县	市县级	夏玉米	18	12	15
1393	西南区	四川省	江阳区	市县级	夏玉米	20	9	11
1394	西南区	四川省	龙马潭区	市县级	春玉米	10	10	5
1395	西南区	四川省	纳溪区	市县级	春玉米	10	10	5
1396	西南区	四川省	泸县	市县级	夏玉米	20	9	11
1397	西南区	四川省	合江县	市县级	春玉米	25	13	20
1398	西南区	四川省	叙永县	市县级	春玉米	12	15	10
1399	西南区	四川省	古蔺县	市县级	春玉米	13	15	7
1400	西南区	四川省	旌阳区	市县级	春玉米	10	8	9

（续）

序号	区域	省份	地区名称	配方尺度	作物名称	氮 (N)	五氧化二磷 (P_2O_5)	氧化钾 (K_2O)
1401	西南区	四川省	罗江区	市县级	夏玉米	15	8	7
1402	西南区	四川省	中江县	市县级	夏玉米	27	12	6
1403	西南区	四川省	广汉市	市县级	春玉米	18	8	5
1404	西南区	四川省	苍溪县	市县级	春玉米	26	8	6
1405	西南区	四川省	剑阁县	市县级	春玉米	19	8	8
1406	西南区	四川省	利州区	市县级	夏玉米	18	8	6
1407	西南区	四川省	昭化区	市县级	夏玉米	18	8	6
1408	西南区	四川省	朝天区	市县级	夏玉米	18	8	6
1409	西南区	四川省	船山区	市县级	夏玉米	8	15	5
1410	西南区	四川省	安居区	市县级	夏玉米	15	6	5
1411	西南区	四川省	蓬溪县	市县级	春玉米	27	8	5
1412	西南区	四川省	射洪市	市县级	夏玉米	22	9	8
1413	西南区	四川省	内江市	市县级	春玉米	20	6	4
1414	西南区	四川省	市中区	市县级	春玉米	16	4	5
1415	西南区	四川省	东兴区	市县级	春玉米	20	15	10
1416	西南区	四川省	威远县	市县级	春玉米	26	6	8
1417	西南区	四川省	井研县	市县级	春玉米	29	10	6
1418	西南区	四川省	犍为县	市县级	春玉米	26	6	8
1419	西南区	四川省	犍为县	市县级	春玉米	28	6	6
1420	西南区	四川省	犍为县	市县级	春玉米	15	15	15
1421	西南区	四川省	市中区	市县级	春玉米	20	6	9
1422	西南区	四川省	市中区	市县级	春玉米	22	8	10
1423	西南区	四川省	市中区	市县级	春玉米	24	6	10
1424	西南区	四川省	市中区	市县级	春玉米	22	8	12
1425	西南区	四川省	雁江区	市县级	夏玉米	26	8	6
1426	西南区	四川省	安岳县	市县级	春玉米	22	8	10
1427	西南区	四川省	安岳县	市县级	春玉米	24	6	8
1428	西南区	四川省	乐至县	市县级	夏玉米	27	8	5
1429	西南区	四川省	南溪区	市县级	春玉米	15	7	8
1430	西南区	四川省	长宁县	市县级	夏玉米	22	10	14
1431	西南区	四川省	高县	市县级	春玉米	18	7	10
1432	西南区	四川省	筠连县	市县级	春玉米	10	5	6
1433	西南区	四川省	兴文县	市县级	夏玉米	20	6	8
1434	西南区	四川省	屏山县	市县级	春玉米	25	10	12

（续）

序号	区域	省份	地区名称	配方尺度	作物名称	氮（N）	五氧化二磷（P_2O_5）	氧化钾（K_2O）
1435	西南区	四川省	顺庆区	市县级	春玉米	23	5	8
1436	西南区	四川省	阆中市	市县级	春玉米	25	5	10
1437	西南区	四川省	阆中市	市县级	夏玉米	25	5	10
1438	西南区	四川省	仪陇县	市县级	春玉米	25	8	10
1439	西南区	四川省	营山县	市县级	春玉米	22	10	8
1440	西南区	四川省	蓬安县	市县级	春玉米	24	6	10
1441	西南区	四川省	达川区	市县级	夏玉米	16	6	5
1442	西南区	四川省	宣汉县	市县级	春玉米	20	7	6
1443	西南区	四川省	开江县	市县级	春玉米	28	6	6
1444	西南区	四川省	万源市	市县级	春玉米	22	10	8
1445	西南区	四川省	雨城区	市县级	春玉米	22	8	9
1446	西南区	四川省	名山区	市县级	春玉米	16	7	8
1447	西南区	四川省	荥经县	市县级	夏玉米	13	5	5
1448	西南区	四川省	汉源县	市县级	春玉米	11	15	15
1449	西南区	四川省	天全县	市县级	春玉米	15	12	11
1450	西南区	四川省	天全县	市县级	春玉米	16	11	11
1451	西南区	四川省	天全县	市县级	春玉米	17	11	10
1452	西南区	四川省	天全县	市县级	春玉米	18	11	13
1453	西南区	四川省	宝兴县	市县级	春玉米	11	13	11
1454	西南区	四川省	宝兴县	市县级	春玉米	12	11	11
1455	西南区	四川省	雅安市	市县级	春玉米	16	6	6
1456	西南区	四川省	阿坝州	市县级	夏玉米	25	12	8
1457	西南区	四川省	阿坝州	市县级	夏玉米	27	11	7
1458	西南区	四川省	阿坝州	市县级	夏玉米	29	10	6
1459	西南区	四川省	甘孜州	市县级	夏玉米	27	8	5
1460	西南区	四川省	西昌市	市县级	春玉米	24	6	10
1461	西南区	四川省	德昌县	市县级	夏玉米	15	15	15
1462	西南区	四川省	木里县	市县级	春玉米	10	10	10
1463	西南区	四川省	盐源县	市县级	夏玉米	11	20	10
1464	西南区	四川省	宁南县	市县级	春玉米	15	8	5
1465	西南区	四川省	越西县	市县级	春玉米	18	10	14
1466	西南区	四川省	冕宁县	市县级	夏玉米	20	15	5
1467	西南区	四川省	会东县	市县级	夏玉米	16	6	3
1468	西南区	四川省	广安区	市县级	春玉米	22	10	5

（续）

序号	区域	省份	地区名称	配方尺度	作物名称	氮（N）	五氧化二磷（P_2O_5）	氧化钾（K_2O）
1469	西南区	四川省	广安区	市县级	春玉米	22	8	10
1470	西南区	四川省	前锋区	市县级	夏玉米	22	11	6
1471	西南区	四川省	华蓥市	市县级	春玉米	20	10	10
1472	西南区	四川省	岳池县	市县级	春玉米	20	10	10
1473	西南区	四川省	武胜县	市县级	春玉米	22	12	10
1474	西南区	四川省	邻水县	市县级	春玉米	22	8	10
1475	西南区	四川省	巴中市	市县级	春玉米	20	15	10
1476	西南区	四川省	巴州区	市县级	春玉米	28	10	7
1477	西南区	四川省	恩阳区	市县级	春玉米	22	8	10
1478	西南区	四川省	南江县	市县级	春玉米	22	10	8
1479	西南区	四川省	通江县	市县级	春玉米	25	9	6
1480	西南区	四川省	平昌县	市县级	春玉米	25	12	8
1481	西南区	四川省	彭山区	市县级	春玉米	20	11	9
1482	西南区	四川省	仁寿县	市县级	春玉米	25	15	10
1483	西南区	四川省	洪雅县	市县级	春玉米	25	8	10
1484	西南区	四川省	丹棱县	市县级	春玉米	20	5	10
1485	西南区	四川省	青神县	市县级	夏玉米	20	15	10
1486	西南区	贵州省	贵州省	省级	春玉米	20	15	10
1487	西南区	贵州省	贵州省	省级	春玉米	15	10	20
1488	西南区	贵州省	贵州省	省级	春玉米	18	10	12
1489	西南区	云南省	文山市	市县级	春玉米	18	8	7
1490	西南区	云南省	砚山县	市县级	春玉米	18	6	8
1491	西南区	云南省	西畴县	市县级	春玉米	15	5	8
1492	西南区	云南省	麻栗坡县	市县级	春玉米	22	10	8
1493	西南区	云南省	麻栗坡县	市县级	春玉米	18	5	7
1494	西南区	云南省	马关县	市县级	春玉米	19	7	8
1495	西南区	云南省	广南县	市县级	春玉米	22	11	7
1496	西南区	云南省	富宁县	市县级	春玉米	18	10	8
1497	西南区	云南省	富宁县	市县级	春玉米	18	6	8
1498	西南区	云南省	漾濞县	市县级	春玉米	10	20	5
1499	西南区	云南省	祥云县	市县级	春玉米	13	7	5
1500	西南区	云南省	南涧县	市县级	春玉米	13	5	7
1501	西南区	云南省	弥渡县	市县级	春玉米	15	10	6
1502	西南区	云南省	巍山县	市县级	春玉米	14	13	2

（续）

序号	区域	省份	地区名称	配方尺度	作物名称	氮(N)	五氧化二磷(P_2O_5)	氧化钾(K_2O)
1503	西南区	云南省	云龙县	市县级	春玉米	15	10	6
1504	西南区	云南省	洱源县	市县级	春玉米	15	10	6
1505	西南区	云南省	剑川县	市县级	春玉米	20	8	5
1506	西南区	云南省	剑川县	市县级	春玉米	18	7	4
1507	西南区	云南省	剑川县	市县级	春玉米	16	6	3
1508	西南区	云南省	鹤庆县	市县级	春玉米	9	8	8
1509	西南区	云南省	景洪市	市县级	春玉米	10	9	11
1510	西南区	云南省	勐海县	市县级	春玉米	19	9	7
1511	西南区	云南省	勐海县	市县级	春玉米	18	8	8
1512	西南区	云南省	隆阳区	市县级	春玉米	10	10	5
1513	西南区	云南省	施甸县	市县级	春玉米	10	10	5
1514	西南区	云南省	腾冲市	市县级	春玉米	16	9	9
1515	西南区	云南省	龙陵县	市县级	春玉米	14	10	8
1516	西南区	云南省	龙陵县	市县级	春玉米	15	9	7
1517	西南区	云南省	昌宁县	市县级	春玉米	12	8	13
1518	西南区	云南省	昌宁县	市县级	春玉米	6	9	15
1519	西南区	云南省	昌宁县	市县级	春玉米	5	9	15
1520	西南区	云南省	寻甸县	市县级	春玉米	13	7	5
1521	西南区	云南省	宜良县	市县级	春玉米	15	12	9
1522	西南区	云南省	嵩明县	市县级	春玉米	25	15	13
1523	西南区	云南省	晋宁区	市县级	春玉米	8	9	10
1524	西南区	云南省	石林县	市县级	春玉米	8	10	7
1525	西南区	云南省	石林县	市县级	春玉米	8	10	7
1526	西南区	云南省	富民县	市县级	春玉米	18	9	5
1527	西南区	云南省	富民县	市县级	春玉米	18	9	5
1528	西南区	云南省	福贡县	市县级	春玉米	11	14	10
1529	西南区	云南省	贡山县	市县级	春玉米	18	10	7
1530	西南区	云南省	镇雄县	市县级	春玉米	17	9	6
1531	西南区	云南省	盐津县	市县级	春玉米	12	6	7
1532	西南区	云南省	鲁甸县	市县级	春玉米	18	9	7
1533	西南区	云南省	鲁甸县	市县级	春玉米	16	8	6
1534	西南区	云南省	绥江县	市县级	春玉米	15	15	15
1535	西南区	云南省	彝良县	市县级	春玉米	11	8	6
1536	西南区	云南省	彝良县	市县级	春玉米	11	8	6

（续）

序号	区域	省份	地区名称	配方尺度	作物名称	氮 (N)	五氧化二磷 (P_2O_5)	氧化钾 (K_2O)
1537	西南区	云南省	大关县	市县级	春玉米	12	6	7
1538	西南区	云南省	永善县	市县级	春玉米	14	7	6
1539	西南区	云南省	威信县	市县级	春玉米	14	5	6
1540	西南区	云南省	威信县	市县级	春玉米	18	6	8
1541	西南区	云南省	香格里拉市	市县级	春玉米	10	10	10
1542	西南区	云南省	香格里拉市	市县级	春玉米	13	5	7
1543	西南区	云南省	德钦县	市县级	春玉米	13	5	7
1544	西南区	云南省	维西县	市县级	春玉米	13	5	7
1545	西南区	云南省	麒麟区	市县级	春玉米	10	8	7
1546	西南区	云南省	沾益区	市县级	春玉米	13	6	7
1547	西南区	云南省	沾益区	市县级	春玉米	14	7	8
1548	西南区	云南省	沾益区	市县级	春玉米	12	6	5
1549	西南区	云南省	沾益区	市县级	春玉米	22	10	8
1550	西南区	云南省	马龙县	市县级	春玉米	15	4	6
1551	西南区	云南省	马龙县	市县级	春玉米	16	4	5
1552	西南区	云南省	马龙县	市县级	春玉米	18	4	5
1553	西南区	云南省	陆良县	市县级	春玉米	13	13	9
1554	西南区	云南省	师宗县	市县级	春玉米	26	11	11
1555	西南区	云南省	罗平县	市县级	春玉米	6	10	9
1556	西南区	云南省	富源县	市县级	春玉米	18	5	7
1557	西南区	云南省	宣威市	市县级	春玉米	10	15	20
1558	西南区	云南省	宣威市	市县级	春玉米	14	15	16
1559	西南区	云南省	宣威市	市县级	春玉米	12	15	18
1560	西南区	云南省	会泽县	市县级	春玉米	17	18	10
1561	西南区	云南省	个旧市	市县级	春玉米	18	10	7
1562	西南区	云南省	屏边县	市县级	春玉米	13	7	5
1563	西南区	云南省	红河州	市县级	春玉米	12	5	8
1564	西南区	云南省	古城区	市县级	春玉米	16	4	5
1565	西南区	云南省	玉龙县	市县级	春玉米	16	4	5
1566	西南区	云南省	永胜县	市县级	春玉米	16	4	5
1567	西南区	云南省	华坪县	市县级	春玉米	16	4	5
1568	西南区	云南省	宁蒗县	市县级	春玉米	16	4	5
1569	西南区	云南省	红塔区	市县级	春玉米	16	12	4
1570	西南区	云南省	红塔区	市县级	春玉米	24	6	10

（续）

序号	区域	省份	地区名称	配方尺度	作物名称	氮（N）	五氧化二磷（P_2O_5）	氧化钾（K_2O）
1571	西南区	云南省	澄江县	市县级	春玉米	23	6	6
1572	西南区	云南省	华宁县	市县级	春玉米	20	5	4
1573	西南区	云南省	易门县	市县级	春玉米	24	6	5
1574	西南区	云南省	峨山县	市县级	春玉米	16	5	5
1575	西南区	云南省	新平县	市县级	夏玉米	16	8	5
1576	西南区	云南省	元江县	市县级	春玉米	21	8	6
1577	西南区	云南省	楚雄市	市县级	春玉米	25	8	7
1578	西南区	云南省	双柏县	市县级	春玉米	18	9	5
1579	西南区	云南省	牟定县	市县级	春玉米	13	5	7
1580	西南区	云南省	南华县	市县级	春玉米	15	10	20
1581	西南区	云南省	姚安县	市县级	春玉米	25	6	6
1582	西南区	云南省	大姚县	市县级	春玉米	15	10	10
1583	西南区	云南省	大姚县	市县级	春玉米	22	10	8
1584	西南区	云南省	永仁县	市县级	春玉米	10	15	15
1585	西南区	云南省	元谋县	市县级	春玉米	10	18	12
1586	西南区	云南省	武定县	市县级	春玉米	24	8	8
1587	西南区	云南省	禄丰县	市县级	春玉米	15	10	10
1588	西南区	云南省	禄丰县	市县级	春玉米	16	8	6
1589	西南区	云南省	禄丰县	市县级	春玉米	21	8	9
1590	西南区	云南省	云县	市县级	春玉米	18	6	5
1591	西南区	云南省	云县	市县级	春玉米	18	6	6
1592	西南区	云南省	云县	市县级	春玉米	18	7	5
1593	西南区	云南省	云县	市县级	春玉米	18	6	4
1594	西南区	云南省	临翔区	市县级	春玉米	18	10	12
1595	西南区	云南省	永德县	市县级	春玉米	12	8	7
1596	西南区	云南省	永德县	市县级	春玉米	15	5	7
1597	西南区	云南省	永德县	市县级	夏玉米	15	5	5
1598	西南区	云南省	沧源县	市县级	春玉米	14	11	6
1599	西南区	云南省	沧源县	市县级	春玉米	13	10	6
1600	西南区	云南省	沧源县	市县级	春玉米	13	8	7
1601	西南区	云南省	耿马县	市县级	春玉米	15	5	5
1602	西南区	云南省	耿马县	市县级	春玉米	15	5	7
1603	西南区	云南省	耿马县	市县级	春玉米	12	8	7
1604	西南区	云南省	凤庆县	市县级	春玉米	10	10	15

（续）

序号	区域	省份	地区名称	配方尺度	作物名称	氮（N）	五氧化二磷（P_2O_5）	氧化钾（K_2O）
1605	西南区	云南省	镇康县	市县级	春玉米	8	12	14
1606	西南区	云南省	双江县	市县级	春玉米	12	10	7
1607	西南区	云南省	墨江县	市县级	春玉米	12	13	10
1608	西南区	云南省	澜沧县	市县级	春玉米	19	9	6
1609	西南区	云南省	景东县	市县级	春玉米	11	15	6
1610	西南区	云南省	景东县	市县级	春玉米	10	15	6
1611	西南区	云南省	景东县	市县级	春玉米	8	15	6
1612	西南区	云南省	宁洱县	市县级	春玉米	15	15	10
1613	西南区	云南省	宁洱县	市县级	春玉米	12	15	8
1614	西南区	云南省	宁洱县	市县级	春玉米	10	15	8
1615	西南区	云南省	思茅区	市县级	春玉米	15	12	5
1616	西南区	云南省	思茅区	市县级	春玉米	12	15	6
1617	西南区	云南省	思茅区	市县级	春玉米	10	17	6
1618	西南区	云南省	思茅区	市县级	春玉米	24	12	10
1619	西南区	云南省	镇沅县	市县级	春玉米	14	6	5
1620	西南区	云南省	镇沅县	市县级	春玉米	18	9	5
1621	西南区	云南省	镇沅县	市县级	春玉米	13	5	7
1622	西南区	云南省	江城县	市县级	春玉米	8	13	5
1623	西南区	云南省	江城县	市县级	春玉米	9	15	6
1624	西南区	云南省	江城县	市县级	春玉米	9	15	5
1625	西南区	云南省	孟连县	市县级	春玉米	8	15	8
1626	西南区	云南省	孟连县	市县级	春玉米	6	11	9
1627	西南区	云南省	孟连县	市县级	春玉米	7	11	8
1628	西南区	云南省	孟连县	市县级	春玉米	8	12	7
1629	西南区	云南省	孟连县	市县级	春玉米	25	10	5
1630	西南区	云南省	西盟县	市县级	春玉米	15	5	5
1631	西南区	云南省	芒市	市县级	春玉米	16	5	6
1632	西南区	云南省	瑞丽市	市县级	冬甜玉米	15	10	20
1633	西南区	云南省	盈江县	市县级	春玉米	13	5	7
1634	西南区	云南省	盈江县	市县级	春玉米	13	5	7
1635	西南区	云南省	陇川县	市县级	春玉米	23	7	6
1636	西南区	云南省	梁河县	市县级	春玉米	22	5	7
1637	西南区	云南省	梁河县	市县级	春玉米	18	4	4

四、大豆

序号	区域	省份	地区名称	配方尺度	作物名称	氮(N)	五氧化二磷(P_2O_5)	氧化钾(K_2O)
1	东北平原区	内蒙古自治区	敖汉旗	市县级	大豆	17	15	25
2	东北平原区	内蒙古自治区	阿荣旗	市县级	大豆	21	12	15
3	东北平原区	内蒙古自治区	扎兰屯市	市县级	大豆	17	13	10
4	东北平原区	内蒙古自治区	扎兰屯市	市县级	大豆	17	12	15
5	东北平原区	内蒙古自治区	莫力达瓦旗	市县级	大豆	20	11	15
6	东北平原区	内蒙古自治区	莫力达瓦旗	市县级	大豆	22	12	15
7	东北平原区	内蒙古自治区	莫力达瓦旗	市县级	大豆	22	11	15
8	东北平原区	内蒙古自治区	莫力达瓦旗	市县级	大豆	24	11	15
9	东北平原区	内蒙古自治区	莫力达瓦旗	市县级	大豆	22	9	15
10	东北平原区	内蒙古自治区	扎赉特旗	市县级	大豆	20	10	15
11	东北平原区	辽宁省	辽宁省	省级	大豆	9	12	14
12	东北平原区	辽宁省	辽宁省	省级	大豆	10	13	13
13	东北平原区	辽宁省	辽宁省	省级	大豆	7	9	9
14	东北平原区	辽宁省	黑山县	市县级	大豆	12	23	10
15	东北平原区	辽宁省	黑山县	市县级	大豆	20	12	14
16	东北平原区	辽宁省	铁岭县	市县级	大豆	12	18	15
17	东北平原区	辽宁省	铁岭县	市县级	大豆	13	17	15
18	东北平原区	辽宁省	开原市	市县级	大豆	12	18	15
19	东北平原区	辽宁省	西丰县	市县级	大豆	13	18	14
20	东北平原区	辽宁省	西丰县	市县级	大豆	12	15	18
21	东北平原区	辽宁省	北票市	市县级	大豆	12	18	15
22	东北平原区	辽宁省	金普新区	市县级	大豆	8	10	7
23	东北平原区	吉林省	榆树市	市县级	大豆	12	18	15
24	东北平原区	吉林省	蛟河市	市县级	大豆	13	15	13
25	东北平原区	吉林省	长白县	市县级	大豆	12	18	15
26	东北平原区	吉林省	延吉市	市县级	大豆	12	16	8
27	东北平原区	吉林省	敦化市	市县级	大豆	13	17	16
28	东北平原区	吉林省	图们市	市县级	大豆	17	17	14
29	东北平原区	吉林省	珲春市	市县级	大豆	14	17	14
30	东北平原区	吉林省	汪清县	市县级	大豆	12	18	15
31	东北平原区	黑龙江省	爱辉区	市县级	大豆	26	12	14

（续）

序号	区域	省份	地区名称	配方尺度	作物名称	氮 (N)	五氧化二磷 (P_2O_5)	氧化钾 (K_2O)
32	东北平原区	黑龙江省	爱辉区	市县级	大豆	24	12	13
33	东北平原区	黑龙江省	爱辉区	市县级	大豆	23	12	15
34	东北平原区	黑龙江省	北安市	市县级	大豆	15	18	12
35	东北平原区	黑龙江省	孙吴县	市县级	大豆	8	10	8
36	东北平原区	黑龙江省	五大连池市	市县级	大豆	15	27	12
37	东北平原区	黑龙江省	逊克县	市县级	大豆	13	23	12
38	东北平原区	黑龙江省	安达市	市县级	大豆	20	18	10
39	东北平原区	黑龙江省	海伦市	市县级	大豆	13	20	12
40	东北平原区	黑龙江省	北林区	市县级	大豆	15	19	14
41	东北平原区	黑龙江省	北林区	市县级	大豆	14	19	13
42	东北平原区	黑龙江省	北林区	市县级	大豆	16	19	16
43	东北平原区	黑龙江省	伊春市	市县级	大豆	13	22	10
44	东北平原区	黑龙江省	伊春市	市县级	大豆	16	24	12
45	东北平原区	黑龙江省	铁力市	市县级	大豆	12	20	13
46	东北平原区	黑龙江省	铁力市	市县级	大豆	13	22	10
47	东北平原区	黑龙江省	铁力市	市县级	大豆	14	20	11
48	东北平原区	黑龙江省	铁力市	市县级	大豆	12	23	10
49	东北平原区	黑龙江省	铁力市	市县级	大豆	11	25	10
50	东北平原区	黑龙江省	哈尔滨市	市县级	大豆	12	18	15
51	东北平原区	黑龙江省	阿城区	市县级	大豆	12	19	15
52	东北平原区	黑龙江省	巴彦县	市县级	大豆	12	18	15
53	东北平原区	黑龙江省	宾县	市县级	大豆	12	20	13
54	东北平原区	黑龙江省	木兰县	市县级	大豆	12	18	15
55	东北平原区	黑龙江省	尚志市	市县级	大豆	12	18	15
56	东北平原区	黑龙江省	五常市	市县级	大豆	15	15	20
57	东北平原区	黑龙江省	延寿县	市县级	大豆	12	20	13
58	东北平原区	黑龙江省	江滨农场	市县级	大豆	20	20	17
59	东北平原区	黑龙江省	江滨农场	市县级	大豆	16	24	20
60	东北平原区	黑龙江省	军川农场	市县级	大豆	23	21	13
61	东北平原区	黑龙江省	名山农场	市县级	大豆	21	24	14
62	东北平原区	黑龙江省	名山农场	市县级	大豆	22	20	16
63	东北平原区	黑龙江省	名山农场	市县级	大豆	23	22	13
64	东北平原区	黑龙江省	名山农场	市县级	大豆	21	22	15
65	东北平原区	黑龙江省	名山农场	市县级	大豆	23	24	12

（续）

序号	区域	省份	地区名称	配方尺度	作物名称	氮（N）	五氧化二磷（P_2O_5）	氧化钾（K_2O）
66	东北平原区	黑龙江省	共青农场	市县级	大豆	19	25	16
67	东北平原区	黑龙江省	宝泉岭农场（含汤原、依兰）	市县级	大豆	17	26	17
68	东北平原区	黑龙江省	新华农场	市县级	大豆	21	23	15
69	东北平原区	黑龙江省	友谊农场	市县级	大豆	20	22	17
70	东北平原区	黑龙江省	友谊农场	市县级	大豆	22	24	12
71	东北平原区	黑龙江省	友谊农场	市县级	大豆	20	26	13
72	东北平原区	黑龙江省	友谊农场	市县级	大豆	19	26	15
73	东北平原区	黑龙江省	八五二农场	市县级	大豆	20	26	13
74	东北平原区	黑龙江省	曙光农场	市县级	大豆	22	20	16
75	东北平原区	黑龙江省	北兴农场	市县级	大豆	20	26	14
76	东北平原区	黑龙江省	红旗岭农场	市县级	大豆	18	27	15
77	东北平原区	黑龙江省	八五九农场	市县级	大豆	21	22	16
78	东北平原区	黑龙江省	勤得利农场	市县级	大豆	17	29	14
79	东北平原区	黑龙江省	八五四农场	市县级	大豆	21	26	12
80	东北平原区	黑龙江省	八五四农场	市县级	大豆	19	27	13
81	东北平原区	黑龙江省	八五五农场	市县级	大豆	23	21	13
82	东北平原区	黑龙江省	八五五农场	市县级	大豆	17	25	17
83	东北平原区	黑龙江省	八五六农场	市县级	大豆	19	24	16
84	东北平原区	黑龙江省	八五六农场	市县级	大豆	19	23	17
85	东北平原区	黑龙江省	庆丰农场	市县级	大豆	18	27	15
86	东北平原区	黑龙江省	云山农场	市县级	大豆	18	28	14
87	东北平原区	黑龙江省	红色边疆农场（含锦河）	市县级	大豆	22	25	12
88	东北平原区	黑龙江省	逊克农场	市县级	大豆	20	26	13
89	东北平原区	黑龙江省	襄河农场（含龙门）	市县级	大豆	22	25	11
90	东北平原区	黑龙江省	龙镇农场	市县级	大豆	19	26	15
91	东北平原区	黑龙江省	二龙山农场	市县级	大豆	18	27	16
92	东北平原区	黑龙江省	二龙山农场	市县级	大豆	21	22	15
93	东北平原区	黑龙江省	引龙河农场	市县级	大豆	22	25	12
94	东北平原区	黑龙江省	格球山农场（含尾山）	市县级	大豆	22	28	9
95	东北平原区	黑龙江省	长水河农场	市县级	大豆	21	27	12
96	东北平原区	黑龙江省	赵光农场	市县级	大豆	21	24	13
97	东北平原区	黑龙江省	红星农场	市县级	大豆	17	25	18
98	东北平原区	黑龙江省	建设农场	市县级	大豆	19	26	15
99	东北平原区	黑龙江省	大西江农场	市县级	大豆	23	30	6

（续）

序号	区域	省份	地区名称	配方尺度	作物名称	氮（N）	五氧化二磷（P_2O_5）	氧化钾（K_2O）
100	东北平原区	黑龙江省	尖山农场	市县级	大豆	25	30	4
101	东北平原区	黑龙江省	鹤山农场	市县级	大豆	23	29	6
102	东北平原区	黑龙江省	荣军农场	市县级	大豆	23	30	6
103	东北平原区	黑龙江省	七星泡农场	市县级	大豆	22	25	11
104	东北平原区	黑龙江省	山河农场	市县级	大豆	24	28	7
105	东北平原区	黑龙江省	嫩北农场	市县级	大豆	27	23	7
106	东北平原区	黑龙江省	建边农场	市县级	大豆	22	26	11
107	东北平原区	黑龙江省	克山农场	市县级	大豆	22	28	8
108	东北平原区	黑龙江省	克山农场	市县级	大豆	23	30	6
109	东北平原区	黑龙江省	克山农场	市县级	大豆	24	30	5
110	东北平原区	黑龙江省	克山农场	市县级	大豆	23	26	9
111	东北平原区	黑龙江省	克山农场	市县级	大豆	24	27	7
112	东北平原区	黑龙江省	克山农场	市县级	大豆	25	28	5
113	东北平原区	黑龙江省	克山农场	市县级	大豆	24	25	9
114	东北平原区	黑龙江省	克山农场	市县级	大豆	25	26	7
115	东北平原区	黑龙江省	克山农场	市县级	大豆	26	27	5
116	东北平原区	黑龙江省	克山农场	市县级	大豆	22	28	9
117	东北平原区	黑龙江省	克山农场	市县级	大豆	23	29	7
118	东北平原区	黑龙江省	克山农场	市县级	大豆	23	30	5
119	东北平原区	黑龙江省	克山农场	市县级	大豆	23	26	10
120	东北平原区	黑龙江省	克山农场	市县级	大豆	24	28	7
121	东北平原区	黑龙江省	克山农场	市县级	大豆	24	29	6
122	东北平原区	黑龙江省	克山农场	市县级	大豆	21	28	10
123	黄淮海地区	河北省	宽城县	市县级	大豆	10	20	15
124	黄淮海地区	河北省	磁县	市县级	大豆	15	5	6
125	黄淮海地区	山西省	潞城区	县市级	大豆	27	13	12
126	黄淮海地区	山西省	阳城县	县市级	大豆	10	15	15
127	黄淮海地区	山西省	柳林县	县市级	大豆	20	15	10
128	黄淮海地区	安徽省	相山区	县市级	大豆	18	8	9
129	黄淮海地区	安徽省	谯城区	县市级	大豆	10	10	8
130	黄淮海地区	安徽省	蒙城县	县市级	大豆	20	12	13
131	黄淮海地区	安徽省	灵璧县	县市级	大豆	8	12	8
132	黄淮海地区	安徽省	颍州区	县市级	大豆	15	20	10
133	黄淮海地区	安徽省	太和县	县市级	大豆	17	13	10

（续）

序号	区域	省份	地区名称	配方尺度	作物名称	氮（N）	五氧化二磷（P_2O_5）	氧化钾（K_2O）
134	黄淮海地区	安徽省	临泉县	县市级	大豆	25	12	9
135	黄淮海地区	安徽省	颍上县	县市级	大豆	18	12	5
136	黄淮海地区	安徽省	界首市	县市级	大豆	15	10	15
137	黄淮海地区	河南省	滑县	县市级	大豆	20	12	8
138	黄淮海地区	河南省	内黄县	县市级	大豆	18	15	12
139	黄淮海地区	河南省	汤阴县	县市级	大豆	20	10	15
140	黄淮海地区	河南省	汤阴县	县市级	大豆	12	12	16
141	黄淮海地区	河南省	汤阴县	县市级	大豆	12	12	17
142	黄淮海地区	河南省	汤阴县	县市级	大豆	12	12	18
143	黄淮海地区	河南省	浚县、淇县	县市级	大豆	11	10	14
144	黄淮海地区	河南省	浚县、淇县	县市级	大豆	13	11	16
145	黄淮海地区	河南省	浚县、淇县	县市级	大豆	15	14	17
146	黄淮海地区	河南省	浚县、淇县	县市级	大豆	10	8	12
147	黄淮海地区	河南省	浚县、淇县	县市级	大豆	12	10	13
148	黄淮海地区	河南省	浚县、淇县	县市级	大豆	15	12	15
149	黄淮海地区	河南省	开封市合并区	县市级	大豆	16	14	15
150	黄淮海地区	河南省	兰考县	县市级	大豆	18	12	10
151	黄淮海地区	河南省	兰考县	县市级	大豆	20	12	8
152	黄淮海地区	河南省	兰考县	县市级	大豆	22	10	8
153	黄淮海地区	河南省	通许县	县市级	大豆	18	12	10
154	黄淮海地区	河南省	尉氏县	县市级	大豆	16	14	15
155	黄淮海地区	河南省	祥符区	县市级	大豆	18	12	10
156	黄淮海地区	河南省	宜阳县	县市级	大豆	16	12	12
157	黄淮海地区	河南省	宜阳县	县市级	大豆	15	12	13
158	黄淮海地区	河南省	方城县	县市级	大豆	18	8	8
159	黄淮海地区	河南省	方城县	县市级	大豆	16	7	7
160	黄淮海地区	河南省	唐河县	县市级	大豆	23	11	12
161	黄淮海地区	河南省	唐河县	县市级	大豆	22	13	13
162	黄淮海地区	河南省	桐柏县	县市级	大豆	16	12	12
163	黄淮海地区	河南省	宛城区	县市级	大豆	19	13	13
164	黄淮海地区	河南省	宛城区	县市级	大豆	17	13	15
165	黄淮海地区	河南省	卧龙区	县市级	大豆	19	13	13
166	黄淮海地区	河南省	卧龙区	县市级	大豆	17	13	15
167	黄淮海地区	河南省	西峡县	县市级	大豆	16	14	15

（续）

序号	区域	省份	地区名称	配方尺度	作物名称	氮 (N)	五氧化二磷 (P_2O_5)	氧化钾 (K_2O)
168	黄淮海地区	河南省	西峡县	县市级	大豆	17	13	15
169	黄淮海地区	河南省	新野县	县市级	大豆	8	14	18
170	黄淮海地区	河南省	镇平县	县市级	大豆	22	13	10
171	黄淮海地区	河南省	郏县	县市级	大豆	14	16	15
172	黄淮海地区	河南省	鹿邑	县市级	大豆	18	10	8
173	黄淮海地区	河南省	范县	县市级	大豆	16	18	6
174	黄淮海地区	河南省	南乐县	县市级	大豆	16	14	10
175	黄淮海地区	河南省	南召县	县市级	大豆	20	8	12
176	黄淮海地区	河南省	濮阳县	县市级	大豆	16	14	10
177	黄淮海地区	河南省	渑池县	县市级	大豆	10	14	6
178	黄淮海地区	河南省	永城市	县市级	大豆	14	17	14
179	黄淮海地区	河南省	永城市	县市级	大豆	13	19	13
180	黄淮海地区	河南省	项城市	县市级	大豆	18	12	15
181	黄淮海地区	河南省	封丘县	县市级	大豆	18	18	9
182	黄淮海地区	河南省	卫辉市	县市级	大豆	15	12	13
183	黄淮海地区	河南省	延津县	县市级	大豆	15	12	13
184	黄淮海地区	河南省	延津县	县市级	大豆	15	12	13
185	黄淮海地区	河南省	原阳县	县市级	大豆	14	16	15
186	黄淮海地区	河南省	长垣县	县市级	大豆	18	12	10
187	黄淮海地区	河南省	长垣县	县市级	大豆	22	10	8
188	黄淮海地区	河南省	息县	县市级	大豆	21	12	12
189	黄淮海地区	河南省	息县	县市级	大豆	20	13	13
190	黄淮海地区	河南省	建安区	县市级	大豆	11	18	6
191	黄淮海地区	河南省	襄城县	县市级	大豆	15	14	16
192	黄淮海地区	河南省	襄城县	县市级	大豆	25	12	12
193	黄淮海地区	河南省	禹州市	县市级	大豆	10	20	5
194	黄淮海地区	河南省	长葛市	县市级	大豆	16	10	14
195	黄淮海地区	河南省	扶沟县	县市级	大豆	20	10	15
196	黄淮海地区	河南省	淮阳县	县市级	大豆	18	12	15
197	黄淮海地区	河南省	商水县	县市级	大豆	18	17	10
198	黄淮海地区	河南省	商水县	县市级	大豆	18	12	15
199	黄淮海地区	河南省	沈丘县	县市级	大豆	18	12	15
200	黄淮海地区	河南省	沈丘县	县市级	大豆	20	12	13
201	黄淮海地区	河南省	太康县	县市级	大豆	18	12	15

（续）

序号	区域	省份	地区名称	配方尺度	作物名称	氮（N）	五氧化二磷（P_2O_5）	氧化钾（K_2O）
202	黄淮海地区	河南省	西华县	县市级	大豆	16	10	14
203	黄淮海地区	河南省	西华县	县市级	大豆	18	12	15
204	黄淮海地区	河南省	新蔡县	县市级	大豆	14	12	15
205	黄淮海地区	河南省	驻马店市合并区	县市级	大豆	18	12	15
206	黄淮海地区	河南省	驻马店市合并区	县市级	大豆	17	11	12
207	黄淮海地区	河南省	驻马店市合并区	县市级	大豆	20	10	10
208	黄淮海地区	河南省	河南省	省级	大豆	17	13	15
209	黄淮海地区	河南省	河南省	省级	大豆	18	13	14
210	黄淮海地区	河南省	河南省	省级	大豆	19	11	15
211	黄淮海地区	山东省	垦利区	县市级	大豆	12	18	15
212	黄淮海地区	山东省	梁山县	县市级	大豆	15	17	10
213	黄淮海地区	山东省	阳谷县	县市级	大豆	15	13	12
214	黄淮海地区	山东省	定陶区	县市级	大豆	10	15	13
215	黄淮海地区	江苏省	启东市	县市级	大豆	10	8	7
216	其他地区	浙江省	北仑区	县市级	大豆	14	10	12
217	其他地区	福建省	永泰县	县市级	大豆	21	14	19
218	其他地区	福建省	上杭县	县市级	大豆	15	5	28
219	其他地区	福建省	上杭县	县市级	大豆	15	10	20
220	其他地区	湖北省	石首市	县市级	大豆	20	12	13
221	其他地区	湖北省	鄂州市	县市级	大豆	15	12	13
222	其他地区	湖北省	钟祥市	县市级	大豆	15	15	15
223	其他地区	湖北省	孝感市	县市级	大豆	22	10	13
224	其他地区	湖北省	英山县	县市级	大豆	12	7	6
225	其他地区	湖北省	仙桃市	县市级	大豆	20	10	8
226	其他地区	湖北省	潜江市	县市级	大豆	18	8	14
227	其他地区	湖南省	湘潭县	县市级	大豆	20	8	12
228	其他地区	湖南省	雨湖区	县市级	大豆	20	8	12

五、马铃薯

序号	区域	省份	地区名称	配方尺度	作物名称	氮（N）	五氧化二磷（P_2O_5）	氧化钾（K_2O）
1	东北地区	内蒙古自治区	固阳县	市县级	马铃薯	15	19	11
2	东北地区	内蒙古自治区	敖汉旗	市县级	马铃薯	17	9	22

（续）

序号	区域	省份	地区名称	配方尺度	作物名称	氮（N）	五氧化二磷（P_2O_5）	氧化钾（K_2O）
3	东北地区	内蒙古自治区	喀喇沁旗	市县级	马铃薯	14	21	10
4	东北地区	内蒙古自治区	巴林右旗	市县级	马铃薯	14	17	14
5	东北地区	内蒙古自治区	克什克腾旗	市县级	马铃薯	17	16	12
6	东北地区	内蒙古自治区	林西县	市县级	马铃薯	17	13	10
7	东北地区	内蒙古自治区	清水河县	市县级	马铃薯	20	10	10
8	东北地区	内蒙古自治区	武川县	市县级	马铃薯	13	17	15
9	东北地区	内蒙古自治区	阿荣旗	市县级	马铃薯	18	14	16
10	东北地区	内蒙古自治区	扎兰屯市	市县级	马铃薯	16	19	10
11	东北地区	内蒙古自治区	丰镇市	市县级	马铃薯	14	14	12
12	东北地区	内蒙古自治区	察右后旗	市县级	马铃薯	12	19	16
13	东北地区	内蒙古自治区	察右后旗	市县级	马铃薯	12	18	15
14	东北地区	内蒙古自治区	化德县	市县级	马铃薯	12	20	13
15	东北地区	内蒙古自治区	凉城县	市县级	马铃薯	15	15	10
16	东北地区	内蒙古自治区	四子王旗	市县级	马铃薯	13	17	15
17	东北地区	内蒙古自治区	察右中旗	市县级	马铃薯	25	21	13
18	东北地区	内蒙古自治区	多伦县	市县级	马铃薯	17	18	10
19	东北地区	内蒙古自治区	多伦县	市县级	马铃薯	11	25	9
20	东北地区	内蒙古自治区	太仆寺旗	市县级	马铃薯	12	18	15
21	东北地区	内蒙古自治区	突泉县	市县级	马铃薯	10	10	15
22	东北地区	黑龙江省	襄河农场（含龙门）	市县级	马铃薯	20	22	16
23	东北地区	黑龙江省	二龙山农场	市县级	马铃薯	23	16	16
24	东北地区	黑龙江省	二龙山农场	市县级	马铃薯	22	14	20
25	东北地区	黑龙江省	二龙山农场	市县级	马铃薯	25	16	15
26	东北地区	黑龙江省	长水河农场	市县级	马铃薯	17	14	27
27	东北地区	黑龙江省	赵光农场	市县级	马铃薯	22	18	17
28	东北地区	黑龙江省	克山农场	市县级	马铃薯	22	19	16
29	东北地区	黑龙江省	克山农场	市县级	马铃薯	23	20	14
30	东北地区	黑龙江省	克山农场	市县级	马铃薯	23	18	16
31	东北地区	黑龙江省	克山农场	市县级	马铃薯	24	19	14
32	东北地区	黑龙江省	克山农场	市县级	马铃薯	23	17	17
33	东北地区	黑龙江省	克山农场	市县级	马铃薯	24	17	14
34	东北地区	黑龙江省	克山农场	市县级	马铃薯	21	20	17
35	东北地区	黑龙江省	克山农场	市县级	马铃薯	22	20	16
36	东北地区	黑龙江省	克山农场	市县级	马铃薯	22	21	14

（续）

序号	区域	省份	地区名称	配方尺度	作物名称	氮(N)	五氧化二磷(P_2O_5)	氧化钾(K_2O)
37	东北地区	黑龙江省	克山农场	市县级	马铃薯	22	18	17
38	东北地区	黑龙江省	克山农场	市县级	马铃薯	22	19	16
39	东北地区	黑龙江省	克山农场	市县级	马铃薯	23	18	16
40	东北地区	黑龙江省	克山农场	市县级	马铃薯	20	20	17
41	东北地区	黑龙江省	克山农场	市县级	马铃薯	21	22	15
42	东北地区	黑龙江省	克山农场	市县级	马铃薯	21	19	18
43	东北地区	黑龙江省	克山农场	市县级	马铃薯	21	20	17
44	东北地区	黑龙江省	克山农场	市县级	马铃薯	22	20	15
45	东北地区	黑龙江省	克山农场	市县级	马铃薯	21	18	18
46	东北地区	黑龙江省	克山农场	市县级	马铃薯	21	19	17
47	东北地区	黑龙江省	嘉荫农场	市县级	马铃薯	21	26	13
48	东北地区	黑龙江省	海伦农场（含红光、桜棱）	市县级	马铃薯	19	26	14
49	东北地区	辽宁省	兴城市	市县级	马铃薯	20	8	22
50	华北地区	河北省	丰宁县	市县级	马铃薯	17	22	6
51	华北地区	河北省	丰宁县	市县级	马铃薯	18	22	5
52	华北地区	河北省	昌黎县	市县级	马铃薯	15	12	18
53	华北地区	河北省	怀安县	市县级	马铃薯	12	18	15
54	华北地区	河北省	迁安市	市县级	马铃薯	10	8	24
55	华北地区	河北省	涞水县	市县级	马铃薯	19	9	11
56	华北地区	山西省	古县	市县级	马铃薯	25	15	10
57	华北地区	山西省	蒲县	市县级	马铃薯	18	12	20
58	华北地区	山西省	隰县	市县级	马铃薯	18	12	15
59	华北地区	山西省	永和县	市县级	马铃薯	16	10	20
60	华北地区	山西省	和顺县	市县级	马铃薯	20	10	15
61	华北地区	山西省	大同市	市县级	马铃薯	24	14	12
62	华北地区	山西省	大同市	市县级	马铃薯	23	11	11
63	华北地区	山西省	大同市	市县级	马铃薯	16	12	12
64	华北地区	山西省	大同市	市县级	马铃薯	20	13	12
65	华北地区	山西省	大同市	市县级	马铃薯	18	11	11
66	华北地区	山西省	大同市	市县级	马铃薯	21	13	11
67	华北地区	山西省	大同市	市县级	马铃薯	20	10	15
68	华北地区	山西省	盂县	市县级	马铃薯	18	12	10
69	华北地区	山西省	陵川县	市县级	马铃薯	18	12	10
70	华北地区	山西省	中阳县	市县级	马铃薯	18	9	18

（续）

序号	区域	省份	地区名称	配方尺度	作物名称	氮(N)	五氧化二磷(P_2O_5)	氧化钾(K_2O)
71	华北地区	山西省	文水县	市县级	马铃薯	30	10	10
72	华北地区	山西省	岚县	市县级	马铃薯	18	9	18
73	华北地区	山西省	临县	市县级	马铃薯	18	9	18
74	华北地区	山西省	石楼县	市县级	马铃薯	18	9	18
75	华北地区	山西省	交口县	市县级	马铃薯	18	9	18
76	华北地区	山西省	离石区	市县级	马铃薯	12	6	8
77	华北地区	山西省	兴县	市县级	马铃薯	18	9	18
78	华北地区	山西省	柳林县	市县级	马铃薯	20	10	15
79	华北地区	山西省	柳林县	市县级	马铃薯	15	10	5
80	华北地区	山西省	忻府区	市县级	马铃薯	15	15	15
81	华北地区	山西省	保德县	市县级	马铃薯	16	10	20
82	华北地区	山东省	莱芜区	市县级	马铃薯	16	4	20
83	华北地区	山东省	平阴县	市县级	马铃薯	15	8	22
84	华北地区	山东省	胶州市	市县级	马铃薯	16	9	20
85	华北地区	山东省	台儿庄区	市县级	马铃薯	17	10	20
86	华北地区	山东省	招远市	市县级	马铃薯	15	10	20
87	华北地区	山东省	高密市	市县级	马铃薯	16	9	20
88	华北地区	山东省	高密市	市县级	马铃薯	15	5	25
89	华北地区	山东省	嘉祥县	市县级	马铃薯	16	9	20
90	华北地区	山东省	东平县	市县级	马铃薯	15	10	20
91	华北地区	山东省	肥城市	市县级	马铃薯	16	9	20
92	华北地区	山东省	莒南县	市县级	马铃薯	10	5	30
93	华北地区	山东省	夏津县	市县级	马铃薯	15	10	20
94	华北地区	山东省	夏津县	市县级	马铃薯	15	10	20
95	华北地区	山东省	冠县	市县级	马铃薯	15	10	20
96	华北地区	山东省	胶州市	市县级	马铃薯	16	9	20
97	华北地区	山东省	定陶区	市县级	马铃薯	16	8	21

六、棉花

序号	区域	省份	地区名称	配方尺度	作物名称	氮(N)	五氧化二磷(P_2O_5)	氧化钾(K_2O)
1	黄河流域	天津市	天津市	省级	棉花	24	12	12
2	黄河流域	天津市	宁河区	市县级	棉花	23	15	10

（续）

序号	区域	省份	地区名称	配方尺度	作物名称	氮（N）	五氧化二磷（P_2O_5）	氧化钾（K_2O）
3	黄河流域	天津市	静海区	市县级	棉花	15	20	10
4	黄河流域	天津市	津南区	市县级	棉花	14	16	16
5	黄河流域	天津市	西青区	市县级	棉花	22	10	13
6	黄河流域	天津市	滨海新区	市县级	棉花	16	20	10
7	黄河流域	河北省	南宫市	市县级	棉花	15	13	16
8	黄河流域	河北省	清河县	市县级	棉花	18	8	16
9	黄河流域	河北省	威县	市县级	棉花	15	13	16
10	黄河流域	河北省	新河县	市县级	棉花	8	13	17
11	黄河流域	河北省	广宗县	市县级	棉花	15	17	9
12	黄河流域	河北省	任县	市县级	棉花	15	12	13
13	黄河流域	河北省	魏县	市县级	棉花	17	13	15
14	黄河流域	河北省	曲周县	市县级	棉花	20	10	15
15	黄河流域	河北省	肥乡区	市县级	棉花	16	16	16
16	黄河流域	河北省	邱县	市县级	棉花	18	15	17
17	黄河流域	河北省	邱县	市县级	棉花	22	12	14
18	黄河流域	河北省	邱县	市县级	棉花	18	12	15
19	黄河流域	河北省	广平县	市县级	棉花	18	15	17
20	黄河流域	河北省	广平县	市县级	棉花	22	12	14
21	黄河流域	河北省	广平县	市县级	棉花	18	12	15
22	黄河流域	河北省	成安县	市县级	棉花	18	12	15
23	黄河流域	河北省	邯山区	市县级	棉花	18	12	15
24	黄河流域	河北省	东光县	市县级	棉花	18	13	17
25	黄河流域	河北省	东光县	市县级	棉花	18	12	15
26	黄河流域	河北省	汉沽区	市县级	棉花	15	20	7
27	黄河流域	河北省	大城县	市县级	棉花	16	16	8
28	黄河流域	河北省	大城县	市县级	棉花	17	18	10
29	黄河流域	河北省	文安县	市县级	棉花	13	20	12
30	黄河流域	河北省	安新县	市县级	棉花	20	12	8
31	长江流域	安徽省	肥西县	市县级	棉花	20	10	15
32	长江流域	安徽省	谯城区	市县级	棉花	20	8	17
33	长江流域	安徽省	无为县	市县级	棉花	20	7	18
34	长江流域	安徽省	枞阳县	市县级	棉花	10	23	13
35	长江流域	安徽省	枞阳县	市县级	棉花	11	24	13

（续）

序号	区域	省份	地区名称	配方尺度	作物名称	氮（N）	五氧化二磷（P_2O_5）	氧化钾（K_2O）
36	长江流域	安徽省	东至县	市县级	棉花	24	6	15
37	长江流域	安徽省	宿松县	市县级	棉花	20	10	20
38	长江流域	安徽省	宿松县	市县级	棉花	21	11	18
39	长江流域	安徽省	怀宁县	市县级	棉花	23	10	15
40	长江流域	安徽省	望江县	市县级	棉花	18	12	18
41	长江流域	安徽省	望江县	市县级	棉花	18	9	16
42	长江流域	安徽省	大观区	市县级	棉花	23	10	15
43	长江流域	安徽省	太湖县	市县级	棉花	15	20	10
44	长江流域	江西省	庐山市	市县级	棉花	20	10	15
45	黄河流域	山东省	莱芜市	市县级	棉花	16	10	14
46	黄河流域	山东省	商河县	市县级	棉花	15	14	16
47	黄河流域	山东省	平阴县	市县级	棉花	15	15	10
48	黄河流域	山东省	东营区	市县级	棉花	22	16	8
49	黄河流域	山东省	广饶县	市县级	棉花	16	16	8
50	黄河流域	山东省	利津县	市县级	棉花	18	15	12
51	黄河流域	山东省	利津县	市县级	棉花	18	10	12
52	黄河流域	山东省	利津县	市县级	棉花	18	15	8
53	黄河流域	山东省	垦利区	市县级	棉花	18	17	8
54	黄河流域	山东省	高密市	市县级	棉花	15	20	10
55	黄河流域	山东省	嘉祥县	市县级	棉花	18	10	12
56	黄河流域	山东省	武城县	市县级	棉花	16	10	16
57	黄河流域	山东省	武城县	市县级	棉花	16	8	16
58	黄河流域	山东省	夏津县	市县级	棉花	24	10	14
59	黄河流域	山东省	阳谷县	市县级	棉花	16	18	6
60	黄河流域	山东省	滨城区	市县级	棉花	16	18	6
61	黄河流域	山东省	惠民县	市县级	棉花	18	18	5
62	黄河流域	山东省	无棣县	市县级	棉花	17	18	10
63	黄河流域	山东省	博兴县	市县级	棉花	18	16	6
64	黄河流域	山东省	牡丹区	市县级	棉花	20	8	12
65	黄河流域	山东省	定陶区	市县级	棉花	20	10	10
66	黄河流域	山东省	成武县	市县级	棉花	20	8	12
67	黄河流域	山东省	单县	市县级	棉花	20	10	15
68	黄河流域	山东省	单县	市县级	棉花	18	10	17
69	黄河流域	山东省	东明县	市县级	棉花	16	10	14

（续）

序号	区域	省份	地区名称	配方尺度	作物名称	氮 (N)	五氧化二磷 (P_2O_5)	氧化钾 (K_2O)
70	长江流域	湖北省	新洲区	市县级	棉花	22	10	16
71	长江流域	湖北省	松滋市	市县级	棉花	20	10	15
72	长江流域	湖北省	石首市	市县级	棉花	23	8	14
73	长江流域	湖北省	襄州区	市县级	棉花	20	9	16
74	长江流域	湖北省	宜城市	市县级	棉花	20	9	11
75	长江流域	湖北省	鄂州市	市县级	棉花	22	10	8
76	长江流域	湖北省	京山市	市县级	棉花	23	8	14
77	长江流域	湖北省	团风县	市县级	棉花	15	8	15
78	长江流域	湖北省	浠水县	市县级	棉花	20	10	15
79	长江流域	湖北省	龙感湖管理区	市县级	棉花	22	8	15
80	长江流域	湖北省	仙桃市	市县级	棉花	24	9	18
81	长江流域	湖北省	潜江市	市县级	棉花	22	8	15
82	长江流域	湖北省	潜江市	市县级	棉花	20	10	18
83	长江流域	湖南省	华容县	市县级	棉花	20	9	16
84	长江流域	湖南省	临湘市	市县级	棉花	17	12	16
85	长江流域	湖南省	沅江市	市县级	棉花	18	8	14
86	长江流域	湖南省	津市市	市县级	棉花	22	8	18
87	长江流域	湖南省	澧县	市县级	棉花	18	10	17
88	长江流域	湖南省	安乡县	市县级	棉花	21	6	14
89	长江流域	湖南省	汉寿县	市县级	棉花	17	12	16
90	长江流域	湖南省	桃源县	市县级	棉花	20	10	15
91	长江流域	湖南省	桃源县	市县级	棉花	18	12	15
92	西北内陆	甘肃省	敦煌市	市县级	棉花	20	11	5
93	西北内陆	甘肃省	金塔县	市县级	棉花	12	23	10
94	西北内陆	新疆维吾尔自治区	沙湾县	市县级	棉花	16	13	5
95	西北内陆	新疆维吾尔自治区	塔城地区	市县级	棉花	15	20	5
96	西北内陆	新疆维吾尔自治区	玛纳斯县	市县级	棉花	18	23	4
97	西北内陆	新疆维吾尔自治区	精河县	市县级	棉花	5	18	5
98	西北内陆	新疆维吾尔自治区	阿克苏市	市县级	棉花	16	18	6
99	西北内陆	新疆维吾尔自治区	库车市	市县级	棉花	15	22	6
100	西北内陆	新疆维吾尔自治区	新和县	市县级	棉花	18	22	8
101	西北内陆	新疆维吾尔自治区	温宿县	市县级	棉花	19	18	5
102	西北内陆	新疆维吾尔自治区	温宿县	市县级	棉花	19	23	8
103	西北内陆	新疆维吾尔自治区	阿瓦提县	市县级	棉花	15	17	8

（续）

序号	区域	省份	地区名称	配方尺度	作物名称	氮（N）	五氧化二磷（P_2O_5）	氧化钾（K_2O）
104	西北内陆	新疆维吾尔自治区	柯坪县	市县级	棉花	15	20	7
105	西北内陆	新疆维吾尔自治区	麦盖提	市县级	棉花	20	16	6
106	西北内陆	新疆维吾尔自治区	疏勒县	市县级	棉花	15	20	5
107	西北内陆	新疆维吾尔自治区	莎车县	市县级	棉花	16	25	4
108	西北内陆	新疆维吾尔自治区	叶城县	市县级	棉花	11	24	5
109	其他	内蒙古自治区	额济纳旗	市县级	棉花	14	19	7

七、油菜

序号	区域	省份	地区名称	配方尺度	作物名称	氮（N）	五氧化二磷（P_2O_5）	氧化钾（K_2O）
1	长江上游	重庆市	重庆市	省级	油菜	18	12	10
2	长江上游	重庆市	梁平区	市县级	油菜	18	12	10
3	长江上游	重庆市	忠县	市县级	油菜	15	10	15
4	长江上游	重庆市	江津区	市县级	油菜	20	12	8
5	长江上游	重庆市	永川区	市县级	油菜	20	10	10
6	长江上游	重庆市	南川区	市县级	油菜	22	9	9
7	长江上游	重庆市	南川区	市县级	油菜	20	10	10
8	长江上游	重庆市	万州区	市县级	油菜	22	8	14
9	长江上游	重庆市	潼南区	市县级	油菜	18	12	10
10	长江上游	重庆市	丰都县	市县级	油菜	22	8	10
11	长江上游	重庆市	垫江县	市县级	油菜	23	11	9
12	长江上游	重庆市	垫江县	市县级	油菜	20	8	10
13	长江上游	重庆市	垫江县	市县级	油菜	23	11	9
14	长江上游	重庆市	垫江县	市县级	油菜	20	8	10
15	长江上游	重庆市	垫江县	市县级	油菜	23	11	9
16	长江上游	重庆市	垫江县	市县级	油菜	20	8	10
17	长江上游	重庆市	武隆区	市县级	油菜	23	7	10
18	长江上游	重庆市	奉节县	市县级	油菜	18	12	10
19	长江上游	重庆市	奉节县	市县级	油菜	18	10	12
20	长江上游	重庆市	黔江区	市县级	油菜	18	12	10
21	长江上游	重庆市	长寿区	市县级	油菜	18	12	10
22	长江上游	重庆市	铜梁区	市县级	油菜	20	12	8
23	长江上游	重庆市	大足区	市县级	油菜	22	10	10

（续）

序号	区域	省份	地区名称	配方尺度	作物名称	氮（N）	五氧化二磷（P_2O_5）	氧化钾（K_2O）
24	长江上游	重庆市	开州县	市县级	油菜	18	12	10
25	长江上游	重庆市	石柱县	市县级	油菜	13	9	8
26	长江上游	重庆市	秀山县	市县级	油菜	20	8	12
27	长江上游	重庆市	酉阳县	市县级	油菜	18	12	10
28	长江上游	重庆市	涪陵区	市县级	油菜	18	10	12
29	长江上游	重庆市	綦江区	市县级	油菜	18	12	10
30	长江上游	重庆市	渝北区	市县级	油菜	18	12	10
31	长江上游	重庆市	璧山区	市县级	油菜	18	12	10
32	长江上游	重庆市	巫山县	市县级	油菜	18	12	10
33	长江上游	重庆市	城口县	市县级	油菜	18	12	10
34	长江上游	重庆市	北碚区	市县级	油菜	18	12	10
35	长江上游	重庆市	万盛区	市县级	油菜	20	12	8
36	长江上游	重庆市	九龙坡区	市县级	油菜	18	10	12
37	长江上游	四川省	四川省	省级	油菜	15	10	10
38	长江上游	四川省	四川省	省级	油菜	20	12	10
39	长江上游	四川省	四川省	省级	油菜	15	10	10
40	长江上游	四川省	金堂县	市县级	油菜	15	12	13
41	长江上游	四川省	温江区	市县级	油菜	10	10	5
42	长江上游	四川省	双流区	市县级	油菜	18	10	12
43	长江上游	四川省	涪城区	市县级	油菜	20	10	5
44	长江上游	四川省	游仙区	市县级	油菜	15	12	13
45	长江上游	四川省	三台县	市县级	油菜	24	11	5
46	长江上游	四川省	北川县	市县级	油菜	14	6	6
47	长江上游	四川省	梓潼县	市县级	油菜	19	10	6
48	长江上游	四川省	梓潼县	市县级	油菜	23	10	7
49	长江上游	四川省	沿滩区	市县级	油菜	15	10	7
50	长江上游	四川省	江阳区	市县级	油菜	20	9	11
51	长江上游	四川省	纳溪区	市县级	油菜	20	10	10
52	长江上游	四川省	泸县	市县级	油菜	20	9	11
53	长江上游	四川省	合江县	市县级	油菜	14	8	10
54	长江上游	四川省	古蔺县	市县级	油菜	10	15	6
55	长江上游	四川省	旌阳区	市县级	油菜	10	6	10
56	长江上游	四川省	罗江区	市县级	油菜	20	8	10

（续）

序号	区域	省份	地区名称	配方尺度	作物名称	氮（N）	五氧化二磷（P_2O_5）	氧化钾（K_2O）
57	长江上游	四川省	中江县	市县级	油菜	24	11	5
58	长江上游	四川省	绵竹市	市县级	油菜	10	15	12
59	长江上游	四川省	绵竹市	市县级	油菜	10	10	12
60	长江上游	四川省	绵竹市	市县级	油菜	12	10	10
61	长江上游	四川省	广汉市	市县级	油菜	23	8	12
62	长江上游	四川省	什邡市	市县级	油菜	18	15	8
63	长江上游	四川省	苍溪县	市县级	油菜	25	8	7
64	长江上游	四川省	剑阁县	市县级	油菜	14	11	10
65	长江上游	四川省	旺苍县	市县级	油菜	20	10	10
66	长江上游	四川省	利州区	市县级	油菜	23	10	7
67	长江上游	四川省	船山区	市县级	油菜	20	15	8
68	长江上游	四川省	蓬溪县	市县级	油菜	24	11	5
69	长江上游	四川省	射洪市	市县级	油菜	20	9	9
70	长江上游	四川省	威远县	市县级	油菜	24	6	10
71	长江上游	四川省	资中县	市县级	油菜	15	10	6
72	长江上游	四川省	井研县	市县级	油菜	26	13	6
73	长江上游	四川省	犍为县	市县级	油菜	15	15	10
74	长江上游	四川省	犍为县	市县级	油菜	26	6	8
75	长江上游	四川省	市中区	市县级	油菜	20	6	9
76	长江上游	四川省	市中区	市县级	油菜	22	8	10
77	长江上游	四川省	雁江区	市县级	油菜	26	9	5
78	长江上游	四川省	安岳县	市县级	油菜	20	10	10
79	长江上游	四川省	安岳县	市县级	油菜	22	8	10
80	长江上游	四川省	乐至县	市县级	油菜	24	11	5
81	长江上游	四川省	翠屏区	市县级	油菜	20	9	12
82	长江上游	四川省	南溪区	市县级	油菜	15	7	8
83	长江上游	四川省	叙州区	市县级	油菜	15	8	7
84	长江上游	四川省	长宁县	市县级	油菜	28	6	6
85	长江上游	四川省	高县	市县级	油菜	18	9	8
86	长江上游	四川省	兴文县	市县级	油菜	15	8	7
87	长江上游	四川省	屏山县	市县级	油菜	18	12	9
88	长江上游	四川省	顺庆区	市县级	油菜	20	8	6
89	长江上游	四川省	南部县	市县级	油菜	26	8	6
90	长江上游	四川省	营山县	市县级	油菜	18	12	10

（续）

序号	区域	省份	地区名称	配方尺度	作物名称	氮（N）	五氧化二磷（P_2O_5）	氧化钾（K_2O）
91	长江上游	四川省	开江县	市县级	油菜	20	9	6
92	长江上游	四川省	万源市	市县级	油菜	22	10	8
93	长江上游	四川省	雨城区	市县级	油菜	22	9	10
94	长江上游	四川省	名山区	市县级	油菜	16	7	8
95	长江上游	四川省	荥经县	市县级	油菜	12	7	5
96	长江上游	四川省	天全县	市县级	油菜	10	14	5
97	长江上游	四川省	天全县	市县级	油菜	11	13	8
98	长江上游	四川省	宝兴县	市县级	油菜	15	12	12
99	长江上游	四川省	宝兴县	市县级	油菜	14	12	9
100	长江上游	四川省	宝兴县	市县级	油菜	11	13	9
101	长江上游	四川省	甘孜州	市县级	油菜	26	12	6
102	长江上游	四川省	会理县	市县级	油菜	8	16	4
103	长江上游	四川省	越西县	市县级	油菜	20	10	12
104	长江上游	四川省	广安区	市县级	油菜	22	10	8
105	长江上游	四川省	前锋区	市县级	油菜	22	10	8
106	长江上游	四川省	华蓥市	市县级	油菜	22	10	8
107	长江上游	四川省	岳池县	市县级	油菜	22	10	8
108	长江上游	四川省	武胜县	市县级	油菜	22	10	8
109	长江上游	四川省	邻水县	市县级	油菜	28	6	6
110	长江上游	四川省	巴中市	市县级	油菜	20	12	8
111	长江上游	四川省	巴州区	市县级	油菜	28	10	7
112	长江上游	四川省	恩阳区	市县级	油菜	20	5	10
113	长江上游	四川省	南江县	市县级	油菜	22	10	8
114	长江上游	四川省	通江县	市县级	油菜	20	9	6
115	长江上游	四川省	平昌县	市县级	油菜	22	8	5
116	长江上游	四川省	彭山区	市县级	油菜	18	10	10
117	长江上游	四川省	洪雅县	市县级	油菜	20	5	10
118	长江上游	四川省	丹棱县	市县级	油菜	20	8	10
119	长江上游	四川省	青神县	市县级	油菜	15	15	10
120	长江上游	贵州省	贵州省	省级	油菜	20	10	10
121	长江上游	贵州省	贵州省	省级	油菜	15	8	12
122	长江上游	贵州省	贵州省	省级	油菜	18	10	17
123	长江上游	云南省	广南省	市县级	油菜	20	8	11
124	长江上游	云南省	祥云县	市县级	油菜	10	8	7

（续）

序号	区域	省份	地区名称	配方尺度	作物名称	氮(N)	五氧化二磷(P_2O_5)	氧化钾(K_2O)
125	长江上游	云南省	巍山县	市县级	油菜	14	12	15
126	长江上游	云南省	永平县	市县级	油菜	18	6	6
127	长江上游	云南省	云龙县	市县级	油菜	15	15	10
128	长江上游	云南省	洱源县	市县级	油菜	14	14	7
129	长江上游	云南省	腾冲市	市县级	油菜	13	5	7
130	长江上游	云南省	昌宁县	市县级	油菜	9	8	13
131	长江上游	云南省	昌宁县	市县级	油菜	7	9	15
132	长江上游	云南省	昌宁县	市县级	油菜	6	9	15
133	长江上游	云南省	盐津县	市县级	油菜	11	6	8
134	长江上游	云南省	罗平县	市县级	油菜	5	15	5
135	长江上游	云南省	弥勒市	市县级	油菜	12	5	8
136	长江上游	云南省	古城区	市县级	油菜	15	10	10
137	长江上游	云南省	永胜县	市县级	油菜	15	10	10
138	长江上游	云南省	红塔区	市县级	油菜	16	20	10
139	长江上游	云南省	华宁县	市县级	油菜	13	5	8
140	长江上游	云南省	易门县	市县级	油菜	12	8	8
141	长江上游	云南省	峨山县	市县级	油菜	16	5	5
142	长江上游	云南省	双柏县	市县级	油菜	10	15	9
143	长江上游	云南省	牟定县	市县级	油菜	10	10	10
144	长江上游	云南省	姚安县	市县级	油菜	13	6	6
145	长江上游	云南省	禄丰县	市县级	油菜	18	7	8
146	长江上游	云南省	云县	市县级	油菜	21	8	6
147	长江上游	云南省	临翔区	市县级	油菜	18	10	12
148	长江上游	云南省	沧源县	市县级	油菜	18	9	10
149	长江上游	云南省	墨江县	市县级	油菜	10	12	6
150	长江上游	云南省	墨江县	市县级	油菜	10	12	6
151	长江上游	云南省	澜沧县	市县级	油菜	19	8	5
152	长江上游	云南省	澜沧县	市县级	油菜	18	9	5
153	长江上游	陕西省	陕西省	省级	油菜	15	20	10
154	长江上游	陕西省	蓝田县	市县级	油菜	23	12	5
155	长江中游	安徽省	肥东县	市县级	油菜	20	12	13
156	长江中游	安徽省	肥东县	市县级	油菜	20	10	15
157	长江中游	安徽省	肥西县	市县级	油菜	22	10	13
158	长江中游	安徽省	肥西县	市县级	油菜	18	12	10

（续）

序号	区域	省份	地区名称	配方尺度	作物名称	氮（N）	五氧化二磷（P_2O_5）	氧化钾（K_2O）
159	长江中游	安徽省	长丰县	市县级	油菜	20	13	15
160	长江中游	安徽省	临泉县	市县级	油菜	23	13	12
161	长江中游	安徽省	全椒县	市县级	油菜	18	10	17
162	长江中游	安徽省	裕安区	市县级	油菜	20	12	13
163	长江中游	安徽省	舒城县	市县级	油菜	20	12	13
164	长江中游	安徽省	金寨县	市县级	油菜	18	10	12
165	长江中游	安徽省	霍山县	市县级	油菜	15	6	9
166	长江中游	安徽省	霍邱县	市县级	油菜	18	12	15
167	长江中游	安徽省	叶集区	市县级	油菜	18	12	15
168	长江中游	安徽省	含山县	市县级	油菜	18	15	15
169	长江中游	安徽省	和县	市县级	油菜	17	15	13
170	长江中游	安徽省	当涂县	市县级	油菜	16	12	12
171	长江中游	安徽省	繁昌县	市县级	油菜	14	16	10
172	长江中游	安徽省	南陵县	市县级	油菜	14	16	15
173	长江中游	安徽省	无为县	市县级	油菜	25	7	8
174	长江中游	安徽省	无为县	市县级	油菜	14	16	15
175	长江中游	安徽省	芜湖县	市县级	油菜	19	12	14
176	长江中游	安徽省	宣州区	市县级	油菜	17	15	16
177	长江中游	安徽省	宣州区	市县级	油菜	15	15	18
178	长江中游	安徽省	郎溪县	市县级	油菜	15	17	13
179	长江中游	安徽省	宁国市	市县级	油菜	18	12	18
180	长江中游	安徽省	泾县	市县级	油菜	15	15	15
181	长江中游	安徽省	旌德县	市县级	油菜	15	7	8
182	长江中游	安徽省	旌德县	市县级	油菜	20	8	9
183	长江中游	安徽省	绩溪县	市县级	油菜	18	12	10
184	长江中游	安徽省	枞阳县	市县级	油菜	17	14	14
185	长江中游	安徽省	枞阳县	市县级	油菜	15	13	13
186	长江中游	安徽省	义安区	市县级	油菜	10	4	6
187	长江中游	安徽省	贵池区	市县级	油菜	22	16	10
188	长江中游	安徽省	东至县	市县级	油菜	17	15	13
189	长江中游	安徽省	宿松县	市县级	油菜	18	9	18
190	长江中游	安徽省	潜山县	市县级	油菜	18	15	12
191	长江中游	安徽省	怀宁县	市县级	油菜	18	12	10
192	长江中游	安徽省	望江县	市县级	油菜	20	13	12

（续）

序号	区域	省份	地区名称	配方尺度	作物名称	氮 (N)	五氧化二磷 (P_2O_5)	氧化钾 (K_2O)
193	长江中游	安徽省	大观区	市县级	油菜	20	12	13
194	长江中游	安徽省	宜秀区	市县级	油菜	20	12	13
195	长江中游	安徽省	太湖县	市县级	油菜	20	10	15
196	长江中游	安徽省	太湖县	市县级	油菜	16	9	10
197	长江中游	安徽省	歙县	市县级	油菜	12	10	8
198	长江中游	安徽省	休宁县	市县级	油菜	18	15	12
199	长江中游	安徽省	休宁县	市县级	油菜	13	8	9
200	长江中游	安徽省	徽州区	市县级	油菜	18	15	12
201	长江中游	安徽省	黟县	市县级	油菜	18	15	12
202	长江中游	江西省	江西省	省级	油菜	20	10	15
203	长江中游	江西省	安义县	市县级	油菜	25	7	8
204	长江中游	江西省	新建区	市县级	油菜	15	7	8
205	长江中游	江西省	庐山市	市县级	油菜	20	10	15
206	长江中游	江西省	湖口县	市县级	油菜	20	10	15
207	长江中游	江西省	都昌县	市县级	油菜	20	10	15
208	长江中游	江西省	濂溪区	市县级	油菜	20	10	15
209	长江中游	江西省	万载县	市县级	油菜	20	10	15
210	长江中游	江西省	袁州区	市县级	油菜	20	10	15
211	长江中游	江西省	永新县	市县级	油菜	20	10	15
212	长江中游	江西省	婺源县	市县级	油菜	22	11	17
213	长江中游	江西省	弋阳县	市县级	油菜	22	11	17
214	长江中游	江西省	玉山县	市县级	油菜	20	10	15
215	长江中游	江西省	崇仁县	市县级	油菜	10	11	7
216	长江中游	江西省	上栗县	市县级	油菜	19	12	17
217	长江中游	江西省	贵溪市	市县级	油菜	20	10	15
218	长江中游	江西省	渝水区	市县级	油菜	20	10	15
219	长江中游	湖北省	洪湖市	省级	油菜	20	12	8
220	长江中游	湖北省	广水市	省级	油菜	18	12	10
221	长江中游	湖北省	武穴市	省级	油菜	25	7	8
222	长江中游	湖北省	新洲区	市县级	油菜	19	5	6
223	长江中游	湖北省	丹江口市	市县级	油菜	13	8	7
224	长江中游	湖北省	郧阳区	市县级	油菜	18	6	6
225	长江中游	湖北省	郧西县	市县级	油菜	18	12	10
226	长江中游	湖北省	竹山县	市县级	油菜	24	7	9

（续）

序号	区域	省份	地区名称	配方尺度	作物名称	氮（N）	五氧化二磷（P_2O_5）	氧化钾（K_2O）
227	长江中游	湖北省	竹溪县	市县级	油菜	15	5	10
228	长江中游	湖北省	房县	市县级	油菜	14	6	5
229	长江中游	湖北省	江陵县	市县级	油菜	25	7	8
230	长江中游	湖北省	松滋市	市县级	油菜	20	13	12
231	长江中游	湖北省	公安县	市县级	油菜	22	11	12
232	长江中游	湖北省	石首市	市县级	油菜	20	12	13
233	长江中游	湖北省	监利县	市县级	油菜	20	8	12
234	长江中游	湖北省	宜昌市	市县级	油菜	25	7	8
235	长江中游	湖北省	南漳县	市县级	油菜	20	10	10
236	长江中游	湖北省	襄州区	市县级	油菜	20	9	11
237	长江中游	湖北省	宜城市	市县级	油菜	24	9	7
238	长江中游	湖北省	鄂州市	市县级	油菜	20	10	15
239	长江中游	湖北省	东宝区	市县级	油菜	20	15	13
240	长江中游	湖北省	掇刀区	市县级	油菜	26	12	14
241	长江中游	湖北省	京山市	市县级	油菜	26	12	14
242	长江中游	湖北省	屈家岭	市县级	油菜	15	5	10
243	长江中游	湖北省	屈家岭	市县级	油菜	15	7	8
244	长江中游	湖北省	屈家岭	市县级	油菜	15	9	6
245	长江中游	湖北省	沙洋县	市县级	油菜	26	12	14
246	长江中游	湖北省	钟祥市	市县级	油菜	26	12	10
247	长江中游	湖北省	孝感市	市县级	油菜	10	8	10
248	长江中游	湖北省	团风县	市县级	油菜	25	10	16
249	长江中游	湖北省	红安县	市县级	油菜	15	14	16
250	长江中游	湖北省	麻城市	市县级	油菜	20	15	10
251	长江中游	湖北省	罗田县	市县级	油菜	15	7	8
252	长江中游	湖北省	英山县	市县级	油菜	12	11	7
253	长江中游	湖北省	浠水县	市县级	油菜	13	12	20
254	长江中游	湖北省	蕲春县	市县级	油菜	15	8	7
255	长江中游	湖北省	黄梅县	市县级	油菜	20	10	10
256	长江中游	湖北省	龙感湖管理区	市县级	油菜	15	8	7
257	长江中游	湖北省	崇阳县	市县级	油菜	15	7	8
258	长江中游	湖北省	赤壁市	市县级	油菜	15	7	8
259	长江中游	湖北省	巴东县	市县级	油菜	25	7	8
260	长江中游	湖北省	来凤县	市县级	油菜	12	5	6

（续）

序号	区域	省份	地区名称	配方尺度	作物名称	氮(N)	五氧化二磷(P_2O_5)	氧化钾(K_2O)
261	长江中游	湖北省	曾都区	市县级	油菜	26	12	11
262	长江中游	湖北省	曾都区	市县级	油菜	22	12	6
263	长江中游	湖北省	仙桃市	市县级	油菜	25	7	8
264	长江中游	湖北省	天门市	市县级	油菜	23	12	13
265	长江中游	湖北省	潜江市	市县级	油菜	18	8	14
266	长江中游	湖北省	潜江市	市县级	油菜	21	10	11
267	长江中游	湖北省	潜江市	市县级	油菜	21	14	7
268	长江中游	湖北省	神农架林区	市县级	油菜	17	6	7
269	长江中游	湖南省	新邵县	省级	油菜	16	12	12
270	长江中游	湖南省	韶山市	省级	油菜	12	12	25
271	长江中游	湖南省	永兴县	省级	油菜	7	7	25
272	长江中游	湖南省	宁远县	省级	油菜	14	8	8
273	长江中游	湖南省	桃源县	省级	油菜	11	7	7
274	长江中游	湖南省	华容县	市县级	油菜	8	10	15
275	长江中游	湖南省	临湘市	市县级	油菜	8	11	15
276	长江中游	湖南省	湘阴县	市县级	油菜	10	12	20
277	长江中游	湖南省	岳阳县	市县级	油菜	10	12	20
278	长江中游	湖南省	安化县	市县级	油菜	8	12	25
279	长江中游	湖南省	沅江市	市县级	油菜	8	14	20
280	长江中游	湖南省	湘潭县	市县级	油菜	5	7	30
281	长江中游	湖南省	嘉禾县	市县级	油菜	13	10	25
282	长江中游	湖南省	永定区	市县级	油菜	15	15	10
283	长江中游	湖南省	慈利县	市县级	油菜	20	10	10
284	长江中游	湖南省	桑植县	市县级	油菜	12	8	10
285	长江中游	湖南省	茶陵县	市县级	油菜	15	10	15
286	长江中游	湖南省	临澧县	市县级	油菜	13	5	7
287	长江中游	湖南省	津市市	市县级	油菜	13	5	7
288	长江中游	湖南省	石门县	市县级	油菜	13	6	6
289	长江中游	湖南省	石门县	市县级	油菜	16	7	7
290	长江中游	湖南省	石门县	市县级	油菜	22	8	10
291	长江中游	湖南省	澧县	市县级	油菜	16	6	8
292	长江中游	湖南省	汉寿县	市县级	油菜	25	8	12
293	长江中游	湖南省	桃源县	市县级	油菜	15	12	13

（续）

序号	区域	省份	地区名称	配方尺度	作物名称	氮(N)	五氧化二磷(P_2O_5)	氧化钾(K_2O)
294	长江中游	湖南省	吉首市	市县级	油菜	15	7	8
295	长江中游	湖南省	龙山县	市县级	油菜	20	7	8
296	长江中游	湖南省	永顺县	市县级	油菜	12	6	7
297	长江中游	湖南省	花垣县	市县级	油菜	10	7	8
298	长江中游	湖南省	古丈县	市县级	油菜	15	7	8
299	长江中游	湖南省	城步县	市县级	油菜	16	13	16
300	长江中游	湖南省	武冈市	市县级	油菜	15	5	5
301	长江中游	湖南省	新宁县	市县级	油菜	20	8	6
302	长江下游	江苏省	高淳区	市县级	油菜	20	15	16
303	长江下游	江苏省	溧水区	市县级	油菜	15	10	20
304	长江下游	江苏省	溧水区	市县级	油菜	18	10	12
305	长江下游	江苏省	六合区	市县级	油菜	20	10	10
306	长江下游	江苏省	六合区	市县级	油菜	20	15	10
307	长江下游	江苏省	溧阳市	市县级	油菜	20	15	5
308	长江下游	江苏省	如东县	市县级	油菜	15	9	6
309	长江下游	江苏省	如东县	市县级	油菜	18	12	10
310	长江下游	江苏省	如东县	市县级	油菜	20	15	5
311	长江下游	江苏省	海门区	市县级	油菜	10	8	7
312	长江下游	江苏省	启东市	市县级	油菜	16	12	14
313	长江下游	江苏省	滨海县	市县级	油菜	19	20	5
314	长江下游	浙江省	富阳区	市县级	油菜	18	8	12
315	长江下游	浙江省	桐庐县	市县级	油菜	17	13	12
316	长江下游	浙江省	淳安县	市县级	油菜	12	6	7
317	长江下游	浙江省	象山县	市县级	油菜	20	15	5
318	长江下游	浙江省	北仑区	市县级	油菜	20	15	5
319	长江下游	浙江省	安吉县	市县级	油菜	16	16	8
320	长江下游	浙江省	武义县	市县级	油菜	20	8	12
321	北方地区	内蒙古	额尔古纳市	市县级	油菜	16	22	7
322	北方地区	内蒙古	太仆寺旗	市县级	油菜	14	19	7
323	北方地区	甘肃省	徽县	市县级	油菜	6	15	4
324	北方地区	甘肃省	山丹县	市县级	油菜	18	17	5
325	北方地区	青海省	青海省	省级	油菜	15	15	5
326	北方地区	青海省	大通县	市县级	油菜	16	15	6

八、花生

序号	区域	省份	地区名称	配方尺度	作物名称	氮(N)	五氧化二磷(P_2O_5)	氧化钾(K_2O)
1	黄河流域区	河北省	昌黎县	市县级	花生	13	15	18
2	黄河流域区	河北省	行唐县	市县级	花生	20	9	15
3	黄河流域区	河北省	元氏县	市县级	花生	20	12	13
4	黄河流域区	河北省	临城县	市县级	花生	20	13	10
5	黄河流域区	河北省	临城县	市县级	花生	18	13	10
6	黄河流域区	河北省	南宫市	市县级	花生	15	20	10
7	黄河流域区	河北省	磁县	市县级	花生	18	5	6
8	黄河流域区	河北省	滦州市	市县级	花生	15	14	16
9	黄河流域区	河北省	遵化市	市县级	花生	16	13	16
10	黄河流域区	河北省	迁西县	市县级	花生	16	10	16
11	黄河流域区	河北省	开平市	市县级	花生	14	10	14
12	黄河流域区	河北省	永清县	市县级	花生	18	15	12
13	黄河流域区	河北省	涞水县	市县级	花生	15	10	19
14	东北区	内蒙古	扎赉特旗	市县级	花生	13	12	15
15	东北区	辽宁省	辽宁省	省级	花生	9	12	14
16	东北区	辽宁省	辽宁省	省级	花生	10	13	13
17	东北区	辽宁省	辽宁省	省级	花生	7	9	9
18	东北区	辽宁省	康平县	市县级	花生	12	18	15
19	东北区	辽宁省	康平县	市县级	花生	10	13	13
20	东北区	辽宁省	凌海市	市县级	花生	12	18	15
21	东北区	辽宁省	黑山县	市县级	花生	13	15	17
22	东北区	辽宁省	黑山县	市县级	花生	10	13	13
23	东北区	辽宁省	义县	市县级	花生	14	16	15
24	东北区	辽宁省	义县	市县级	花生	13	16	15
25	东北区	辽宁省	义县	市县级	花生	13	17	15
26	东北区	辽宁省	义县	市县级	花生	10	13	13
27	东北区	辽宁省	北镇市	市县级	花生	12	18	15
28	东北区	辽宁省	北镇市	市县级	花生	13	15	17
29	东北区	辽宁省	阜蒙县	市县级	花生	12	18	15
30	东北区	辽宁省	昌图县	市县级	花生	13	17	15
31	东北区	辽宁省	兴城市	市县级	花生	18	12	15

（续）

序号	区域	省份	地区名称	配方尺度	作物名称	氮 (N)	五氧化二磷 (P_2O_5)	氧化钾 (K_2O)
32	东北区	辽宁省	兴城市	市县级	花生	16	10	20
33	东北区	辽宁省	绥中县	市县级	花生	15	20	10
34	东北区	辽宁省	绥中县	市县级	花生	10	13	13
35	东北区	辽宁省	绥中县	市县级	花生	15	10	20
36	东北区	辽宁省	绥中县	市县级	花生	10	17	15
37	东北区	吉林省	扶余市	市县级	花生	17	13	16
38	东北区	吉林省	洮北区	市县级	花生	12	18	15
39	长江流域区	安徽省	蒙城县	市县级	花生	15	10	20
40	长江流域区	安徽省	固镇县	市县级	花生	18	13	9
41	长江流域区	安徽省	固镇县	市县级	花生	15	12	8
42	长江流域区	安徽省	五河县	市县级	花生	14	17	11
43	长江流域区	安徽省	明光市	市县级	花生	13	15	17
44	长江流域区	安徽省	明光市	市县级	花生	12	15	18
45	长江流域区	江西省	大余县	市县级	花生	15	18	15
46	黄河流域区	山东省	长清区	市县级	花生	18	20	7
47	黄河流域区	山东省	莱芜市	市县级	花生	16	10	14
48	黄河流域区	山东省	钢城区	市县级	花生	15	5	10
49	黄河流域区	山东省	青西新区	市县级	花生	15	13	17
50	黄河流域区	山东省	胶州市	市县级	花生	15	18	12
51	黄河流域区	山东省	平度市	市县级	花生	16	14	10
52	黄河流域区	山东省	莱西市	市县级	花生	17	14	12
53	黄河流域区	山东省	福山区	市县级	花生	12	10	18
54	黄河流域区	山东省	海阳市	市县级	花生	20	10	15
55	黄河流域区	山东省	莱阳市	市县级	花生	13	11	21
56	黄河流域区	山东省	莱州市	市县级	花生	14	12	16
57	黄河流域区	山东省	龙口市	市县级	花生	14	10	16
58	黄河流域区	山东省	牟平区	市县级	花生	16	9	13
59	黄河流域区	山东省	牟平区	市县级	花生	13	5	12
60	黄河流域区	山东省	蓬莱市	市县级	花生	14	10	16
61	黄河流域区	山东省	蓬莱市	市县级	花生	14	12	16
62	黄河流域区	山东省	招远市	市县级	花生	12	10	18
63	黄河流域区	山东省	招远市	市县级	花生	14	10	16
64	黄河流域区	山东省	招远市	市县级	花生	15	5	10
65	黄河流域区	山东省	招远市	市县级	花生	13	4	8

（续）

序号	区域	省份	地区名称	配方尺度	作物名称	氮（N）	五氧化二磷（P_2O_5）	氧化钾（K_2O）
66	黄河流域区	山东省	招远市	市县级	花生	13	11	16
67	黄河流域区	山东省	招远市	市县级	花生	14	8	18
68	黄河流域区	山东省	高密市	市县级	花生	15	10	15
69	黄河流域区	山东省	高密市	市县级	花生	14	8	18
70	黄河流域区	山东省	邹城市	市县级	花生	17	15	10
71	黄河流域区	山东省	东平县	市县级	花生	16	12	14
72	黄河流域区	山东省	宁阳县	市县级	花生	18	10	12
73	黄河流域区	山东省	新泰市	市县级	花生	15	15	10
74	黄河流域区	山东省	文登区	市县级	花生	16	10	16
75	黄河流域区	山东省	乳山市	市县级	花生	15	8	17
76	黄河流域区	山东省	东港区	市县级	花生	16	11	15
77	黄河流域区	山东省	五莲县	市县级	花生	16	11	15
78	黄河流域区	山东省	莒县	市县级	花生	16	11	15
79	黄河流域区	山东省	河东区	市县级	花生	16	10	16
80	黄河流域区	山东省	莒南县	市县级	花生	17	11	17
81	黄河流域区	山东省	兰陵县	市县级	花生	18	10	15
82	黄河流域区	山东省	沂南县	市县级	花生	16	9	17
83	黄河流域区	山东省	临沭县	市县级	花生	12	18	15
84	黄河流域区	山东省	夏津县	市县级	花生	15	18	12
85	黄河流域区	山东省	冠县	市县级	花生	18	15	12
86	黄河流域区	山东省	莘县	市县级	花生	15	18	12
87	黄河流域区	山东省	阳谷县	市县级	花生	15	10	15
88	黄河流域区	山东省	定陶区	市县级	花生	18	12	15
89	黄河流域区	山东省	单县	市县级	花生	15	10	15
90	黄河流域区	山东省	单县	市县级	花生	18	10	12
91	黄河流域区	山东省	郓城县	市县级	花生	10	24	6
92	黄河流域区	山东省	青西新区	市县级	花生	15	13	17
93	黄河流域区	山东省	胶州市	市县级	花生	15	18	12
94	黄河流域区	山东省	平度市	市县级	花生	16	14	10
95	黄河流域区	山东省	莱西市	市县级	花生	17	14	12
96	黄河流域区	河南省	滑县	市县级	花生	20	12	8
97	黄河流域区	河南省	内黄县	市县级	花生	20	15	10
98	黄河流域区	河南省	内黄县	市县级	花生	18	15	12
99	黄河流域区	河南省	济源市	市县级	花生	10	4	12

（续）

序号	区域	省份	地区名称	配方尺度	作物名称	氮（N）	五氧化二磷（P_2O_5）	氧化钾（K_2O）
100	黄河流域区	河南省	杞县	市县级	花生	17	13	15
101	黄河流域区	河南省	桐柏县	市县级	花生	16	12	12
102	黄河流域区	河南省	邓州市	市县级	花生	20	12	15
103	黄河流域区	河南省	郏县	市县级	花生	24	13	7
104	黄河流域区	河南省	郏县	市县级	花生	20	10	10
105	黄河流域区	河南省	鲁山县	市县级	花生	9	5	5
106	黄河流域区	河南省	汝州市	市县级	花生	20	10	10
107	黄河流域区	河南省	民权县	市县级	花生	18	12	15
108	黄河流域区	河南省	民权县	市县级	花生	23	10	12
109	黄河流域区	河南省	封丘县	市县级	花生	18	18	9
110	黄河流域区	河南省	辉县市	市县级	花生	15	12	10
111	黄河流域区	河南省	原阳县	市县级	花生	14	16	15
112	黄河流域区	河南省	合并区	市县级	花生	16	11	18
113	黄河流域区	河南省	合并区	市县级	花生	16	11	18
114	黄河流域区	河南省	建安区	市县级	花生	20	8	12
115	黄河流域区	河南省	鄢陵县	市县级	花生	20	12	8
116	黄河流域区	河南省	长葛市	市县级	花生	16	10	14
117	黄河流域区	河南省	长葛市	市县级	花生	16	10	14
118	黄河流域区	河南省	泌阳县	市县级	花生	8	5	7
119	黄河流域区	河南省	平舆县	市县级	花生	18	10	17
120	黄河流域区	河南省	确山县	市县级	花生	9	5	8
121	黄河流域区	河南省	汝南县	市县级	花生	10	4	7
122	黄河流域区	河南省	上蔡县	市县级	花生	17	13	15
123	黄河流域区	河南省	遂平县	市县级	花生	18	12	15
124	黄河流域区	河南省	西平县	市县级	花生	10	5	7
125	黄河流域区	河南省	驿城区	市县级	花生	8	5	7
126	黄河流域区	河南省	正阳县	市县级	花生	17	10	16
127	长江流域区	湖北省	竹山县	市县级	花生	16	8	6
128	长江流域区	湖北省	襄州区	市县级	花生	20	9	11
129	长江流域区	湖北省	宜城市	市县级	花生	15	7	8
130	长江流域区	湖北省	枣阳市	市县级	花生	20	12	10
131	长江流域区	湖北省	鄂州市	市县级	花生	15	10	12
132	长江流域区	湖北省	钟祥市	市县级	花生	16	16	16
133	长江流域区	湖北省	孝感市	市县级	花生	7	9	10

（续）

序号	区域	省份	地区名称	配方尺度	作物名称	氮（N）	五氧化二磷（P_2O_5）	氧化钾（K_2O）
134	长江流域区	湖北省	红安县	市县级	花生	15	15	15
135	长江流域区	湖北省	麻城市	市县级	花生	8	15	20
136	长江流域区	湖北省	广水市	市县级	花生	15	7	8
137	长江流域区	湖北省	潜江市	市县级	花生	18	8	14
138	东南沿海区	广西壮族自治区	恭城瑶族自治县	市县级	花生	10	6	8
139	东南沿海区	广西壮族自治区	岑溪市	市县级	花生	8	9	9
140	长江流域区	重庆市	永川区	市县级	花生	15	10	15
141	长江流域区	重庆市	綦江区	市县级	花生	15	10	15
142	云贵高原区	云南省	砚山县	市县级	花生	12	8	5

九、蔬菜

序号	省份	地区名称	配方尺度	作物名称	氮（N）	五氧化二磷（P_2O_5）	氧化钾（K_2O）
1	天津市	蓟州区	市县级	番茄	16	7	23
2	天津市	武清区	市县级	番茄	22	10	15
3	河北省	滦平县	市县级	番茄	13	23	9
4	河北省	藁城区	市县级	番茄	15	15	15
5	河北省	高邑县	市县级	番茄	12	12	15
6	河北省	任县	市县级	番茄	17	13	17
7	河北省	肥乡区	市县级	番茄	14	16	15
8	河北省	肥乡区	市县级	番茄	16	10	14
9	河北省	磁县	市县级	番茄	20	8	20
10	河北省	馆陶县	市县级	番茄	12	15	18
11	河北省	丰南区	市县级	番茄	7	9	10
12	山西省	曲沃县	市县级	番茄	32	13	13
13	山西省	小店区	市县级	番茄	13	12	9
14	山西省	晋源区	市县级	番茄	15	8	15
15	山西省	新绛县	市县级	番茄	15	15	15
16	山西省	平定县	市县级	番茄	11	17	22
17	内蒙古自治区	乌拉特前旗	市县级	番茄	10	23	12
18	内蒙古自治区	土默特右旗	市县级	番茄	13	17	15
19	内蒙古自治区	九原区	市县级	番茄	13	19	13

（续）

序号	省份	地区名称	配方尺度	作物名称	氮（N）	五氧化二磷（P_2O_5）	氧化钾（K_2O）
20	辽宁省	金普新区	市县级	番茄	14	16	15
21	福建省	同安区	市县级	番茄	20	5	22
22	山东省	莱芜区	市县级	番茄	15	15	15
23	山东省	临淄区	市县级	番茄	13	4	18
24	山东省	莱阳市	市县级	番茄	20	10	15
25	山东省	高密市	市县级	番茄	15	18	12
26	山东省	莘县	市县级	番茄	15	18	12
27	山东省	阳谷县	市县级	番茄	16	10	18
28	山东省	东阿县	市县级	番茄	15	18	12
29	山东省	定陶区	市县级	番茄	16	9	20
30	河南省	内黄县	市县级	番茄	15	18	12
31	河南省	内黄县	市县级	番茄	16	16	16
32	河南省	内黄县	市县级	番茄	20	15	18
33	湖北省	宜昌市	市县级	番茄	16	8	16
34	湖北省	南漳县	市县级	番茄	15	15	15
35	湖北省	巴东县	市县级	番茄	20	9	16
36	湖北省	仙桃市	市县级	番茄	15	12	18
37	湖南省	永定区	市县级	番茄	15	10	15
38	湖南省	桑植县	市县级	番茄	15	10	15
39	湖南省	城步县	市县级	番茄	16	12	17
40	广西壮族自治区	金江城区	市县级	番茄	25	15	20
41	重庆市	重庆市	省级	番茄	16	14	10
42	重庆市	梁平区	市县级	番茄	16	14	10
43	重庆市	忠县	市县级	番茄	16	14	10
44	重庆市	潼南区	市县级	番茄	15	6	20
45	重庆市	武隆区	市县级	番茄	15	5	25
46	重庆市	奉节县	市县级	番茄	15	10	15
47	重庆市	黔江区	市县级	番茄	16	14	10
48	重庆市	长寿区	市县级	番茄	16	14	10
49	重庆市	铜梁区	市县级	番茄	16	14	10
50	重庆市	云阳县	市县级	番茄	15	6	9
51	重庆市	涪陵区	市县级	番茄	18	10	12
52	重庆市	巴南区	市县级	番茄	16	14	10
53	重庆市	璧山区	市县级	番茄	16	14	10

（续）

序号	省份	地区名称	配方尺度	作物名称	氮 (N)	五氧化二磷 (P_2O_5)	氧化钾 (K_2O)
54	重庆市	巫溪县	市县级	番茄	15	10	15
55	重庆市	万盛区	市县级	番茄	16	14	10
56	重庆市	九龙坡区	市县级	番茄	15	10	15
57	重庆市	沙坪坝区	市县级	番茄	15	5	10
58	重庆市	江北区	市县级	番茄	12	12	12
59	重庆市	南岸区	市县级	番茄	15	15	15
60	四川省	米易县	市县级	番茄	15	12	18
61	云南省	晋宁区	市县级	番茄	5	7	17
62	云南省	五华区	市县级	番茄	5	8	17
63	云南省	华宁县	市县级	番茄	25	6	9
64	云南省	峨山县	市县级	番茄	15	5	8
65	云南省	元谋县	市县级	番茄	10	20	10
66	甘肃省	武山县	市县级	番茄	17	16	8
67	新疆维吾尔自治区	高昌区	市县级	番茄	12	15	2.8
68	新疆维吾尔自治区	玛纳斯县	市县级	番茄	10	22	8
69	新疆维吾尔自治区	乌什县	市县级	番茄	15	25	8
70	天津市	武清区	市县级	芹菜	25	10	12
71	天津市	西青区	市县级	芹菜	20	10	10
72	安徽省	埇桥区	市县级	芹菜	17	14	17
73	安徽省	砀山县	市县级	芹菜	20	10	15
74	福建省	涵江区	市县级	芹菜	18	8	25
75	山东省	阳谷县	市县级	芹菜	20	8	12
76	湖北省	罗田县	市县级	芹菜	13	15	17
77	云南省	晋宁区	市县级	芹菜	4	8	17
78	云南省	通海县	市县级	芹菜	26	8	10
79	天津市	武清区	市县级	大白菜	25	10	10
80	河北省	鹿泉区	市县级	大白菜	18	15	17
81	河北省	宁晋县	市县级	大白菜	18	12	18
82	山西省	曲沃县	市县级	大白菜	20	12	12
83	辽宁省	金普新区	市县级	大白菜	5	8	12
84	福建省	漳平市	市县级	大白菜	16	5	12
85	福建省	三元区	市县级	大白菜	15	5	15
86	福建省	三元区	市县级	大白菜	20	5	12
87	福建省	梅列区	市县级	大白菜	20	5	12

（续）

序号	省份	地区名称	配方尺度	作物名称	氮 (N)	五氧化二磷 (P_2O_5)	氧化钾 (K_2O)
88	福建省	武夷山市	市县级	大白菜	14	5	12
89	福建省	建瓯市	市县级	大白菜	25	10	12
90	福建省	同安区	市县级	大白菜	12	4	10
91	山东省	莱阳市	市县级	大白菜	30	5	5
92	山东省	夏津县	市县级	大白菜	20	10	15
93	山东省	阳谷县	市县级	大白菜	30	5	5
94	湖北省	宜昌市	市县级	大白菜	18	5	12
95	湖北省	宜城市	市县级	大白菜	25	7	8
96	湖北省	鄂州市	市县级	大白菜	25	8	12
97	湖北省	罗田县	市县级	大白菜	15	6	9
98	湖北省	仙桃市	市县级	大白菜	25	10	16
99	湖北省	潜江市	市县级	大白菜	19	5	21
100	湖北省	潜江市	市县级	大白菜	22	9	14
101	湖南省	洞口县	市县级	大白菜	20	8	12
102	湖南省	洞口县	市县级	大白菜	16	14	15
103	广西壮族自治区	金江城区	市县级	大白菜	17	8	16
104	海南省	海口市	市县级	大白菜	20	7	15
105	重庆市	重庆市	省级	大白菜	20	10	8
106	重庆市	梁平区	市县级	大白菜	22	10	8
107	重庆市	忠县	市县级	大白菜	22	8	10
108	重庆市	永川区	市县级	大白菜	20	10	10
109	重庆市	万州区	市县级	大白菜	22	10	10
110	重庆市	武隆区	市县级	大白菜	22	10	8
111	重庆市	奉节县	市县级	大白菜	20	10	10
112	重庆市	黔江区	市县级	大白菜	22	10	8
113	重庆市	长寿区	市县级	大白菜	22	10	8
114	重庆市	铜梁区	市县级	大白菜	22	10	8
115	重庆市	石柱县	市县级	大白菜	22	10	8
116	重庆市	涪陵区	市县级	大白菜	22	8	10
117	重庆市	巴南区	市县级	大白菜	22	10	8
118	重庆市	巫溪县	市县级	大白菜	20	10	10
119	重庆市	万盛区	市县级	大白菜	22	10	8
120	重庆市	九龙坡区	市县级	大白菜	22	8	10
121	重庆市	沙坪坝区	市县级	大白菜	15	5	10

（续）

序号	省份	地区名称	配方尺度	作物名称	氮 (N)	五氧化二磷 (P_2O_5)	氧化钾 (K_2O)
122	重庆市	江北区	市县级	大白菜	22	8	10
123	重庆市	南岸区	市县级	大白菜	22	8	10
124	四川省	蓬溪县	市县级	大白菜	25	12	8
125	四川省	甘孜州	市县级	大白菜	25	12	8
126	云南省	通海县	市县级	大白菜	37	5	9
127	湖北省	宜昌市	市县级	圆白菜	15	6	9
128	天津市	静海区	市县级	甘薯	15	12	18
129	河北省	行唐县	市县级	甘薯	13	12	20
130	河北省	元氏县	市县级	甘薯	12	10	19
131	山西省	大宁县	市县级	甘薯	15	15	15
132	山西省	洪洞县	市县级	甘薯	15	15	15
133	山西省	襄汾县	市县级	甘薯	15	15	15
134	山西省	高平市	市县级	甘薯	7	7	14
135	安徽省	颍上县	市县级	甘薯	10	10	15
136	安徽省	明光市	市县级	甘薯	13	15	17
137	安徽省	明光市	市县级	甘薯	12	15	18
138	安徽省	来安县	市县级	甘薯	14	16	15
139	山东省	平阴县	市县级	甘薯	15	10	20
140	山东省	莱阳市	市县级	甘薯	15	12	18
141	山东省	招远市	市县级	甘薯	15	10	20
142	山东省	邹城市	市县级	甘薯	15	10	17
143	山东省	新泰市	市县级	甘薯	15	10	15
144	山东省	夏津县	市县级	甘薯	16	8	18
145	河南省	嵩县	市县级	甘薯	8	5	7
146	河南省	宜阳县	市县级	甘薯	8	5	7
147	河南省	封丘县	市县级	甘薯	10	10	20
148	河南省	襄城县	市县级	甘薯	16	8	14
149	河南省	襄城县	市县级	甘薯	20	10	18
150	河南省	襄城县	市县级	甘薯	20	12	24
151	河南省	西华县	市县级	甘薯	15	10	20
152	湖南省	永定区	市县级	甘薯	16	10	14
153	湖南省	桑植县	市县级	甘薯	16	10	14
154	重庆市	重庆市	省级	甘薯	15	10	15
155	重庆市	梁平区	市县级	甘薯	15	10	15

（续）

序号	省份	地区名称	配方尺度	作物名称	氮 (N)	五氧化二磷 (P_2O_5)	氧化钾 (K_2O)
156	重庆市	忠县	市县级	甘薯	15	10	15
157	重庆市	永川区	市县级	甘薯	15	10	15
158	重庆市	南川区	市县级	甘薯	15	7	8
159	重庆市	南川区	市县级	甘薯	22	8	10
160	重庆市	潼南区	市县级	甘薯	15	10	15
161	重庆市	丰都县	市县级	甘薯	15	10	15
162	重庆市	黔江区	市县级	甘薯	15	10	15
163	重庆市	长寿区	市县级	甘薯	0	0	0
164	重庆市	铜梁区	市县级	甘薯	15	10	15
165	重庆市	荣昌区	市县级	甘薯	7	3	3
166	重庆市	开州区	市县级	甘薯	15	10	15
167	重庆市	云阳县	市县级	甘薯	16	7	12
168	重庆市	秀山县	市县级	甘薯	16	9	21
169	重庆市	涪陵区	市县级	甘薯	15	8	17
170	重庆市	巫山县	市县级	甘薯	15	10	15
171	重庆市	城口县	市县级	甘薯	15	10	15
172	重庆市	北碚区	市县级	甘薯	15	10	15
173	重庆市	沙坪坝区	市县级	甘薯	15	7	13
174	重庆市	江北区	市县级	甘薯	12	8	12
175	重庆市	南岸区	市县级	甘薯	15	10	15
176	四川省	邻水县	市县级	甘薯	16	10	20
177	海南省	琼海市	市县级	冬瓜	15	15	15
178	天津市	西青区	市县级	黄瓜	17	17	17
179	河北省	滦平县	市县级	黄瓜	12	23	9
180	河北省	藁城区	市县级	黄瓜	15	15	15
181	河北省	高邑县	市县级	黄瓜	13	18	14
182	河北省	广平县	市县级	黄瓜	15	12	18
183	河北省	广平县	市县级	黄瓜	17	13	15
184	河北省	广平县	市县级	黄瓜	15	15	15
185	河北省	广平县	市县级	黄瓜	18	17	15
186	河北省	广平县	市县级	黄瓜	22	12	14
187	河北省	磁县	市县级	黄瓜	18	9	20
188	河北省	馆陶县	市县级	黄瓜	10	15	20
189	山西省	蒲县	市县级	黄瓜	17	17	17

（续）

序号	省份	地区名称	配方尺度	作物名称	氮(N)	五氧化二磷(P_2O_5)	氧化钾(K_2O)
190	山西省	晋源区	市县级	黄瓜	20	8	18
191	福建省	尤溪县	市县级	黄瓜	15	15	15
192	福建省	同安区	市县级	黄瓜	14	5	18
193	山东省	高密市	市县级	黄瓜	15	10	20
194	山东省	乳山市	市县级	黄瓜	20	10	25
195	山东省	冠县	市县级	黄瓜	18	12	15
196	山东省	阳谷县	市县级	黄瓜	18	12	15
197	湖北省	仙桃市	市县级	黄瓜	25	10	16
198	海南省	文昌市	市县级	黄瓜	10	5	12
199	四川省	米易县	市县级	黄瓜	15	12	18
200	四川省	蓬溪县	市县级	黄瓜	20	12	13
201	甘肃省	武山县	市县级	黄瓜	18	15	10
202	重庆市	潼南区	市县级	南瓜	23	8	11
203	重庆市	长寿区	市县级	南瓜	12	8	10
204	重庆市	沙坪坝区	市县级	南瓜	15	7	20
205	河北省	藁城区	市县级	菠菜	20	6	14
206	四川省	新都区	市县级	荠菜	15	15	15
207	河北省	宁晋县	市县级	甘蓝	20	10	15
208	河北省	肥乡区	市县级	甘蓝	20	15	10
209	河北省	肥乡区	市县级	甘蓝	14	16	15
210	河北省	磁县	市县级	甘蓝	15	6	10
211	山西省	陵川县	市县级	甘蓝	15	15	15
212	内蒙古自治区	九原区	市县级	甘蓝	13	19	13
213	安徽省	埇桥区	市县级	甘蓝	22	10	10
214	福建省	荔城区	市县级	甘蓝	18	6	12
215	福建省	涵江区	市县级	甘蓝	22	8	12
216	福建省	秀屿区	市县级	甘蓝	18	6	12
217	福建省	三元区	市县级	甘蓝	25	6	12
218	福建省	同安区	市县级	甘蓝	18	7	14
219	福建省	梅列区	市县级	甘蓝	20	6	10
220	湖北省	罗田县	市县级	甘蓝	16	13	16
221	湖北省	仙桃市	市县级	甘蓝	25	10	16
222	重庆市	重庆市	省级	甘蓝	22	10	8
223	重庆市	永川区	市县级	甘蓝	20	10	10

（续）

序号	省份	地区名称	配方尺度	作物名称	氮(N)	五氧化二磷(P_2O_5)	氧化钾(K_2O)
224	重庆市	潼南区	市县级	甘蓝	22	10	8
225	重庆市	黔江区	市县级	甘蓝	22	10	8
226	重庆市	长寿区	市县级	甘蓝	22	10	8
227	重庆市	铜梁区	市县级	甘蓝	22	10	8
228	重庆市	石柱县	市县级	甘蓝	22	10	8
229	重庆市	涪陵区	市县级	甘蓝	22	8	10
230	重庆市	綦江区	市县级	甘蓝	22	10	8
231	重庆市	万盛区	市县级	甘蓝	22	10	8
232	陕西省	凤县	市县级	甘蓝	20	8	8
233	重庆市	重庆市	省级	榨菜	12	6	7
234	重庆市	梁平区	市县级	榨菜	16	14	10
235	重庆市	忠县	市县级	榨菜	18	10	12
236	重庆市	永川区	市县级	榨菜	20	10	10
237	重庆市	万州区	市县级	榨菜	14	6	14
238	重庆市	丰都县	市县级	榨菜	15	7	8
239	重庆市	武隆区	市县级	榨菜	12	6	7
240	重庆市	黔江区	市县级	榨菜	12	6	7
241	重庆市	长寿区	市县级	榨菜	12	6	7
242	重庆市	涪陵区	市县级	榨菜	22	8	10
243	重庆市	巫溪县	市县级	榨菜	15	10	15
244	重庆市	万盛区	市县级	榨菜	12	6	7
245	重庆市	九龙坡区	市县级	榨菜	15	10	15
246	重庆市	沙坪坝区	市县级	榨菜	22	9	9
247	重庆市	江北区	市县级	榨菜	12	12	12
248	重庆市	南岸区	市县级	榨菜	15	15	15
249	河北省	藁城区	市县级	茄子	20	6	14
250	河北省	馆陶县	市县级	茄子	12	15	18
251	辽宁省	金普新区	市县级	茄子	18	8	10
252	辽宁省	金普新区	市县级	茄子	12	15	18
253	浙江省	安吉县	市县级	茄子	15	15	15
254	福建省	尤溪县	市县级	茄子	15	15	15
255	湖北省	仙桃市	市县级	茄子	15	10	20
256	湖南省	城步县	市县级	茄子	17	12	16
257	海南省	海口市	市县级	茄子	15	8	20

（续）

序号	省份	地区名称	配方尺度	作物名称	氮 (N)	五氧化二磷 (P_2O_5)	氧化钾 (K_2O)
258	重庆市	永川区	市县级	茄子	20	10	10
259	河北省	藁城区	市县级	辣椒	20	6	14
260	河北省	鸡泽县	市县级	辣椒	25	7	18
261	河北省	肥乡区	市县级	辣椒	20	12	8
262	河北省	肥乡区	市县级	辣椒	15	15	15
263	山西省	屯留区	市县级	辣椒	6	3	12
264	山西省	忻府区	市县级	辣椒	17	17	17
265	内蒙古自治区	开鲁县	市县级	辣椒	12	16	17
266	内蒙古自治区	开鲁县	市县级	辣椒	14	20	11
267	内蒙古自治区	开鲁县	市县级	辣椒	13	19	13
268	内蒙古自治区	开鲁县	市县级	辣椒	11	19	15
269	内蒙古自治区	开鲁县	市县级	辣椒	14	16	15
270	安徽省	埇桥区	市县级	辣椒	12	10	24
271	安徽省	砀山县	市县级	辣椒	18	10	17
272	福建省	尤溪县	市县级	辣椒	15	15	15
273	福建省	宁化县	市县级	辣椒	13	4	18
274	福建省	同安区	市县级	辣椒	20	4	25
275	山东省	夏津县	市县级	辣椒	16	8	16
276	山东省	夏津县	市县级	辣椒	15	5	20
277	山东省	成武县	市县级	辣椒	18	12	15
278	河南省	内黄县	市县级	辣椒	15	15	15
279	河南省	新安县	市县级	辣椒	26	13	11
280	河南省	新安县	市县级	辣椒	20	10	10
281	河南省	清丰县	市县级	辣椒	22	15	13
282	河南省	渑池县	市县级	辣椒	17	15	16
283	河南省	西华县	市县级	辣椒	18	12	15
284	湖北省	宜昌市	市县级	辣椒	16	8	16
285	湖北省	罗田县	市县级	辣椒	13	6	11
286	湖北省	巴东县	市县级	辣椒	22	9	14
287	湖北省	仙桃市	市县级	辣椒	25	10	16
288	湖南省	平江县	市县级	辣椒	13	7	10
289	湖南省	永顺县	市县级	辣椒	17	8	15
290	海南省	琼海市	市县级	辣椒	15	15	15
291	海南省	文昌市	市县级	辣椒	10	5	12

（续）

序号	省份	地区名称	配方尺度	作物名称	氮 (N)	五氧化二磷 (P_2O_5)	氧化钾 (K_2O)
292	重庆市	重庆市	省级	辣椒	16	14	10
293	重庆市	永川区	市县级	辣椒	20	10	10
294	重庆市	万州区	市县级	辣椒	19	15	14
295	重庆市	武隆区	市县级	辣椒	16	14	10
296	重庆市	黔江区	市县级	辣椒	16	14	10
297	重庆市	长寿区	市县级	辣椒	16	14	10
298	重庆市	铜梁区	市县级	辣椒	16	14	10
299	重庆市	石柱县	市县级	辣椒	16	14	10
300	重庆市	涪陵区	市县级	辣椒	18	10	12
301	重庆市	綦江区	市县级	辣椒	16	14	10
302	重庆市	万盛区	市县级	辣椒	16	14	10
303	四川省	北川县	市县级	辣椒	15	10	14
304	四川省	乐至县	市县级	辣椒	22	10	8
305	四川省	甘孜州	市县级	辣椒	21	10	14
306	四川省	武胜县	市县级	辣椒	15	15	15
307	云南省	文山市	市县级	辣椒	18	8	8
308	云南省	砚山县	市县级	辣椒	15	15	15
309	云南省	砚山县	市县级	辣椒	12	10	14
310	云南省	丘北县	市县级	辣椒	12	10	14
311	云南省	广南县	市县级	辣椒	19	8	12
312	云南省	五华区	市县级	辣椒	4	6	17
313	陕西省	陇县	市县级	辣椒	32	10	8
314	新疆维吾尔自治区	沙湾县	市县级	辣椒	14	10	5
315	河北省	肥乡区	市县级	洋葱	14	16	15
316	河北省	肥乡区	市县级	洋葱	15	15	15
317	河北省	肥乡区	市县级	洋葱	18	12	15
318	福建省	同安区	市县级	洋葱	20	6	26
319	山东省	平度市	市县级	洋葱	16	8	18
320	山东省	莱西市	市县级	洋葱	16	10	18
321	云南省	东川区	市县级	洋葱	0	16	5
322	云南省	建水县	市县级	洋葱	18	5	15
323	云南省	通海县	市县级	洋葱	24	10	15
324	云南省	易门县	市县级	洋葱	26	6	8
325	云南省	元谋县	市县级	洋葱	10	20	12

（续）

序号	省份	地区名称	配方尺度	作物名称	氮 (N)	五氧化二磷 (P_2O_5)	氧化钾 (K_2O)
326	甘肃省	嘉峪关市	市县级	洋葱	16	12	11
327	云南省	江川区	市县级	蒜苗	20	4	6
328	甘肃省	嘉峪关市	市县级	蒜苗	15	12	10
329	河北省	任县	市县级	大蒜	20	11	14
330	河北省	馆陶县	市县级	大蒜	13	10	22
331	福建省	同安区	市县级	大蒜	18	5	22
332	山东省	长清区	市县级	大蒜	18	10	20
333	山东省	莱芜区	市县级	大蒜	16	4	20
334	山东省	嘉祥县	市县级	大蒜	28	5	7
335	山东省	金乡县	市县级	大蒜	21	14	20
336	山东省	梁山县	市县级	大蒜	15	12	18
337	山东省	微山县	市县级	大蒜	18	8	18
338	山东省	微山县	市县级	大蒜	16	10	16
339	山东省	兰陵县	市县级	大蒜	16	8	24
340	山东省	阳谷县	市县级	大蒜	15	12	18
341	山东省	牡丹区	市县级	大蒜	16	11	18
342	山东省	定陶区	市县级	大蒜	15	10	20
343	山东省	成武县	市县级	大蒜	16	11	18
344	山东省	成武县	市县级	大蒜	16	9	20
345	山东省	单县	市县级	大蒜	16	9	20
346	山东省	单县	市县级	大蒜	16	12	20
347	河南省	合并区	市县级	大蒜	26	8	11
348	河南省	杞县	市县级	大蒜	20	16	17
349	河南省	中牟县	市县级	大蒜	18	15	12
350	河南省	中牟县	市县级	大蒜	30	10	12
351	湖北省	宜昌市	市县级	大蒜	20	8	12
352	湖北省	罗田县	市县级	大蒜	20	9	11
353	四川省	汉源县	市县级	大蒜	11	12	17
354	云南省	洱源县	市县级	大蒜	18	5	15
355	云南省	东川区	市县级	大蒜	0	16	5
356	青海省	青海省	省级	大蒜	8	15	12
357	青海省	青海省	省级	大蒜	12	9	8
358	福建省	荔城区	市县级	花椰菜	20	6	20
359	福建省	涵江区	市县级	花椰菜	20	8	25

（续）

序号	省份	地区名称	配方尺度	作物名称	氮 (N)	五氧化二磷 (P_2O_5)	氧化钾 (K_2O)
360	福建省	泉州市	市县级	花椰菜	16	3	12
361	福建省	三元区	市县级	花椰菜	20	7	20
362	湖北省	宜昌市	市县级	花椰菜	15	8	12
363	湖北省	谷城县	市县级	花椰菜	13	5	8
364	云南省	江川区	市县级	花椰菜	20	5	8
365	云南省	澄江县	市县级	花椰菜	21	6	8
366	云南省	通海县	市县级	花椰菜	26	8	13
367	陕西省	凤县	市县级	花椰菜	22	12	6
368	浙江省	宁海县	市县级	西兰花	25	15	10
369	湖北省	仙桃市	市县级	西兰花	19	11	16
370	湖北省	潜江市	市县级	西兰花	22	8	15
371	云南省	澄江县	市县级	西兰花	21	5	11
372	内蒙古自治区	乌拉特中旗	市县级	西葫芦	16	17	18
373	云南省	晋宁区	市县级	西葫芦	4	8	17
374	云南省	易门县	市县级	西葫芦	24	6	8
375	浙江省	青田县	市县级	豌豆	17	17	17
376	甘肃省	皋兰县	市县级	豌豆	17	9	11
377	浙江省	金东区	市县级	莴苣	16	6	18
378	安徽省	埇桥区	市县级	莴苣	16	9	20
379	福建省	三元区	市县级	莴苣	16	6	20
380	湖北省	宜昌市	市县级	莴苣	16	8	16
381	湖北省	仙桃市	市县级	莴苣	17	10	15
382	重庆市	重庆市	省级	莴苣	20	8	10
383	重庆市	永川区	市县级	莴苣	20	10	10
384	重庆市	万州区	市县级	莴苣	22	8	14
385	重庆市	潼南区	市县级	莴苣	22	8	10
386	重庆市	武隆区	市县级	莴苣	22	8	10
387	重庆市	黔江区	市县级	莴苣	22	8	10
388	重庆市	长寿区	市县级	莴苣	22	8	10
389	重庆市	铜梁区	市县级	莴苣	22	8	10
390	重庆市	秀山县	市县级	莴苣	22	10	8
391	重庆市	涪陵区	市县级	莴苣	22	8	10
392	重庆市	綦江区	市县级	莴苣	22	8	10

（续）

序号	省份	地区名称	配方尺度	作物名称	氮 (N)	五氧化二磷 (P_2O_5)	氧化钾 (K_2O)
393	重庆市	巴南区	市县级	莴苣	22	8	10
394	重庆市	万盛区	市县级	莴苣	22	8	10
395	重庆市	大渡口区	市县级	莴苣	1	0.4	0.7
396	云南省	通海县	市县级	莴苣	28	5	14
397	上海市	松江区	市县级	小青菜	15	15	15
398	上海市	宝山区	市县级	小青菜	15	15	15
399	上海市	浦东新区	市县级	小青菜	15	15	15
400	江苏省	高淳区	市县级	小青菜	20	12	13
401	重庆市	忠县	市县级	小青菜	22	8	10
402	重庆市	云阳县	市县级	小青菜	15	6	9
403	重庆市	沙坪坝区	市县级	小青菜	16	6	20
404	重庆市	璧山区	市县级	儿菜	12	6	7
405	浙江省	余杭区	市县级	茭白	18	8	10
406	浙江省	磐安县	市县级	茭白	22	10	15
407	浙江省	缙云县	市县级	茭白	20	10	18
408	安徽省	岳西县	市县级	茭白	16	10	14
409	广西壮族自治区	恭城县	市县级	芋头	20	8	15
410	四川省	威远县	市县级	芋头	24	8	8
411	四川省	巴中市	市县级	芦笋	28	10	7
412	山东省	莱芜区	市县级	姜	16	4	20
413	山东省	海阳市	市县级	姜	16	9	20
414	山东省	龙口市	市县级	姜	15	20	15
415	四川省	龙马潭区	市县级	姜	17	17	17
416	河北省	任县	市县级	葱	18	12	15
417	福建省	同安区	市县级	葱	16	5	20
418	山东省	章丘区	市县级	葱	14	10	17
419	山东省	安丘市	市县级	葱	25	7	14
420	山东省	夏津县	市县级	葱	15	10	20
421	四川省	威远县	市县级	葱	24	8	8
422	河北省	怀安县	市县级	豆角	16	15	14
423	山西省	古县	市县级	豆角	15	15	15
424	福建省	同安区	市县级	豆角	12	6	12
425	福建省	同安区	市县级	豆角	10	5	10
426	福建省	同安区	市县级	豆角	12	6	15

（续）

序号	省份	地区名称	配方尺度	作物名称	氮 (N)	五氧化二磷 (P_2O_5)	氧化钾 (K_2O)
427	山东省	莒南县	市县级	豆角	16	8	21
428	山东省	阳谷县	市县级	豆角	17	11	17
429	山东省	成武县	市县级	豆角	16	11	18
430	湖北省	仙桃市	市县级	豆角	25	10	16
431	海南省	三亚市	市县级	豆角	17	8	20
432	重庆市	云阳县	市县级	豆角	15	6	9
433	重庆市	沙坪坝区	市县级	豆角	15	15	15
434	四川省	米易县	市县级	豆角	10	6	13
435	云南省	西畴县	市县级	豆角	15	5	8
436	云南省	晋宁区	市县级	豆角	4	9	14
437	陕西省	凤县	市县级	豆角	20	13	12
438	甘肃省	武山县	市县级	豆角	16	15	10
439	青海省	青海省	省级	豆角	14	16	5
440	山西省	云州区	市县级	黄花	22	15	14
441	内蒙古自治区	翁牛特旗	市县级	胡萝卜	15	10	23
442	内蒙古自治区	多伦县	市县级	胡萝卜	18	12	15
443	青海省	青海省	省级	胡萝卜	10	15	10
444	福建省	秀屿区	市县级	白萝卜	15	10	20
445	山东省	寒亭区	市县级	白萝卜	15	10	20
446	河南省	潢川县	市县级	白萝卜	15	15	15
447	湖北省	罗田县	市县级	白萝卜	13	6	11
448	湖北省	潜江市	市县级	白萝卜	22	9	14
449	重庆市	重庆市	市县级	白萝卜	16	14	10
450	重庆市	忠县	市县级	白萝卜	16	14	10
451	重庆市	永川区	市县级	白萝卜	20	15	10
452	重庆市	万州区	市县级	白萝卜	15	10	14
453	重庆市	潼南区	市县级	白萝卜	15	6	20
454	重庆市	武隆区	市县级	白萝卜	15	10	15
455	重庆市	黔江区	市县级	白萝卜	16	14	10
456	重庆市	长寿区	市县级	白萝卜	16	14	10
457	重庆市	铜梁区	市县级	白萝卜	16	14	10
458	重庆市	石柱县	市县级	白萝卜	16	14	10
459	重庆市	涪陵区	市县级	白萝卜	18	10	12
460	重庆市	綦江区	市县级	白萝卜	16	14	10

（续）

序号	省份	地区名称	配方尺度	作物名称	氮（N）	五氧化二磷（P_2O_5）	氧化钾（K_2O）
461	重庆市	北碚区	市县级	白萝卜	16	14	10
462	重庆市	万盛区	市县级	白萝卜	16	14	10
463	四川省	蓬溪县	市县级	白萝卜	20	10	15
464	甘肃省	甘孜州	市县级	白萝卜	20	10	15
465	甘肃省	武胜县	市县级	白萝卜	15	15	15
466	山东省	沂源县	市县级	韭菜	17	14	14
467	山东省	定陶区	市县级	山药	16	8	21
468	湖北省	利川市	市县级	山药	16	12	18
469	湖北省	仙桃市	市县级	莲藕	25	10	16
470	湖北省	仙桃市	市县级	莲藕	25	14	6
471	四川省	蓬溪县	市县级	莲藕	21	13	11

十、果树

序号	省份	地区名称	配方尺度	作物名称	氮（N）	五氧化二磷（P_2O_5）	氧化钾（K_2O）
1	天津市	北辰区	市县级	苹果	16	12	18
2	河北省	威县	市县级	苹果	16	15	9
3	河北省	邢台县	市县级	苹果	15	12	13
4	河北省	成安县	市县级	苹果	16	10	19
5	山西省	大宁县	市县级	苹果	15	15	15
6	山西省	蒲县	市县级	苹果	15	15	15
7	山西省	尧都区	市县级	苹果	15	15	15
8	山西省	晋源区	市县级	苹果	11	4	8
9	山西省	万荣县	市县级	苹果	15	15	15
10	山西省	平陆县	市县级	苹果	15	15	15
11	山西省	陵川县	市县级	苹果	25	14	6
12	山西省	高平市	市县级	苹果	10-15	5-10	15-25
13	辽宁省	千山区	市县级	苹果	18	9	13
14	辽宁省	千山区	市县级	苹果	15	10	20
15	辽宁省	凌海市	市县级	苹果	16	12	12
16	辽宁省	兴城市	市县级	苹果	15	15	15
17	辽宁省	绥中县	市县级	苹果	18	12	15

（续）

序号	省份	地区名称	配方尺度	作物名称	氮 (N)	五氧化二磷 (P_2O_5)	氧化钾 (K_2O)
18	山东省	沂源县	市县级	苹果	16	10	16
19	山东省	莱阳市	市县级	苹果	17	10	18
20	山东省	莱州市	市县级	苹果	17	10	18
21	山东省	龙口市	市县级	苹果	16	9	20
22	山东省	蓬莱市	市县级	苹果	18	12	15
23	山东省	蓬莱市	市县级	苹果	20	10	15
24	山东省	招远市	市县级	苹果	20	5	15
25	山东省	招远市	市县级	苹果	20	10	15
26	山东省	招远市	市县级	苹果	15	5	25
27	山东省	招远市	市县级	苹果	17	10	18
28	山东省	招远市	市县级	苹果	18	9	18
29	山东省	招远市	市县级	苹果	20	6	14
30	山东省	东港区	市县级	苹果	17	10	18
31	山东省	莒南县	市县级	苹果	17	10	18
32	山东省	冠县	市县级	苹果	18	18	9
33	山东省	阳谷县	市县级	苹果	10	18	12
34	四川省	汉源县	市县级	苹果	21	10	9
35	四川省	盐源县	市县级	苹果	15	15	10
36	四川省	盐源县	市县级	苹果	17	14	9
37	四川省	甘孜州	市县级	苹果	24	12	9
38	云南省	昭阳区	市县级	苹果	8	5	8
39	陕西省	陕西省	省级	苹果	10	20	15
40	陕西省	印台区	市县级	苹果	18	12	12
41	陕西省	印台区	市县级	苹果	20	15	14
42	陕西省	王益区	市县级	苹果	18	12	12
43	陕西省	扶风县	市县级	苹果	20	20	5
44	陕西省	安塞区	市县级	苹果	35	10	12
45	陕西省	扶风县	市县级	苹果	15	15	15
46	陕西省	扶风县	市县级	苹果	22	18	5
47	陕西省	澄城县	市县级	苹果	15	15	15
48	陕西省	富平县	市县级	苹果	18	9	11
49	陕西省	黄陵县	市县级	苹果	20	18	7
50	陕西省	黄陵县	市县级	苹果	20	10	15
51	陕西省	延川县	市县级	苹果	18	12	15

（续）

序号	省份	地区名称	配方尺度	作物名称	氮（N）	五氧化二磷（P_2O_5）	氧化钾（K_2O）
52	陕西省	武功县	市县级	苹果	15	20	8
53	陕西省	礼泉县	市县级	苹果	18	12	15
54	陕西省	旬邑县	市县级	苹果	20	15	10
55	甘肃省	甘肃省	省级	苹果	9	7	7
56	甘肃省	灵台县	市县级	苹果	23	13	13
57	甘肃省	庄浪县	市县级	苹果	18	9	18
58	浙江省	淳安县	市县级	柑橘	16	8	16
59	浙江省	柯城区	市县级	柑橘	18	7	20
60	浙江省	常山县	市县级	柑橘	15	15	15
61	浙江省	莲都区	市县级	柑橘	10	3	5
62	福建省	仙游县	市县级	柑橘	22	9	24
63	福建省	南安市	市县级	柑橘	11	4	10
64	福建省	上杭县	市县级	柑橘	15	5	28
65	福建省	尤溪县	市县级	柑橘	9	5	9
66	福建省	建瓯市	市县级	柑橘	20	10	18
67	江西省	袁州区	市县级	柑橘	14	16	15
68	江西省	崇仁县	市县级	柑橘	20	10	20
69	江西省	南城县	市县级	柑橘	18	16	19
70	江西省	贵溪市	市县级	柑橘	20	6	16
71	江西省	兴国县	市县级	柑橘	20	10	15
72	湖北省	丹江口市	市县级	柑橘	15	7	10
73	湖北省	钟祥市	市县级	柑橘	20	12	14
74	湖北省	巴东县	市县级	柑橘	18	9	18
75	湖北省	来凤县	市县级	柑橘	19	10	16
76	湖北省	郧阳区	市县级	柑橘	22	6	12
77	湖北省	孝感市	市县级	柑橘	18	12	15
78	湖南省	洞口县	省级	柑橘	15	10	10
79	湖南省	宁远县	省级	柑橘	15	10	10
80	湖南省	安化县	市县级	柑橘	20	10	16
81	湖南省	宜章县	市县级	柑橘	16	6	13
82	湖南省	道县	市县级	柑橘	16	11	13
83	湖南省	东安县	市县级	柑橘	17	10	18
84	湖南省	祁阳县	市县级	柑橘	14	8	10
85	湖南省	永定区	市县级	柑橘	14	7	9

（续）

序号	省份	地区名称	配方尺度	作物名称	氮（N）	五氧化二磷（P_2O_5）	氧化钾（K_2O）
86	湖南省	永定区	市县级	柑橘	18	9	13
87	湖南省	慈利县	市县级	柑橘	16	11	13
88	湖南省	桑植县	市县级	柑橘	18	9	13
89	湖南省	石门县	市县级	柑橘	16	15	14
90	湖南省	桃源县	市县级	柑橘	19	10	16
91	湖南省	龙山县	市县级	柑橘	18	8	16
92	湖南省	泸溪县	市县级	柑橘	20	8	12
93	湖南省	永顺县	市县级	柑橘	17	10	13
94	湖南省	永顺县	市县级	柑橘	13	12	15
95	湖南省	古丈县	市县级	柑橘	16	11	13
96	湖南省	隆回县	市县级	柑橘	15	10	15
97	湖南省	城步县	市县级	柑橘	19	15	6
98	湖南省	新宁县	市县级	柑橘	17	6	6
99	广西壮族自治区	恭城瑶族自治县	市县级	柑橘	25	12	18
100	广西壮族自治区	临桂区	市县级	柑橘	17	15	20
101	重庆市	重庆市	省级	柑橘	15	10	15
102	重庆市	重庆市	省级	柑橘	15	7	13
103	重庆市	重庆市	省级	柑橘	15	10	15
104	重庆市	梁平区	市县级	柑橘	15	10	15
105	重庆市	梁平区	市县级	柑橘	15	7	13
106	重庆市	忠县	市县级	柑橘	15	10	15
107	重庆市	江津区	市县级	柑橘	21	11	9
108	重庆市	永川区	市县级	柑橘	15	10	15
109	重庆市	万州区	市县级	柑橘	15	7	18
110	重庆市	万州区	市县级	柑橘	15	10	14
111	重庆市	潼南区	市县级	柑橘	15	7	20
112	重庆市	丰都县	市县级	柑橘	15	10	15
113	重庆市	垫江县	市县级	柑橘	15	10	15
114	重庆市	奉节县	市县级	柑橘	15	7	13
115	重庆市	黔江区	市县级	柑橘	15	10	15
116	重庆市	长寿区	市县级	柑橘	15	10	15
117	重庆市	铜梁区	市县级	柑橘	15	10	15
118	重庆市	铜梁区	市县级	柑橘	15	7	13
119	重庆市	开州县	市县级	柑橘	15	10	15

（续）

序号	省份	地区名称	配方尺度	作物名称	氮(N)	五氧化二磷(P_2O_5)	氧化钾(K_2O)
120	重庆市	云阳县	市县级	柑橘	16	7	12
121	重庆市	石柱县	市县级	柑橘	15	7	13
122	重庆市	秀山县	市县级	柑橘	15	10	15
123	重庆市	涪陵区	市县级	柑橘	15	10	15
124	重庆市	涪陵区	市县级	柑橘	15	7	13
125	重庆市	綦江区	市县级	柑橘	20	13	12
126	重庆市	綦江区	市县级	柑橘	15	10	15
127	重庆市	巴南区	市县级	柑橘	15	10	15
128	重庆市	巴南区	市县级	柑橘	15	7	13
129	重庆市	璧山区	市县级	柑橘	15	10	15
130	重庆市	巫山县	市县级	柑橘	15	7	3
131	重庆市	巫溪县	市县级	柑橘	22	8	12
132	重庆市	巫溪县	市县级	柑橘	15	7	13
133	重庆市	北碚区	市县级	柑橘	15	10	15
134	重庆市	万盛区	市县级	柑橘	15	15	15
135	重庆市	九龙坡区	市县级	柑橘	15	7	13
136	重庆市	江北区	市县级	柑橘	10	8	12
137	重庆市	南岸区	市县级	柑橘	15	10	15
138	四川省	自贡市	市县级	柑橘	15	15	10
139	四川省	荣县	市县级	柑橘	15	15	10
140	四川省	江阳区	市县级	柑橘	15	15	15
141	四川省	泸县	市县级	柑橘	15	15	15
142	四川省	叙永县	市县级	柑橘	15	15	15
143	四川省	古蔺县	市县级	柑橘	15	5	15
144	四川省	广汉市	市县级	柑橘	15	10	20
145	四川省	船山区	市县级	柑橘	10	12	4
146	四川省	井研县	市县级	柑橘	21	10	14
147	四川省	阆中市	市县级	柑橘	19	10	11
148	四川省	西充县	市县级	柑橘	19	10	11
149	四川省	高坪区	市县级	柑橘	20	10	15
150	四川省	梓潼县	市县级	柑橘	15	15	15
151	四川省	雁江区	市县级	柑橘	20	8	12
152	四川省	江安区	市县级	柑橘	14	12	15
153	四川省	雷波县	市县级	柑橘	17	17	17

（续）

序号	省份	地区名称	配方尺度	作物名称	氮 (N)	五氧化二磷 (P_2O_5)	氧化钾 (K_2O)
154	四川省	广安区	市县级	柑橘	24	12	6
155	四川省	武胜县	市县级	柑橘	15	15	15
156	四川省	彭山区	市县级	柑橘	18	11	10
157	四川省	邻水县	市县级	柑橘	15	15	15
158	云南省	建水县	市县级	柑橘	15	5	20
159	云南省	华宁县	市县级	柑橘	20	8	12
160	天津市	北辰区	市县级	葡萄	16	12	18
161	浙江省	安吉县	市县级	葡萄	18	18	10
162	浙江省	金东区	市县级	葡萄	16	6	18
163	浙江省	浦江县	市县级	葡萄	15	5	25
164	安徽省	杜集区	市县级	葡萄	15	15	15
165	福建省	福安市	市县级	葡萄	15	12	18
166	福建省	宁化县	市县级	葡萄	15	10	18
167	山东省	平度市	市县级	葡萄	15	10	18
168	山东省	莱西市	市县级	葡萄	16	12	18
169	山东省	沂源县	市县级	葡萄	17	10	16
170	山东省	莱阳市	市县级	葡萄	15	6	20
171	山东省	蓬莱市	市县级	葡萄	17	10	18
172	山东省	东港区	市县级	葡萄	17	10	18
173	山东省	阳谷县	市县级	葡萄	18	10	17
174	山东省	平度市	市县级	葡萄	15	10	18
175	湖北省	仙桃市	市县级	葡萄	15	15	15
176	四川省	四川省	省级	葡萄	17	17	17
177	陕西省	鄠邑区	市县级	葡萄	24	12	9
178	新疆维吾尔自治区	鄯善县	市县级	葡萄	18	20	7
179	新疆维吾尔自治区	叶城县	市县级	葡萄	15	25	5
180	天津市	静海区	市县级	西瓜	15	17	17
181	天津市	北辰区	市县级	梨	16	10	0
182	山西省	临猗县	市县级	枣	17	15	15
183	山西省	临猗县	市县级	桃	17	17	17
184	山西省	绛县	市县级	山楂	25	12	10
185	山西省	绛县	市县级	樱桃	15	15	11
186	山西省	新绛县	市县级	油桃	17	12	17
187	山西省	中阳县	市县级	核桃	18	12	15

（续）

序号	省份	地区名称	配方尺度	作物名称	氮 (N)	五氧化二磷 (P_2O_5)	氧化钾 (K_2O)
188	山西省	中阳县	市县级	核桃	25	12	10
189	山西省	中阳县	市县级	核桃	22	15	11
190	山西省	文水县	市县级	梨树	18	12	17
191	山西省	石楼县	市县级	核桃	18	15	10
192	山西省	石楼县	市县级	核桃	25	12	10
193	山西省	石楼县	市县级	核桃	22	15	15
194	山西省	柳林县	市县级	红枣	20	15	15
195	山西省	柳林县	市县级	核桃	19	6	15
196	上海市	松江区	市县级	西瓜	15	8	12
197	江苏省	惠山区	市县级	水蜜桃	20	3	15
198	浙江省	余杭区	市县级	枇杷	20	3	15
199	浙江省	金东区	市县级	桃	16	8	22
200	浙江省	兰溪市	市县级	杨梅	7	15	15
201	浙江省	青田县	市县级	杨梅	7	9	18
202	浙江省	缙云县	市县级	桃	15	5	20
203	安徽省	肥西县	市县级	西瓜	15	8	17
204	安徽省	砀山县	市县级	梨	18	10	17
205	安徽省	砀山县	市县级	梨	20	12	13
206	安徽省	砀山县	市县级	西瓜	20	12	15
207	福建省	荔城区	市县级	枇杷	28	5	8
208	福建省	南安市	市县级	龙眼	9	17	17
209	福建省	惠安县	市县级	龙眼	12	17	17
210	福建省	建宁县	市县级	梨	12	17	17
211	福建省	邵武市	市县级	百香果	17	15	15
212	福建省	邵武市	市县级	百香果	17	16	16
213	福建省	邵武市	市县级	百香果	17	10	15
214	江西省	奉新县	市县级	猕猴桃	15	5	10
215	江西省	宜黄县	市县级	西瓜	16	12	16
216	江西省	贵溪市	市县级	梨	20	10	16
217	山东省	钢城区	市县级	桃	15	6	13
218	山东省	沂源县	市县级	桃	17	10	22
219	山东省	沂源县	市县级	大樱桃	16	8	11
220	山东省	福山区	市县级	大樱桃	16	6	10
221	山东省	莱阳市	市县级	梨	16	10	15

（续）

序号	省份	地区名称	配方尺度	作物名称	氮 (N)	五氧化二磷 (P_2O_5)	氧化钾 (K_2O)
222	山东省	莱阳市	市县级	大樱桃	21	9	18
223	山东省	龙口市	市县级	大樱桃	14	9	20
224	山东省	蓬莱市	市县级	大樱桃	20	15	15
225	山东省	蓬莱市	市县级	梨	18	10	17
226	山东省	招远市	市县级	西瓜	16	9	20
227	山东省	肥城市	市县级	桃树	15	11	18
228	山东省	东港区	市县级	蓝莓	15	15	15
229	山东省	东港区	市县级	桃	16	8	10
230	山东省	五莲县	市县级	樱桃	16	12	13
231	山东省	沾化区	市县级	冬枣	15	12	13
232	山东省	惠民县	市县级	西瓜	8	12	20
233	河南省	开封市合并区	市县级	西瓜	20	11	12
234	河南省	通许县	市县级	西瓜	20	5	22
235	河南省	西华县	市县级	西瓜	18	10	15
236	湖北省	广水市	市县级	桃	18	12	18
237	湖北省	仙桃市	市县级	桃	17	9	15
238	湖北省	仙桃市	市县级	西瓜	20	14	16
239	湖北省	仙桃市	市县级	草莓	15	12	10
240	湖南省	汝城县	市县级	李	16	11	17
241	湖南省	渌口区	市县级	甜瓜	15	11	13
242	湖南省	石门县	市县级	梨	16	5	9
243	湖南省	凤凰县	市县级	猕猴桃	18	10	15
244	湖南省	吉首市	市县级	猕猴桃	16	15	15
245	湖南省	花垣县	市县级	猕猴桃	11	15	15
246	重庆市	永川区	市县级	梨	15	7	12
247	重庆市	黔江区	市县级	脆红李	15	7	12
248	重庆市	云阳县	市县级	梨	16	8	12
249	重庆市	巫溪县	市县级	青脆李	22	12	12
250	重庆市	巫溪县	市县级	青脆李	15	17	17
251	重庆市	江北区	市县级	枇杷	12	8	18
252	重庆市	南岸区	市县级	枇杷	15	15	15
253	四川省	四川省	省级	猕猴桃	17	15	15
254	四川省	邛崃市	市县级	猕猴桃	16	15	15
255	四川省	龙泉驿区	市县级	桃	15	15	15

（续）

序号	省份	地区名称	配方尺度	作物名称	氮（N）	五氧化二磷（P_2O_5）	氧化钾（K_2O）
256	四川省	江阳区	市县级	龙眼	15	12	10
257	四川省	泸县	市县级	龙眼	15	13	17
258	四川省	合江县	市县级	荔枝	15	13	17
259	四川省	蓬溪县	市县级	李、梨、桃、枇杷	23	6	10
260	四川省	蓬溪县	市县级	李、梨、桃、枇杷	15	11	13
261	四川省	蓬溪县	市县级	李、梨、桃、枇杷	15	12	13
262	四川省	威远县	市县级	无花果	26	15	15
263	四川省	威远县	市县级	柠檬	16	9	18
264	四川省	雨城区	市县级	猕猴桃	15	10	20
265	四川省	汉源县	市县级	梨	13	5	20
266	云南省	泸西县	市县级	梨	20	10	20
267	云南省	泸西县	市县级	梨	15	20	12
268	云南省	蒙自市	市县级	枇杷	15	18	6
269	云南省	华坪县	市县级	芒果	15	15	15
270	陕西省	阎良区	市县级	甜瓜	16	9	12
271	陕西省	周至县	市县级	猕猴桃	15	20	5

十一、其他

序号	省份	地区名称	配方尺度	作物名称	氮（N）	五氧化二磷（P_2O_5）	氧化钾（K_2O）
1	安徽省	金寨县	市县级	茶叶	24	8	8
2	安徽省	霍山县	市县级	茶叶	20	7	9
3	安徽省	绩溪县	市县级	茶叶	20	10	15
4	安徽省	潜山县	市县级	茶叶	20	8	12
5	安徽省	岳西县	市县级	茶叶	22	2	13
6	安徽省	歙县	市县级	茶叶	25	9	11
7	安徽省	黟县	市县级	茶叶	25	12	9
8	安徽省	祁门县	市县级	茶叶	26	12	10
9	河南省	固始县	市县级	茶叶	14	0	2
10	河南省	潢川县	市县级	茶叶	14	0	2

（续）

序号	省份	地区名称	配方尺度	作物名称	氮 (N)	五氧化二磷 (P_2O_5)	氧化钾 (K_2O)
11	河南省	潢川县	市县级	茶叶	13	17	15
12	湖北省	来凤县	市县级	茶叶	22	9	9
13	湖北省	神农架林区	市县级	茶叶	20	8	12
14	内蒙古自治区	敖汉旗	市县级	高粱	13	21	11
15	山西省	古县	市县级	高粱	25	15	5
16	山西省	朔城区、山阴县	市县级	高粱	26	12	8
17	山西省	石楼县	市县级	高粱	26	13	6
18	内蒙古自治区	敖汉旗	市县级	谷子	17	16	7
19	内蒙古自治区	红山区	市县级	谷子	12	20	16
20	内蒙古自治区	红山区	市县级	谷子	28	12	10
21	内蒙古自治区	松山区	市县级	谷子	12	20	16
22	内蒙古自治区	松山区	市县级	谷子	28	12	10
23	内蒙古自治区	翁牛特旗	市县级	谷子	12	20	16
24	内蒙古自治区	翁牛特旗	市县级	谷子	28	12	10
25	内蒙古自治区	元宝山区	市县级	谷子	12	20	16
26	内蒙古自治区	元宝山区	市县级	谷子	28	12	10
27	内蒙古自治区	宁城县	市县级	谷子	14	18	8
28	山西省	古县	市县级	谷子	20	12	8
29	山西省	蒲县	市县级	谷子	25	10	5
30	山西省	隰县	市县级	谷子	20	15	5
31	山西省	大同市	市县级	谷子	21	13	11
32	山西省	大同市	市县级	谷子	19	13	8
33	山西省	大同市	市县级	谷子	20	12	8
34	山西省	大同市	市县级	谷子	22	14	9
35	山西省	盂县	市县级	谷子	25	10	10
36	山西省	平定县	市县级	谷子	15	15	5
37	山西省	平定县	市县级	谷子	17	15	8
38	山西省	阳城县	市县级	谷子	20	15	5
39	山西省	陵川县	市县级	谷子	20	15	5
40	山西省	怀仁市、山阴县、朔城区	市县级	谷子	26	12	8
41	山西省	中阳县	市县级	谷子	22	12	6
42	山西省	中阳县	市县级	谷子	18	7	5
43	山西省	石楼县	市县级	谷子	22	12	6
44	山西省	石楼县	市县级	谷子	18	7	5

（续）

序号	省份	地区名称	配方尺度	作物名称	氮（N）	五氧化二磷（P_2O_5）	氧化钾（K_2O）
45	山西省	柳林县	市县级	谷子	20	20	5
46	山西省	方山县	市县级	谷子	11	7	5
47	山西省	代县	市县级	谷子	14	5	4
48	山西省	原平市	市县级	谷子	22	9	9
49	山西省	宁武县	市县级	谷子	12	6	4
50	山西省	河曲县	市县级	谷子	6	4	3
51	河南省	伊川县	市县级	谷子	20	10	15
52	西藏	拉萨市	市县级	青稞	22	13	10
53	西藏	山南市	市县级	青稞	22	10	13
54	西藏	日喀则市	市县级	青稞	22	10	13
55	内蒙古自治区	敖汉旗	市县级	甜菜	15	11	14
56	内蒙古自治区	翁牛特旗	市县级	甜菜	20	15	18
57	内蒙古自治区	林西县	市县级	甜菜	20	35	18
58	内蒙古自治区	科左中旗	市县级	甜菜	8	22	15
59	内蒙古自治区	化德县	市县级	甜菜	22	16	8
60	内蒙古自治区	察右前旗	市县级	甜菜	16	13	10
61	内蒙古自治区	乌拉特中旗	市县级	向日葵	16	18	12
62	内蒙古自治区	五原县	市县级	向日葵	14	24	10
63	内蒙古自治区	乌拉特后旗	市县级	向日葵	14	24	10
64	内蒙古自治区	乌拉特前旗	市县级	向日葵	10	21	14
65	内蒙古自治区	土默特右旗	市县级	向日葵	15	15	15
66	内蒙古自治区	固阳县	市县级	向日葵	18	18	18
67	内蒙古自治区	土默特右旗	市县级	向日葵	13	17	15
68	内蒙古自治区	固阳县	市县级	向日葵	18	18	18
69	内蒙古自治区	敖汉旗	市县级	向日葵	19	14	15
70	内蒙古自治区	巴林右旗	市县级	向日葵	14	16	10
71	内蒙古自治区	科左中旗	市县级	向日葵	12	18	10
72	内蒙古自治区	松山区	市县级	绿豆	20	16	12
73	内蒙古自治区	翁牛特旗	市县级	胡萝卜	15	10	23
74	内蒙古自治区	喀喇沁旗	市县级	沙参	9	21	10
75	内蒙古自治区	奈曼旗	市县级	荞麦	11	13	11
76	内蒙古自治区	库伦旗	市县级	荞麦	13	17	5
77	内蒙古自治区	察右中旗	市县级	莜麦	6	5	4
78	内蒙古自治区	多伦县	市县级	胡麻	9	21	15
79	山西省	古县	市县级	中药材	25	15	10

第四章
配方肥的生产与供应

配方肥是以土壤测试、农户调查和田间试验为基础，根据作物需肥规律、土壤供肥性能和肥料效应，科学制定肥料配方，以各种单质化肥、复合肥料及有机肥料等为原料，采用掺混或造粒工艺制成的适合于特定区域、特定作物的肥料。

一、配方肥的原料

1. 大量元素肥料

大量元素是指植物正常生长发育需要量大或含量较大的必需营养元素。一般指碳、氢、氧、氮、磷和钾 6 种元素。碳、氢、氧主要来自于空气和水，是植物有机体的主要成分，占植物干物质总质量的 90%以上，是植物中含量最多的几种元素。三者可形成多种多样的碳水化合物，在植物中所起的作用往往不能分割，如木质素、纤维素、半纤维素和果胶质等，这些物质是细胞壁的主要组成成分。植物光合作用的产物——糖是由碳、氢、氧构成的，而糖是植物呼吸作用和体内一系列代谢作用的基础物质，同时也是代谢作用所需能量的原料。碳水化合物不仅构成植物永久的骨架，而且也是植物临时储存的食物，并积极参与体内的各种代谢活动。氢和氧在植物体内的生物氧化还原过程中也起着很重要的作用。

氮是作物体内许多重要有机化合物的组分，例如蛋白质、核酸、叶绿素、酶、维生素、生物碱和一些激素等都含有氮素。氮素也是遗传物质的基础，在所有植物体内，蛋白质最为重要，它常处于代谢活动的中心地位。植物吸收利用的氮素主要是铵态氮和硝态氮。氮对植物生命活动以及作物产量和品质均有极其重要的作用，合理施用氮肥是获得作物高产的有效措施。氮肥是农业生产中需要量最大的化肥品种，化学氮肥按含氮基团进行分类，将化学氮肥分为铵态氮肥、硝态氮肥、酰胺态氮肥、氰氨态氮肥 4 类：①铵态氮肥主要包括碳酸氢铵、硫酸铵、氯化铵、液氨、氨水。其中碳酸氢铵是用二氧化碳通入浓氨水，经碳化并离心干燥后的产物，含氮 16.5%～17.5%，无色或白色细粒晶体，易吸湿结块。硫酸铵一般含氮 20%，纯品为白色结晶，含少量杂质时呈微黄色。氯化铵为白色结晶，含杂质时呈黄色，含氮 24%～25%。液氨含氮 82.3%，是目前含氮最高的氮肥品种。②硝态氮肥包括硝酸铵、硝酸钠、硝酸钙、硫硝酸铵、硝酸铵钙。其中硝酸铵含氮 35%，白色结晶，含杂质时淡黄色。硝酸钠、硝酸钙为无色晶体，硝酸钠含氮 15%～16.9%，硝酸钙含氮 12.6%～15%。硫硝酸铵含氮 25%～27%，淡黄色颗粒体。硝酸铵钙为灰白或浅褐色颗粒，含氮 20%～25%。③酰胺态氮肥主要是尿素。尿素是一种化学合成的有机态氮肥，白色晶体或颗粒，易溶于水，含氮 42%～46%。

磷是细胞核和核酸的组成成分，核酸在植物生活和遗传过程中有特殊作用。磷是植物体内各项代谢过程的参与者，如参与碳水化合物的运输，蔗糖、淀粉及多糖类化合物的合成；磷有提高植物抗旱、抗寒等抗逆性和适应外界环境条件的能力。磷酸是现代磷肥工业的基础，主要用作高浓度磷肥和复合磷肥的原料。用热法与酸法或机械粉碎所产生的的磷肥，按其溶解度可分为水溶性磷肥、弱酸溶性磷肥和难溶性磷肥。①水溶性磷肥中有普通过磷酸钙和重过磷酸钙等，其中普通过磷酸钙简称普钙，作为磷肥工业发展初期的主要品种，已有 100 多年的历史。我国的磷矿资源多为中、低品位，多年来以普通过磷酸钙为主。普通过磷酸钙为灰白色粉末或颗粒，含有效磷（P_2O_5）14%～20%，因含有游离酸而呈酸性，具有腐蚀性、易结块，散落性差。普钙施入土壤后，肥料中磷酸一钙在土壤中进行异成分溶解，即土壤水分从四周向施肥点汇集，使肥料中的水溶性磷酸一钙溶解、水解。重过磷酸钙简称重钙，是一种高浓度磷肥，含有效磷（P_2O_5）36%～54%，呈深灰色颗粒或粉末状，酸性，腐蚀性和吸湿性强，易结块，多制成颗粒状。氨化过磷酸钙含磷（P_2O_5）13%～15%，吸湿性、结块性和腐蚀性均低于普钙，属于一种氮磷复合肥料。②弱酸溶性磷肥包括钙镁磷肥、钢渣磷肥、沉淀磷酸钙、脱氟磷肥。钙镁磷肥含磷（P_2O_5）14%～18%，不溶于水，能溶于 2%柠檬酸溶液，粉碎后的钙镁磷肥大多呈灰绿色或棕褐色，成品中还含有氧化钙、氧化镁、二氧化硅等，是一种以磷为主的多种营养成分肥料。钢渣磷肥是炼钢工业的副产品，一般含磷（P_2O_5）8%～14%，不溶于水而溶于弱酸，是一种多成分的弱酸性磷肥。沉淀磷酸钙一般含磷（P_2O_5）30%～40%，呈灰白色粉末，不吸湿，不结块。脱氟磷肥是磷灰石在高温条件下通过水蒸气脱氟而成，一般含磷（P_2O_5）14%～18%，物理性状好，不吸湿，不结块，不含游离酸，适于酸性土壤作基肥。③难溶性磷肥包括磷矿粉、鸟粪磷矿粉、骨粉等。磷矿粉呈灰白粉状，一般含磷（P_2O_5）10%～25%，容量大，强度小，后效长。鸟粪磷矿粉是我国南海诸岛大量的海鸟粪，在高温多雨条件下，分解释放的磷酸盐淋溶到土壤中，与钙作用形成矿石，一般含磷（P_2O_5）15%～19%。骨粉主要为磷酸三钙，还含有磷酸三镁、碳酸钙等，是一种多成分肥料。

钾是细胞的生化反应缓液、光合作用中多种酶的活化剂，能提高酶的活性，因而能促进光合作用，能增强植物的抗逆性，如抗旱、抗病等。钾是肥料三要素之一，含钾矿物，特别是可溶性钾矿盐是生产钾肥的主要原料，也可以从盐湖水、盐井水和卤水中提取钾肥。世界上较大的钾矿资源主要分布于加拿大、德国和俄罗斯等地，我国已探明的钾矿质资源很少，估计为 1 亿 t，钾盐资源主要为含钾卤水，有 27 个矿区，其中 96%集中在青海柴达木盆地的察尔汗湖，用浓缩结晶法生产钾肥。云南思茅钾石盐矿是我国第一个古代固相矿床，现正在小规模地用浮选法生产。钾肥主要包括氯化钾、硫酸钾、窑灰钾肥、草木灰等。①氯化钾含钾（K_2O）50%～60%，易溶于水，稀释性不大，通常不会结块，物理性质良好，是速效性肥料。②硫酸钾含钾（K_2O）50%～54%，较纯净的硫酸钾是白色或淡黄色，菱形或六角形结晶，物理性状良好，不易结块，易溶于水，是速效性肥料。③窑灰钾肥水泥工业的副产品，含钾（K_2O）1.6%～23.5%，一般呈灰黄色或灰褐色，含钾高时呈灰白色。窑灰钾肥的颗粒小、质地轻、易飞扬、吸湿性强。窑灰钾肥可作基肥和追肥，不能作种肥，宜在酸性土壤中施用。④草木灰是我国农村常用的农家肥料。草木灰中钾形态主要是碳酸钾、硫酸钾等，钾含量差异较大，是速效钾肥。

2. 中量元素肥料

中量元素是指作物生长过程中需要量次于氮、磷、钾而高于微量元素的营养元素。中量元素一般占作物体干物重的0.1%～1%，通常指钙、镁、硫三种元素。钙、镁、硫在植物体内具有非常重要而不可代替的生理功能。钙能稳定生物膜结构，保持细胞的完整性；钙是构成细胞壁的重要元素，植物体中绝大部分钙存在于细胞壁中。钙是构成细胞壁的重要元素，植物体中绝大部分钙存于细胞壁中。钙肥（石灰肥料）有生石灰、熟石灰、碳酸石灰及含钙的工业废渣等，是主要是含钙肥料。①生石灰又称烧石灰，以石灰石、白云石及含碳酸钙丰富的贝壳等为原料，经过煅烧而成。生石灰主要成分 CaO 含量为96%～99%。以白云石为原料的称为镁石灰，含 CaO 55%～85%、含 MgO 10%～40%，还可提供镁营养。以贝壳为原料的石灰，其品位因种类而异：以螺壳为原料的为螺壳灰，含 CaO 85%～95%；以蚌壳为原料的称蚌壳灰，含 CaO 约为47.0%。生石灰中和酸度的能力很强，还有杀虫、灭草和土壤消毒的作用，但用量不能过多，否则会引起局部土壤过碱。生石灰吸水后即转化为熟石灰，若长期暴露在空气中，最后转化为碳酸钙。故长期贮存的生石灰，通常是几种石灰质成分的混合物。②熟石灰又称消石灰，由生石灰加水或堆放时吸水而成，主要成分为 $Ca(OH)_2$，含 CaO 70%左右，呈碱性，中和酸度的能力比生石灰弱。③碳酸石灰由石灰石、白云石或贝壳类直接磨细而成，主要成分是碳酸钙（$CaCO_3$），其溶解度较小，中和土壤酸度的能力较缓，但效果持久，中和酸度的能力随其细度增加而增强。④含石灰质的工业废渣主要是指钢铁工业的废渣，如炼铁高炉的炉渣，主要成分为硅酸钙（$CaSiO_2$），一般含 CaO 38%～40%、含 MgO 3%～11%、含 SiO_2 32%～42%；又如生铁炼钢的碱性炉渣，主要成分为硅酸钙（$CaSiO_3$）、磷酸四钙，一般含 CaO 40%～50%、含 MgO 2%～4%、含 SiO_2 6%～12%，这类废渣的中和值为60%～70%。施入土壤后，经水解产生 $Ca(OH)_2$ 和 H_2SiO_3，能缓慢中和土壤酸碱度。⑤其他含钙的化学肥料，如窑灰钾肥。

镁是叶绿素的组分、许多酶的活化剂，能增强作物体内各种代谢过程。作物缺镁时，叶绿素减少，光合作用减弱，碳水化合物、蛋白质、脂肪的形成都会受到抑制。含镁肥料按其溶解度可分为水溶性和微水溶性两类，$MgCl_2$、$Mg(NO_3)_2$、$MgSO_4$ 等属水溶性镁肥，可用于叶面喷施。白云石、蛇纹石、氧化镁、氢氧化镁、磷酸镁、钙镁磷肥等属微水溶性镁肥。此外，各类有机肥料也含有镁，含镁量按干重计，厩肥为0.1%～0.6%，豆类绿肥为0.2%～1.2%，水稻植株为0.16%～0.35%。

硫是蛋白质和核酸的组成物质，是许多辅酶的结构成分。作物缺硫时，蛋白质等的合成受阻，植株矮小，叶绿素降低，分蘖分枝少。缺硫症状首先表现在顶端新叶上。常用的硫肥主要是生石膏、硫黄、硫酸铵、硫酸钾、硫酸镁、普通过磷酸钙、硫酸锌等。可分为两类：一类为氧化型，如硫酸铵、硫酸钾、硫酸钙等；另一类为还原型，如硫黄、硫包尿素等。农用石膏可分为石膏、熟石膏、磷石膏3种。

3. 微量元素肥料

微量元素包括硼、锌、钼、铁、锰、铜等营养元素。虽然植物对微量元素的需要量很少，但它们对植物的生长发育的作用与大量元素是同等重要的，当某种微量元素缺乏时，作物生长发育受到明显的影响，产量降低，品质下降。另一方面，微量元素过多会使作物中毒，轻则影响产量和品质，严重时甚至危及人畜健康。随着作物产量的不断提高和化肥的大量施用，作物对微量元素肥料施用的需求逐渐迫切。微量元素肥料种类繁多，目前没有统一分类标准。按所含微量元素种类分，则可分为硼肥、锌肥、锰肥、铁肥、铜肥和钼肥等；按化合物类型，则可分为有机配合微肥、无机微肥；按营养组成多少分，则可分为单质微肥、复混合微肥等。习惯上多按所含元素分类。在名称上往往多种分法同时混用或直接用化合物名称。硼肥主要为硼砂、硼酸、硼泥、硼镁肥、硼镁磷肥、硼磷铵。锌肥主要为硫酸锌、氧化锌、氯化锌、硝酸锌等。锰肥主要为硫酸锰、氧化锰、氯化锰、硝酸锰、硫酸铵锰等。钼肥主要为钼酸铵、钼酸钠、含钼废渣等。铜肥主要为硫酸铜、氧化铜、氧化亚铜、含铜矿渣等。铁肥主要为硫酸亚铁、硫酸亚铁铵、尿素铁等。钴肥主要为硫酸钴、氯化钴等。

4. 有机肥料

有机肥料是指由动物的排泄物或动植物残体等富含有机质的副产品资源为主要原料，经发酵腐熟后而成的肥料。中国地域辽阔，人口众多，有机肥料资源十分丰富。有机肥料种类多、数量大，是中国农业生产的重要肥源。有机肥料可以提高土壤有机质，改良土壤物理化学性质，可以提供养分和活性物质，活化土壤养分，提高作物品质。

有机肥原料主要分为以下几类：

（1）*秸秆类*　农作物秸秆是很重要的有机肥源，其养分丰富、来源广、数量多，可直接还田。秸秆含有作物生长必需的无机营养成分，属完全肥料。不同种类秸秆含有的养分数量有差异，通常豆科作物和油料作物的秸秆含氮较多；旱生禾谷类作物的秸秆含钾较多；水稻茎叶中含硅丰富；油菜秸秆含硫较多，施用时应注意这些特点。秸秆中的养分绝大部分为有机态，经矿化后方能被作物吸收利用。绿肥也是一种养分完全的有机肥料，按其来源分为栽培绿肥和野生绿肥，按植物学分为豆科绿肥和非豆科绿肥，按种植季节分为冬季绿肥、夏季绿肥和多年生绿肥，按利用方式分为稻田绿肥、麦田绿肥、棉田绿肥、覆盖绿肥、肥菜兼用绿肥、肥饲兼用绿肥、肥粮兼用绿肥等。

（2）*粪尿类和厩肥*　第一类：人粪尿，即人体排泄的尿和粪的混合物。人粪含70%～80%水分、20%的有机质（纤维类、脂肪类、蛋白质和硅、磷、钙、镁、钾、钠等盐类及氯化物），少量粪臭质、粪胆质和色素等。人尿含水分和尿素、食盐、尿酸、马尿酸、磷酸盐、铵盐、微量元素及生长素等。人粪尿碳氮比（C/N）较低，极易分解；含氮素较多，腐熟后可作速效氮肥用，作基肥或追肥均可，宜与磷、钾肥配合施用，但不能与碱性肥料（草木灰、石灰）混用。第二类：厩肥，即家畜粪尿和垫圈材料、饲料残茬混合堆积并经微生物作用而成的肥料。富含有机质和各种营养元素。各种畜粪尿中，以羊粪的氮、磷、钾含量高，猪、马粪次之，牛粪最低；排泄量则牛粪最多，猪、马类次之，羊粪最少。垫圈材料有秸秆、杂草、落叶、泥炭和干土等。

（3）*饼肥、菇渣或糠醛渣类*　第一类：饼肥是含油较多的种子提取油分后的残渣。我国的饼肥主要有大豆饼、菜籽饼、花生饼、茶籽饼、柏籽饼等，饼中含有75%～85%的有机质，含氮（N）1.1%～7.0%、磷（P_2O_5）0.4%～03.0%、钾（K_2O）0.9%～2.1%。第二类：菇渣。收获完食用菌后的残留培养基，养分丰富，含有机质60%～70%，且富含微量元素。第三类：糠醛渣。玉米穗轴经粉碎加入一定量的稀硫酸在一定温度和压力作用下，经化学反应提出糠醛后的废渣，深褐色，含有机质76%～78%，养分丰富。

（4）*泥土肥类*　包括泥肥和土肥。泥肥指河、塘、湖等的淤泥，土肥包括熏土、炕土、老房土、墙土等。

（5）*泥炭类和腐殖酸类肥料*　我国泥炭资源丰富，分布面积在300万 hm^2 以上，一般含有机质40%～70%，腐殖酸含量在20%～40%。腐殖酸类肥料以含腐殖酸较多的泥炭、褐煤、风化煤为主要原料，加入适量的氮、磷、钾及微量元素。

（6）*海肥类*　海肥资源丰富，一般分为动物性、植物性、矿物性海肥3类。

（7）*粉煤灰类*　火电工业特有的固体废弃物，主要用作土壤改良剂、硅钙肥及盖种肥。

二、配方肥的生产

1. 工艺流程

（1）*配方肥复合生产*　复合肥是指氮、磷、钾三种营养元素至少有两种养分标明量，用化学加工方法制得的化学肥料，其有效成分一般用 $N-P_2O_5-K_2O$ 表示。

复合肥具有养分含量高、副成分少且物理性状好等优点，对于平衡施肥、提高肥料利用率、促进作物的高产稳产有着十分重要的作用。但它也有一些缺点，比如它的养分比例总是固定的，而不同土壤、不同作物所需的营养元素种类、数量和比例是多样的。因此，使用前最好进行测土，了解田间土壤的质地和营养状况，另外也要注意和单质肥料配合施用，才能得到更好的效果。

复合肥生产流程如图4-1所示。

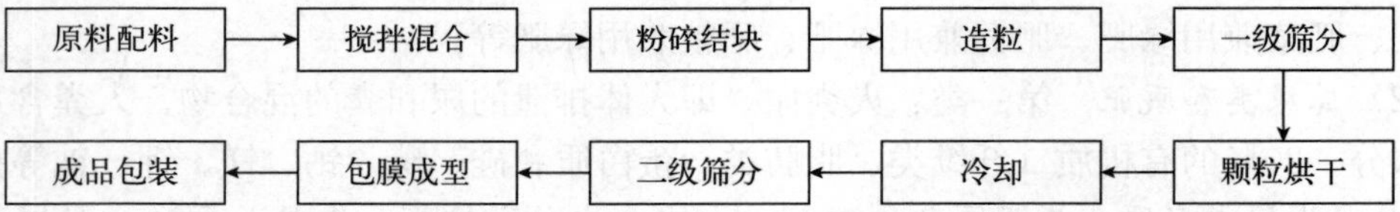

图4-1　复合肥生产流程

（2）*配方肥掺混生产*　掺混肥料是指含两种或两种以上营养物质的机械混合肥料，产品外形有粉状和粒状两种，其养分的配比是根据作物种类、目标产量、土壤和气候等条件确定的，能满足不同作物的生长发育。一般可利用单元或复合肥料配成含氮、磷、钾养分及中微量元素的掺混肥料，并可按作物在特定地区和季节的特殊需要掺配具有改良土壤生理特性的辅助添加剂（如石灰石、石膏等），使它成为一种全养分、多功能的专用复混肥料。

① 掺混肥料。掺混法容易操作，工艺流程简单，生产成本低，对环境污染轻，适合测土配方施肥的推广应用。

A. 掺混肥料质量控制。掺混肥料质量在很大程度上取决于原料的理化性质及其发生的化学反应、空气湿度和环境温度等。气温的变化将影响掺混肥的质量。以普通过磷酸钙为基础的掺混肥受其含水量和游离酸量影响，较多容易使掺混肥丧失流动性和分散性，添加中和剂有助于改善其物性。碱性添加剂可降低掺混肥料的吸湿性和增加它的流动性。添加剂的用量取决于掺混肥料的组成、土壤类型和产品肥料的储存期。

B. 符合化学相容原则。不同原料混合后，有些反应容易发生养分损失，如铵态氮不应与化学性质活泼的碱性肥料（如热法磷肥和碳酸钾等）混合以免损失铵态氮（NH_4^+-N），在掺混肥料中添加中和剂（如石灰石、白云石粉等）也会造成氨的损失。有些反应容易降低临界相对湿度（CRH），导致产品吸潮结块。如尿素、硝酸铵不能直接掺混，在多数地区均会吸潮。过磷酸钙与尿素混合后会析出结晶水，但氨化过磷酸钙和磷酸铵相混可制得物性稳定的混肥。氨化过磷酸钙与硝酸铵或尿素混合并添加氯化钾所得产品比粒状普通过磷酸钙制得的掺混肥料干燥，并具有较好的流动性。普通过磷酸钙与硫酸铵混合，开始时发热并析出水分而变潮，然后结成硬块，必须经破碎、筛分后才能使用。

② 掺混肥料的硬件设备。

A. 掺混肥料的生产设备和厂房。掺混装置主要由定型设备组成，如计量、包装、干燥、筛分、破碎和运输设备等。有条件的生产厂可利用微机控制系统。生产厂房要通风，采光良好，能避风雨，合理布局后方可使用，最好有铁路专用线。

B. 掺混装置主要分固定式和移动式（车载或船载）两类。固定式又可分为间歇和连续操作两种。其装置能力以中小规模为宜，要充分考虑施肥季节性的特点，每小时生产能力一般在 10～40 t。

C. 掺混肥料的原料（如尿素和钾盐）对建材有腐蚀性，操作时有粉尘，生产过程中必须做好防腐和环保，符合行业和国家有关生产安全和环保的相关规定。

依据产品配方在控制系统中正确输入配方数据，在控制系统控制下，投入各料斗中的原料经加料提升机提升到加料仓中，加料仓控制料位，加料仓动态地向流量控制器给料，流量控制器按设定好的程序连续、动态地定量输送原料，完成配料。预混输送机将流量控制器定量好的原料均匀、分层地铺在上面，完成预混并把配好的原料输送到混料器中，混料输送机把预混好的物料混拌均匀并输送到主提升机中，主提升机把配比混拌好的物料提升到储料仓中等待包装。定量包装秤按设定好的重量，计量包装成品，并经输送机及封包机将装好的成品封包（图 4－2）。

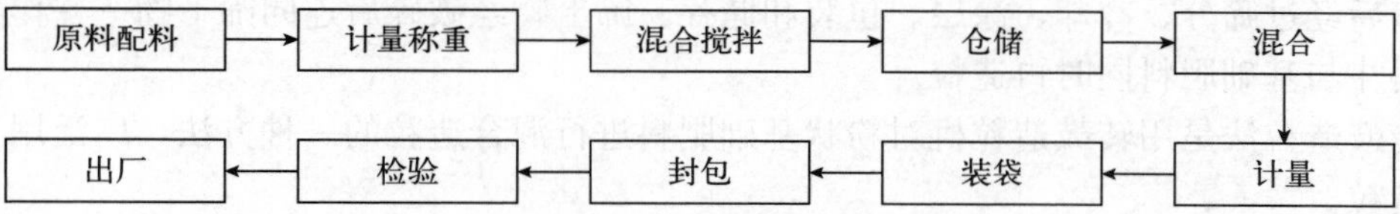

图 4－2　掺混肥生产流程

（3）粉料混合造粒生产　粉料混合造粒生产复混肥，主要方法主要是圆盘造粒、双轴造粒和挤压造粒。最早生产复混肥料的设备简单、投资少、配方灵活。早期无论是人工还是机械掺混生产的复混肥料，均存在着一定的问题，例如肥料因其化学性能关系而不能直接混合，如尿素与过磷酸钙或重过磷酸钙、氯化钾不能混合。为了适应现代农业生产的需要，各国相继开发了多种粉料混合造粒法来生产粒状复混肥料，但随着化学工业科技的进步及原料质量的提高，掺混肥料的应用在国内外越来越普遍。

① 圆盘造粒法。圆盘造粒法是用圆盘造粒机对粉状原料进行混合造粒。此法最早用于工业生产，目前应用越来越少。

首先将各种粉状原料分别储存在各自的贮斗中，再按照配方的比例，分别计量，混合均匀，然后经加料槽加至圆盘造粒机的旋转圆盘中。与此同时，根据粒状复混肥料的品位要求和原料肥料的特性，将液体组分或适量的水经由圆盘造粒机的液体组分分布器均匀地淋洒在圆盘中的物料上，满足成粒所需的液相。旋转着的圆盘及盘边对物料所产生的摩擦力和离心作用，使物料产生周向运动，使粉粒间相互搓揉和挤压，逐渐团聚成粒。由于颗粒质量的差异，所产生的重力和离心作用也不同，当其重力和离心作用增大到足以克服粒子间的摩擦力时就被抛出盘外，从圆盘溢出的颗粒进行干燥和筛分粒度合格的经过冷却即为成品粒状复混肥料，筛出来的粗粒经破碎后再行筛分，筛分下来的细粉粒则返回圆盘造粒机再造粒。

② 双轴造粒法。双轴造粒法是采用双轴造粒机对粉状基础肥料进行混合造粒的一种方法。双轴造粒机外形为一水平的U形长槽，槽内有两根平行并反向旋转的轴，轴上装有相互错开排列的浆式搅拌叶片，旋转时，其轨迹呈圆相交。轴由驱动装置驱动，并通过一对齿轮使其联动。

按照配比将粉状的各原料分别称量后加入混合器混合，然后转入料斗，混合物料经给料机按照一定的加料速度和返料一并加入双轴造粒机。双轴造粒机中旋转着的搅拌叶片在将加入的物料揉接、挤压、成粒的同时，将物料从进料端向相反方推进，直至卸出。卸出的粒料经过干燥、冷却和筛分即为成品。大粒物料经破碎后再筛分，细粉作为返料送回双轴造粒机再造粒，造粒时将适量的液相组分或水淋在料层上，提高造粒的质量。

③ 转鼓造粒法。首先将各原料分别进行筛分，筛上物经破碎机破碎后再行筛分。筛下物送入各自的料斗。造粒时，各原料从各自料斗按照配比要求经由计量设备、输送设备和提升设备送入料斗。与此同时，返料也由提升设备与原料一同进入料斗。经混合设备的混合料按照一定的给料速度往转鼓造粒机加料。同时料层下面适当地通入饱和蒸汽，既提高物料的温度，又使物料增湿，利于成粒。物料借助转鼓造粒机旋转时产生的摩擦作用形成一滚动的料床，滚动产生的挤压力使含有一定液相的物料团聚成为颗粒，以这些小颗粒成为核心，黏附周围的粉料形成较大的颗粒。合格粒料离开转鼓造粒机即进入干燥机干燥，然后经过筛分、冷却、涂层、包装和储存。筛上物经破碎后连同筛下物一并作为返料送进料斗与基础肥料同时再造粒。

转鼓造粒法是用转鼓造粒机对粉状基础肥料进行混合造粒的一种方法，广泛用于复混料的造粒。

④ 挤压造粒法。挤压造粒法是利用压力将物料直接挤压成成品的造粒过程，适应于

热物料的造粒。挤压机械通常有两种类型：一种是推压式造粒机，另一种是转辊式挤压造粒机。推压式挤压造粒机进料含水量通常为5%～8%，经挤压后得到圆柱状产物，通过冷却得到含水量小于5%的复混肥料产品。转辊式挤压造粒机的进料含水量较低，国外报道可在0.5%～1.5%之间，挤压后的带状物料经破碎机破碎，双层筛筛分得到块状或带有棱角的复混肥料产品，破碎后的细粉返回挤压机造粒返料，粗块再返回破碎机破碎。由于产品含水量低，不需要进行干燥。成粒率通常在85%左右。

（4）熔料造粒法　利用熔融的尿素或硝酸铵能与磷酸一铵或氯化钾形成低共熔点化合物的特性，将粉状磷酸一铵、氯化钾预热后加入熔融的尿素或硝酸铵中，形成有悬浮物但具流动性的熔料，熔料经振动喷头喷入造粒塔，经冷却、固化而成为粒状复合肥料。熔料造粒法主要有喷淋塔造粒等方法。

以喷淋塔造粒法为例。喷淋塔造粒法在20世纪30年代即开始用于肥料（如智利硝石、尿素、硝酸铵等）的造粒，后来逐渐推广用于磷及氮、钾复合肥料的造粒。

工艺流程：采用磷酸一铵（MAP）熔料、固体尿素/氯化钾生产尿素磷酸铵。磷酸经洗涤器吸收从分离器出气体中的氨后，再进管中式反应器与氨进行反应，反应热将其中的水分蒸发。生成的MAP熔融物与蒸汽及未反应的氨在分离器中分离，蒸汽及未反应的氨进入洗涤器，用磷酸洗涤以回收其中的氨。MAP熔料与经过加热器预热的固体尿素和氯化钾以及返料一起进入混合器混合后，经安装于造粒塔顶的旋转喷头喷洒，液滴在塔内降落中冷却固化成颗粒，颗粒经过筛分，筛上物破碎后再行筛分，筛下物作为返料被送回混合器，合格的颗粒作为成品。

（5）有机无机复混肥生产　无机复混肥的配方设计、原料搭配以及造粒方法均适用于有机无机复混肥的生产。有机无机复混肥生产采用的工艺主要是将有机物料与无机物料充分混匀后，根据需要加入一定的黏结剂、调理剂进行造粒。造粒方法可采用成本较低的团粒法和挤压法，具体工艺流程与无机复混肥一样。本节重点介绍的是根据当地的资源和作物生长的需要，选择合适的有机物料、无机物料。同时，根据有机物料的理化性质，采用适宜的预处理方法。

①原材料的选择。有机物料指经过风干或烘、粉碎、分拣及高温堆腐或已经通过无害化处理的稳定的有机物料。其中不含有致病菌、虫卵、杂草种子以及易被微生物降解的有机成分如淀粉、蛋白质等，不会对种子和作物苗期的生长产生不利的影响。例如，城市垃圾、污泥、秸等制成的高温堆肥、发酵的鸡粪等。

无机原料包括基础肥料［如氮（尿素、氯化铵、硫酸铵、碳酸氢铵等）、磷（过磷酸钙和钙镁磷肥）、钾（氯化钾和硫酸钾）］、调理剂（如黏土、白云石粉、硅藻土、石灰粉等，用来调节肥料理化性质）和造粒的填料。

由于有机物料中含有较丰富的中微量元素、有益元素甚至有害的重金属元素，在使用有机物料时必须注意这些元素的含量。一般每吨复混肥中微量元素的安全含量为：硼0.2 kg、锰0.5 kg、铜0.5 kg、铁1 kg。不同的有机物料中微量元素的含量是不同的，如粉煤灰中硼、铁、硒、铅含量较高；糖厂滤泥中含较多的铅和硼；污泥中一般锌、铜的含量较高等。在使用前，应对原料的成分进行分析，以确保有机物料的质量安全。

第一：原料的预处理。普通过磷酸钙由于含有4%～5%的游离酸，如不进行预处理会影响后续造粒过程。常采用氨化处理以消除过多的残酸，这还有利于物料松散，便于粉碎。可采用一定比例的碳酸氢铵（或粉煤灰、碳法滤泥）与普通过磷酸钙预混合数天。但碳酸氢铵的比例不能太高，否则会影响磷的有效性。生产实践表明，普通过磷酸钙与碳酸氢铵的比例以 10∶1（质量比）为宜。对于有机废弃物原料，可先经过堆肥法处理，或直接干燥处理以降低物料的水分含量，以利于后续的粉碎过程。

第二：原料的粉碎。对粗粒、结块物料需先粉碎，否则各种肥料配合不匀，将很难造粒。依物料的不同，采用不同的粉碎机械。对植物纤维类物料，宜用锤片式、刀式粉碎机；对矿石和滤泥类块状物，则宜用链式粉碎机。尿素、钾肥等化肥混匀后不必粉碎，造粒效果也很好。

第三：计量和混合。按配方的要求，称取一定量的各种原料，主要是有机肥和氮、磷、钾 3 种无机肥料，输送于混合机内。混合机可用滚筒式或立式圆盘。混合必须充分，即混即用，不宜混合后放置太久，以免受潮。

第四：造粒。造粒机械以挤压式和圆盘式两种最为常见。无机复混肥通常采用圆盘造粒，能耗较低，粒状较圆，外观较适合市场需求。但对有机复混肥来说，则宜采用挤压造粒，这是由于有机物料中多含有纤维状物，如蔗渣、麻渣等。这类物料经粉碎后，仍有相当部分呈长条状，挤压机应具强大挤压力才可使之与其他粉料结合成紧实的粒状。若在圆盘上造粒，则要求对这类纤维物料进行严格粉碎，实际上很难做到这一点。故一般提倡使用挤压机造粒。但对花生麸、豆麸、滤泥、污泥等物料，粉碎后可采用圆盘造粒，生产花卉类售价较高的肥料。

第五：造粒后的干燥。造粒后需要对产品进行干燥，一般不宜采用无机复混肥所用的高温（200～300℃）条件。有机复混肥含有尿素等热敏感物料，高温条件下易损失故强调低温干燥，一般热风温度在 90 ℃上下。可考虑利用余热干燥。若有机复混肥的水分含量在 12%以下，一般不会散粒及霉变。挤压成型的粒肥含水量在 15%左右，要除去的水分不大。也有不少厂家调整物料水分，压粒后不干燥，但这样出粒速度慢。一般来说，如不采用热风干燥也应尽量采用冷风干燥。

有机无机复混肥生产流程如图 4-3 所示。

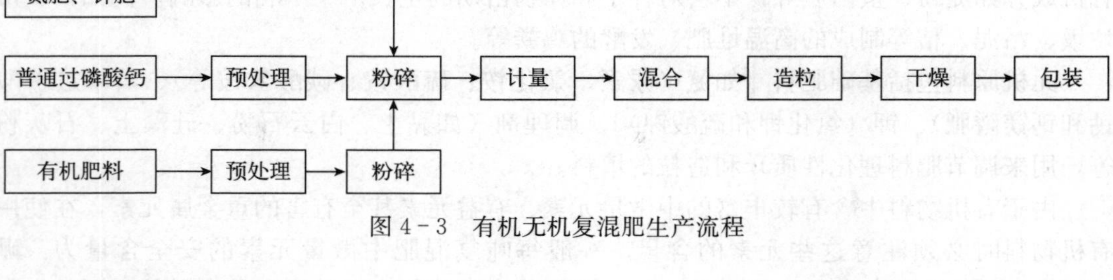

图 4-3　有机无机复混肥生产流程

(6) 缓控释肥生产

① 缓释肥料主要生产技术。

A. 合成有机缓效氮肥。合成有机缓效氮肥主要是以尿素为基体与醛反应形成水溶性低的聚合物，在土壤中受化学的或生物的分解作用，而逐步分解出其中氮素。常用的品种有以下几种。

a. 脲甲醛。尿素在催化剂存在下与甲醛反应产生一系列直链化合物，其组分依尿素与甲醛的摩尔比、催化剂及反应条件而定。短链聚合物较长链者溶解度大，一般要求两者平衡。其生产方法一般有两种，即稀溶液法和浓溶液法。稀溶液法中，产品从甲醛溶液中沉淀出来，然后进行过滤，母液循环至下工序。该技术可制得粒度较为均匀的产品，并可严格控制工艺条件。浓溶液法中，甲醛与尿素浓溶液反应，经催化剂固化成甲醛产品。该法操作费用较低，产品中氮含量较高，因此，产品成本低于稀溶液法。

b. 脲乙醛。分子式 $C_6H_{12}O_2N_4$，以乙醛为原料，先缩合成亚丁烯基醛或二聚乙醛，然后在酸性条件下与尿素缩合成白色粉末或浅黄色的脲乙醛，理论含氮 32.5%，实际含氮 31%～32%。

c. 亚异丁基二脲。它是尿素与异丁醛反应缩合产物白色结晶粉末，不吸湿，水溶性很低。它的溶液易被水解产生尿素和异丁醛。溶液温度越高，pH 越低，则水解作用也越快。

d. 草酰胺。过去用草酸与胺合成，但成本太高。后来以塑料工业的副产品氯酸为原料，以硝酸铜为催化剂，在适当温度下（50～80 ℃）直接合成，成本降低。

B. 硫衣尿素。硫衣尿素生产方法主要有 TVA 法、CL 法、凝结包工艺等。

a. TVA 法将尿素颗粒过筛，获得大小适宜的物料。此物料通过提升机进入流化床预热器，预热后在出口处温度约为 65 ℃流态化空气经旋风除尘后放空，尿素借重力从预热器进入涂硫转鼓，熔融硫在 155 ℃、表压 7～10.5MPa 下从多个喷嘴喷到尿素颗粒上。涂了硫的尿素颗粒在 80 ℃左右下送到涂封闭剂的转鼓，将封闭剂（30%聚乙烯和 70%重油组成的混合物，其用量为 2%或者是 3%熔融蜡和 0.2%的煤焦油混合物）喷涂到尿素颗粒表面，再将其送到调理鼓，用硅藻土（其用量为 1.8%）进行调理，再筛除凝聚的颗粒后储存。同时，为了提高 SCU 的缓释效果，TVA 法对包封剂的材料及性能进行了大量研究，相继开发出聚乙烯蜡、重油和可降解石蜡等包封剂。

b. CIL 法。由流化床预热器将颗粒尿素预热至 55 ℃，流化态空气经旋风除尘后，一部分放空，一部分通过涂硫转鼓，以防止爆炸性的粉尘积聚。将预热后的尿素颗粒送到涂硫转鼓，熔融硫在表压 6.910.3MPa 下，通过喷射总管以压力式喷嘴喷涂到尿素颗粒表面。硫的用量为 25%～27%，在涂硫转鼓末端出口处，通过设置在蒸汽加热总管上的压力式喷嘴，在低压下将封闭剂滴加到颗粒上。

c. 凝结包工艺。其工艺是在熔融硫中浸泡尿素颗粒，再借离心力的作用将包硫尿素从熔融硫中分离出去。与传统喷雾包涂时间（10～15 min）相比，全部包裹时间大约 1 s。实验装置生产的包硫尿素的包裹厚度和质量取决于尿素颗粒在熔融硫中的停留时间（0.6～0.8 s）和熔融硫的温度（130～144 ℃）。

C. 基质复合肥料。将肥料与可降低其溶解性的物质混合来制备缓释肥料已进行了多年的努力，但所选用的材料还没有真正提供可控制释放的特性。另外，基质型缓释肥是药片状、钉形物或饼状物，是将植物营养物质与黏结剂混合挤压而成。在许多情况下将甲醛或异丁烯环二脲加入混合物中，这种产品的性质与缓释性差的肥料相似，其溶解速率主要取决于压缩产品的表面积与体积的比率（体积越大释放就越慢）。

D. 包裹、涂层尿素。用高分子有机物包膜尿素的最大缺点是成本高，其次还可能污染土壤，而用无机物包裹尿素，包裹层的致密度不够，肥料颗粒在包装、储存、运输及配料过程中容易因摩擦而导致膜的破损，达不到预期足够的缓释性。为了克服包膜尿素的上述不足，人们做了大量的研究和试验，开发了各种各样的包膜材料，如为了降低包膜尿素的成本，开发了以工、农业以及生活废弃物（或副产品）为包膜材料；为了防止包膜的破损，开发了有保护膜层的多层包膜尿素；为了防止包膜对土壤的污染开发了可以被生物或光降解的聚合物作为包膜材料，如在聚合物的分子结构中引入基团、添加光敏剂或以壳聚糖、酸纤维素、织物、木质纤维素等可以生物降解的天然聚合物为包膜材料。用作肥的涂层或包膜的材料多种多样，包括沥青、焦油、树胶、乳胶、油类、石蜡、蜡、丙烯酸树脂、环氧树脂、聚烯烃、聚乙烯、聚苯乙烯、聚氨基甲酸、醛、乙酸乙烯、硫等，单用或合并使用，其中工业上最重要的材料是蜡、聚合物及硫。

② 控释肥料主要生产技术。控释肥料主要指聚合物包膜肥料，如树脂包膜肥料、乳胶包膜肥料等。对于高分子聚合物树脂包膜材料，一般采用加热沸腾式流化床喷涂包膜法和冷凝结合膜吸附的溶剂回收技术，其装置包括气流室、包衣室和扩大室，包衣室由中央室、外室、喷雾装置和气流分配板组成。加热气流和膜材料溶液经气流室通过气流分配板上的喷嘴进入包衣室，肥料经膜材料溶液润湿后被热气流干燥并被上推，经过中央室上部进入外室，由于中央室与外室空间存在压力差，使肥料颗粒又循环至中央室，再一次被热气流加速推动向上，并在肥料上升过程中被干燥，这样反复通入膜材料溶液和热空气，使包衣干燥操作反复进行，直至肥料表面包覆上所需厚度的膜层；上升的热空气和混合气从包衣室顶部进入扩大室，经过滤和膜吸收，除去粉尘并回收溶剂。

A. 树脂包膜肥料。树脂包膜肥料主要包括热固性树脂包膜肥料和热塑性树脂包膜肥料两大类。热固性树脂包膜肥料是在制备过程中使聚合物作用在肥料颗粒上，由热固性树脂交联形成的硫水聚合物膜。常用的热固性树脂有醇酸类树脂和聚氨酯类树脂两大类。热塑性树脂包膜肥料主要是聚乙烯等包膜材料溶解于氯化烃中，在流化床反应器中喷涂在肥料颗粒上。

a. 醇酸树脂包膜肥料。最早商品化生产的树脂包膜肥料是 1967 年美国在加利福尼亚州生产的醇酸树脂包膜肥料。醇酸树脂是双环戊二烯和甘油的共聚物，养分的释放可以通过改变膜的成分或膜的厚度来控制，养分释放过程为水分通过膜上的微孔透到膜内，增加了膜内的渗透压力而造成膜膨胀，膨胀又增大了微孔，使养分从增大的孔中释放出来。醇酸树脂类包膜技术可以很好地控制膜的成分和厚度，从而控制养分释放率和释放曲线，这种树脂膜可以用到各种颗粒肥料产品上。

b. 聚氨酯类树脂包膜肥料。聚氨类包膜是在肥料颗粒表面上直接以聚异基与多元醇反应生成的。它与其他树脂的区别在于聚异基与肥料芯反应，形成了抗磨损的控释肥。养分从这种产品中的释放主要依赖于温度变化，而土壤水分含量、pH、干湿交替以及土壤生物活性对释放几乎无影响。

c. 热塑性树脂包膜肥料。最常用的包膜颗粒肥料技术是将热塑性包膜材料（如聚乙烯）溶解于氯化烃中，在流化床反应器中喷涂在肥料颗粒上。养分释放可通过将透水性差的聚乙烯与透水性较强的树脂加以混合来控制，加入的矿物粉末可以控制 Q10 释放因子

（Q10 被定义为增加 10 ℃释放率的变化值），使它在 1.80～2.55 之间变化。改变聚乙烯和树脂的比例或改变添加矿物质粉末的量，可以提供具有很好的养分控制释放率和释放曲线的控释肥。

B. 乳胶包膜肥料等其他包膜肥料。有一些其他热塑性聚合物或乳胶可用作包膜材料，如加拿大研制的一种产品是用乳胶包膜尿素或其他粒状复合肥料，与其他包膜的区别在于它是用聚偏二氯乙烯的水乳胶悬浮液喷涂于颗粒上，不需要回收溶剂。

C. 聚合物包膜硫包衣尿素。由于硫包衣尿素控释效果差，一些家用有机聚合物（热塑性塑料或树脂）在硫包衣尿素上再包一层较薄的普通聚合物膜，以增强抗磨损性能，产品表现出较好的释放性能。目前硫包衣尿素和硫包膜尿素占了包膜产品的绝大部分，主要是由于它们广泛地应用于非农业市场（如草坪、景观业），但随着产量增加，成本降低，正逐步用于 BB 肥料的混配，扩大到农业市场。

2. 质量检测

按照肥料种类选择相应的国家、行业标准进行检测。

复混肥料按照 GB 15063 检测；有机肥料按照 NY 525 行业标准检测；有机无机复混肥料按照 GB 18877 标准检测。

（1）实验室环境条件的控制　一般可参考以下要求。

环境温度：15～35 ℃；相对湿度：20%～75%；电源电压：(220±11) V，注意接地良好；噪声：仪器室噪声<55 dB，工作间噪声<70 dB；含尘量：<0.28 mg/m^3；照度：200～350 Lx；振动：天平室、仪器室应在 4 级以下，振动速度<0.20 mm/s；特殊仪器设备的使用，特殊样品试剂的存放和特殊分析项目的开展，应满足其各自规定的环境条件。

（2）人力资源的控制　按照计量认证的要求，配备相应的专业技术人员，定期培训，定期考核，确保人员素质。

（3）仪器设备及标准物质控制　实验室计量器具主要有仪器设备、玻璃量器、标准物质三类。

① 仪器设备。应购买已获产品质量认证的专业厂家生产的产品。对检测准确性和有效性有影响的仪器设备，应制定周期校核、检定计划。属强制性检定的，应定期送法定机构检定；属非强制性检定但有检定规程的，一般也应定期送检或自检，但自检应建标并考核合格；属非强制性检定又无检定规程的或不属于计量器具但对检测准确性和有效性有影响的，应定期组织自检或验证。自检和验证常用的方法是使用有证标准物质和组织实验室间比对等。

② 玻璃量器。应购置有制造计量器具许可证的产品。玻璃量器应按周期进行检定，其中与标准溶液配制、标定有关的，定期送法定机构检定，其余的由本单位具有检定员资格的人员按有关规定自检。

③标准物质。应购买国务院有关业务主管部门批准并授权生产，附有标准物质证书且在有效期内的产品。实验室的标准样品、工作标准溶液等应溯源到国家有证标准物质。

（4）实验室内的质量控制

① 标准溶液的校准。标准溶液分为元素标准溶液和标准滴定溶液两类。应严格按照

国家有关标准配制、使用和保存。

② 空白试验。空白值的大小和分散程度，影响着方法的检测限和结果的精密度。影响空白值的主要因素：纯水质量、试剂纯度、试液配制质量、玻璃器皿的洁净度、精密仪器的灵敏度和精密度、实验室的清洁度、分析人员的操作水平和经验等。空白试验一般平行测定的相对差值不应大于50%，同时，应通过大量的试验，逐步总结出各种空白值的合理范围。每个测试批次及重新配置药剂都要增加空白。

③ 精密度控制。精密度一般采用平行测定的允许差来控制。通常情况下，土壤样品需做10%～30%的平行。5个样品以下的，应增加为100%的平行。

平行测试结果符合规定的允许差，最终结果以其平均值报出，如果平行测试结果超过规定的允许差，需再加测一次，取符合规定允许差的测定值报出。如果多组平行测试结果超过规定的允许差，应考虑整批重做。

④ 准确度控制。准确度一般采用标准样品作为控制手段。通常情况下，每批样品或每50个样品加测标准样品一个，其测试结果与标准样品标准值的差值，应控制在标准偏差（S）范围内。

采用参比样品控制与标准样品控制一样，但首先要与标准样品校准或组织多个实验室进行定值。在土壤测试中，一般用标准样品控制微量分析，用参比样品控制常量分析。如果标准样品（或参比样品）测试结果超差，则应对整个测试过程进行检查，找出超差原因再重新工作。此外，加标回收试验也经常用作准确度的控制。

⑤ 干扰的消除或减弱。干扰对检测质量影响极大，应注意干扰的存在并设法排除。主要方法有：可采用物理或化学方法分离被测物质或除去干扰物质；利用氧化还原反应，使试液中的干扰物转化为不干扰的形态；加入络合剂掩蔽干扰离子；采用有机溶剂的萃取及反萃取消除干扰；采用标准加入法消除干扰；采用其他分析方法避开干扰。

⑥ 其他措施。实验室内的质量控制除上述日常工作外，还需要由质量管理人员对检测结果的准确度、重复性和复现性进行控制，对检测结果的合理性进行判断。

A. 准确度控制。用标样作为密码样，每年至少考核1次；尽可能参加上级部门组织的实验室能力验证和考核。

B. 重复性控制。按不同类别随机抽取样品，制成双样同批抽查；随机抽取已检样，编成密码跨批抽查；同（跨）批抽查的样品数量应控制在样品总数的5%左右。

C. 复现性控制。室内互检：安排同一实验室不同人员进行双人比对；室间外检：分送同一样品到不同实验室，按同一方法进行检测；方法比对：对同一检测项目，选用具有可比性的不同方法进行比对。

D. 检测结果的合理性判断。检测结果的合理性判断是质量控制的辅助手段，其依据主要来源于有关专业知识。检测结果的合理性判断，只能作为复验或外检的依据，而不能作为最终结果的判定依据。

（5）*实验室间的质量控制* 实验室间的质量控制是一种外部质量控制，可以发现系统误差和实验室间数据的可比性，可以评价实验室间的测试系统和分析能力，是一种有效的质量控制方法。

实验室间质量控制的主要方法为能力验证，即由主管单位统一发放质控样品，统一编号，确定分析项目、分析方法及注意事项等，各实验室按要求时间完成并报出结果，主管单位根据考核结果给出优秀、合格、不合格等能力验证结论。

三、配方肥的供应

1. 市场销售

肥料企业作为市场主体，通过经销商或农资店，将自主生产的配方肥直接或间接销售给农民，企业主动承担了配方肥运送的物流、送货等服务；或者农户在肥料销售点、农资经营店购买相应的配方肥，企业按照市场运行模式进行肥料的生产、销售与供应。肥料企业的配方来源于土肥技术部门，经大专院校、企业、推广部门等专家会商后形成的肥料配方。企业根据全国农业技术推广服务中心或当地土肥技术部门提供的配方自主生产、自主经营、自主销售。

2. 农企合作

推广部门组织农企对接座谈会，组织配方肥推广企业与项目示范县签订农企合作协议，明确责任与义务。为提高“配方肥”的社会认知度，授权签约的企业在肥料包装袋上印制“测土配方施肥推荐产品”字样或者“配方肥”标志，授予相关配方肥销售网点“配方肥定点销售网点”的牌子，营造配方肥品牌效应。

鼓励肥料企业与农民专业合作社、规模化产业基地、种植大户对接，订单生产供应配方肥，建立统配统供统施网络服务平台，公开招标采购配方肥企业入住平台，实现网上购买与结算，及时为农户提供配方肥供应与服务，探索建立专业化的统配统供统施服务模式。

3. 农化服务

组织开展农技培训服务，邀请农业技术专家定期对肥料经销商、农户进行专题培训，针对各地区不同作物的种植讲授配方肥产品的特性、作用，重点培训科学施肥知识与技术，引导企业按方生产，指导农民按方施肥。

针对特殊需求的农户，主要是种植大户或农场，围绕该田块、该作物开展采样化验、配方施肥，为该地块提供有针对性、个性化的配方肥。

随着互联网、云计算技术的发展，基于远程信息采集和自动化控制的配方肥智能化生产技术。以智能配肥站或智能工厂为基点，不同用户（种植大户、合作社、家庭农场等）通过微信、手机 APP、PC 端等提交移动交易订单上传到肥料“云智造”应用及管理系统平台，采用自动化精准配料远程控制技术，智能化生产订单肥料，生产过程标准化、可视化（图 4－4）。

（1）短信　用户只需向短信平台发送一条包含田块编码或者田块位置（经纬度）的短信，即免费可收到该田块的施肥方案等信息。

（2）微信　用户通过添加微信服务号“测土配方施肥服务平台”，在微信界面中通过编辑发送相关指令或者点击菜单即可以免费、方便查询到施肥方案等信息。

（3）智能手机 APP　农技人员通过智能手机系统，利用地图服务进行定位查询土壤养分状况和作物的施肥方案信息。智能手机 APP 分为苹果版和安卓版。

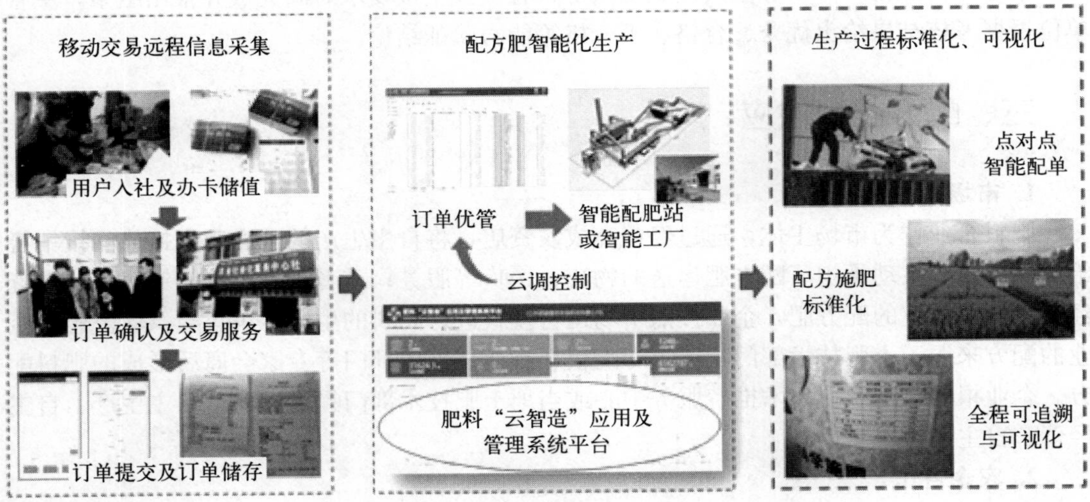

图4-4　肥料“云智造”应用管理系统

（4）互联网（WEB）　用户通过计算机浏览器浏览地图服务，可以快速准确找到目标地块，鼠标点击地块后可以查询到地块的土壤养分状况和作物的施肥方案信息。

（5）触摸屏查询　该系统以地图或卫星照片为界面，咨询者用手指在触摸屏上放大、缩小、移动地图，找到自家田块后轻轻一点即可查询到该田块的各种作物测土配方施肥方案并立即打印出施肥建议卡。

（6）智能配肥设备　用户在智能配肥设备的触摸屏上通过浏览地图找到目标地块后，点击即可获取到地块的施肥方案。点击配肥按钮就可以配制出精准配比的肥料，真正实现肥料的个性化定制。

第五章
肥料配方发展

随着农业科技的发展和从业人员知识水平的提高，肥料产业取得了长足进步，一个重要的原因就是肥料配方的发展。从最初的 15－15－15 一种配方，到如今的上千个配方，如果再考虑到原料、工艺，现阶段市场流通的肥料产品配方足有数万个，这是肥料配方数量发展最好的体现。至于肥料配方内容，也发生了巨大的变化，整体而言，从最初 15－15－15 的均衡型，先是受价格和原料影响向高氮型发展，经过科学施肥知识的普及，肥料配方中的氮不再持续走高，磷、钾、中微量元素都得到均衡发展。

从肥料全链条来看，农技部门根据当地土壤养分状况、区域气候特点、作物养分需求规律等内容来制定推荐配方作为指导和标准，肥料企业将其物化，经销商负责流通，最后到农民施用，这几个环节都十分重要。因此，本文内容也覆盖了这几个方面：农技部门推荐配方变化，肥料产品登记配方变化，经销商销售配方变化，农民施用配方变化，配方匹配。

一、材料与方法

（一）分析思路

如图 5－1 所示，本章分析的是 2014—2019 年间的配方变化，覆盖了肥料产品生命周期的四个环节，即配方设计—肥料生产—肥料流通—肥料施用，分别对应着农技部门推荐

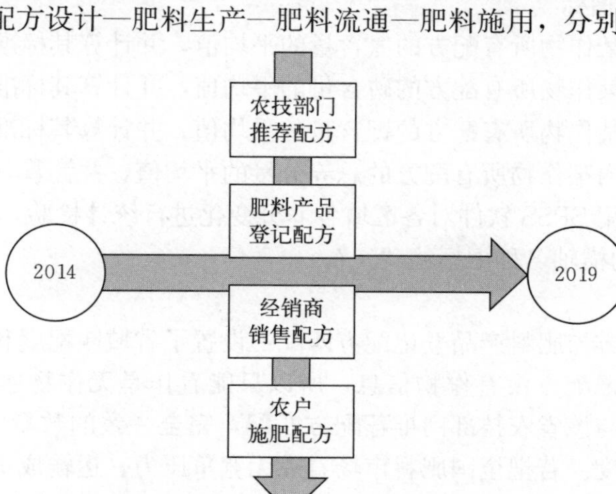

图 5－1　配方发展分析思路

配方、肥料产品登记配方、经销商销售配方、农户施肥配方四个方面，分析这四个层次的肥料配方变化。除此之外，把这四个环节以农技部门推荐配方为标准，分析肥料产品登记配方、经销商销售配方、农户施肥配方的匹配度，来衡量这几个环节的肥料配方是否科学。

（二）指标设计

1. 配方数量变化指标

为分析配方总体及各类配方数量的变化，设计了以下指标进行分析。

样本数量：某区域某作物某来源的样本总数。在分析不同来源的配方时这个指标计量的对象也不同。在分析农技部门推荐配方时，样本数量即为农技部门推荐配方的总数。在分析肥料产品登记配方时，样本数量为某年某地某种类型的肥料产品登记的产品数量。在分析经销商销售配方时，样本数量为某年某地经销商销售的产品个数。在分析农户施肥配方时，样本数量为某年某地种植了某作物的符合筛选要求的农户数量。

省级配方数量：某省农技部门在全省范围某作物上推荐的配方数量。

平衡肥比例：某区域某作物某来源的配方中平衡肥配方的个数占其配方数量的比例。这里的平衡肥指配方中氮、磷、钾含量相等或相差为 1 的配方。

高氮配方比例：某区域某作物某来源的配方中高氮配方的个数占其配方数量的比例。这里的高氮配方指氮含量大于 20 的配方。

高浓度配方比例：某区域某作物某来源的配方中高浓度配方的个数占其配方数量的比例。这里的高浓度配方指 GB/T 15063—2009 中规定的总养分含量≥40 的配方。

配方多样性：把区域内某作物不同来源的相同配方看成是同一配方，统计这些互不相同的配方的个数，然后再除以该区域配方总数，即得该区域该作物配方的多样性。这个值越接近 1，则说明该区域该作物的配方越多样；反之，这个值越接近 0，说明该区域该作物的配方越统一。

2. 配方内容变化指标

氮含量：区域内某作物所有配方的氮含量的平均值，并计算其标准偏差。

磷含量：区域内某作物所有配方的磷含量的平均值，并计算其标准偏差。

钾含量：区域内某作物所有配方的钾含量的平均值，并计算其标准偏差。

总养分量：区域内某作物所有配方的总养分量的平均值，并计算其标准偏差。

显著性分析：使用 SPSS 软件对各区域各养分变化进行统计检验，若变化显著（sig＜0.05），则在统计图的横轴名称下标注“*”。

3. 配方匹配指标

农技部门推荐配方与肥料产品登记配方匹配：设置了省域匹配度和全国匹配度两个指标。由于肥料产品登记配方没有作物信息，所以只能看作是无作物适用差别的同一配方库。将某省登记配方与该省农技部门推荐配方匹配，完全一致的数量除以登记产品总数，即为该省的省域匹配度。若把全国肥料市场看成无竞争压力、运输成本的环境，各地生产的配方可以流通到全国各地，将全国登记的肥料配方与全国所有农技部门推荐的配方匹配，完全一致的数量除以登记产品总数，即为该省的全国匹配度。

农技部门推荐配方与经销商销售配方匹配：某区域调研到的肥料产品中配方与该区域农技部门推荐的某一配方一致的数量占产品总数的比例即为该区域经销商销售配方匹配度。

农技部门推荐配方与农民施用配方匹配：某区域调研到的农民施用的配方中与该区域农技部门推荐的某一配方一致的数量占调研到的农户总数的比例即为该区域农户施肥配方匹配度。

（三）数据来源

1. 农技部门推荐配方

农技部门推荐配方为2014年和2019年各级农技部门上报的各作物推荐配方，覆盖了全国除港澳台地区外的31个省级行政区，县级行政区覆盖率超过80%。刨去一些错误配方，2014年共收集到各地区各作物推荐配方6 241个，2019年共收集到推荐配方6 852个。这些配方覆盖了小麦、玉米、水稻、马铃薯、大豆、油菜、棉花、花生、蔬菜、果树和其他经济作物。

2. 肥料产品登记信息

本次收集到的肥料产品登记配方是各省农技部门提交的在各省登记的肥料产品信息，除河北省和新疆维吾尔自治区已取消肥料产品登记制度而未提交外，另外29个省级行政区全部提交。肥料产品登记的有效期为五年，2015—2019年，共新登记肥料产品64 299个。另外，肥料产品登记信息中除了登记时间、配方、生产企业外，还有肥料类型这一信息，主要分为掺混肥料、复混肥料、有机肥料、有机无机复混肥四类，在本章中也做了分析。

3. 2014年全国测土配方施肥大调研与2019年全国科学施肥大调研

为反映测土配方施肥工作推进效果，农业农村部（2014年为农业部）委托中国农业大学资源与环境学院植物营养系成立调研组，奔赴全国粮食作物主产区的11个省对农户和肥料经销商进行问卷调研。根据收入水平分级，每个省选择了4个县，每个县选择3个镇，每个镇选择2个村，每个村随机选择8个农户，每个镇随机选择1个肥料经销商。2019年调研时优先跟踪调研2014年调研到的对象，全国县域跟踪率97.7%，村域跟踪率90%，农户跟踪率40%，经销商跟踪率39%，具体情况见表5-1。

表5-1 2019年大调研各省份样本数量及跟踪率

省份	调研农户数	调研经销商数	村跟踪率（%）	农户跟踪率（%）	经销商跟踪率（%）
安徽	189	12	100	56	17
甘肃	191	12	100	31	17
广西	191	12	88	67	83
河北	193	12	100	63	75
河南	199	12	96	39	33
黑龙江	168	8	75	18	38

（续）

省份	调研农户数	调研经销商数	村跟踪率（%）	农户跟踪率（%）	经销商跟踪率（%）
湖南	191	12	88	52	25
吉林	190	11	100	28	36
江苏	190	12	60	16	8
山东	190	13	100	42	69
陕西	191	12	80	26	25
合计	2 083	128	90	40	39

二、农技部门推荐配方变化

根据农业农村部发布的《全国优势农产品区域布局规划（2008—2015 年）》内容，综合考虑自然条件、作物栽培特点等因素，对水稻、小麦、玉米、马铃薯、大豆、棉花、油菜、花生进行分区。

分别把不同农作物的优势区作为农技部门推荐配方的区域划分依据，旨在明确从 2014 年到 2019 年农技部门推荐配方在数量、类型和养分含量等方面的变化。

（一）小麦

1. 配方数量变化

如表 5－2 所示，就县级配方而言，黄淮海地区、西南地区配方个数均有增加，分别从 629 和 64 增加到 886 和 114，分别增加了 40.9%、43.9%；西北地区和长江中下游地区配方个数均有减少，分别从 246 和 186 减少到 104 和 145，分别减少了 57.7%、22%；全国总体配方个数从 1 129 增加到 1 256，增加了 11.2%。就省级配方而言，东北地区、西南地区、长江中下游地区配方个数均没有变化，黄淮海地区、西北地区配方个数略有增加。与省级配方个数相比，县级配方个数比重较大，因此配方总数的变化趋势和县级配方变化趋势保持一致，全国配方总数由 1 136 增加到 1 280，增加了 12.7%。

表 5－2　农技部门小麦推荐配方数量变化

尺度	省级配方		县级配方		配方总数	
年份	2014	2019	2014	2019	2014	2019
东北地区	0	0	4	7	4	7
黄淮海区	0	12	629	886	629	898
西北区	0	5	246	104	246	109
西南区	7	7	64	114	71	121
长江中下游区	0	0	186	145	186	145
全国总体	7	24	1 129	1 256	1 136	1 280

2. 配方类型变化

如图 5-2 所示，2014—2019 年，全国小麦种植优势区农技部门所推荐的平衡肥比例变化幅度不大，除黄淮海地区和长江中下游地区略有降低，分别从 6%和 4%降低到 5%和 1%。其他地区基本没有变化，西北地区稳定在 1%，西南地区稳定在 8%左右，全国总体则稳定在 5%。

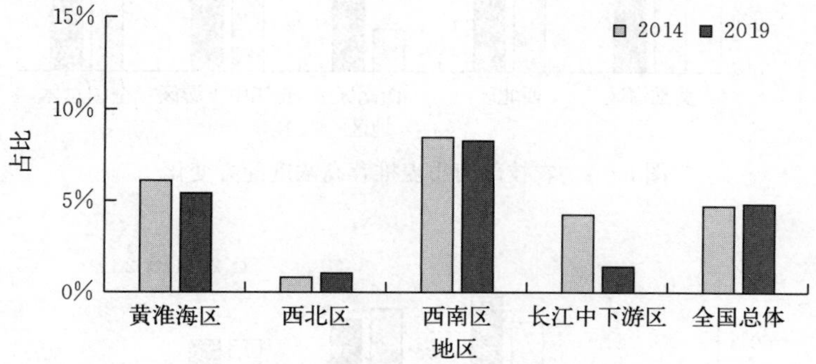

图 5-2　农技部门小麦推荐平衡配方变化

如图 5-3 所示，2014—2019 年，西南地区农技部门所推荐的小麦高氮肥比例从 6%增加到 19%，变幅较大，但与其他地区相比，西南地区小麦高氮肥比例仍是最小。其他地区基本没有变化，西北地区小麦高氮肥比例稳定在 28%，长江中下游地区稳定在 41%，该地区小麦高氮肥比例最大，全国总体则稳定在 33%左右。

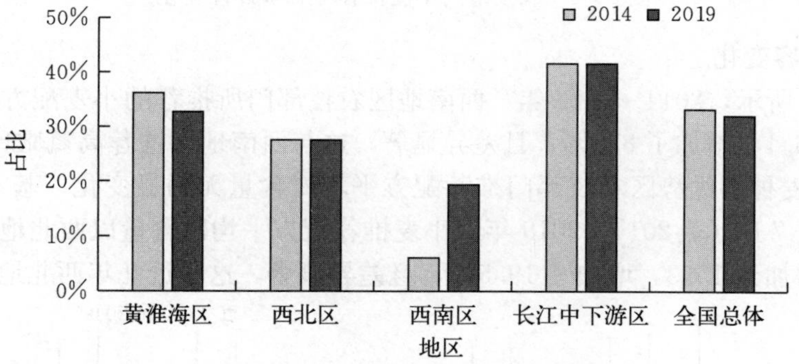

图 5-3　农技部门小麦推荐高氮配方变化

如图 5-4 所示，2014—2019 年，西北地区、西南地区、长江中下游地区农技部门所推荐的小麦高浓度肥比例均有增加，分别从 49%、15%和 85%增加到 66%、27%和 91%；黄淮海地区农技部门所推荐的小麦高浓度肥比例从 94%降低到 90%，略有降低。就全国总体来看，从 78%增加到 83%。可见，小麦高浓度肥比例呈增加趋势，黄淮海地区和长江中下游地区农技部门推荐的小麦高浓度肥比例较高，西南地区小麦高浓度肥比例最低。

如图 5-5 所示，2014—2019 年，小麦配方多样性以西北地区变化明显，从 65%增加到 74%。其他地区变化不明显，基本维持稳定，黄淮海地区稳定在 42%，西南地区稳定在 67%左右，长江中下游地区稳定在 60%左右，全国总体稳定 43%左右。

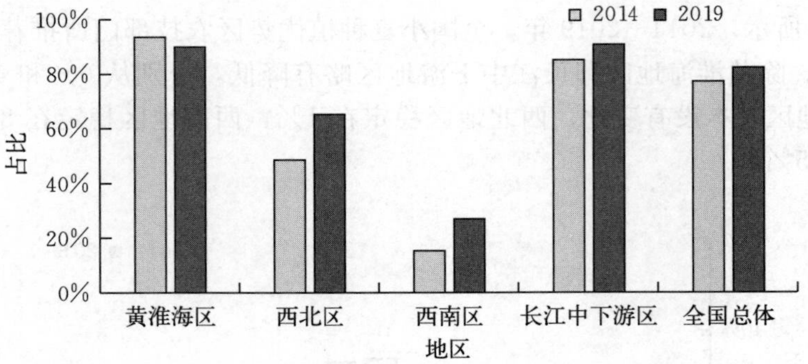

图 5-4　农技部门小麦推荐高浓度配方变化

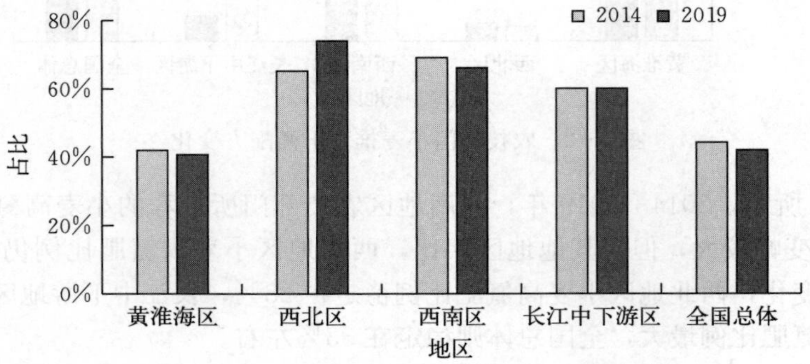

图 5-5　农技部门小麦推荐配方多样性变化

3. 配方内容变化

如图 5-6 所示，2014—2019 年，西南地区农技部门所推荐的小麦配方平均氮含量从 14.8 增加到 16.1，增加了 8.8%，且差异显著，这与西南地区推荐高氮肥比例增多有关，而全国其他小麦种植优势区农技部门推荐配方平均氮含量无明显变化，基本上稳定在 18 以上。如图 5-7 所示，2014—2019 年，小麦推荐配方平均磷含量以西北地区增加最为明显，从 12.8 增加到 15.3，增加了 19.5%，且差异显著，这与近几年西北地区土壤相对缺

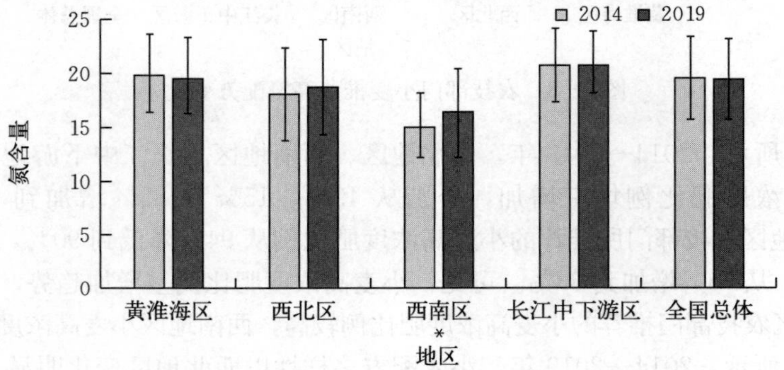

图 5-6　农技部门小麦推荐配方氮含量变化

注：* 表示差异显著（$P<0.05$），余同。

磷有关，因此推荐配方中磷的含量增加，其他地区农技部门推荐配方平均磷含量无明显变化，以黄淮海地区最高，维持在 15 以上。如图 5－8 所示，2014—2019 年，小麦推荐配方平均钾含量以黄淮海地区增加最为显著，从 8.9 增加到 12.3，增加了 38.2%。其他地区农技部门推荐配方平均钾含量无明显变化，以长江中下游地区最高，维持在 11 以上。如图 5－9 所示，2014—2019 年，小麦推荐配方平均总养分含量仍以西北地区增加最为显著，从 36.2 增加到 39.6，增加了 9.4%；黄淮海地区、长江中下游地区以及全国总体推荐配方平均总养分含量保持在 40 以上。

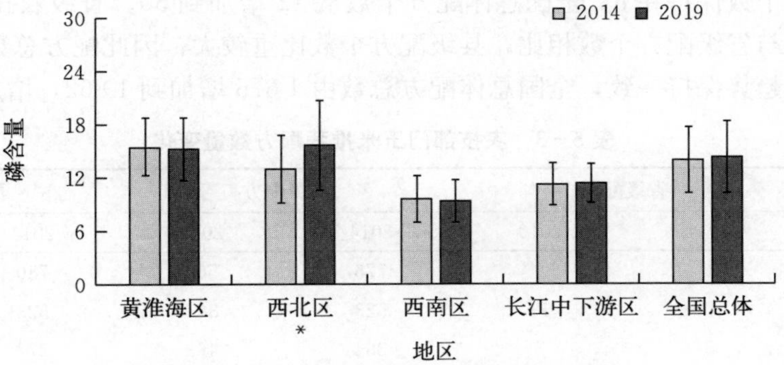

图 5－7　农技部门小麦推荐配方磷含量变化

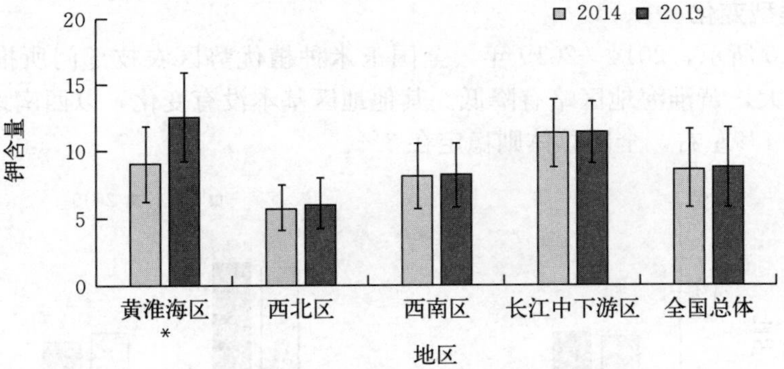

图 5－8　农技部门小麦推荐配方钾含量变化

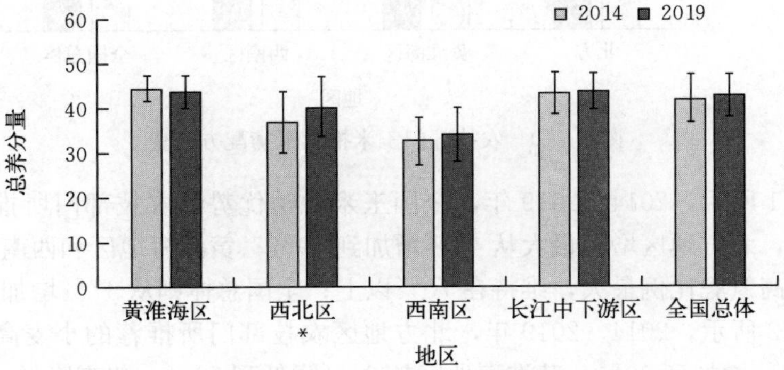

图 5－9　农技部门小麦推荐配方总养分量变化

（二）玉米

1. 配方数量变化

如表5-3所示，就县级配方而言，黄淮海地区和西南地区配方个数均有增加，分别从523和364增加到801和463，增加了53.2%和27.2%；北方地区配方个数有所减少，从776减少到568，减少了26.8%；全国总体配方个数从1 663增加到1 832，增加了10.2%。就省级配方而言，北方地区配方个数从4增加到9，黄淮海地区从0增加到13，西南地区配方个数保持在8，全国总体配方个数从12增加到30。省级农技部门推荐的配方数量较少，与省级配方个数相比，县级配方个数比重较大，因此配方总数的变化趋势和县级配方变化趋势保持一致，全国总体配方总数由1 675增加到1 862，增加了11.2%。

表5-3 农技部门玉米推荐配方数量变化

尺度	省级配方		县级配方		配方总数	
年份	2014	2019	2014	2019	2014	2019
北方	4	9	776	568	780	577
黄淮海区	0	13	523	801	523	814
西南区	8	8	364	463	372	471
全国总体	12	30	1 663	1 832	1 675	1 862

2. 配方类型变化

如图5-10所示，2014—2019年，全国玉米种植优势区农技部门所推荐的平衡肥比例变化幅度不大，黄淮海地区略有降低。其他地区基本没有变化，以西南地区平衡肥比例最高，稳定在4%左右，全国总体则稳定在3%。

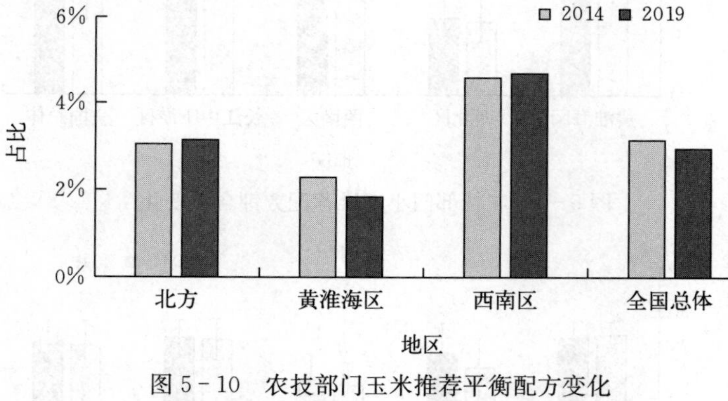

图5-10 农技部门玉米推荐平衡配方变化

如图5-11所示，2014—2019年，全国玉米种植优势区农技部门所推荐的高氮肥比例呈增加趋势，北方地区增幅最大从42%增加到59%；黄淮海地区和西南地区略有增加，以黄淮海地区高氮肥比例最大，维持在70%以上；全国总体则从47%增加到57%。

如图5-12所示，2014—2019年，北方地区农技部门所推荐的小麦高浓度肥比例增幅最大，从73%增加到90%；黄淮海地区从94%降低到89%，略有降低；西南地区则稳定在24%左右；全国总体从73%增加到78%。

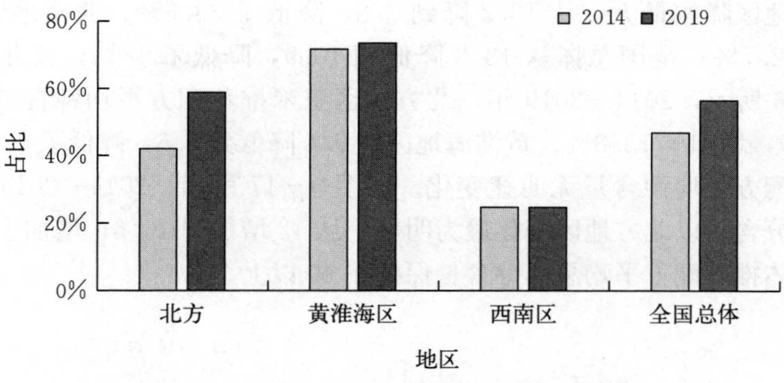

图 5-11　农技部门玉米推荐高氮配方变化

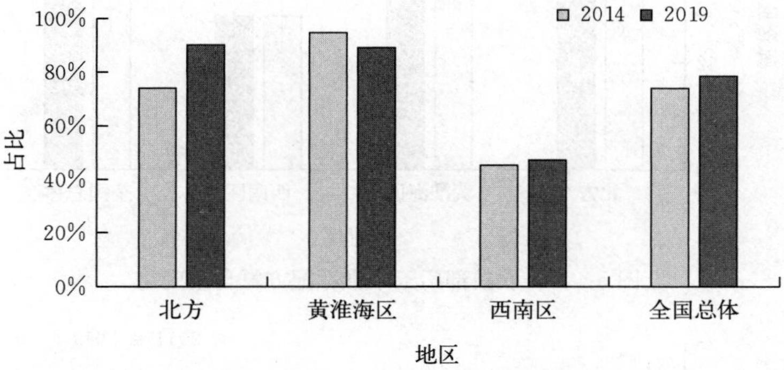

图 5-12　农技部门玉米推荐高浓度配方变化

如图 5-13 所示，2014—2019 年，北方地区农技部门所推荐的玉米配方肥多样性增幅较大，从 53%增加到 64%；黄淮海地区从 44%降低到 39%；西南地区保持在 53%左右；全国总体保持在 44%左右。

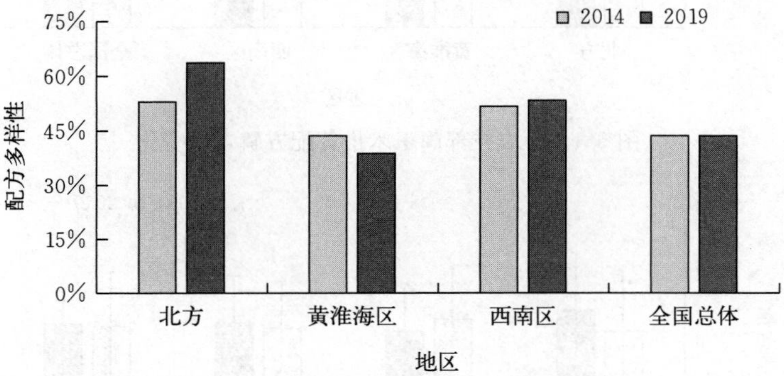

图 5-13　农技部门玉米推荐配方多样性变化

3. 配方内容变化

如图 5-14 所示，2014—2019 年，全国玉米种植优势区农技部门推荐配方平均氮含量无明显变化，北方地区、黄淮海地区、西南地区、全国总体平均氮含量分别维持在 20、24、17、20 左右。如图 5-15 所示，2014—2019 年，玉米推荐配方平均磷含量呈下降趋势，以黄淮海地区降幅最大，从 13.3 降到 8.8，降低了 33.8%；西南地区从 11 降低到 9.6，降低了 12.7%；全国总体从 13.3 降低到 10.9，降低了 18%，仅北方地区略有增加。如图 5－16 所示，2014—2019 年，北方地区玉米推荐配方平均钾含量增加明显，从 8.7 增加到 9.9，增加了 13.8%；黄淮海地区从 9.4 降低到 8.6，降低了 8.5%；其他地区农技部门推荐配方平均钾含量无明显变化。如图 5－17 所示，2014—2019 年，玉米推荐配方平均总养分含量以北方地区变化最为明显，从 42 增加到 46.6，增加了 11%；黄淮海地区和全国总体推荐配方平均总养分含量保持在 40 以上。

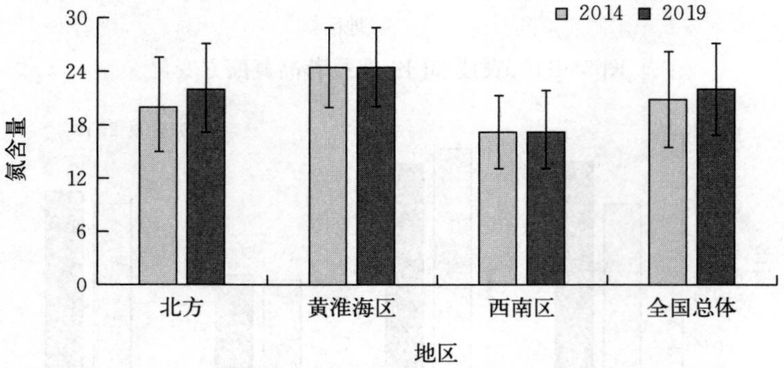

图 5－14　农技部门玉米推荐配方氮含量变化

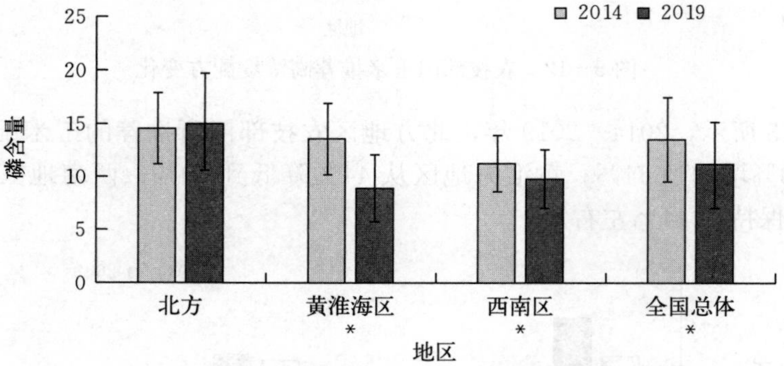

图 5－15　农技部门玉米推荐配方磷含量变化

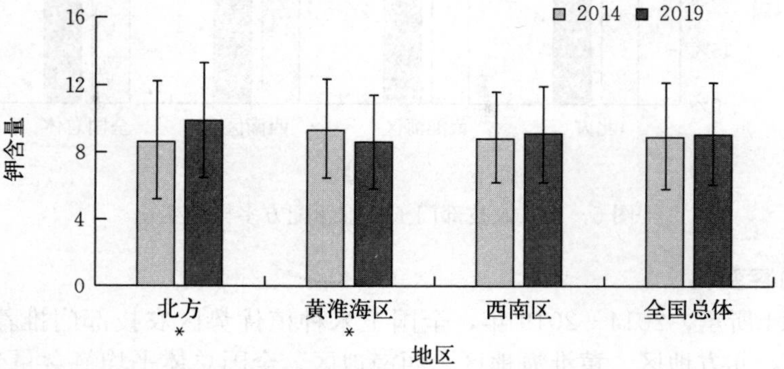

图 5－16　农技部门玉米推荐配方钾含量变化

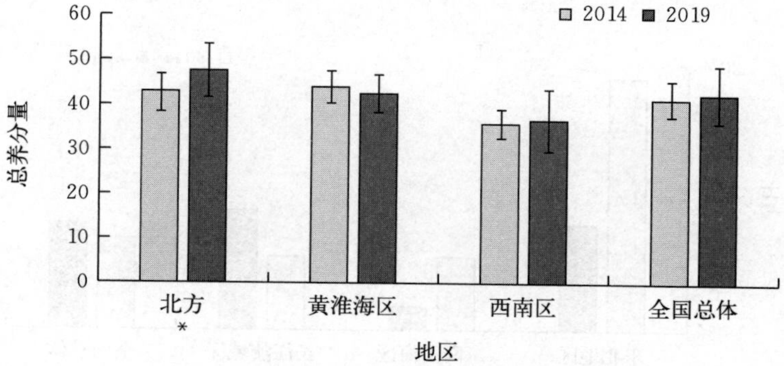

图 5-17　农技部门玉米推荐配方总养分量变化

(三) 水稻

1. 配方数量变化

如表 5-4 所示，就县级农技部门水稻推荐配方而言，各地区配方个数均有增加，东北地区配方个数从 108 增加到 188，增长了 74.1%；东南沿海地区配方个数从 125 增加到 235，增长了 88%；长江流域配方个数从 906 增加到 1 118，增长了 23.4%；全国总体配方个数从 1 139 增加到 1 541，增长了 35.3%。就省级配方而言，东北地区配方个数从 4 减少到 3，东南沿海地区从 0 增加到 3，长江流域地区配方个数从 8 增加到 16，全国总体配方个数从 12 增加到 22。省级农技部门推荐的配方数量较少，与省级配方个数相比，县级配方个数比重较大，因此配方总数的变化趋势和县级配方变化趋势保持一致，全国总体配方总数由 1 151 增加到 1 563，增加了 35.8%。

表 5-4　农技部门水稻推荐配方数量变化

尺度	省级配方		县级配方		配方总数	
年份	2014	2019	2014	2019	2014	2019
东北地区	4	3	108	188	112	191
东南沿海区	0	3	125	235	125	238
长江流域区	8	16	906	1 118	914	1 134
全国总体	12	22	1 139	1 541	1 151	1 563

2. 配方类型变化

如图 5-18 所示，2014—2019 年，全国水稻种植优势区农技部门所推荐的平衡肥比例变化不尽相同。东北地区变幅最大，从 19%降低到 8%；东南沿海地区略有降低，从 6%降低到 2%，并且其平衡肥比例最低；长江流域地区略有升高，从 6%增加到 9%；全国总体则基本维持在 7%。

如图 5-19 所示，2014—2019 年，全国水稻种植优势区农技部门所推荐的高氮肥比例呈增加趋势，东北地区增幅最大，从 21%增加到 33%；东南沿海地区从 30%增加到 35%，并且该地区水稻高氮肥比例一直相对较高；长江流域地区从 19%增加到 22%；全国总体则从 20%增加到 26%。

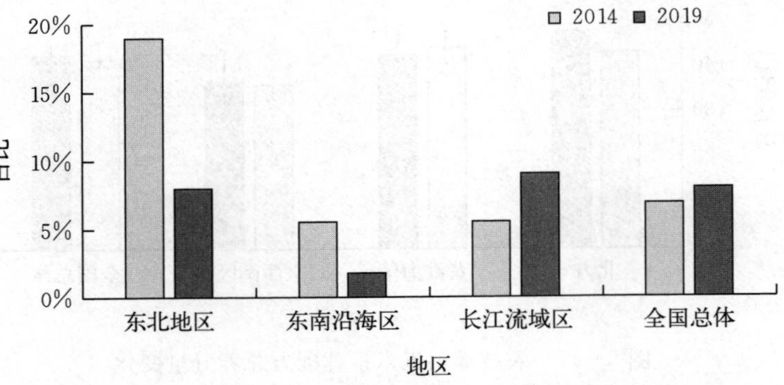

图 5-18　农技部门水稻推荐平衡配方变化

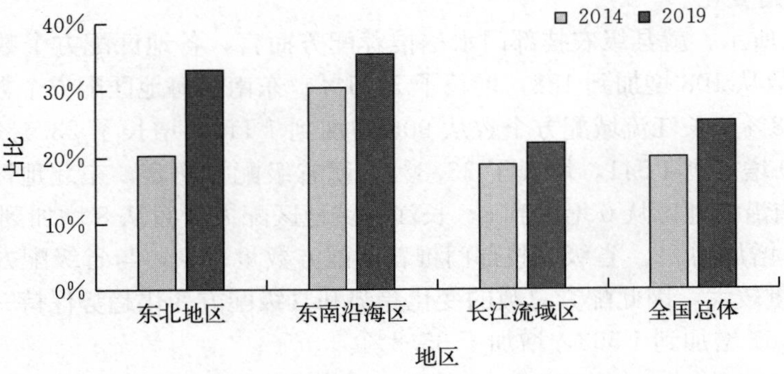

图 5-19　农技部门水稻推荐高氮配方变化

如图 5-20 所示，2014—2019 年，东北地区农技部门所推荐的水稻高浓度肥比例，从 94%增加到 100%，该地区推荐的水稻高浓度肥占比最大。其他地区变化不明显，东南沿海地区稳定在 60%，长江流域地区以及全国总体稳定在 70%以上。

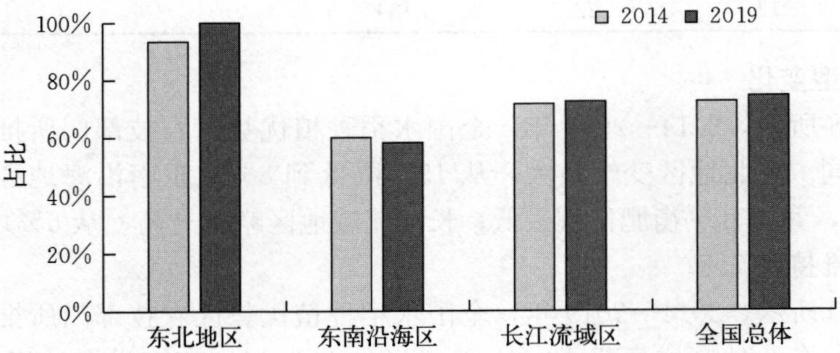

图 5-20　农技部门水稻推荐高浓度配方变化

如图 5-21 所示，2014—2019 年，东北地区农技部门所推荐的水稻配方肥多样性略增，从 69%增加到 78%；东南沿海地区从 51%增加到 54%；长江流域地区以及全国总体稳定在 30%以上。

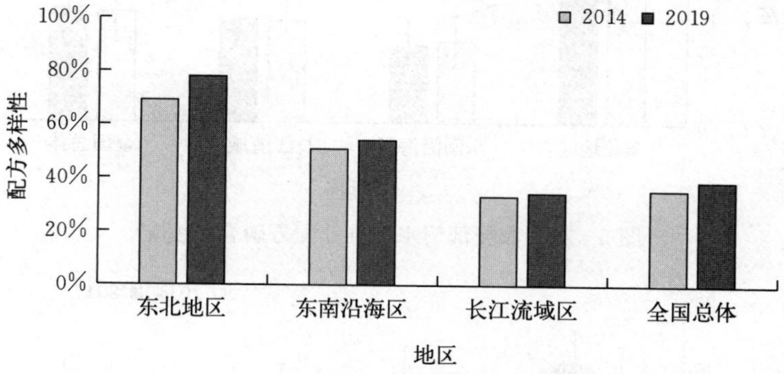

图 5-21　农技部门水稻推荐配方多样性变化

3. 配方内容变化

如图 5-22 所示，2014—2019 年，全国水稻种植优势区农技部门推荐配方平均氮含量仅东北地区变化明显，从 17.8 增长到 18.9，增加了 6.2%；东南沿海地区、长江流域地区、全国总体推荐配方平均氮含量均保持在 18 以上。如图 5-23 所示，2014—2019 年，水稻推荐配方平均磷含量仍是东北地区变化显著，从 17.4 增加到 19.1，增加了 9.8%，且该地区推荐配方平均磷含量较高，将近是其他地区的 2 倍；长江流域和全国总体变化不大，稳定在 10 左右。如图 5-24 所示，2014—2019 年，水稻推荐配方平均钾含量以长江地区和东南沿海地区变化最显著，东北地区从 13.9 增加到 15.2，增加了 9.4%；东南沿海地区从 11.2 增加到 12.4，增加了 10.7%；长江流域和全国总体变化不大，稳定在 12 左右。如图 5-25 所示，2014—2019 年，水稻推荐配方平均总养分含量以东北地区变化最显著，从 49.2 增加到 53.2，增加了 8.3%，并且该地区推荐配方平均总养分含量最高。其他地区推荐配方平均总养分含量无明显变化，东南沿海地区稳定在 37，长江流域和全国总体稳定在 40。

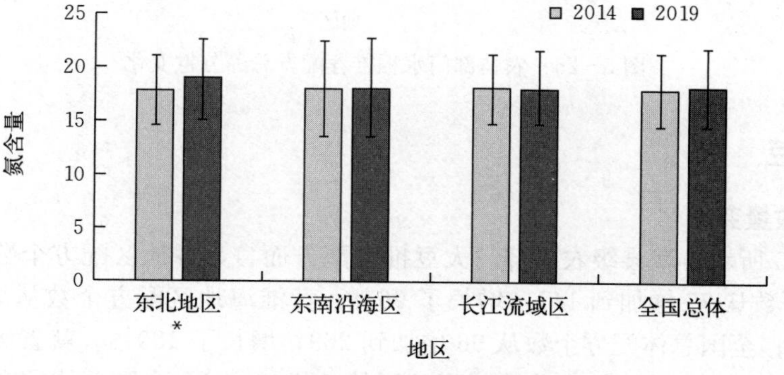

图 5-22　农技部门水稻推荐配方氮含量变化

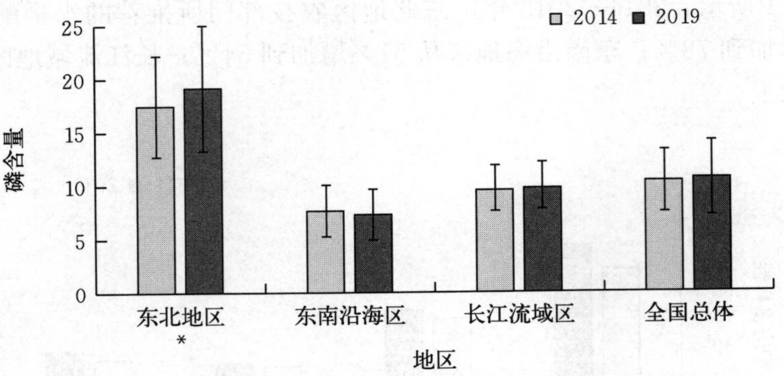

图 5-23　农技部门水稻推荐配方磷含量变化

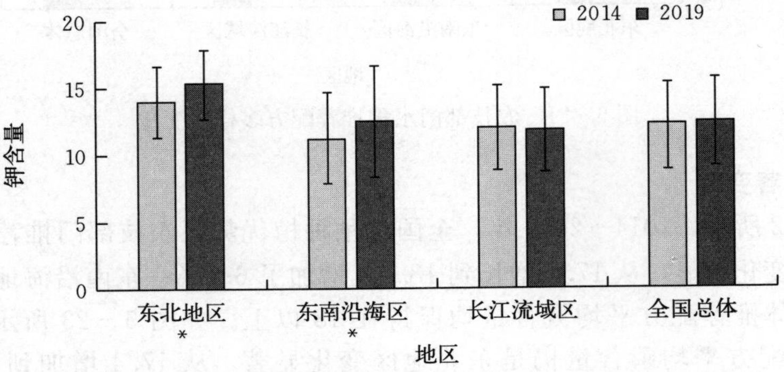

图 5-24　农技部门水稻推荐配方钾含量变化

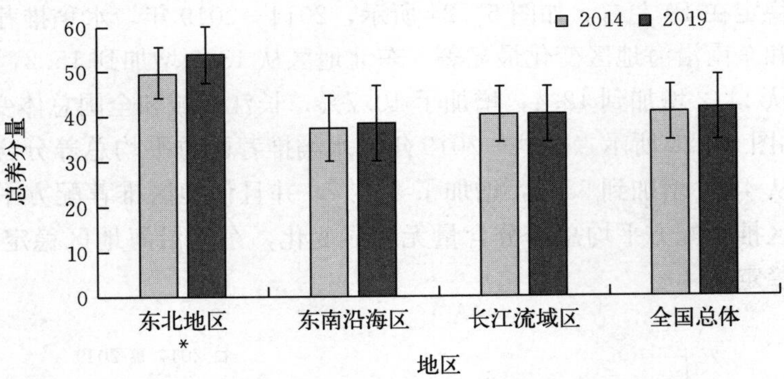

图 5-25　农技部门水稻推荐配方总养分量变化

(四) 大豆

1. 配方数量变化

如表 5-5 所示，就县级农技部门大豆推荐配方而言，各地区配方个数均有增加，东北地区配方个数从 75 增加到 147，增长了 96%；黄淮海地区配方个数从 21 增加到 122，增长了 481%；全国总体配方个数从 96 增加到 269，增长了 180%。就省级配方而言，东北地区配方个数从 0 增加到 3，东南沿海地区从 0 增加到 4，全国总体配方个数从 0 增加到7。省级农技部门推荐的配方数量较少，与省级配方个数相比，县级配方个数比重较大，因此配方总数的变化趋势和县级配方变化趋势保持一致，全国总体配方总数由96增加到276，增长了188%。

表5-5　农技部门大豆推荐配方数量变化

尺度	省级配方		县级配方		配方总数	
年份	2014	2019	2014	2019	2014	2019
东北地区	0	3	75	147	75	150
黄淮海区	0	4	21	122	21	126
全国总体	0	7	96	269	96	276

2. 配方类型变化

如图5-26所示，2014—2019年，全国大豆种植优势区农技部门所推荐的平衡肥比例有增长的趋势，东北地区从0%增加到3%，黄淮海地区从14%增加到15%，全国总体则从3%增加到9%。

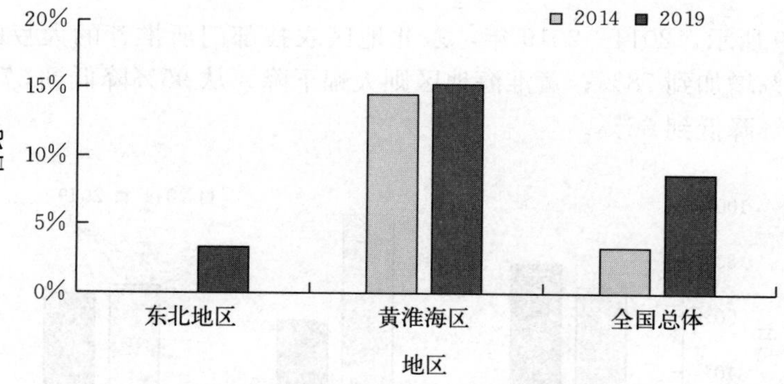

图5-26　农技部门大豆推荐平衡配方变化

如图5-27所示，2014—2019年，全国大豆种植优势区农技部门所推荐的高氮肥比例呈增加趋势，东北地区增幅最大，从16%增加到39%，并且该地区大豆高氮肥比例一直相对较高，黄淮海地区从5%增加到10%，全国总体则从9%增加到11%。

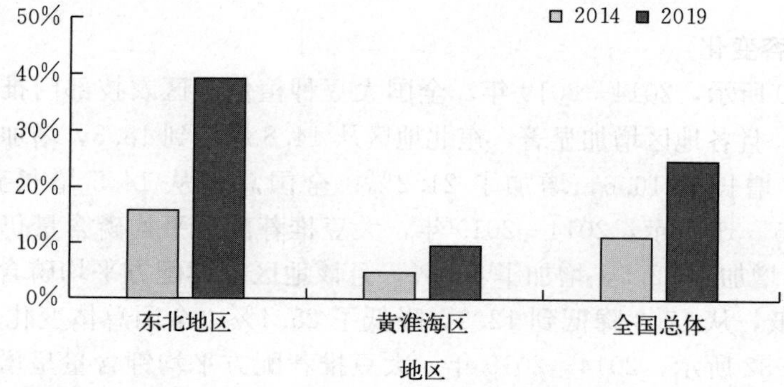

图5-27　农技部门大豆推荐高氮配方变化

如图 5-28 所示，2014—2019 年，全国大豆种植优势区农技部门所推荐的高浓度肥比例呈增加趋势，东北地区农技部门所推荐的大豆高浓度肥比例，从 92%增加到 96%，并且该地区推荐的大豆高浓度肥占比最大，黄淮海地区从 71%增加到 87%，全国总体则从 78%增加到 91%。

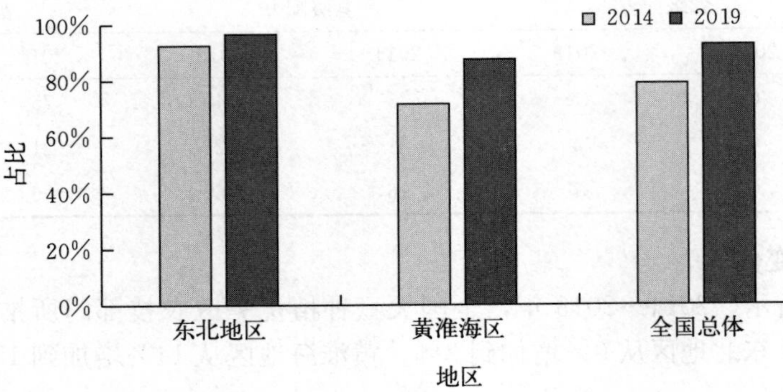

图 5-28　农技部门大豆推荐高浓度配方变化

如图 5-29 所示，2014—2019 年，东北地区农技部门所推荐的大豆配方肥多样性比例略增，从 69%增加到 78%；黄淮海地区则大幅下降，从 95%降低到 57%；全国总体略有降低，从 70%降低到 66%。

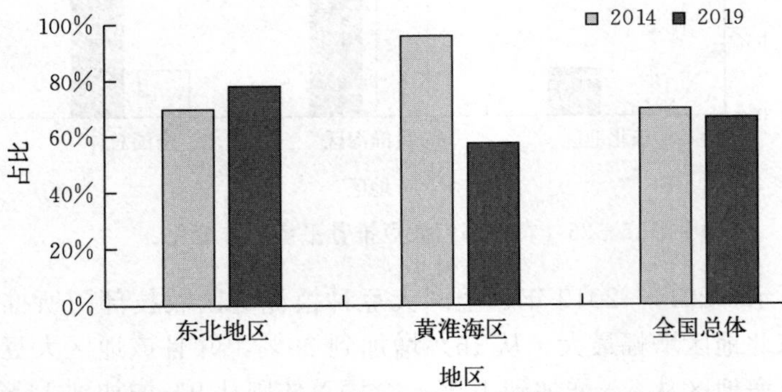

图 5-29　农技部门大豆推荐配方多样性变化

3. 配方内容变化

如图 5-30 所示，2014—2019 年，全国大豆种植优势区农技部门推荐配方平均氮含量呈增加趋势，且各地区增加显著，东北地区从 14.8 增长到 18.3，增加了 23.6%；黄淮海地区从 13.7 增长到 16.6，增加了 21.2%；全国总体从 14.5 增长到 17.5，增加了 20.7%。如图 5-31 所示，2014—2019 年，大豆推荐配方平均磷含量仍是东北地区增加显著，从 20.8 增加到 22.5，增加了 8.2%，且该地区推荐配方平均磷含量较高；而黄淮海地区显著降低，从 17.3 降低到 12.9，降低了 25.4%；全国总体变化不大，稳定在 18 左右。如图 5-32 所示，2014—2019 年，大豆推荐配方平均钾含量呈增加趋势，且各地区增加显著，东北地区从 11.1 增长到 12.7，增加了 14.4%；黄淮海地区从 10 增长到

12.8，增加了28%；全国总体从10.7增长到12.8，增加了19.6%。如图5-33所示，2014—2019年，大豆推荐配方平均总养分含量以东北地区变化最显著，从46.7增加到53.5，增加了14.6%，并且该地区推荐配方平均总养分含量最高，黄淮海地区和全国总体稳定在40以上。

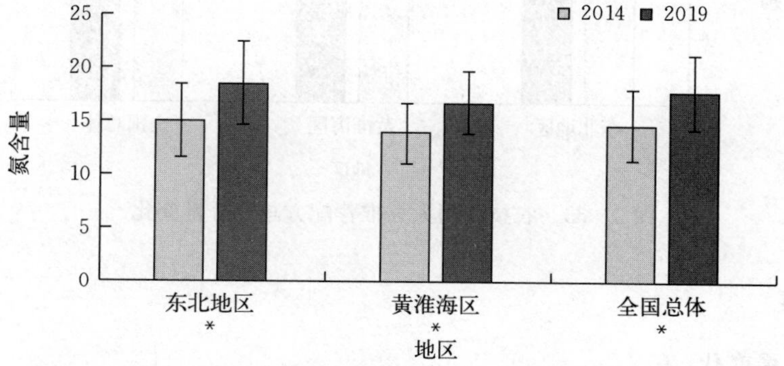

图5-30　农技部门大豆推荐配方氮含量变化

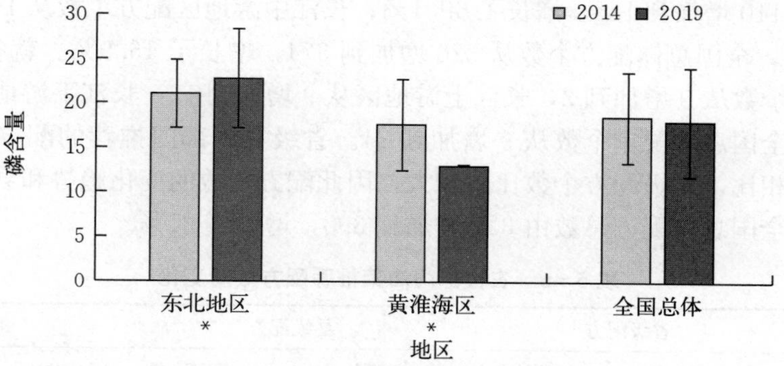

图5-31　农技部门大豆推荐配方磷含量变化

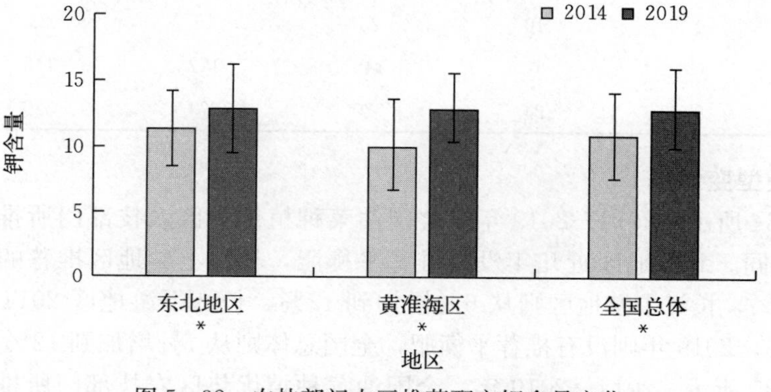

图5-32　农技部门大豆推荐配方钾含量变化

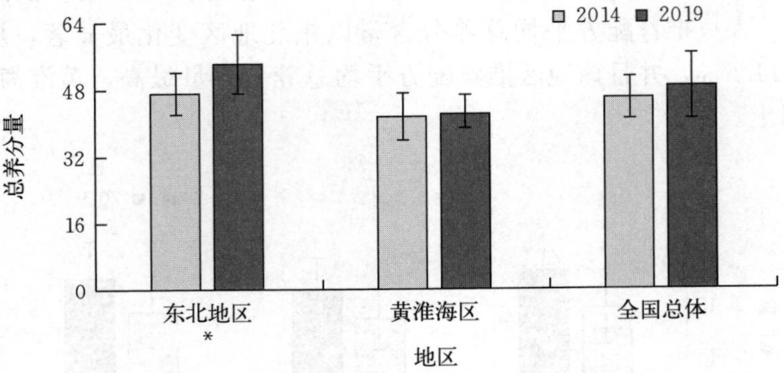

图 5-33　农技部门大豆推荐配方总养分量变化

（五）油菜

1. 配方数量变化

如表 5-6 所示，就县级农技部门油菜推荐配方而言，北方地区配方个数从 42 减少到 7，减少了 83.3%；长江下游地区配方个数从 23 减少到 19，减少了 17.4%；长江上游地区配方个数从 110 增加到 186，增长了 69.1%；长江中游地区配方个数从 145 增加到 172，增长了 18.6%；全国总体配方个数从 320 增加到 374，增长了 16.9%。就省级配方而言，北方地区配方个数从 0 增加到 2，长江上游地区从 9 增加到 12，长江下游地区配方个数从 0 增加到 10，全国总体配方个数从 9 增加到 24。省级农技部门推荐的配方数量较少，与省级配方个数相比，县级配方个数比重较大，因此配方总数的变化趋势和县级配方变化趋势保持一致，全国总体配方总数由 329 增加到 398，增加了 21%。

表 5-6　农技部门油菜推荐配方数量变化

尺度	省级配方		县级配方		配方总数	
年份	2014	2019	2014	2019	2014	2019
北方地区	0	2	42	7	42	9
长江上游	9	12	110	186	119	198
长江下游	0	10	23	19	23	29
长江中游	0	0	145	172	145	172
全国总体	9	24	320	374	329	398

2. 配方类型变化

如图 5-34 所示，2014—2019 年，全国油菜种植优势区农技部门所推荐的平衡肥比例变化不尽相同。北方地区近几年没有推荐平衡肥，长江上游地区推荐的平衡肥比例从 9%增加到 13%，长江中游地区则从 6%增加到 12%，长江下游地区 2014 年推荐的平衡肥比例为 17%，2019 年则没有推荐平衡肥，全国总体则从 7%增加到 12%。

如图 5-35 所示，2014—2019 年，全国油菜种植优势区农技部门所推荐的高氮肥比例变化不尽相同，北方地区和长江下游地区 2014 年推荐的高氮肥比例分别为 17%和 9%；

2019 年这两个地区均没有高氮肥，长江上游地区推荐的高氮肥比例从 12%增加到 20%，长江中游地区从 15%增加到 16%，全国总体则从 14%增加到 17%。

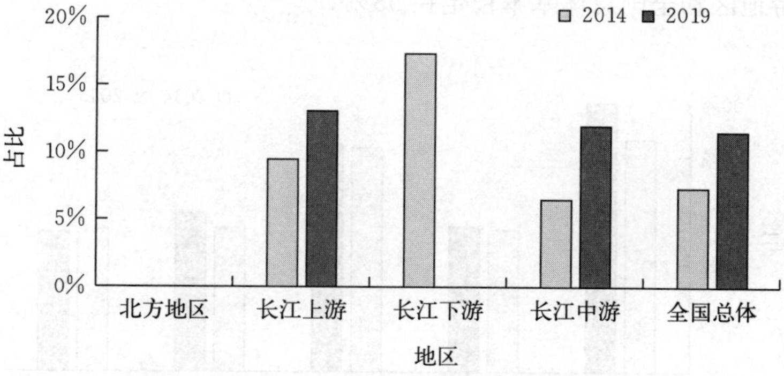

图 5-34 农技部门油菜推荐平衡配方变化

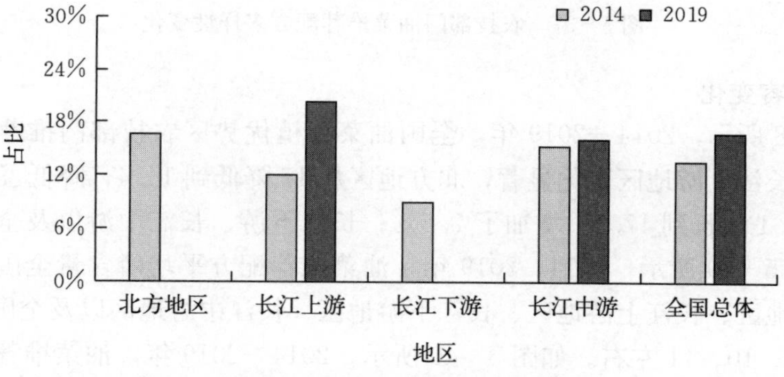

图 5-35 农技部门油菜推荐高氮配方变化

如图 5-36 所示，2014—2019 年，全国油菜种植优势区农技部门所推荐的高浓度肥比例呈增加趋势，长江下游地区农技部门所推荐的油菜高浓度肥比例从 74%增加到 79%，且该地区推荐的油菜高浓度肥占比最大，北方地区从 40%增加到 44%，长江上游地区从 50%增加到 59%，长江中游地区从 62%增加到 70%，全国总体则从 56%增加到 65%。

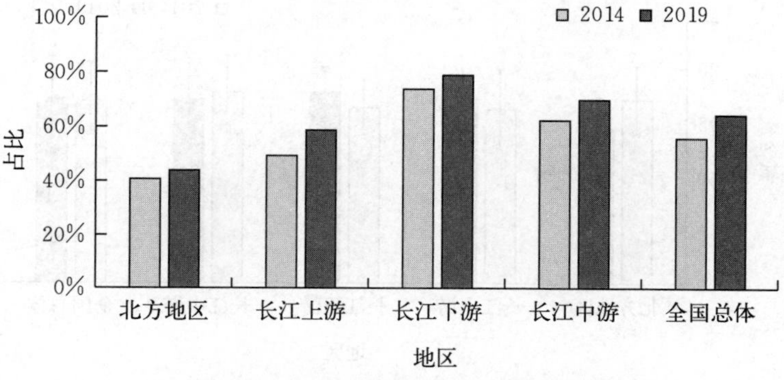

图 5-36 农技部门油菜推荐高浓度配方变化

如图 5－37 所示，2014—2019 年，北方地区农技部门所推荐的油菜配方肥多样性略增，从 86%增加到 100%，长江中游地区从 53%增加到 63%，长江下游地区基本稳定在 84%，长江上游地区和全国总体基本稳定在 53%。

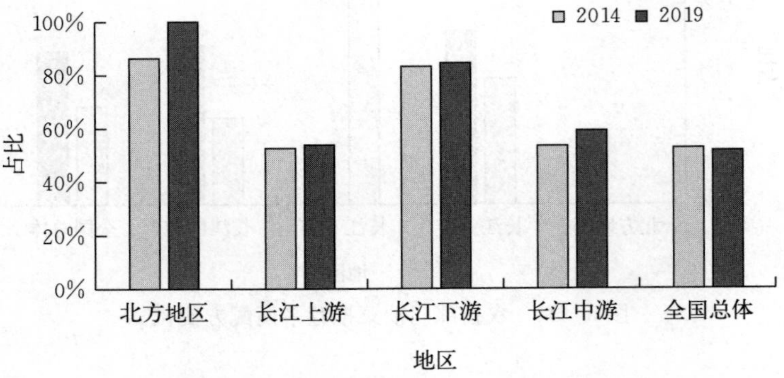

图 5－37　农技部门油菜推荐配方多样性变化

3. 配方内容变化

如图 5－38 所示，2014—2019 年，全国油菜种植优势区农技部门推荐配方平均氮含量北方地区和长江上游地区变化显著，北方地区从 17 降低到 14.4，降低了 15.3%；长江上游地区从 16.1 增长到 17.3，增加了 7.5%；长江下游、长江中游以及全国总体稳定在 17 左右。如图 5－39 所示，2014—2019 年，油菜推荐配方平均磷含量全国各优势区变化不明显，北方地区、长江上游地区、长江下游地区、长江中游地区以及全国总体分别稳定在 16、10、12、10、11 左右。如图 5－40 所示，2014—2019 年，油菜推荐配方平均钾含量呈增加趋势，仅长江下游地区显著下降，从 10.9 降低到 9.5，降低了 12.8%；长江中游地区增加显著，从 11.2 增加到 12.4，增加了 10.7%；全国总体从 9.5 增加到 10.7，增加了 12.6%。如图 5－41 所示，2014—2019 年，油菜推荐配方平均总养分含量以长江上游地区变化显著，从 35 增加到 37.4，增加了 6.9%。其他地区相对稳定，全国总体稳定在 38 左右。

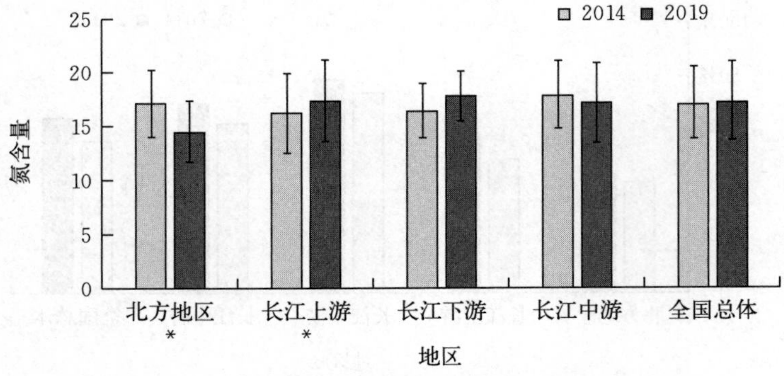

图 5－38　农技部门油菜推荐配方氮含量变化

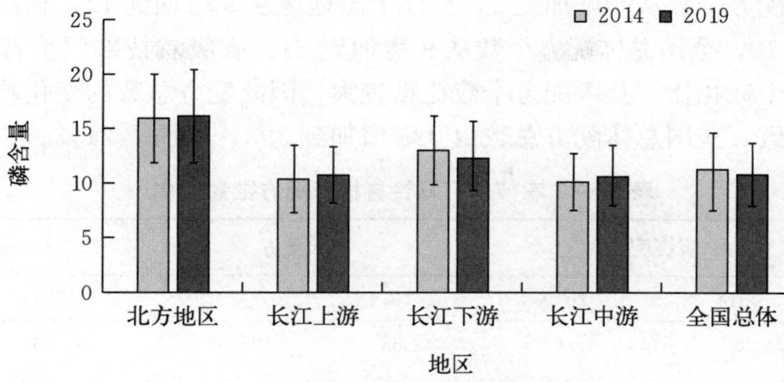

图 5-39　农技部门油菜推荐配方磷含量变化

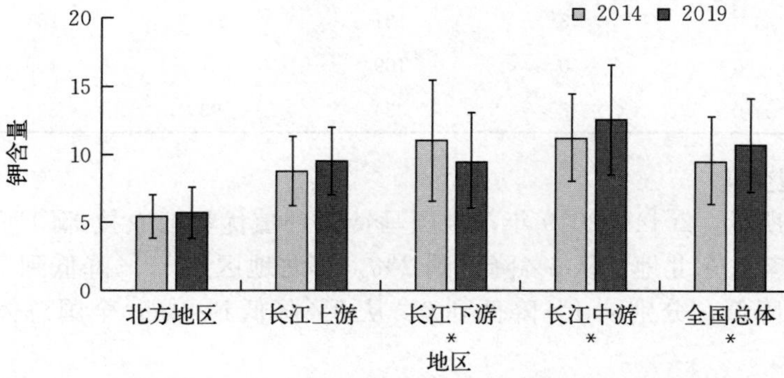

图 5-40　农技部门油菜推荐配方钾含量变化

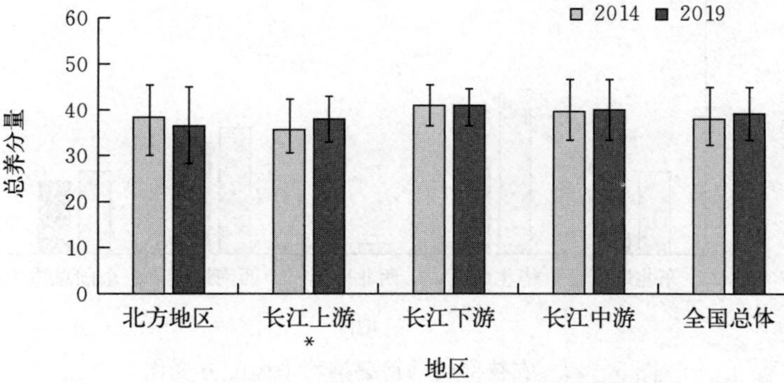

图 5-41　农技部门油菜推荐配方总养分量变化

（六）马铃薯

1. 配方数量变化

如表 5-7 所示，就县级农技部门马铃薯推荐配方而言，北方地区配方个数从 42 减少到 7，减少了 83.3%；长江下游地区配方个数从 23 减少到 19，减少了 17.4%；长江上游地区配方个数从 110 增加到 186，增长了 69.1%；长江中游地区配方个数从 145 增加到 172，增长了 18.6%；全国总体配方个数从 320 增加到 374，增长了 16.9%。就省级配方而言，北方地区配方个数从0增加到2，长江上游地区从9增加到12，长江下游地区配方个数从0增加到10，全国总体配方个数从9增加到24。省级农技部门推荐的配方数量较少，与省级配方个数相比，县级配方个数比重较大，因此配方总数的变化趋势和县级配方变化趋势保持一致，全国总体配方总数由329增加到398，增加了21%。

表5-7 农技部门马铃薯推荐配方数量变化

尺度	省级配方		县级配方		配方总数	
年份	2014	2019	2014	2019	2014	2019
东北地区	0	0	33	65	33	65
华北地区	0	0	59	59	59	59
南方地区	0	0	2	5	2	5
西北地区	0	8	131	27	131	35
西南地区	0	0	109	137	109	137
全国总体	0	8	334	293	334	301

2. 配方类型变化

如图5-42所示，2014—2019年，全国马铃薯种植优势区农技部门所推荐的平衡肥比例呈下降的趋势。东北地区从6%降低到2%，华北地区从12%降低到7%，西北地区和西南地区略有降低，分别从1%降低到0、从9%降低到8%，全国总体则从6%降低到5%。

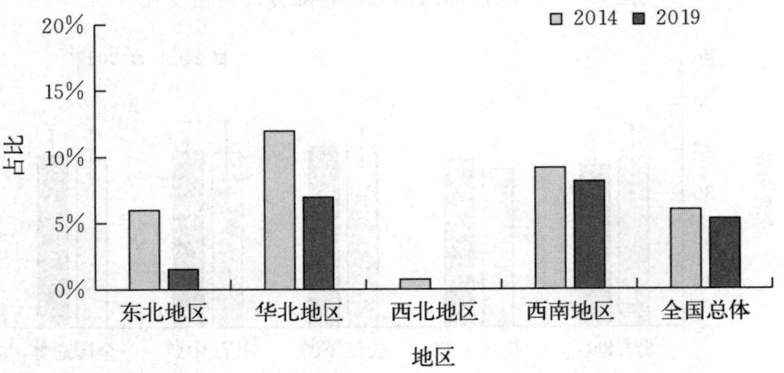

图5-42 农技部门马铃薯推荐平衡配方变化

如图5-43所示，2014—2019年，全国马铃薯种植优势区农技部门所推荐的高氮肥比例呈增加趋势，东北地区农技部门所推荐的马铃薯高氮肥比例增加最明显，从3%增加到51%，且该地区推荐的马铃薯高氮肥占比最大，华北地区从3%增加到12%，西北地区从4%增加到9%，西南地区从4%增加到5%，全国总体则从4%增加到17%。

如图5-44所示，2014—2019年，全国马铃薯种植优势区农技部门所推荐的高浓度肥比例不尽相同，东北地区和华北地区略有降低，分别从97%和93%降低到92%和85%；西北地区、西南地区、全国总体有所增加，分别从27%、51%和54%增加到40%、63%和71%。

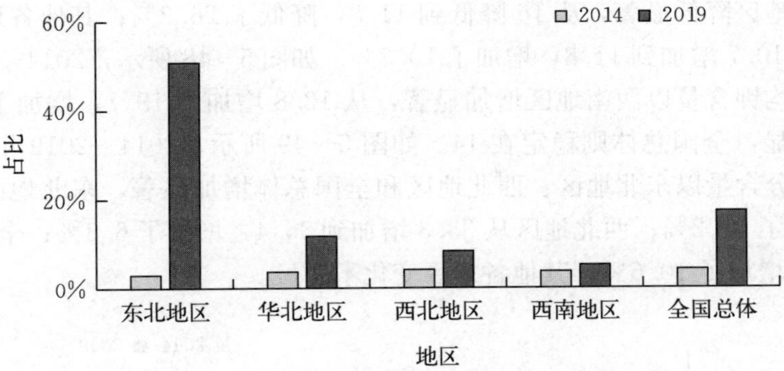

图 5-43　农技部门马铃薯推荐高氮配方变化

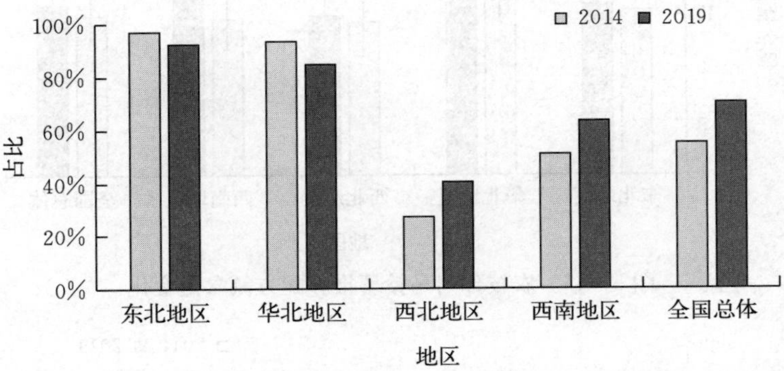

图 5-44　农技部门马铃薯推荐高浓度配方变化

如图 5-45 所示，2014—2019 年，全国马铃薯种植优势区农技部门所推荐肥料配方多样性呈增加趋势，东北地区从 70%增加到 83%，华北地区从 56%增加到 66%，西北地区从 73%增加到 91%，西南地区从 53%增加到 69%，全国总体从 57%增加到 68%。

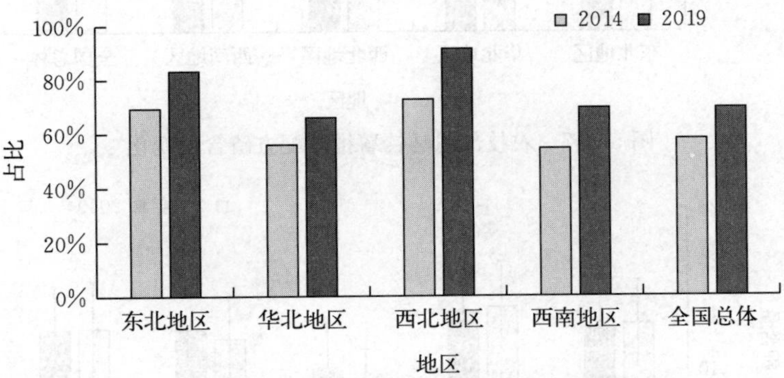

图 5-45　农技部门马铃薯推荐配方多样性变化

3. 配方内容变化

如图 5-46 所示，2014—2019 年，全国马铃薯种植优势区农技部门推荐配方平均氮含量呈增加趋势，西南地区增加最为显著，从 14.6 增加到 19，增加了 30.1%；其他各地区略有增加，均保持在 14 以上。如图 5-47 所示，2014—2019 年，马铃薯推荐配方平均磷含量以东北地区降低显著，从 16 降低到 11.8，降低了 26.2%；其他各地区略有增加，全国总体则从 10.7 增加到 11.8，增加了 10.3%。如图 5 - 48 所示，2014—2019 年，马铃薯推荐配方平均钾含量以西南地区增加显著，从 12.8 增加到 13.7，增加了 7%；其他各地区变化不明显，全国总体则稳定在 14。如图 5 - 49 所示，2014—2019 年，马铃薯推荐配方平均总养分含量以东北地区、西北地区和全国总体增加显著，东北地区从 45.5 增加到 50.6，增加了 11.2%；西北地区从 33.3 增加到 35.4，增加了 6.3%；全国总体从 37.6 增加到 41.6，增加了 10.6%；其他各地区变化不明显。

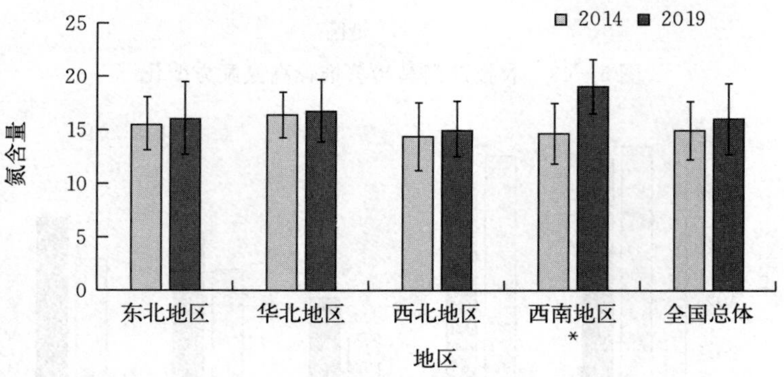

图 5 - 46　农技部门马铃薯推荐配方氮含量变化

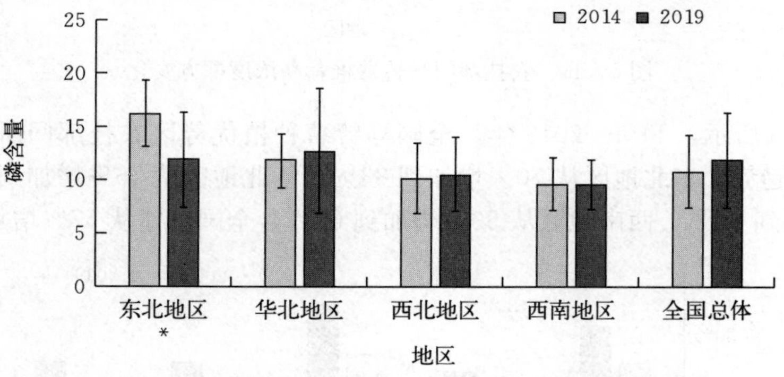

图 5 - 47　农技部门马铃薯推荐配方磷含量变化

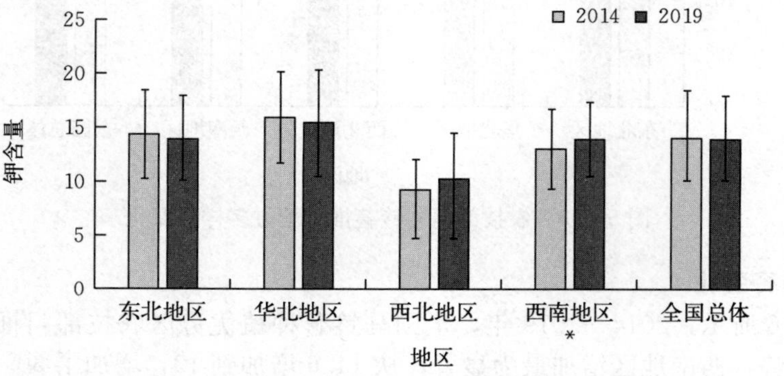

图 5 - 48　农技部门马铃薯推荐配方钾含量变化

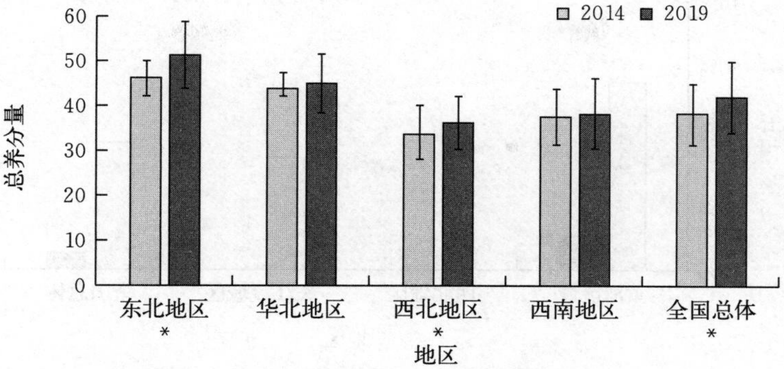

图 5-49　农技部门马铃薯推荐配方总养分量变化

（七）棉花

1. 配方数量变化

如表 5-8 所示，就县级农技部门推荐配方而言，黄河流域地区配方个数从 43 增加到 60，增加了 39.5%；西北地区配方个数从 14 增加到 18，增加了 28.6%；长江上游地区配方个数从 36 增加到 41，增长了 13.9%；全国总体配方个数从 95 增加到 121，增长了 27.4%。就省级配方而言，仅黄河流域地区有一个配方，因此配方总数的变化趋势和县级配方变化趋势保持一致，全国总体配方总数由 95 增加到 121，增加了 27.4%。

表 5-8　农技部门棉花推荐配方数量变化

尺度	省级配方		县级配方		配方总数	
年份	2014	2019	2014	2019	2014	2019
东北地区	0	0	2	1	2	1
黄河流域	0	1	43	60	43	61
西北地区	0	0	14	18	14	18
长江流域区	0	0	36	41	36	41
全国总体	0	1	95	120	95	121

2. 配方类型变化

如图 5-50 所示，2014—2019 年，全国棉花种植优势区农技部门所推荐的平衡肥比例呈下降的趋势。黄河流域地区从 28%降低到了 5%，全国总体则从 19%降低到 2%。

如图 5-51 所示，2014—2019 年，全国棉花种植优势区农技部门所推荐的高氮肥比例变化不尽相同，黄河流域地区从 2%增加到 21%，长江流域地区从 47%降低到 41%，全国总体从 20%增加到 25%，2014 年西北地区农技部门所推荐的高氮肥比例为 7%，到 2019 年没有推荐高氮肥。

如图 5-52 所示，2014—2019 年，全国棉花种植优势区农技部门所推荐的高浓度肥比例在均保持在 80%以上，且无明显变化。

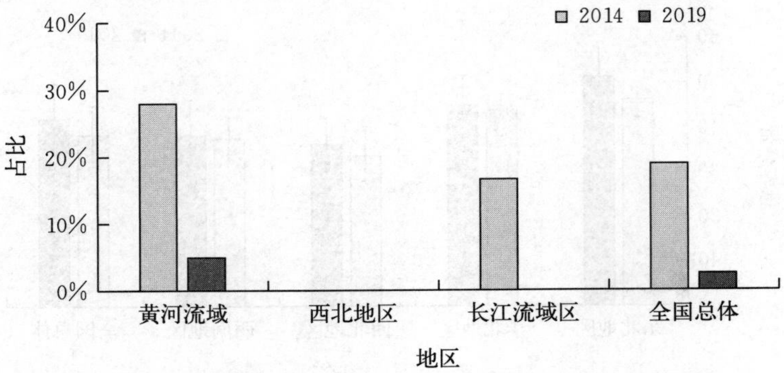

图 5-50　农技部门棉花推荐平衡配方变化

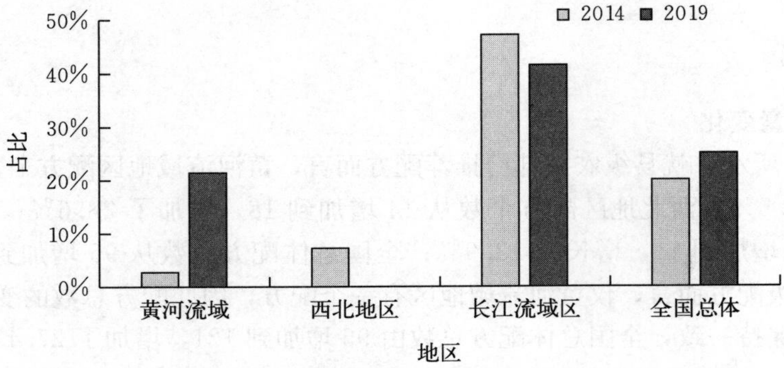

图 5-51　农技部门棉花推荐高氮配方变化

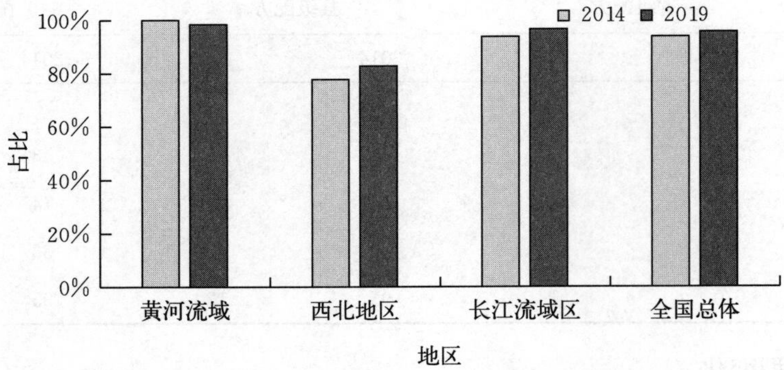

图 5-52　农技部门棉花推荐高浓度配方变化

如图 5-53 所示，2014—2019 年，全国棉花种植优势区农技部门所推荐肥料配方多样性基本没有变化，西北地区稳定在 90%以上，其他地区则稳定在 70%以上。

3. 配方内容变化

如图 5-54 所示，2014—2019 年，全国棉花种植优势区农技部门推荐配方平均氮含量以黄河流域地区增加最为显著，从 15.8 增加到 18.1，增加了 14.6%；长江流域农技部门推荐平均氮含量最高，保持在 20 以上。如图 5-55 所示，2014—2019 年，棉花推荐配方平均磷含量以西北地区增加显著，从 17.7 增加到 20.2，增加了 14.1%；其他各地区变化不明显，长江流域农技部门推荐平均磷含量最低，稳定在 10 左右。如图 5－56 所示，2014—2019 年，棉花推荐配方平均钾含量以黄河流域地区、西北地区、全国总体降低显著，分别从 14.6、9.4 和 13.6 降低到 12.4、6.2 和 12.4；长江流域地区则一直稳定在 15 左右。如图 5－57 所示，2014—2019 年，棉花推荐配方平均总养分含量各地区变化不明显，均稳定在 40 以上。

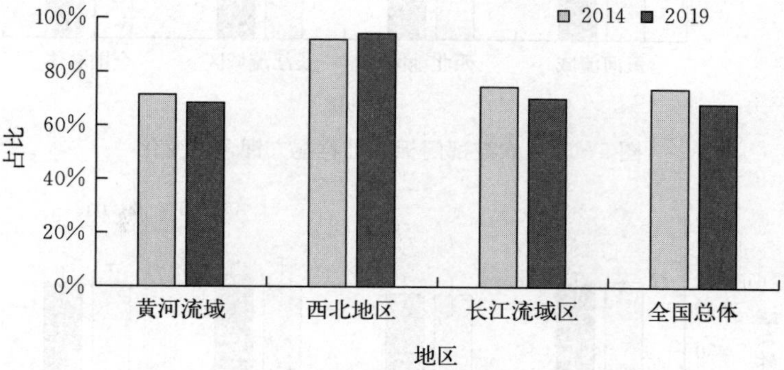

图 5－53　农技部门棉花推荐配方多样性变化

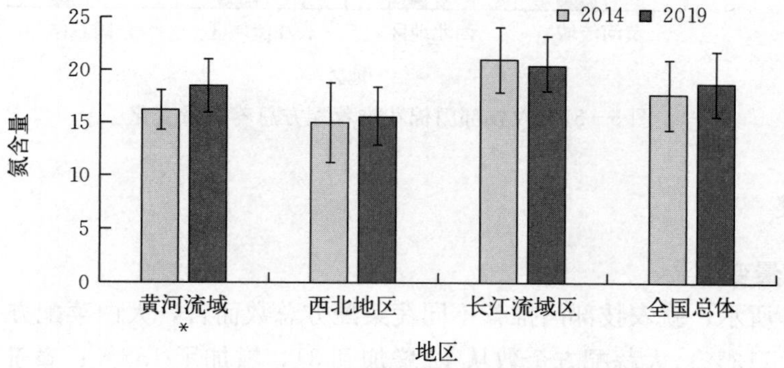

图 5－54　农技部门棉花推荐配方氮含量变化

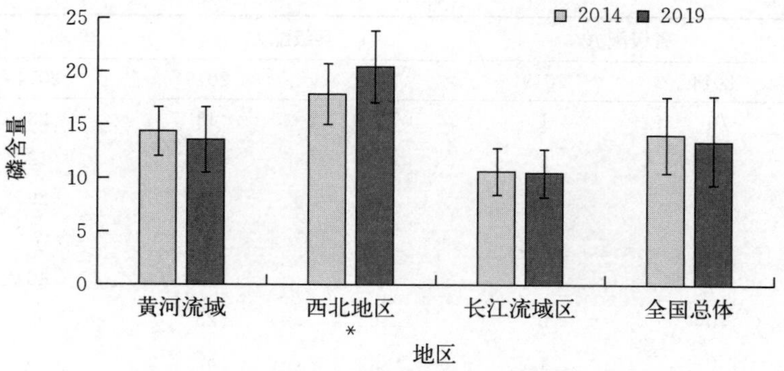

图 5－55　农技部门棉花推荐配方磷含量变化

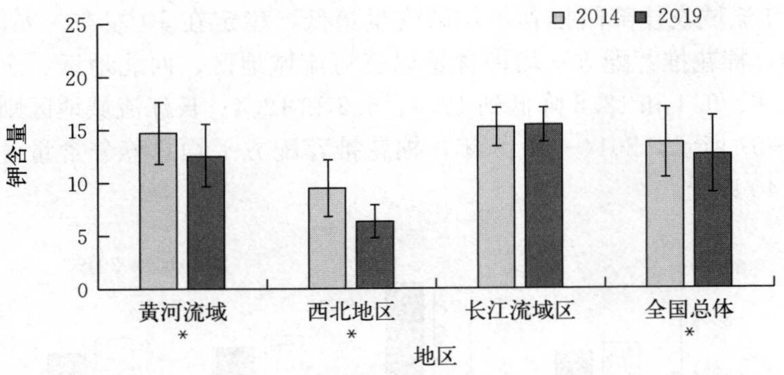

图 5-56 农技部门棉花推荐配方钾含量变化

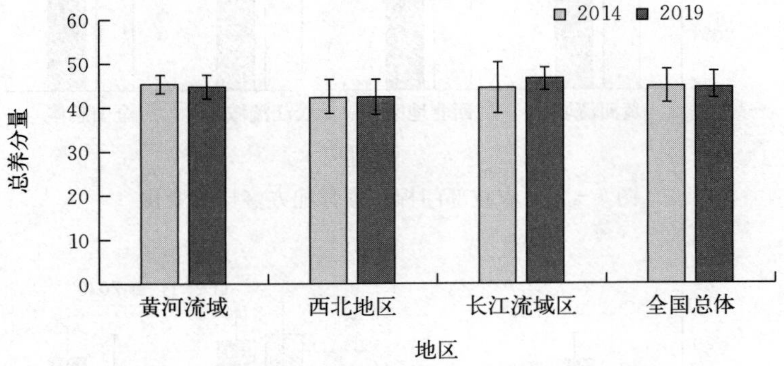

图 5-57 农技部门棉花推荐配方总养分量变化

（八）蔬菜

1. 配方数量变化

如表 5-9 所示，就农技部门推荐不同蔬菜配方总数而言，大白菜配方个数从 23 增加到 49，增加了 113%；大蒜配方个数从 12 增加到 31，增加了 158%；番茄配方个数从 29 增加到 77，增加了 166%；甘蓝配方个数从 7 增加到 26，增长了 271%；甘薯配方个数从

表 5-9 农技部门蔬菜推荐配方数量变化

尺度	省级配方		县级配方		配方总数	
年份	2014	2019	2014	2019	2014	2019
大白菜	0	1	23	48	23	49
大蒜	0	2	12	29	12	31
番茄	1	1	28	76	29	77
甘蓝	0	1	7	25	7	26
甘薯	0	1	40	52	40	53
黄瓜	0	0	6	25	6	25
辣椒	0	1	35	57	35	58
茄子	0	0	9	10	9	10

40 增加到 53，增加了 32.5%；黄瓜配方个数从 6 增加到 25，增加了 317%；辣椒配方个数从 35 增加到 58，增加了 65.7%；茄子配方个数从 9 增加到 10，增加了 11.1%。

2. 配方类型变化

如图 5-58 所示，2014—2019 年，农技部门所推荐的不同蔬菜平衡肥比例不尽相同。农技部门所推荐的大白菜平衡肥比例从 17%降低到 2%，番茄平衡肥比例从 14%增加到 16%，甘蓝平衡肥比例从 14%降低到 8%，甘薯平衡肥比例从 30%降低到 8%，黄瓜从 0%增加到 20%，辣椒从 20%降低到 16%，茄子从 0%增加到 20%，2014 年和 2019 年农技部门均没有推荐大蒜平衡肥。

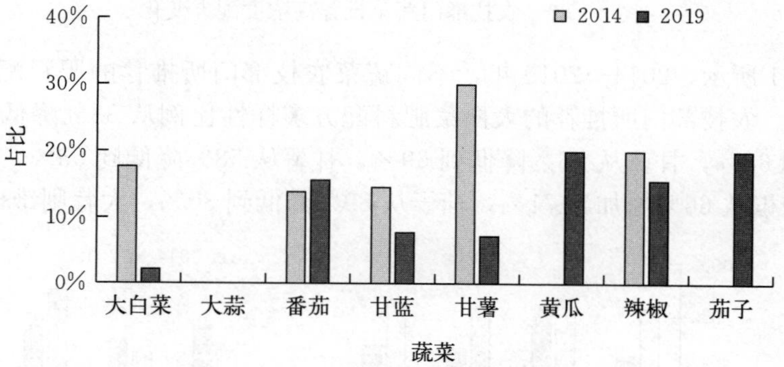

图 5-58　农技部门蔬菜推荐平衡配方变化

如图 5-59 所示，2014—2019 年，农技部门所推荐的不同蔬菜高氮肥比例变化不尽相同。农技部门所推荐的大白菜和甘蓝高氮肥比例增幅最大，分别从 30%增加到 51%、29%增加到 50%，大蒜从 8%增加到 13%，番茄从 14%降低到 6%，甘薯从 0%增加到 4%，黄瓜从 0%增加到 8%，辣椒从 11%增加到 16%，茄子从 11%降低到 0%。

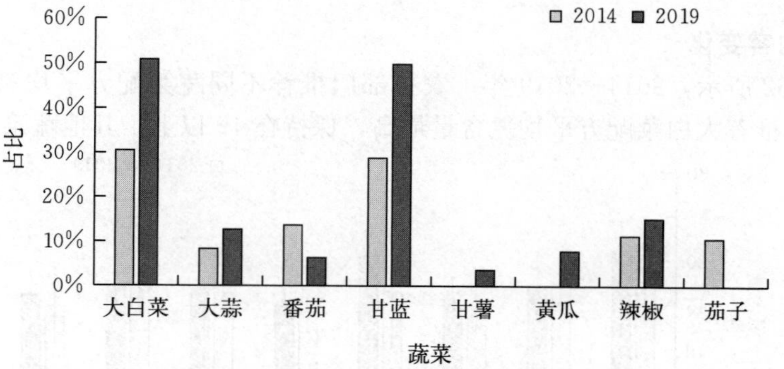

图 5-59　农技部门棉花推荐高氮配方变化

如图 5-60 所示，2014—2019 年，农技部门所推荐的不同蔬菜高浓度肥比例变化不尽相同。黄瓜和茄子农技部门所推荐的高浓度肥比例增加明显，分别从 67%和 56%增加到 92%和 90%，其他蔬菜农技部门推荐的高浓度肥比例保持在 70%以上。

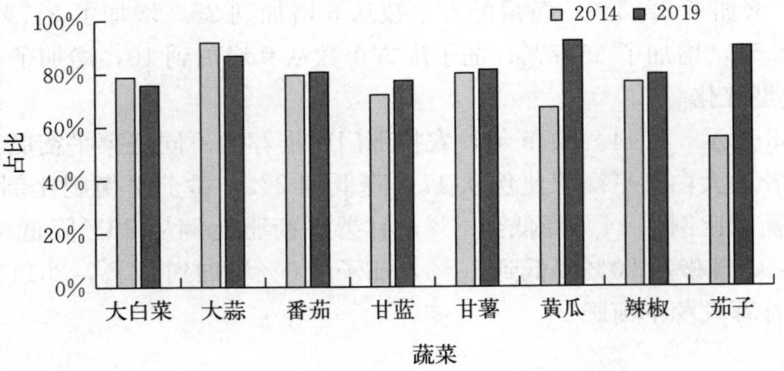

图 5-60　农技部门蔬菜推荐高浓度配方变化

如图 5-61 所示，2014—2019 年，不同蔬菜农技部门所推荐的肥料配方多样性比例变化不尽相同。农技部门所推荐的大白菜肥料配方多样性比例从 83%降低到 65%，番茄从 83%降低到 68%，甘蓝从 86%降低到 69%，甘薯从 58%降低到 53%，黄瓜从 67%增加到 76%，辣椒从 66%增加到 71%，茄子从 89%降低到 80%，大蒜则维持在 83%左右。

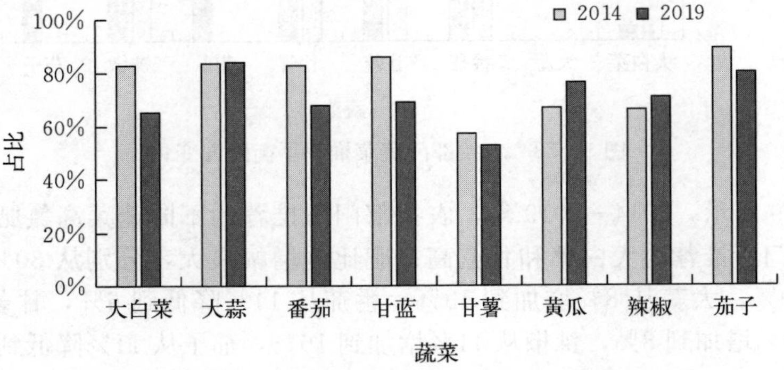

图 5-61　农技部门蔬菜推荐配方多样性变化

3. 配方内容变化

如图 5-62 所示，2014—2019 年，农技部门推荐不同蔬菜配方平均氮含量变化不明显；农技部门推荐大白菜配方平均氮含量最高，保持在 19 以上；其他蔬菜则稳定在 14 以

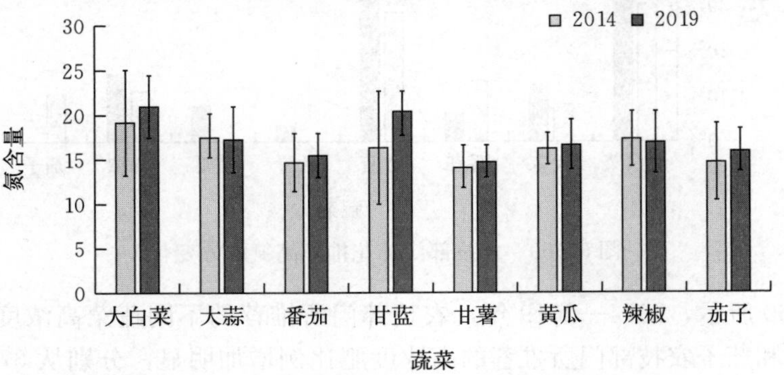

图 5-62　农技部门蔬菜推荐配方氮含量变化

上。如图 5-63 所示，2014—2019 年，农技部门推荐蔬菜配方平均磷含量以大白菜降低显著，从 12.2 降低到 8.4，降低了 31.1%。如图 5-64 所示，2014—2019 年，农技部门推荐蔬菜配方平均钾含量以大白菜降低显著，从 13.3 降低到 10.9，降低了 18%；甘蓝从 13.1 降低到 10.9，降低了 16.8%；其他蔬菜则稳定在 14 以上。如图 5-65 所示，2014—2019 年，农技部门推荐蔬菜配方平均总养分含量以大白菜降低显著，从 44.5 降低到 40，降低了 11.3%；其他蔬菜变化不明显，均稳定在 40 以上。

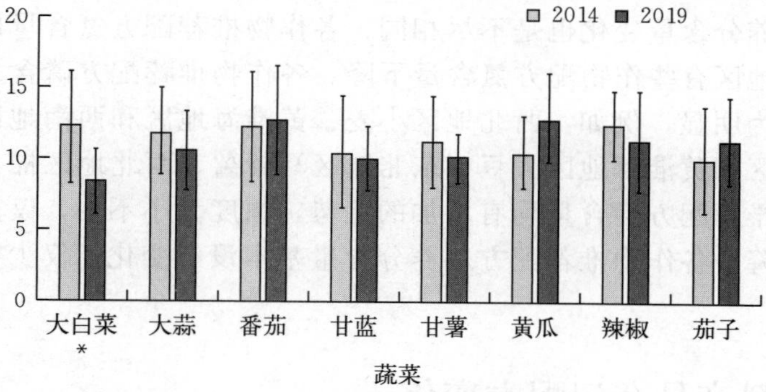

图 5-63　农技部门蔬菜推荐配方磷含量变化

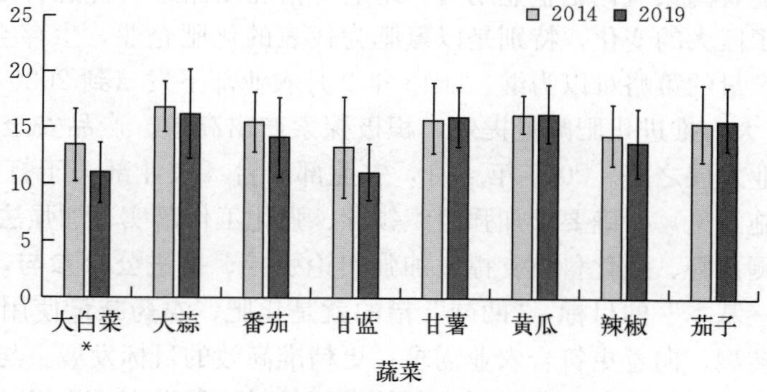

图 5-64　农技部门蔬菜推荐配方钾含量变化

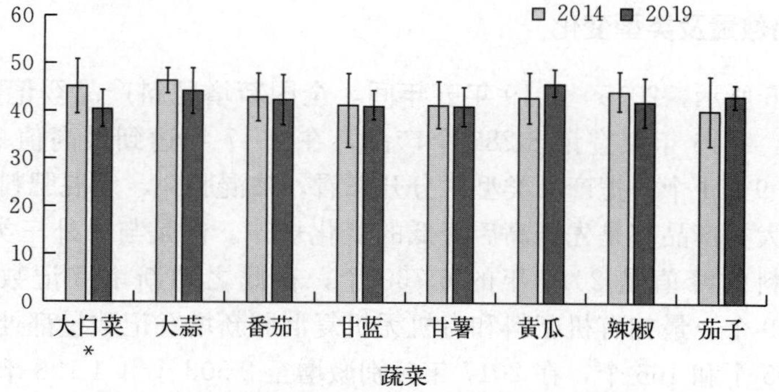

图 5-65　农技部门蔬菜推荐配方总养分量变化

（九）小结

从2014年和2019年这两年农技部门所推荐的配方数量、类型以及养分含量变化来看，不同作物变化不同，均有各自的特点。农技部门推荐各作物的配方数量均有增加，推荐肥料配方中，高氮配方和高浓度配方所占比例也有增加的趋势。而各作物推荐配方中平衡配方所占比例变化不一，小麦、玉米、水稻三大粮食作物平衡配方比例无明显变化，大豆、油菜平衡配方比例有增加的趋势，马铃薯棉花平衡配方比例有降低的趋势。各作物推荐配方养分含量变化也是不尽相同，各作物推荐配方氮含量以保持不变和增加为主，仅少数地区有些作物配方氮含量下降。各作物推荐配方磷含量则以不同作物个别地区变化较为明显，例如，西北地区小麦、黄淮海地区和西南地区玉米、东北地区水稻、东北地区和黄淮海地区大豆、东北地区马铃薯、西北地区棉花磷含量变化较为明显。各作物推荐配方钾含量均有增加的趋势，幅度大小不一，仅少数地区有些作物配方钾含量下降。各作物推荐配方总养分含量基本没有变化，仅少数地区某些作物变化较为明显。

三、肥料产品登记配方变化

近年来，随着国家对化肥企业用气、用电价格和铁路运费优惠补贴政策的逐步取消，化肥行业发生了巨大的变化，特别是以氮肥为代表的化肥企业，生存空间受到大幅挤压，以往拼价格比产量的策略难以为继。2015年2月农业部下发《到2020年化肥使用量零增长行动方案》，大力推进化肥减量提效，积极探索产出高效、产品安全、资源节约、环境友好的现代农业发展之路。2015年4月，农业部出台《农业部关于打好农业面源污染防治攻坚战的实施意见》明确要求加强组织领导、强化工作落实、加强法制建设、完善政策措施、加强监测预警、强化科技支撑、加强舆论引导、推进公众参与，确保到2020年实现“一控两减三基本”的目标，“两减”指的就是化肥、农药减量使用。这些形势政策都要求肥料企业转型，向着更符合农业需求、更精准高效的目标发展。与高校和科研院所合作研发肥料，建立农业服务团队，引入新技术新材料，研发有机无机复混肥，化肥企业不断创新做法来适应新的形势，由此也带来了肥料产品的演变。

（一）产品数量及类型变化

如图5-66所示，2015—2019年五年间，全国新增肥料产品登记数量经历了先升高后降低的变化，2015年仅登记8 286个产品，在2017年达到最高值15 998个，然后到2019年下降到9 534个。把产品类型区分开来看，掺混肥料、复混肥料、有机肥料、有机无机复混肥四大类产品都是先升高后降低的变化规律。但是与另外三类的峰值在2017年不同，复混肥料的峰值是2016年的6 769个，在此之后新增登记数量下跌速度最快，2019年仅3 039个。最初有机肥料和有机无机复混肥新增登记数量都处于较低水平，2015年仅分别为305个和166个，在2017年分别激增至2 508个和1 198个，然后又下降至趋于平稳。

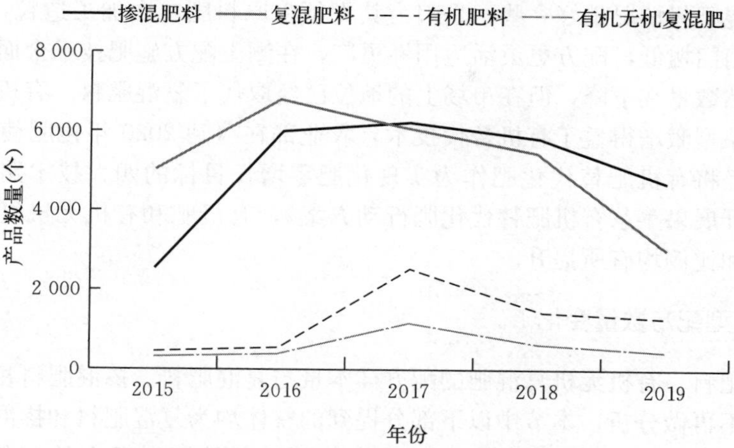

图 5-66　全国新增肥料产品登记数量

如图 5-67 所示，各类肥料产品新增登记比例也在发生变化，可以看出复混肥料占有的比例越来越低，从 2015 年的 60.3%逐步下降到 2019 年的 31.9%。而在 2017 年，掺混肥料超越复混肥料，成为新增登记中比例最大的肥料类型，到 2019 年掺混肥料占所有新增登记肥料产品的比例发展为 49.4%。而有机肥料、有机无机复混肥都是在 2017 年有激增，分别从 2016 年的 4.1%和 2.8%增加到 15.7%和 7.5%，并且此后虽然稍有下降，但有机肥料所占比例仍处于 10%以上，有机无机复混肥则为 4.9%和 5.3%，与最初的比例相比翻了约两倍。

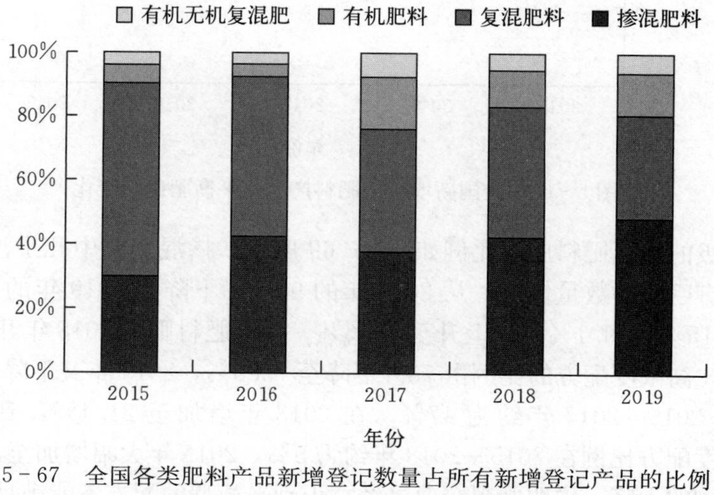

图 5-67　全国各类肥料产品新增登记数量占所有新增登记产品的比例

这些变化都反映出了国家宏观政策调控对于肥料企业、肥料市场的影响。“化肥零增长”“一控两减三基本”，提出了减少全国化肥施用总量的目标，影响了肥料市场终端的销量，优惠补贴政策取消，又抬高了肥料生产的成本。在这样的大环境下，新增肥料产品数量最终下降是必然趋势，特别是养分含量较高、生产成本较高、单个产品适用面较窄的复混肥料。而掺混肥料情况稍好一些，是因为其无须将原料肥二次加工造粒，生产成本低、工艺简单、入门门槛低，配方更灵活适用性更广，在测土配方施肥技术全面推广的支持下更好操作，虽然数量在下降，但在市场上的地位已经取代了复混肥料。有机肥料和有机无机复混肥的现象型激增得益于有机替代技术，农业部在《到 2020 年化肥使用量零增长行动方案》便已经将有机肥替代化肥作为实现化肥零增长目标的四大技术路径之一，2017 年又出台了《开展果菜茶有机肥替代化肥行动方案》，有机肥和有机无机复混肥的地位得到提升，数量和比例均有所提升。

（二）各类型配方数量变化

由于有机肥料、有机无机复混肥的配方样本量与复混肥料、掺混肥料相比较少，养分含量较低，故不再做分析，本节中以下部分提到的整体均为复混肥料和掺混肥料的整体。

如图 5-68 所示，全国肥料产品新增登记配方中平衡型配方的比例从 2016 年的 12.7％逐年减少至 8.8％，其中复混肥料从 2016 年的 13.8％减少至 10.8％，掺混肥料从 2016 年的 11.4％下降到 7.4％。

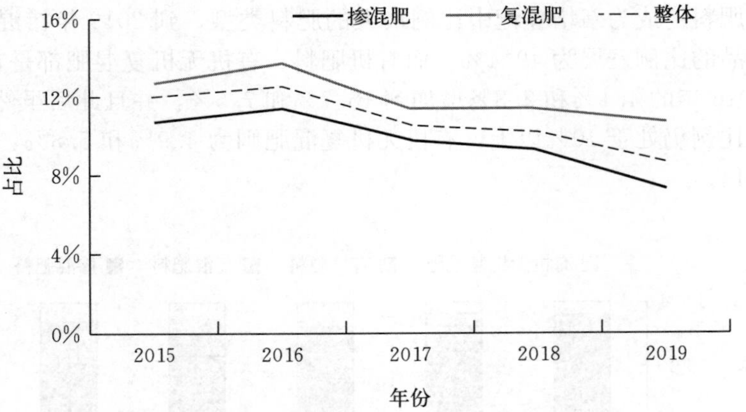

图 5-68　全国新增登记肥料产品中平衡肥比例变化

各浓度等级的掺混肥料所占比例如图 5-69 所示，掺混肥料中几乎没有低浓度配方，高浓度配方占有巨大的数量优势，从 2015 年的 90.6％下降到 2019 年的 88.4％，中浓度配方则是由 2015 年的 9.1％稍稍上升至 11.6％。复混肥料则在 2018 年开始变化巨大，如图 5-70 所示，高浓度配方的比例由 78％下降至 73.0％，2019 年又下降至 60.9％；中浓度配方比例在 2015—2017 年约为 17％，在 2018 年增加至 21.4％，到 2019 年增加至 27.8％；低浓度配方比例在 2015—2018 年约为 5％，2019 年大幅增加至 11.3％。

平衡肥比例的下降，说明肥料企业已经意识到平衡型的配方不能满足农业需求，无论是作基肥还是追肥，这样的比例对大部分作物来说都是不合适的。高浓度的掺混肥比例居高难下，实际上折射出的是一些肥料企业的无奈，因为掺混肥料技术含量相对较低，所以价格卖不上去，在我国肥料市场还没有摆脱养分含量作为定价核心的环境时，高昂

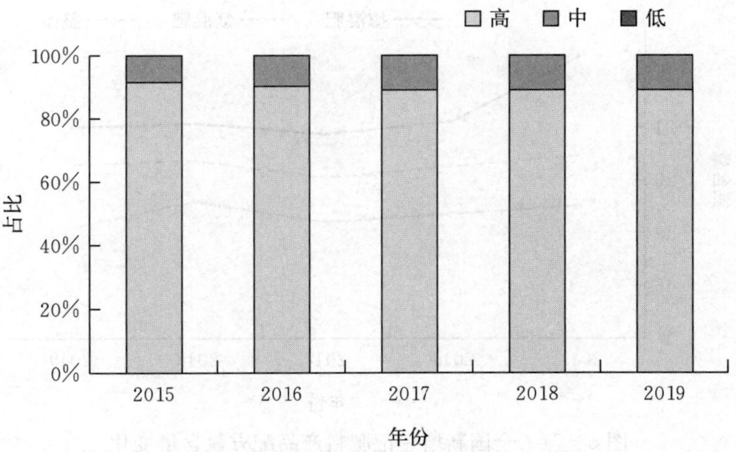

图 5-69 全国新增登记掺混肥料配方浓度变化

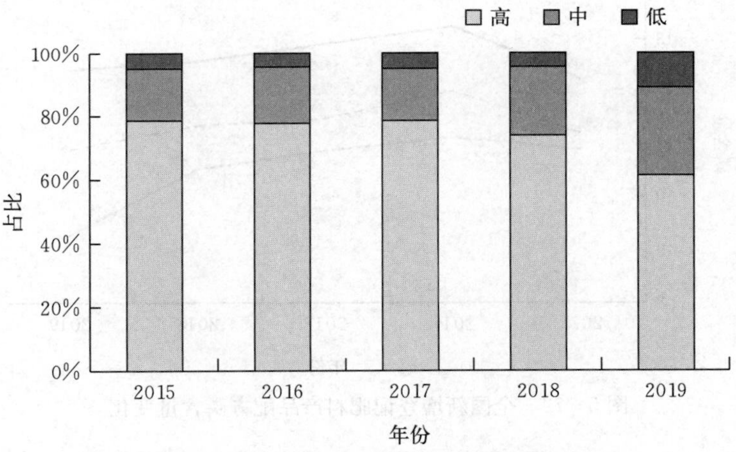

图 5-70 全国新增登记复混肥料配方浓度变化

的运输成本就要求掺混肥的养分含量越高越好。复混肥料的高浓度配方减少、中低浓度配方增多则是与掺混肥料正好相反，这些新型肥料大部分都是经过二次加工造粒的复混肥料，产品外观更美观、颗粒更均匀、性质更稳定。最重要的是做成复混肥料更能让消费者信服。

（三）配方内容变化

如图 5-71 至图 5-74 所示，全国新增登记肥料配方整体的氮含量变化不大，在 20～20.4 间波动；磷含量则先是由 2015 年的 11.2 上升至 12.0，然后又逐年下降至 2019 年的 10.9；钾含量也是 2016 年和 2017 年达到峰值 11.9 后开始下降，不过变化幅度极小，到 2019 年为 11.4；总养分含量则是 2016 年达到峰值 44.1，然后逐年下降至 2019 年的 42.5。

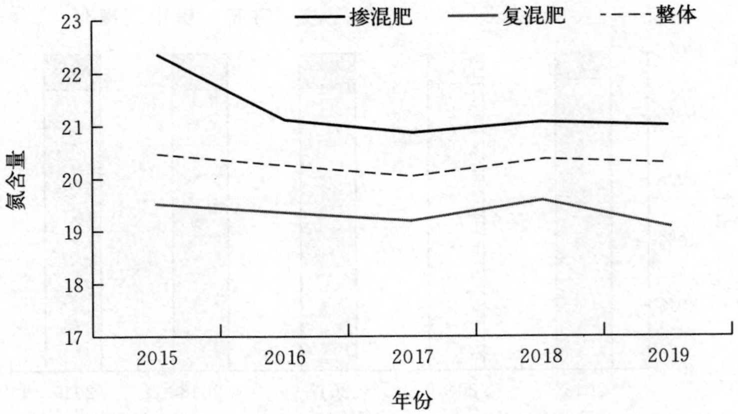

图5-71　全国新增登记肥料产品配方氮含量变化

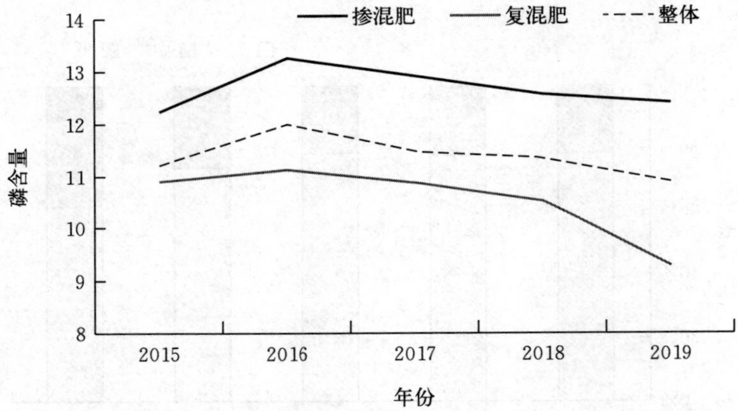

图5-72　全国新增登记肥料产品配方磷含量变化

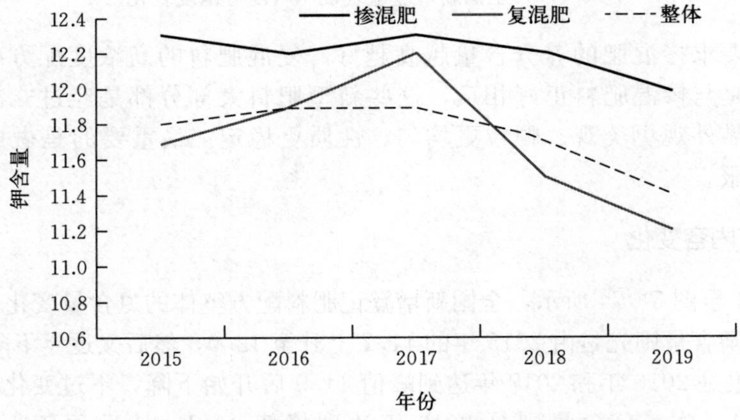

图5-73　全国新增登记肥料产品配方钾含量变化

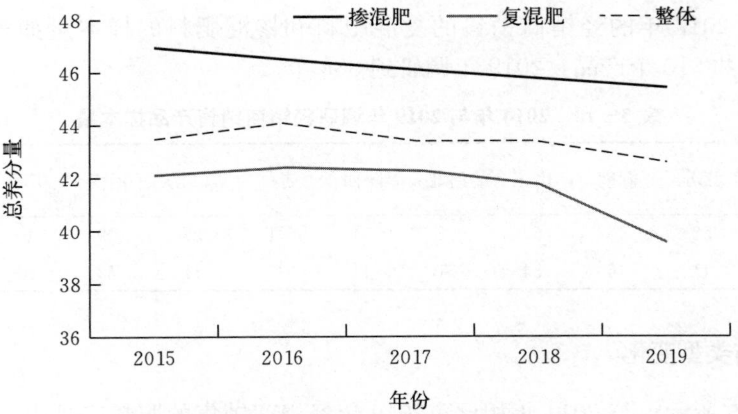

图 5-74　全国新增登记肥料产品配方总养分量变化

掺混肥料的氮含量变化幅度较大，从 2015 年的 22.3 先是下降到 2016 年的 21.1，然后在 21 附近波动；磷含量由 2015 年的 12.2 上升至 2016 年的 13.2 然后逐年下降至 2019 年的 12.4；钾含量则是在 12.0～12.3 之间波动；总养分含量在 2015—2019 年间由 46.8 逐年下降至 45.4。

复混肥料的氮含量变化不大，在 19.1～19.6 之间波动；磷含量在 2015—2017 年间基本无变化，然后由 10.9 逐年下降至 2019 年的 9.3；钾含量在 2015—2018 年间基本无变化，然后由 11.7 逐年下降至 2019 年的 11.4；总养分含量在 2016 年达到峰值 44.1，然后逐年下降至 2019 年的 39.6。

全国肥料总养分整体下降。主要的贡献来自磷以及掺混肥中的氮。这些变化反映了肥料企业在响应国家号召，根据国家宏观政策调整自己的生产规划和研发方向。

（四）小结

在以国家宏观政策为导向的肥料行业中，政府行为对肥料企业的生产有着至关重要的影响，本章中提到的新增登记产品数量下降特别是复混肥数量和比例的下降、有机肥料和有机无机复混肥的激增、高浓度肥料被中低浓度肥料部分替代、肥料养分含量下降等变化，都有政策的推动。而肥料企业也在学习和实践的过程中进步，把工业与农业更紧密结合，把生产与需求更精准对接，践行供给侧结构性改革政策。

四、经销商销售配方变化

农资经销商在肥料市场流通中起到重要作用，在一些肥料企业看来，经销商的意见也是他们决定产品配方、产量的关键因素。而乡镇级经销商更是直接与农户对接的终端，很多时候还发挥着指导农民施肥的作用，因此，乡镇级经销商销售的肥料配方就显得尤为重要。

（一）调研样本量

2014 年和 2019 年的经销商销售的复混肥料和掺混肥料的样本量如表 5－10 所示，2014 年调研到共 510 个产品，2019 年调研到 386 个。

表 5－10　2014 年与 2019 年调研经销商销售产品样本量

年份＼省份	安徽	江苏	湖南	山东	河北	陕西	吉林	黑龙江	河南	广西	甘肃	合计
2014	58	52	45	53	57	54	31	27	39	62	32	510
2019	36	41	46	34	51	44	23	17	22	48	34	396

（二）配方类型变化

如图 5－75 所示，与 2014 年相比，2019 年经销商销售的肥料产品中，平衡型配方占的比例由 36.3％下降至 28.6％，高氮型配方由 42.9％下降至 31.3％，高浓度配方由 87.7％下降至 81.4％。配方的多样性则由 0.396 上升至 0.417。这些数据均表明，以往较为通用的平衡型配方、高氮型配方向其他配方转化，并且有一小部分高浓度配方向中低浓度配方转移，配方向更多元的方向发展。

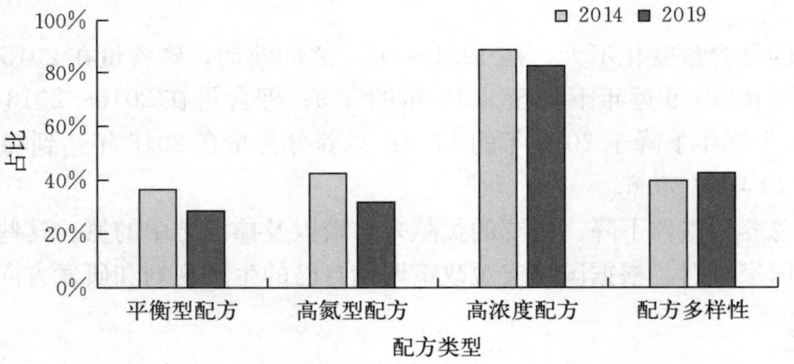

图 5－75　各类型配方比例变化

（三）配方内容变化

2014 年和 2019 年经销商销售的肥料配方养分含量变化如图 5－76 所示，所有产品氮略微下降，磷、钾略微上升，但经过统计检验只有钾的变化是显著的。

图 5－75 中显示的高氮型配方比例下降，但是配方的平均氮含量并没有显著下降，这可能是平衡型配方代表的中氮以及少量低氮配方的氮含量也在相应上升，逐渐向稍低于 20 的水平靠拢，与上一节谈到的肥料登记配方的变化近似，说明行业已经在淘汰氮含量过高或过低的配方。但经销商销售的配方氮含量比肥料产品登记配方氮含量平均值更低一些，这可能是掺混肥料登记的产品数量虽然超过复混肥料了，然而其产量还是无法与复混肥料抗衡，经销商销售配方实际上已经有了一定的产量加权，所以比肥料登记配方中的氮含量更低一些。

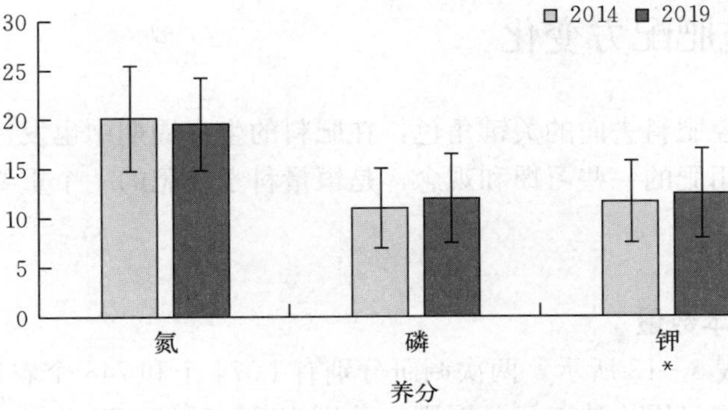

图 5-76　经销商销售配方氮、磷、钾含量变化

磷、钾的变化则与在肥料产品登记配方中看到的变化趋势不同，这可能是因为我们调研的地点只是粮食主产区，调研到的肥料产品也主要是应用在粮食作物上的。

（四）新型肥料变化

随着农业科学技术的发展与进步，与 2014 年相比，2019 年经销商销售的各类新型肥料比例均大幅提高。标注含有中微量元素的肥料由 5.4%上升至 11.9%，其中含有两种及以上中微量元素的肥料由 2.6%上升至 7.2%；标注含有腐殖酸、氨基酸、海藻素等增效成分的肥料由 3.2%上升至 11.3%，其中含有两种及以上增效成分的肥料由 0.18%上升至 1.91%；水溶肥料、缓控释肥料、作物专用肥在 2014 年时均未进行调研，2019 年时分别为 3.2%、4.9%、13.2%（表 5-11）。

表 5-11　2014 年与 2019 年调研经销商销售产品中各类新型肥料比例

新型肥料种类比例（%）＼年份	2014	2019
含中微量元素肥料	5.4	11.9
含两种及以上中微量元素肥料	2.6	7.2
含增效成分肥料	3.2	11.3
含两种及以上增效成分肥料	0.18	1.91
水溶肥	未调研	3.2
缓控释肥料	未调研	4.9
作物专用肥	未调研	13.2

（五）小结

经销商作为肥料行业的重要一环，2014—2019 年间已经发生了平衡型配方降低、高氮型配方降低等积极的变化，但是诸如配方氮含量、磷含量的变化并不明显，未来还需要进一步深化供给侧结构性改革，使其向有利于现代农业发展的方向调整。同时要加强相关标准、制度和法规的建设，提升经销商和农民的认知，促进科学施肥发展。

五、农民施肥配方变化

农民是最后掌控肥料去向的关键角色，在肥料的生命周期中也发挥着重要作用。农民施肥配方能反映其用肥的一些习惯和观念，是恒量科学施肥的一个重要指标。

（一）小麦

1. 调研农户样本数量

如表 5－12 和表 5－13 所示，两次调研分别有 1 074 个和 748 个农户种植小麦，有 888 个和 566 个农户底肥只用一种三元复混肥，分别占 82.7％和 75.7％。剩余的农户大多是用三元复混肥加上尿素、磷酸铵等肥料混用或是不用复混肥直接用尿素、磷酸铵、氯化钾等肥料的几种混配或一种，其中江苏、安徽的农民使用三元复混肥＋其他肥料的比例相对较高，陕西、甘肃两省使用其他肥料的比例较高，具有一定的地域差异性。

本部分接下来分析的配方为底肥施用一种三元复混肥的农户施用的肥料配方，由于山东、甘肃两省样本量过少，因此不做分析。

表 5－12　2014 年调研农户小麦底肥使用情况

底肥施用种类	江苏	安徽	河南	山东	河北	陕西	甘肃	总计
总户数	183	137	191	195	193	142	33	1 074
多种三元复混肥	1	1	2	1	1	4	0	10
三元复混肥＋其他肥料	17	25	2	11	2	13	4	74
其他肥料	3	1	16	19	14	34	15	102
一种三元复混肥	162	110	171	164	176	91	14	888

表 5－13　2019 年调研农户小麦底肥使用情况

底肥施用种类	江苏	安徽	河南	山东	河北	陕西	甘肃	总计
总户数	163	103	158	12	98	147	67	748
多种三元复混肥	2	1	0	0	0	1	0	4
三元复混肥＋其他肥料	10	30	4	1	0	9	20	74
其他肥料	0	0	17	2	4	43	38	104
一种三元复混肥	151	72	137	9	94	94	9	566

2. 配方类型变化

如图 5－77 所示，2019 年各省农民在小麦上平衡配方的施用比例都比 2014 年升高了很多。其中江苏增长最快，从 21.6％上升至 65.6％，增幅超过 200％。安徽从 52.7％增长至 75.0％，比例最大。河南、河北两省比例较低，分别从 21.1％和 21.6％增长至 38.7％和 46.8％。陕西从 39.6％增长至 60.6％。这几个省整体则是从 29.7％上升至 55.5％。

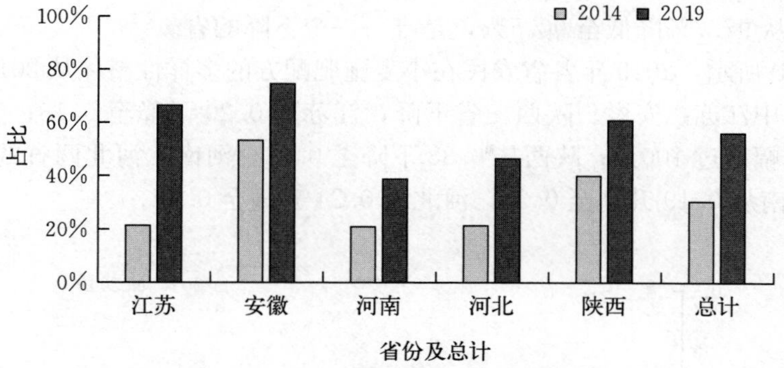

图 5-77 农户小麦底肥平衡配方施用比例

如图 5-78 所示，2019 年各省农民在小麦上高氮配方的施用比例整体从 2014 年的 35.1%下降至 21.9%。其中江苏两次调研时农户施用高氮肥的比例都不足 3%，陕西省从 12.8%增长至 19.1%。其余三省施用高氮配方的比例均有下降，安徽从 26.4%降低至 16.7%，河南从 70.2%降低至 51.8%、河北从 61.4%降低至 12.8%，下降幅度最大。

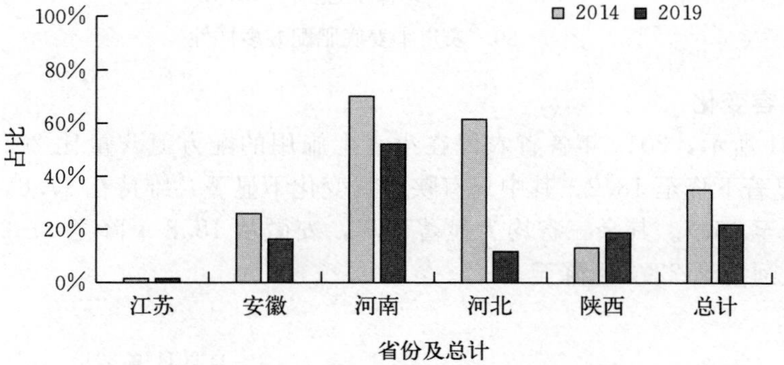

图 5-78 农户小麦底肥高氮配方施用比例

如图 5-79 所示，2019 年各省农民在小麦上高浓度配方的施用比例整体从 2014 年的 83.7%上升至 95.2%。其中江苏增长最快，从 34.0%上升至 94.7%，增幅为 176%。安

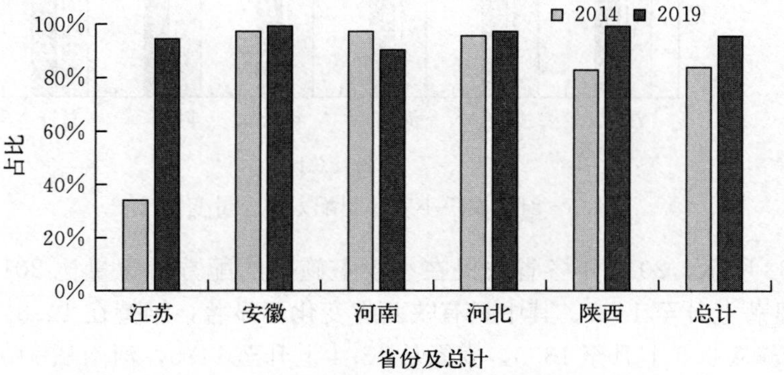

图 5-79 农户小麦底肥高浓度配方施用比例

徽、河北、陕西三省稍有增长，安徽从 97.3%上升至 98.6%，陕西从 83.5%上升至 98.9%。河南从 97.7%降低至 90.5%，是唯一一个下降的省。

如图 5-80 所示，2019 年各省农民在小麦施肥配方的多样性整体从 2014 年的 0.21 下降至 0.17。其中江苏、安徽、陕西三省下降，江苏从 0.20 下降至 0.13；安徽从 0.32 下降至 0.15，降幅超过 100%；陕西从 0.38 下降至 0.21。河南、河北两省的配方多样性则是在升高，河南从 0.19 升高至 0.25，河北从 0.24 升高至 0.30。

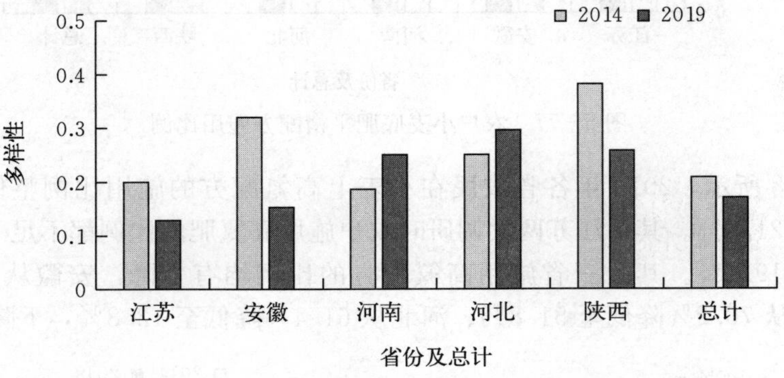

图 5-80　农户小麦底肥配方多样性

3. 配方内容变化

如图 5-81 所示，2019 年各省农民在小麦上施用的配方氮含量比 2014 年有所下降，平均从 19.4 显著下降至 18.2。其中只有陕西省变化不显著，维持在 17.6。江苏省则是从 13.7 显著上升至 15.7。其余三省均为显著下降，安徽从 18.8 下降至 17.2，河南从 24.3 下降至 22.1，河北从 22.3 下降至 17.7。

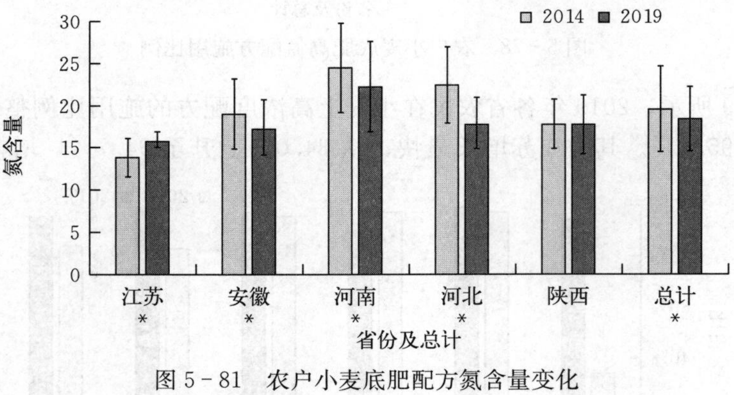

图 5-81　农户小麦底肥配方氮含量变化

如图 5-82 所示，2019 年各省农民在小麦上施用的配方磷含量比 2014 年有所上升，平均从 12.2 显著上升至 14.1。其中只有陕西省变化不显著，维持在 14.8。其余四省均为显著上升，江苏从 9.3 上升至 13.3，安徽从 13.4 上升至 14.5，河南从 11.7 上升至 13.2，河北从 11.1 上升至 16.1。

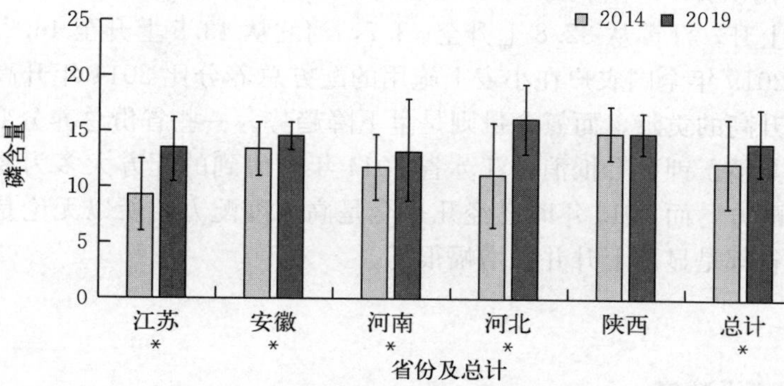

图 5-82 农户小麦底肥配方磷含量变化

如图 5-83 所示，2019 年各省农民在小麦上施用的配方钾含量比 2014 年有所上升，平均从 10.5 显著上升至 12.6。其中安徽、河南两省变化不显著，安徽维持在 13.5；河南从 10.0 稍稍上升至 10.3，但变化并不显著。其余三省均为显著上升，江苏从 9.9 上升至 14.7，河北从 10.1 上升至 12.4，陕西从 10.0 上升至 12.4。

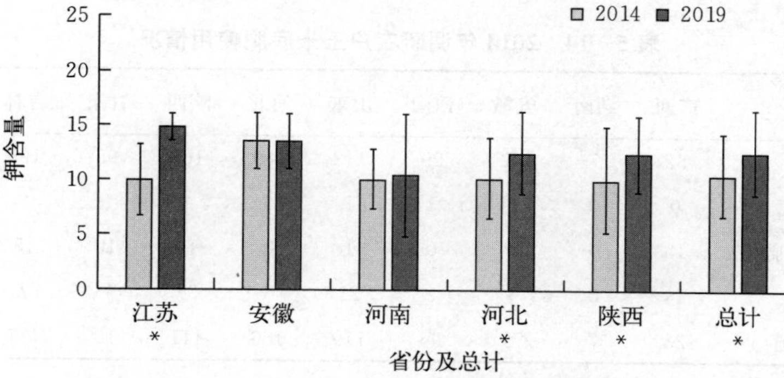

图 5-83 农户小麦底肥配方钾含量变化

如图 5-84 所示，2019 年各省农民在小麦上施用的配方总养分量比 2014 年有所上升，平均从 42.2 显著上升至 44.9。其中安徽、河南、陕西三省变化不显著，安徽从 45.7

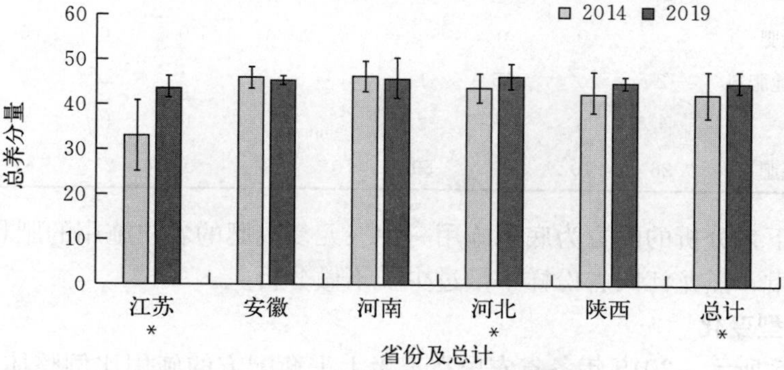

图 5-84 农户小麦底肥配方总养分量变化

下降至 45.2，河南从 46.0 下降至 45.6，陕西从 42.4 上升至 44.8，但变化并不显著。其余两省均为显著上升，江苏从 32.8 上升至 43.7，河北从 43.5 上升至 46.2。

整体而言，2019 年全国农户在小麦上施用的配方总养分比 2014 年升高，这个升高主要是磷、钾含量升高的贡献，而氮含量则是呈下降趋势。一些省份总养分变化不显著也正是因为氮的下降与磷、钾上升抵消。江苏省 2014 年调研到的配方大多为氮、磷、钾含量都不高的中浓度配方，而 2019 年时已经几乎全是高浓度配方，所以无论是氮、磷、钾还是总养分，江苏省都是显著上升并且增幅很高。

（二）玉米

1. 调研农户样本数量

如表 5-14 和表 5-15 所示，两次调研分别有 1 026 个和 623 个农户种植玉米，有 794 个和 507 个农户底肥是只用一种三元复混肥的，分别占 77.4%和 81.4%。剩余的农户大多是用三元复混肥加上尿素、磷酸铵等肥料混用或是不用复混肥直接用尿素、磷酸铵、氯化钾等肥料的几种混配或一种，其中广西、吉林、安徽三省份的农民使用三元复混肥＋其他肥料的比例相对较高，广西、陕西、甘肃三省份使用其他肥料的比例较高，具有一定的地域差异性。

表 5-14　2014 年调研农户玉米底肥使用情况

底肥施用种类	广西	湖南	安徽	河南	山东	河北	陕西	甘肃	吉林	黑龙江	总计
总户数	52	7	81	99	142	189	166	95	195	0	1 026
多种三元复混肥	0	0	0	1	1	0	2	0	2	0	6
三元复混肥＋其他肥料	15	0	9	0	1	0	16	19	15	0	75
其他肥料	14	0	1	2	21	3	37	66	7	0	151
一种三元复混肥	23	7	71	96	119	186	111	10	171	0	794

表 5-15　2019 年调研农户玉米底肥使用情况

底肥施用种类	广西	湖南	安徽	河南	山东	河北	陕西	甘肃	吉林	黑龙江	总计
总户数	29	10	45	92	72	85	114	96	53	27	623
多种三元复混肥	0	0	0	0	0	0	0	0	0	0	0
三元复混肥＋其他肥料	2	0	15	1	1	0	4	22	0	2	47
其他肥料	1	0	0	2	1	1	11	49	2	2	69
一种三元复混肥	26	10	30	89	70	84	99	25	51	23	507

本部分接下来分析的配方为底肥施用一种三元复混肥的农户施用的肥料配方，由于广西、湖南、甘肃、黑龙江四省份样本量过少，不做分析。

2. 配方类型变化

如图 5-85 所示，2019 年各省农民在玉米上平衡配方的施用比例整体比 2014 年有所降低。其中河南从 39.4%下降至 26.7%，下降幅度最大。安徽从 27.5%下降至 24.3%，山东从 42.7%下降至 32.6%，河北从 44.5%下降至 42.9%。陕西、吉林两省则相反，陕西从 2.7%大幅上升至 38.1%，吉林从 19.8%大幅上升至 46.5%。

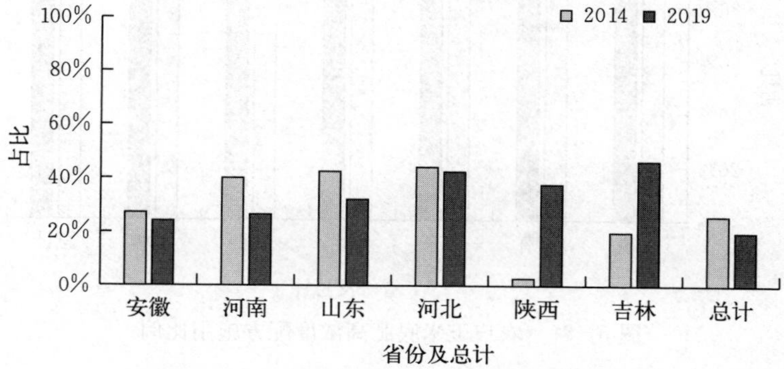

图 5-85　农户玉米底肥平衡配方施用比例

如图 5-86 所示，2019 年各省农民在玉米上高氮配方的施用比例和 2014 年相比平均变化不大，从 69.0%稍稍上升至 70.6%，但各省情况截然不同。其中安徽、陕西、吉林三省呈下降趋势，河南、山东、河北三省呈上升趋势。安徽从 58.9%下降至 42.8%，陕西从 90.8%大幅下降至 27.4%，吉林从 47.7%下降至 38.4%。河南从 50.7%上升至 70.0%，山东从 55.2%上升至 61.8%，河北从 32.8%上升至 40.0%。

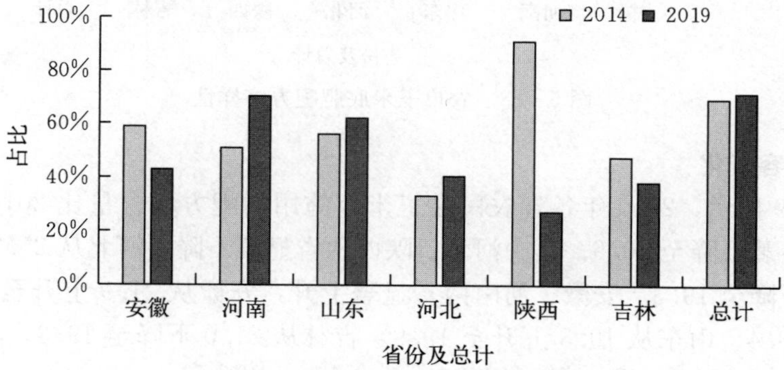

图 5-86　农户玉米底肥高氮配方施用比例

如图 5-87 所示，2019 年各省农民在玉米上高浓度配方的施用比例和 2014 年相比平均变化不大，从 92.4%稍稍上升至 95.5%。其中安徽、河南、河北三省变化不大，安徽从 95.8 下降至 93.3%，河南从 95.8%下降至 95.5%，河北从 96.8%上升至 97.6%。山东、吉林两省下降较明显，分别从 98.3%下降至 92.9%、98.2%下降至 92.2%。陕西省则是从 69.4%大幅上升至 98.0%。

如图 5-88 所示，2019 年各省农民在玉米上施用的配方多样性和 2014 年相比平均变化不大，从 0.25 稍稍上升至 0.26，但各省情况不同。其中山东、吉林两省明显上升，山东从 0.27 上升至 0.43，吉林从 0.29 上升至 0.47。安徽、河南、河北三省稍有上升，安徽从 0.32 上升至 0.40，河南从 0.24 上升至 0.29，河北从 0.25 上升至 0.30。陕西则是从 0.40 大幅下降至 0.26。

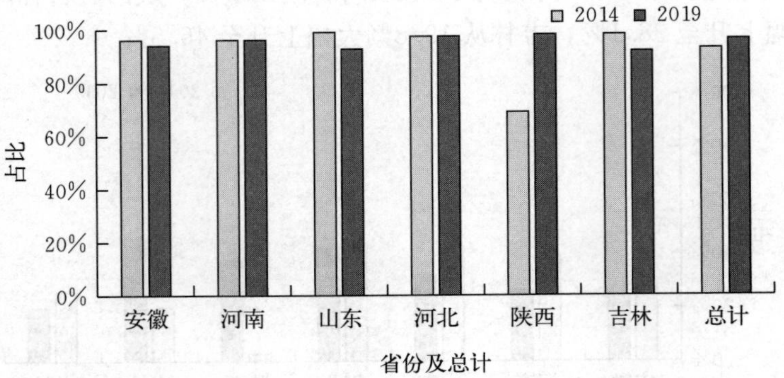

图 5-87　农户玉米底肥高浓度配方施用比例

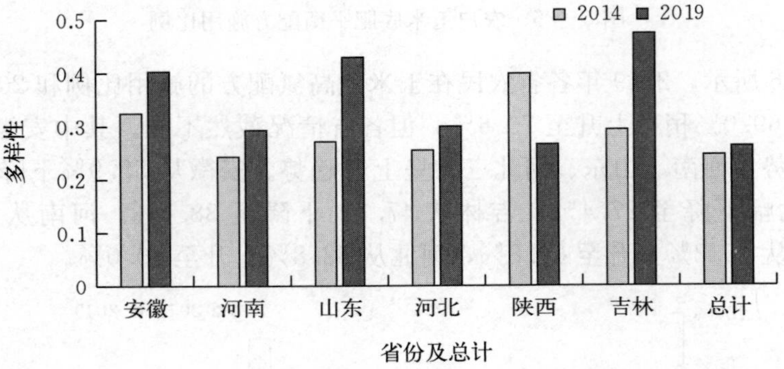

图 5-88　农户玉米底肥配方多样性

3. 配方内容变化

如图 5-89 所示，2019 年各省农民在玉米上施用的配方氮含量比 2014 年有所下降，平均从 22.2 显著下降至 20.6。其中河北、陕西两省显著下降，河北从 25.2 下降至 19.3，陕西从 21.0 下降至 19.3。安徽、河南两省显著上升，安徽从 21.9 上升至 24.1，河南从 22.0 上升至 23.4。山东从 19.3 上升至 19.9，吉林从 21.0 下降至 19.3，两省虽有变化，但经统计检验变化都不显著。

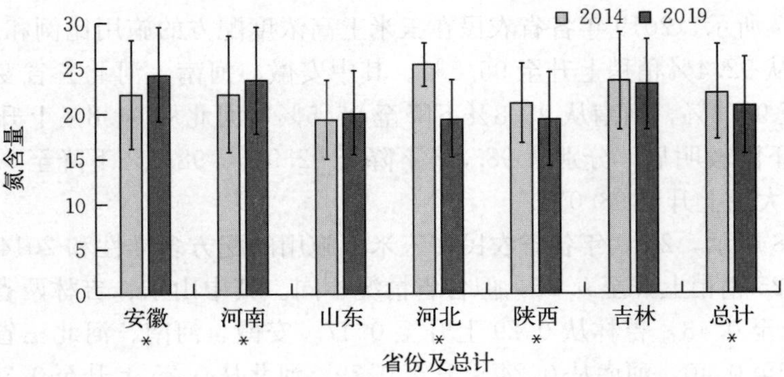

图 5-89　农户玉米底肥配方氮含量变化

如图 5-90 所示，2019 年各省农民在玉米上施用的配方磷含量比 2014 年有所上升，平均从 12.0 上升至 12.9，但变化并不显著。其中安徽、河南两省显著下降，安徽从 10.8 下降至 9.0，河南从 12.3 下降至 11.5。河北、陕西两省显著上升，河北从 9.9 上升至 13.3，陕西从 10.9 上升至 13.5。山东从 13.1 下降至 12.6，吉林从 14.1 下降至 13.0，两省虽有变化，但经统计检验变化都不显著。

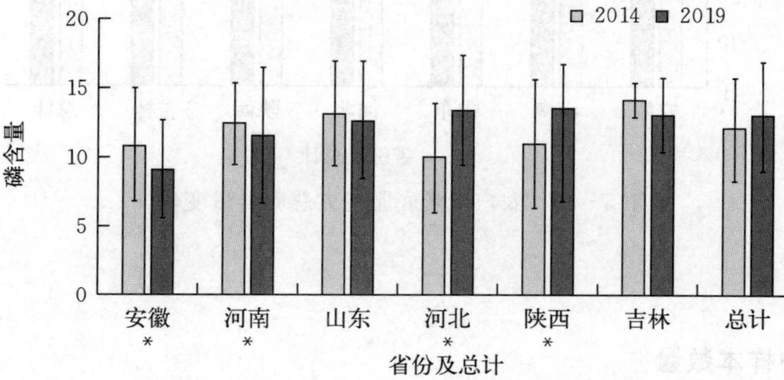

图 5-90　农户玉米底肥配方磷含量变化

如图 5-91 所示，与磷情况相似，2019 年各省农民在玉米上施用的配方钾含量比 2014 年有所上升，平均从 10.9 上升至 11.8，但变化并不显著。其中安徽、河南两省显著下降，安徽从 10.9 下降至 9.4，河南从 11.3 下降至 9.1。河北、陕西两省显著上升，河北从 8.4 上升至 12.4，陕西从 7.7 上升至 11.9。山东从 11.9 下降至 11.5，吉林从 13.7 下降至 12.5，两省虽有变化，但经统计检验变化都不显著。

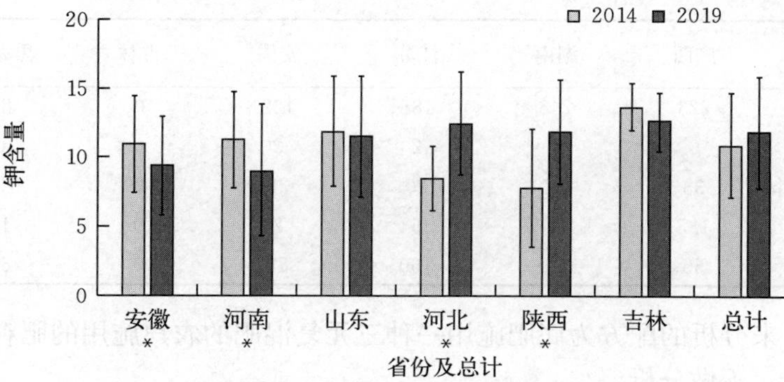

图 5-91　农户玉米底肥配方钾含量变化

如图 5-92 所示，2019 年各省农民在玉米上施用的配方总养分量比 2014 年几乎无变化，2014 年为 45.0，2019 年为 45.3。其中，河南从 45.6 显著下降至 44.0，吉林从 51.2 显著下降至 48.7。陕西则从 39.6 显著上升至 44.7。其余三省经统计检验均变化不显著，安徽从 43.6 下降至 42.5，山东从 44.2 仅下降至 44.0，河北从 43.6 上升至 45.0。

整体而言，2019 年全国农户在玉米上施用的配方总养分与 2014 年相比变化不大，氮的下降与磷、钾上升相抵消。河北、陕西两省与全国趋势一致，均为氮下降、磷钾上升，而安徽、河南则相反。

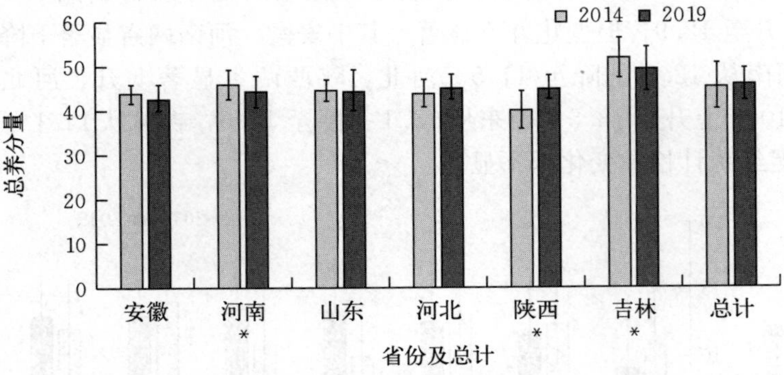

图 5-92　农户玉米底肥配方总养分量变化

（三）水稻

1. 调研农户样本数量

如表 5-16 和表 5-17 所示，两次调研分别有 864 个和 714 个农户种植水稻，有 588 个和 583 个农户底肥是只用一种三元复混肥的，分别占 68.0%和 81.7%。剩余的农户大多是用三元复混肥加上尿素、磷酸铵等肥料混用或是不用复混肥直接用尿素、磷酸铵、氯化钾等肥料的几种混配或一种，其中广西这样的情况最多，特别是 2014 年时，有 60.5%的农户在用尿素、磷酸二铵、氯化钾的中的一种或几种混用来作为底肥，到 2019 年时这个比例下降至 27.5%，但和其他省份相比仍然较高。

表 5-16　2014 年调研农户水稻底肥使用情况

底肥施用种类	广西	湖南	江苏	安徽	吉林	黑龙江	总计
总户数	223	246	188	122	0	85	864
多种三元复混肥	0	1	2	2	0	0	5
三元复混肥+其他肥料	33	12	20	35	0	9	109
其他肥料	135	4	6	2	0	15	162
一种三元复混肥	55	229	160	83	0	61	588

本部分接下来分析的配方为底肥施用一种三元复混肥的农户施用的肥料配方，由于吉林省样本量过少，不做分析。

表 5-17　2019 年调研农户水稻底肥使用情况

底肥施用种类	广西	湖南	江苏	安徽	吉林	黑龙江	总计
总户数	142	180	173	133	3	83	714
多种三元复混肥	0	1	1	0	0	4	6
三元复混肥+其他肥料	25	10	14	24	0	1	74
其他肥料	39	6	5	0	0	1	51
一种三元复混肥	78	163	153	109	3	77	583

2. 配方类型变化

如图 5－93 所示，2019 年各省农民在水稻上平衡配方的施用比例整体从 2014 年的 23.3％大幅上升至 60.0％。其中湖南从 7.4％上升至 60.0％，增幅超过 700％；黑龙江从 1.6％大幅上升至 16.9％，增幅超过 900％。其余三省份也增长较多，广西从 49.1％上升至 87.2％，江苏从 20.6％上升至 51.0％，安徽从 71.1％上升至 84.4％。

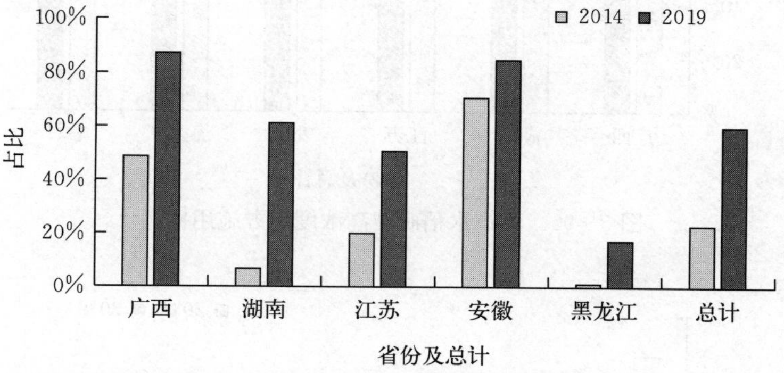

图 5－93 农户水稻底肥平衡配方施用比例

如图 5－94 所示，2019 年各省农民在水稻上高氮配方的施用比例整体比 2014 年大幅上升，从 2.2％上升至 19.8％。其中黑龙江从无到有，2019 年为 79.2％。广西 2014 年为 3.6％，2019 年不再有农户用高氮配方。其余三省也增长较多，湖南从 3.1％上升至 10.5％，江苏从 1.3％上升至 17.6％，安徽从 2.4％上升至 9.2％。

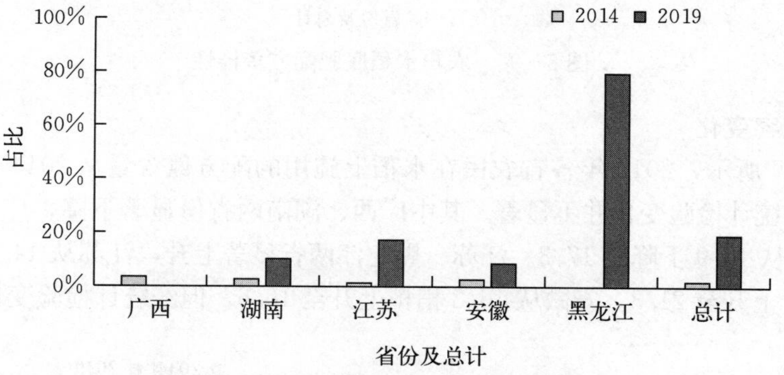

图 5－94 农户水稻底肥高氮配方施用比例

如图 5－95 所示，2019 年各省农民在水稻上高氮配方的施用比例整体比 2014 年大幅上升，从 77.6％上升至 97.3％。其中江苏从 40.6％上升至 95.4％，增长幅度最大，广西从 63.6％上升至 97.4％，湖南从 92.6％上升至 95.7％。除此之外，安徽、黑龙江两省两次调研都是 100％。

如图 5－96 所示，2019 年各省农民在水稻上施用的底肥配方多样性整体从 2014 年的 0.14 稍稍下降至 0.1。其中广西从 0.25 下降至 0.12，下降幅度最大。其余四省也有不同程度的降低，湖南从 0.12 下降至 0.11，江苏从 0.21 下降至 0.14，安徽从 0.18 下降至 0.13，黑龙江从 0.16 下降至 0.14。

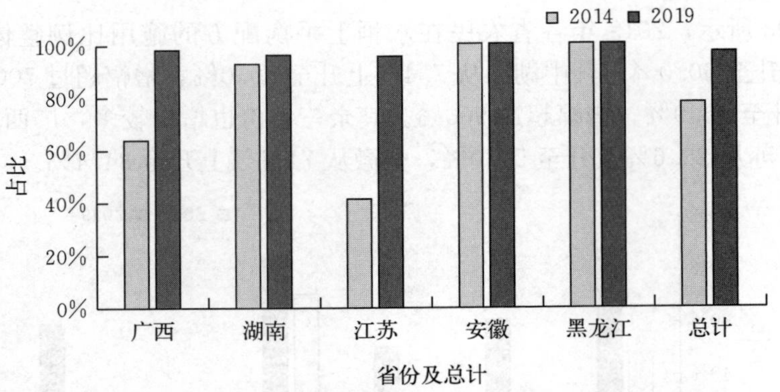

图 5-95　农户水稻底肥高浓度配方施用比例

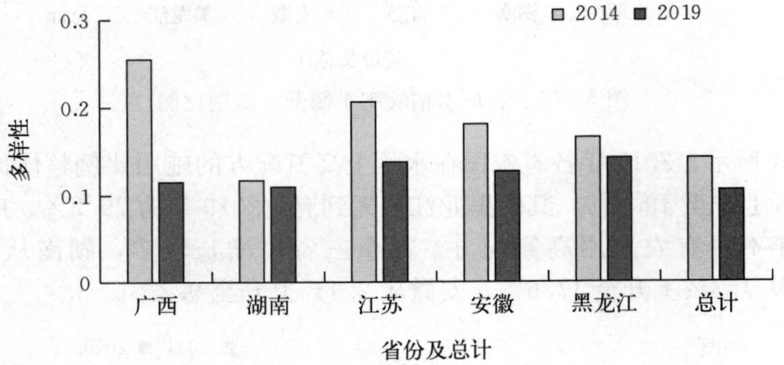

图 5-96　农户水稻底肥配方多样性

3. 配方内容变化

如图 5-97 所示，2019 年各省农民在水稻上施用的配方氮含量从 2014 年的 16.7 上升至 17.4，但经统计检验变化并不显著。其中广西、湖南两省份显著下降，广西从 16.3 下降至 15.2，湖南从 18.9 下降至 17.3。江苏、黑龙江两省显著上升，江苏从 14.2 上升至 17.8，黑龙江从 15.8 上升至 21.3。安徽从 16.3 稍稍上升至 16.6，但经统计检验变化不显著。

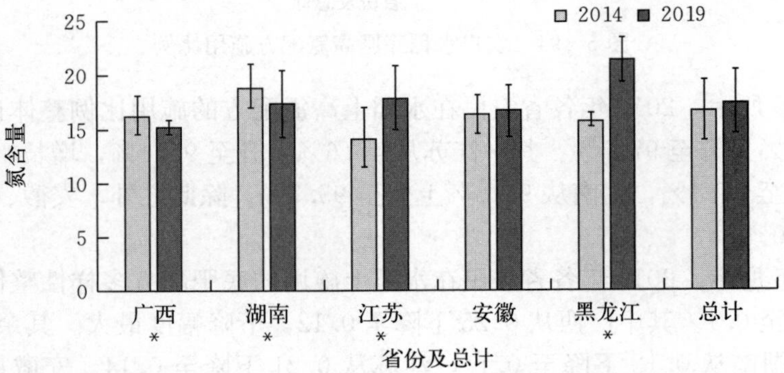

图 5-97　农户水稻底肥配方氮含量变化

如图 5－98 所示，2019 年各省农民在水稻上施用的配方磷含量平均从 2014 年的 11.2 显著上升至 13.6。其中广西、湖南、江苏三省份显著上升，广西从 11.0 上升至 14.2，湖南从 10.6 上升至 12.6，江苏从 9.1 上升至 12.2。安徽从 14.6 稍稍下降至 14.2，黑龙江从 14.5 稍稍上升至 15.4，但经统计检验变化均不显著。

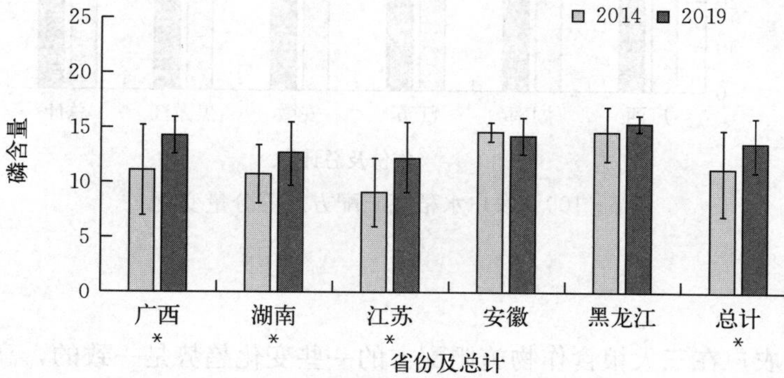

图 5－98 农户水稻底肥配方磷含量变化

如图 5－99 所示，与磷情况相似，2019 年各省农民在水稻上施用的配方钾含量平均从 2014 年的 12.2 显著上升至 14.5。其中广西、湖南、江苏三省份显著上升，广西从 13.3 上升至 16.2，湖南从 11.4 上升至 13.6，江苏从 10.4 上升至 14.0。安徽从 14.4 稍稍上升至 14.6，但经统计检验变化不显著，黑龙江则维持在 15.5。

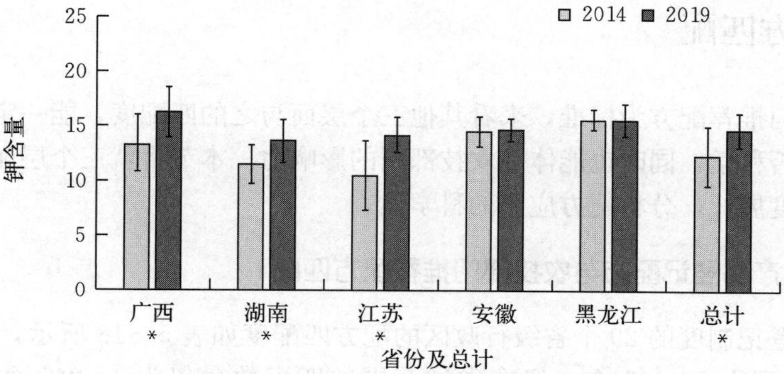

图 5－99 农户水稻底肥配方钾含量变化

如图 5－100 所示，2019 年各省农民在水稻上施用的配方总养分量平均从 2014 年的 40.1 显著上升至 45.5。其中只有安徽省维持在 45.3。其余四省份均显著上升，广西从 40.6 上升至 45.6；湖南从 40.9 上升至 43.5；江苏从 33.6 上升至 44.1，增长幅度最大；黑龙江从 45.8 上升至 52.1。

整体而言，2019 年全国农户在水稻上施用的配方总养分与 2014 年相比显著上升，其中磷、钾显著上升，氮则呈现北升南降的趋势。安徽省五年间几乎没有变化，黑龙江省则是氮增多较明显。

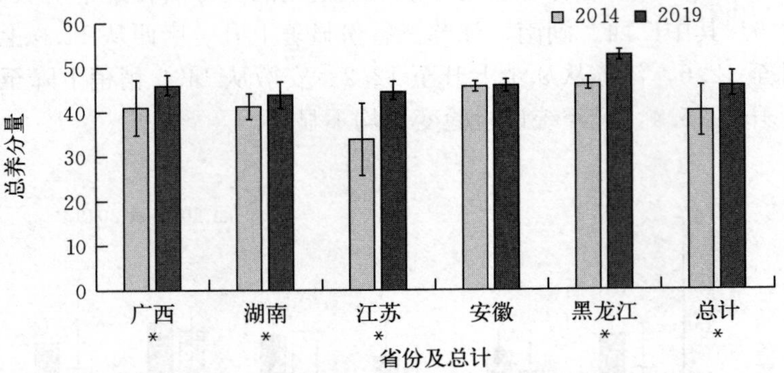

图 5-100　农户水稻底肥配方总养分量变化

（四）小结

整体而言，农户在三大粮食作物施肥配方的一些变化趋势是一致的，高浓度肥比例逐渐上升至接近 100%，磷、钾含量上升，氮含量则是水稻稍有上升，小麦、玉米下降。

农户施肥配方的变化幅度较大而且统计检验后是显著的，体现出农民施肥的“跟风”现象，调研时有很多村镇用的肥料都几乎相同，有的村委托一个专人或合作社统一购买。统一购肥可以减小农民用肥的不确定性，方便管理和调控，但如果买到的肥料不合适，那影响的范围很大，这就更需要加强农民知识水平培训和市场监管，让农民用上放心肥料，推进科学施肥。

六、配方匹配

以农技部门推荐配方为标准，来看其他三个层面与之的匹配度，能一定程度上反应各层面的配方是否科学，同时也能体现农技部门的影响力。本节将就三个层面与农技部门推荐配方的匹配度展开，分析配方应用的科学性。

（一）肥料产品登记配方与农技部门推荐配方匹配

实施肥料登记制度的 29 个省级行政区的配方匹配度如表 5-18 所示，各省份 2015—2019 年间登记配方 54 409 个，但在省域范围的匹配数量仅为 14 245 个，匹配度仅为 26.2%。其中河南省匹配度最高，五年间登记肥料 6 984 个，有 3 045 个与河南省农技部门推荐的配方一致，匹配度达到 43.6%。匹配度低于 10%的省份登记配方数量均不足 1 000 个，说明这些省份肥料生产能力薄弱，生产出的肥料科学性也较低。

如果把市场范围理想化扩大到全国，全国 54 409 个产品与全国农技部门推荐的所有配方匹配了 36 161 个，匹配度高达 66.5%。由于肥料登记配方没有推荐作物，也没有销往各地销量的商业数据，所以无法对这些产品的应用科学性做出全面而精准的预测。把肥料市场扩大到全国得出的结果过于理想，实际上全国的匹配度应该介于 26.2%～66.5%之间。另外，如果再把各个产品的销量考虑上，结果还不好预测，销量高的肥料产品未必就是合适的。

但如果把配方匹配的方向反过来，从农技部门推荐的配方中找在肥料产品登记中一致的配方，这个匹配度就变得很高。以小麦为例，如图 5－101 所示，全国农技部门小麦推荐配方与全国肥料产品登记配方的匹配度达到了 91.8%，也就是农技部门推荐的小麦配方中有 91.8%的配方可以在全国肥料市场中找到一致的产品，如果这个范围缩小到区域，全国平均也达到了 82.5%。这说明农技部门推荐的配方在所在区域的肥料市场中是基本可以买到的，但结合上文中的匹配度，这样的产品仅仅占所有产品的 26.2%，还有 73.8%的肥料产品并不完全合适。

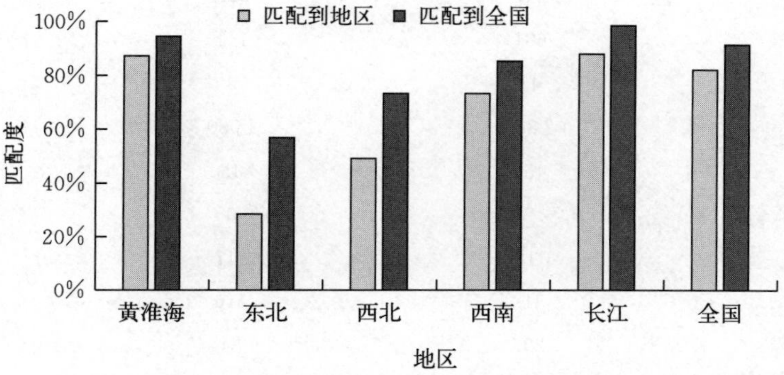

图 5－101　农技部门小麦推荐配方与全国登记配方匹配

表 5－18　2015—2019 年间各省登记配方与农技部门推荐配方匹配度

省份＼项目	产品数量（个）	匹配数量（个）	匹配度（%）
安徽	2 921	863	29.5
北京	161	2	1.2
福建	602	77	12.8
甘肃	384	40	10.4
广东	743	64	8.6
广西	1 034	119	11.5
贵州	461	10	2.2
海南	81	9	11.1
河南	6 984	3 045	43.6
黑龙江	6 610	964	14.6
湖北	5 790	1 513	26.1
湖南	747	142	19.0
吉林	4 052	715	17.6
江苏	2 827	809	28.6
江西	631	79	12.5

（续）

省份 \ 项目	产品数量（个）	匹配数量（个）	匹配度（%）
辽宁	3 923	1 086	27.7
内蒙古	1 288	259	20.1
宁夏	116	0	0
青海	364	41	11.3
山东	8 140	2 441	30.0
山西	727	222	30.5
陕西	681	144	21.1
上海	45	9	20.0
四川	2 840	1 030	36.3
天津	455	45	9.9
西藏	7	0	0
云南	1 186	317	26.7
浙江	312	116	37.2
重庆	297	84	28.3
省域	54 409	14 245	26.2
全国	54 409	36 161	66.5

（二）经销商销售配方与农技部门推荐配方匹配

当肥料经过两到三次交易来到乡镇级经销商的手中，与农技部门推荐的匹配度又有了变化。值得一提的是，从肥料登记配方到经销商销售配方，这里面已经有了一定的销量加成，卖的范围广的销量一般是高的。如图 5－102 所示，2019 年乡镇级经销商销售配方与其所在省份的农技部门推荐配方的匹配度比 2014 年稍有下降，从 41.8%下降至 34.5%。只有山东、河北、陕西、黑龙江的匹配度是比 2014 年上升的，但是幅度都不大。但如果缩小到县域，乡镇级经销商销售配方与其所在县的农技部门推荐配方的匹配度比与省级农

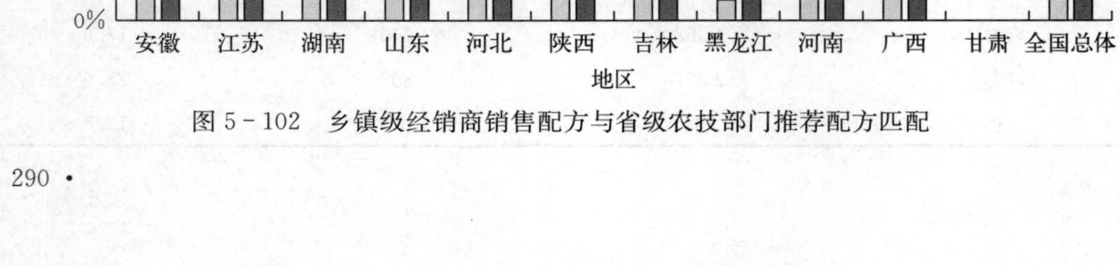

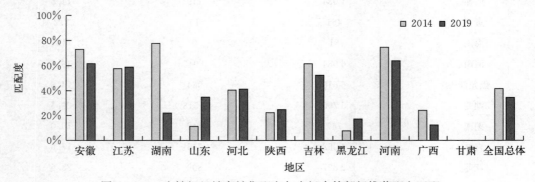

图 5－102　乡镇级经销商销售配方与省级农技部门推荐配方匹配

技部门推荐配方的匹配度低很多，2014 年为 11.4%，2019 年为 7.3%。山东、黑龙江的经销商虽然与省级推荐配方匹配度上升，但是与县级推荐配方不匹配，甘肃省则无论是 2014 年还是 2019 年、无论是与省级还是县级推荐配方，都完全不匹配（图 5－103）。

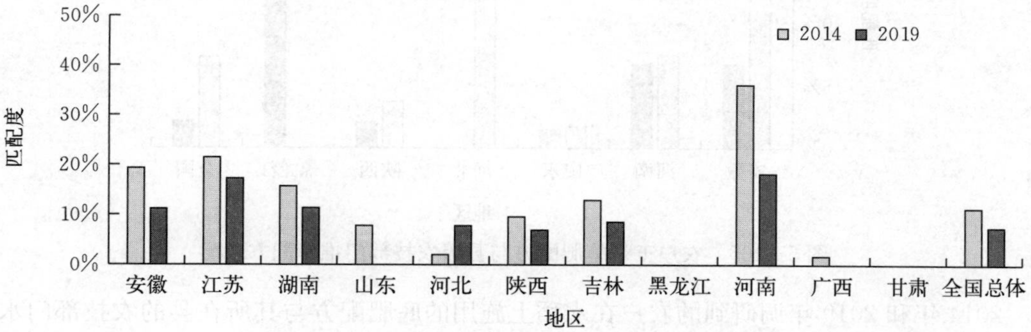

图 5－103　乡镇级经销商销售配方与县级农技部门推荐配方匹配

（三）农户施肥配方与农技部门推荐配方匹配

2014 年和 2019 年调研到的农户在小麦上施用的底肥配方与其所在县的农技部门小麦推荐配方匹配度如图 5－104 所示，全国平均从 9.1%上升至 12.5%。这五个省中江苏一直处于高水平，2014 年匹配度为 34.6%，2019 年达到 35.8%。河北省则是从 2014 年的 2.3%变为完全不匹配。剩余三省虽有增加，但匹配度仍处于较低水平，安徽省从 1.8%上升至 6.9%，河南省从 2.9%上升至 5.8%，陕西省从 1.1%上升至 2.4%。

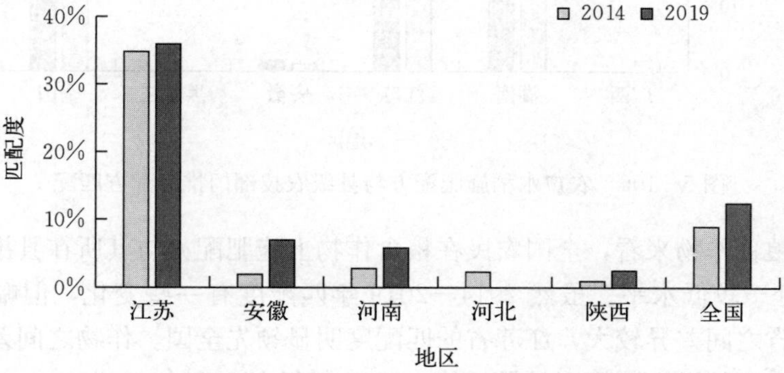

图 5－104　农户小麦施肥配方与县级农技部门推荐配方匹配

2014 年和 2019 年调研到的农户在玉米上施用的底肥配方与其所在县的农技部门玉米推荐配方匹配度如图 5－105 所示，全国普遍水平不高，并且平均从 6.9%下降至 2.2%。这六个省中仅有黑龙江的匹配度是升高的，2014 年完全不匹配，2019 年匹配度达到 17.4%。河北省从 2014 年的 13.4%变为完全不匹配。剩余四省均有不同程度的降低，安徽从 14.1%降低至 6.7%，河南从 7.3%降低至 6.7%，山东从 1.7%降低至 1.4%，陕西从 3.6%降低至 2.0%。

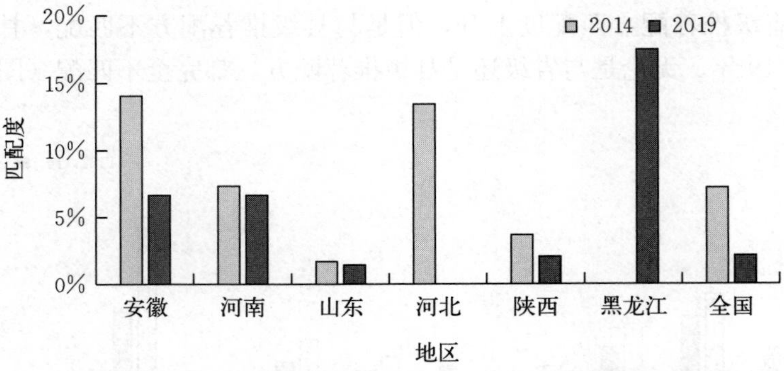

图 5-105　农户玉米施肥配方与县级农技部门推荐配方匹配

2014 年和 2019 年调研到的农户在水稻上施用的底肥配方与其所在县的农技部门水稻推荐配方匹配度如图 5-106 所示，全国平均从 18.2%下降至 11.7%。这五个省份中仅有安徽的匹配度是升高的，但也微乎其微，2014 年为 1.2%，2019 年为 1.8%。广西从 2014 年的 1.8%变为完全不匹配，黑龙江两次都完全不匹配。剩余两省湖南从 20.5%降低至 16.7%，河南从 36.3%降低至 25.5%。

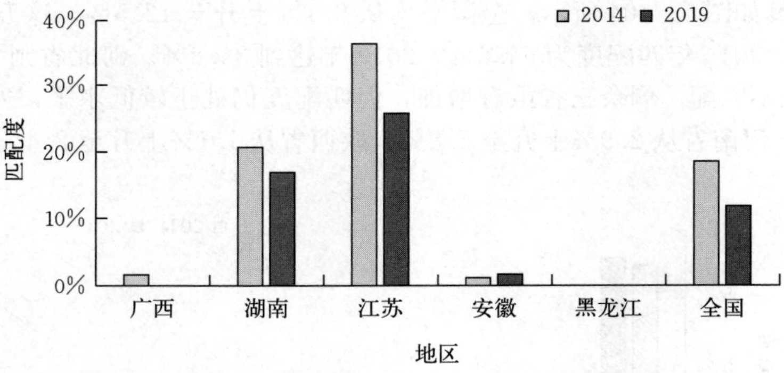

图 5-106　农户水稻施肥配方与县级农技部门推荐配方匹配

综合三大粮食作物来看，全国农民在粮食作物上施肥配方与其所在县推荐配方的匹配度为 8.9%，处于较低水平。虽然 2014—2019 年匹配度有一些变化，但幅度较小，甚至是下降的。各省之间差异较大，江苏省的匹配度明显领先全国。作物之间差异也较大，种植范围最广的玉米的配方匹配度是最低的，2019 年仅有 2.2%。

（四）配方匹配度逐级递减

如图 5-107 所示，如果把前三部分的匹配度结合起来看，从肥料的生产登记一直到农民施肥，配方与农技部门推荐配方的匹配度是在逐渐下降的。全国登记的肥料如果放到全国市场看，有 66.5%的产品配方是合适的，但放到区域看只有 26.2%。到经销商环节，与省级农技部门推荐配方匹配度为 34.5%，与县级农技部门推荐配方匹配度仅有 7.3%。到农户环节，与县级农技部门推荐配方的匹配度仅有 8.9%。

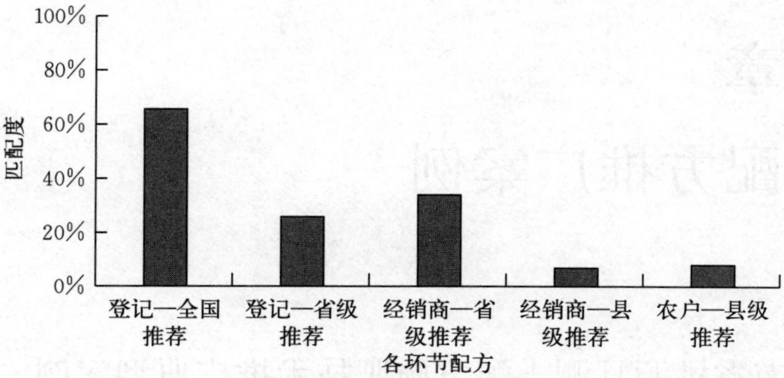

图 5-107　各环节配方匹配度

（五）小结

肥料用好了可以节肥减排、提质增效，如果用不好就是资源浪费、环境污染、减产亏损。现阶段肥料生产的水平越来越高，肥料蕴含的技术越来越先进，肥料配方也在向好的方向发展，但是在市场流通环节各方的力量一直较薄弱，缺乏科学的引导。未来要让肥料能得到科学使用，还需要政府、企业、种植主体共同发力。

第六章

肥料配方推广案例

一、湖南省桃源县测土配方施肥技术推广典型案例

桃源县位于湖南省西北部，沅水中下游，是一个山地、丘陵、平原地貌兼有的农业大县，主产粮棉油果茶，全县土地总面积 44.42 万 hm^2，耕地 9.65 万 hm^2。桃源县是 2005 年启动的全国首批测土配方施肥补贴项目县，通过持续实施测土配方施肥项目，全县科学施肥指标体系不断完善，技术推广体系和配方肥推广应用网络不断健全，整村、整乡、整县推进的技术模式和工作机制逐步形成，测土配方施肥技术得到全面推广普及。2015—2019 年，全县每年主要农作物测土配方施肥技术覆盖率均稳定在 95%以上，五年累计推广测土配方施肥技术面积 101.13 万 hm^2 · 次，推广配方肥 14.16 万 t（实物量），配方肥施用面积 59.13 万 hm^2，配方肥施用面积占测土配方施肥技术推广面积的 58.5%。

1. 主要做法

为加快测土配方施肥技术成果应用，促进测土配方施肥技术进村入户，重点抓好肥料配方制定、专家系统应用、配方肥推广三个方面的工作。

（1）*科学制定肥料配方*　根据《测土配方施肥技术规范》以及部省测土配方施肥工作总体要求，组织有关专家依据本县耕地土壤养分测试结果，结合多年田间试验示范结果，综合考虑不同作物需肥特性和当地农业生产实际情况，制定了 12 个主要作物专用肥配方，其中水稻肥料配方氮采用目标产量法，磷、钾采用丰缺指标法，油菜、棉花等作物根据已有的试验数据，采用肥料效应函数法，柑橘、茶叶等园艺作物采用氮磷钾比例法。配方经省、市有关部门专家审定，并报湖南省土壤肥料工作站审查备案后向社会公布，供有关配方肥生产厂家、农业技术推广机构、肥料销售点及广大农民在开展测土配方施肥工作时应用。

如在棉花施肥配方制定方面，针对棉花需肥量大、施肥次数多、生产实际中过量施肥问题突出，与湖南农业大学资源环境学院、安徽司尔特肥业股份有限公司合作，在分析研究桃源县棉地土壤养分特点、棉花需肥规律及主要施肥技术指标的基础上，提出了适合桃源县推广应用的棉花专用肥区域肥料配方 2 个（20－9－16 和 18－11－16），分别适用于平原潮土棉地与丘陵红壤棉地。连续多年进行桃源县棉花专用肥（20－9－16）的应用和示范，增产节肥效果显著，棉花专用肥用作基肥和花铃肥施用，与习惯施肥比较，平均每亩节本增收 109.8～363.4 元。

（2）*推进测土配方施肥专家系统应用*　大力推进测土配方施肥专家系统应用，开展施

肥信息化服务。一是运用专家系统开展作物施肥推荐和区域配方设计。在完成耕地地力评价和作物适宜性评价基础上，根据本地田间试验结果，结合现有的技术成果资料和专家知识确定测土配方施肥参数，利用县域测土配方施肥专家系统自动拟合出桃源县早、中、晚稻区域配方，再根据系统生成的配方比例提出桃源县水稻专用配方肥（总养分 40%）配方。二是应用测土配方施肥触摸屏查询施肥信息。在利用县域测土配方施肥专家系统完成水稻县域肥料配方拟合和施肥方案推荐基础上，导入触摸屏查询数据并在专家系统（触摸屏版）中成功运行，用户通过触摸屏可以方便地查询到全县任意地块的土壤信息和推荐施肥方案。三是开通测土配方施肥手机短信平台和 Web 地图服务。将水稻测土配方施肥方案及时发布到测土配方施肥数据管理平台，县域内手机用户通过发送地块代码的短信即可得到相应地块的施肥方案，微信用户可通过扫描二维码或搜索公众服务号“测土配方”添加关注，可以多种方式查询到田块土壤养分、耕地地力及施肥方案等信息。四是开展测土配方施肥手机信息应用示范。在枫树、陬市、深水港、剪市、泥窝潭等乡镇组织开展测土配方施肥手机信息服务应用与示范，2015—2019 年，累计示范面积 3.33 万 hm^2。示范对比田测产验收结果：早稻应用县域测土配方施肥专家系统处理亩均增产稻谷 27.5 kg，增幅 7.5%，扣除亩均增加肥料成本9.0 元，亩均增收 65.2 元；中稻应用县域测土配方施肥专家系统处理亩均增产稻谷 37.4 kg，增幅 7.5%，每亩节省纯 N 1.1 kg，节省 K_2O 1.7 kg。平均每亩增收节支 112.7 元。

（3）*加快作物专用配方肥推广*　配方肥是测土配方施肥技术的物化载体，加快配方肥推广应用是测土配方施肥工作的重中之重。为推动配方肥进村入户到田，重点采取以下措施：一是建立完善的配方肥连锁经销网络。各乡镇共设立配方肥经销网点 76 个，村级配方肥供应服务站 415 个，其中标准化配方肥服务网点 5 个。二是组织配方肥产需对接。遴选安徽司尔特肥业股份有限公司、湖南隆科肥业有限公司 2 家肥料企业为农企合作配方肥推广企业，完善县、乡、村三级联动推广配方肥机制，组织经销商同农民的产需对接。三是强化示范引领。抓好施用配方肥示范样板建设，使农民群众看有典型、学有榜样，全面展示配方肥推广应用效果。四是广泛宣传培训。通过举办培训班、发放技术资料、面对面技术传授等，让测土配方施肥技术家喻户晓，配方肥施用得到农民普遍认同。

2. 典型经验

在大力推进测土配方施肥技术入户、配方肥应用到田的过程中，重点推广三种技术模式。

（1）*以农技服务体系为依托，以施肥建议卡入户为重点的技术指导型推广模式*　由农业部门测土，并根据辖区内土壤类型和作物布局等因素进行施肥分区，在确定目标产量后，印发测土施肥建议卡到户，结合测土信息和施肥方案公示上墙，依靠农技推广体系，开展多种形式的技术培训，指导农民科学施肥。概括起来讲就是，“测土配方，公示上墙，发卡到户，按方购肥”。该法的优点是施肥建议卡直接发放到农户，农户按卡购肥，直接明了，配方施肥准确度高，效果好，是目前采用的主要方式之一。

（2）*以肥料生产企业和肥料经销网络为依托，以配方肥推广为载体的企业参与型推广模式*　由农业部门土肥技术推广机构进行测土和配方制定，委托复混肥料生产企业进行定点生产，实行定向供应，由肥料生产企业自行选定肥料经销商，并构建配方肥连锁供应网络，以企业和经销商为主，积极组织开展配方肥的宣传和推广。土肥站负责印发施肥建议卡，制作测土信息和施肥方案公示栏，并对配方肥经销人员进行技术培训，同时与企业和经销商配合对农民进行技术培训和指导服务。归纳起来讲就是“测土配方，定点生产，供肥到点，指导到户”。

（3）以农民专业合作组织为依托，产前、产中和产后服务一体化的全程服务型推广模式　由县土肥站测土配方，配方肥定点生产企业按配方生产配方肥，龙头企业统一销售配方肥给基地农户，在基地生产上，形成统一测土、统一配方、统一供肥、统一技术指导的测土配方施肥推广模式。依托龙头企业推广应用配方肥具有两点优势：一是资金优势，肥料经营需要占用的资金量较大，部分经销商由于缺乏资金导致配方肥销售难以做大，而依托龙头企业成立的农民专业合作组织有强大的资金作保障。同时合作社对于本社社员在农资价格上让利优惠，且可以赊销，社员可在交售鲜茶叶时抵扣农资价款。二是技术服务优势，合作社与土肥技术推广部门密切合作，通过宣传培训为配方肥经销商和基地茶农提供茶叶测土配方施肥技术。如桃源县茶叶加工市级龙头企业湖南百尼茶庵茶业有限公司联合当地农户成立了桃源县崖边野茶茶叶专业合作社，拥有大叶茶基地133.3多hm^2，有机茶基地66.7多hm^2，合作社成员茶园400多hm^2，茶叶年产量5 700多t。该专业合作社在茶叶主产区茶庵铺镇建立茶叶专用肥定点供应网点，推广县土肥站推荐的45%（24-8-13）、35%（18-5-12）两个茶叶专用肥配方，并为合作社成员以及其他茶农供应专用配方肥提供技术指导服务，年销售茶叶专用配方肥2 000 t以上，改变了过去偏施氮肥、过量施肥导致的茶园土壤养分失衡、茶叶品质不优等问题。

3. 取得成效

目前，桃源县通过对1.5万个土壤样品测试结果的统计分析，全面掌握了县域内不同类型、不同利用方式耕地土壤理化性状及其动态变化趋势。根据已有的田间试验结果，建立并不断完善了全县水稻、油菜、棉花等主要作物施肥指标体系。根据土壤检测、田间试验和农户施肥调查等数据资料，研制了水稻、棉花、油菜、水果、茶叶等主要作物肥料配方，其中水稻、棉花、油菜专用肥已经大规模推广应用，茶叶、柑橘专用肥进入示范推广阶段。全县建立了较为完善的配方肥连锁经销网络，加快了配方肥的推广应用。

测土配方施肥技术的应用取得了良好的经济、社会和生态效益。据调查，测土配方施肥与习惯施肥比较，水稻亩均节本增收22.9～45.3元，油菜亩均节本增收30.6～55.2元，棉花亩均节本增收54.6～64.8元，茶叶亩均节本增收63.5元。测土配方施肥在促进节本增收的同时，提高了化肥利用率，减轻了过量施肥带来的农业面源污染，增强了农民的科学施肥意识，改变了农民的不合理施肥习惯。

二、安徽省肥东县测土配方施肥技术推广典型案例

安徽省肥东县是第一批测土配方施肥项目县，位于环巢湖流域，大宗农作物以水稻、油菜、小麦为主，是典型的农业大县、国家大型商品粮和优质油菜生产基地县。农作物播种面积18万hm^2，其中水稻7.67万hm^2、小麦3万hm^2、玉米0.53万hm^2、油菜2万hm^2、瓜菜蔬菜等2.67万hm^2，棉花、花生等其他作物2.13万hm^2。全县土壤类型以水

稻土和黄褐土为主。

1. 测土配方施肥工作进展

（1）土壤样品采集调查　2014—2015 年对全县 18 个乡镇的近 400 个新型农业经营主体大田农作物开展个性化服务，采集土壤样品近 900 个，检测项次近 10 000 个；2016—2017 年对全县 18 个乡镇的近 200 个新型农业经营主体开展瓜果蔬菜类个性化土样检测近 650 个，检测项次近 10 000 个；2018—2019 年针对 220 个耕地质量调查点位进行定点定位取样调查检测，检测项次共计近 7 000 个；2014—2017 年承担省统筹土样、植株样品检测 1 117 个，检测项次近 8 900 个。

（2）田间试验示范　2014—2019 年共开展各类试验示范 92 个，其中配方师验证试验 18 个、“3414”试验 3 个、氮肥总量控制试验 9 个，“2＋X”试验 4 个、微肥试验 15 个、肥料利用率试验 10 个、新型肥料试验示范 11 个、秸秆还田动态试验示范 8 个、缓释肥试验 8 个、有机无机复混肥试验 2 个、有机肥试验 3 个、墒情监测 1 个。

（3）示范片建设　2014—2019 年共建立各类测土配方施肥示范片共计 700 个，示范面积近 2 万 hm^2，免费发放补贴配方肥达 500 t。

（4）宣传培训　在农业生产关键时期，利用电视、网络、科技下乡等方式开展各类宣传达 346 次，召开各类现场会 27 次，印发技术挂图、明白纸等各类宣传材料近 20 000 份，举办培训班 76 场（次），培训服务新型农业经营主体等共计近 15 000 人（次）。

2. 主要做法

（1）肥料配方的制定与发布

① 配方制定的依据与过程。一是根据采样单元土壤养分含量、采样田块的田间调查和目标产量，结合区域推荐施肥技术制定养分配方。二是根据“3414”田间肥料肥效试验和大田对比示范，利用养分丰缺指标、目标产量法等建立推荐施肥指标体系，然后根据土壤养分含量，确定肥料配方。三是把整个地区养分配方进行整理、分类、合并后简化为几个主要区域配方，对于缺乏某种养分元素的“特殊田块”应配施一定的单质肥料，即“大配方＋小配肥”。四是组织专家对土壤类型、养分状况、作物生产现状和施肥现状进行充分调查研究，结合肥效试验对水稻种植提出“减氮、稳磷、增钾、补微（锌肥）”的区域配方施肥目标。五是在配方肥示范片上设置配方施肥、习惯施肥和空白不施肥三个处理，对所有配方进行校验，不断优化配方。

② 配方的种类与适用区域。肥东县共发布 13 个肥料配方，其中水稻、油菜、小麦等种植面积比较大的作物按照南、中、东北部各 1 个配方；玉米、棉花等两种作物种植面积不大，各 1 个配方；蔬菜分茄果类和叶菜类各制定 1 个配方。

③ 配方田间验证效果。在肥料配方推广前，选择 5～8 个示范点进行田间试验。2014—2019 年共开展各类肥效试验 92 个，配方肥验证试验 18 个。根据作物需肥规律，采用基肥深施和增加追肥的施肥方式，提高肥料利用率，减少肥料投入量。

④ 配方肥生产。本着“双方自愿、优势互补、公平公开、择优推荐”的原则，肥东县遴选确定了 7 家配方肥生产企业。由县土肥站提供肥料配方，配方肥企业负责生产。

⑤ 配方肥质量控制。为保证配方肥市场正常健康运转，促进测土配方施肥工作顺利开展，县农业农村局、县执法大队会同县有关质检部门，在配方肥购销旺季，对配方肥进行抽

检，规范配方肥标志标识使用，严厉打击掺杂使假、偷减养分等不法行为，确保农民用上配方科学、质量可靠的配方肥。同时加强企业、经销服务网点管理和指导，督促建立肥料生产、销售台账，建立配方肥生产质量追溯制度，跟踪调查配方肥企业的生产供应情况。

（2）配方肥推广

① 加强宣传培训。一是根据基层农技人员的专业结构和乡镇产业发展及示范户的实际需求，开展培训。二是开展以提高农民从业技能为目的的现场技术指导培训，用最直接的方法指导农民应用测土配方施肥技术，增加培训的实用性。

② 完善智能服务。充分利用测土配方施肥专家咨询系统、WebGis 网络查询系统、耕地质量预警、土壤墒情自动监测系统、肥东农技公共服务平台五大系统，结合 3 个配方肥标准店、7 台测土配方施肥查询触摸屏，将科学施肥技术成果转化应用，实现农业技术推广的智能化。

③ 探索农企合作模式。发挥肥料企业市场主体作用，在全县各集镇、重点村居和农民用肥的集中地带建立配方肥销售网点 275 家，占全县肥料销售网点 70%以上。统一进行挂牌、配建测土配方施肥宣传栏。依据县土肥部门区域配方，肥料生产企业按方组织生产，连锁配送到各肥料销售网点，最大限度方便农民直接选肥购肥。发挥农业部门职能作用，组织种粮大户、家庭农场和农民专业合作组织等新型农业生产主体与配方肥合作企业直接对接。同时整合项目资金，探索配方肥、有机肥料、水溶肥料、缓释肥料、水肥一体化设施设备等物化补助的机制。

④ 建立化肥减量增效示范区。以水稻、小麦、油菜三大作物为主，兼顾当地优势作物，依托新型农业经营主体，整合资源，强化示范区建设，引导带动科学施肥，促进化肥使用量零增长行动开展。积极探索配方肥、有机肥料、水溶肥料、缓释肥料等在化肥减量中的应用模式，集成化肥减量增效技术模式，促进和带动更大范围测土配方施肥技术推广。

⑤ 探索配方肥用肥补贴制度。一是整合农业项目资金，探索示范区配方肥应用补贴制度。对科学施肥、测土配方肥施肥核心示范区、其他农业高产创建示范区的农户采取用肥补贴。二是鼓励企业开展“配方肥惠农补贴活动”。三是以奖代补促进配方肥到田，减少配方肥的用肥成本。

3. 主要经验

（1）测土配方施肥进村入户

① 行政推动配方肥直供到村。借助行政推动，在春秋农业生产关键供肥期，及时召开全县各乡镇、种植大户、专业合作社与配方肥供肥企业对接会，通过各乡镇的行政推动选择有条件的村组实现配方肥直供到村，并适时开展整乡整村推进。

② 农业部门组织配方肥直供到户。由农业部门牵头联合相关肥料生产企业和农民种植业专业合作组织、家庭农场和种田大户，实现农企对接，配方肥直供到大户。肥料生产企业以技物结合，提供售前、售后技术服务。

③ 肥料企业主导配方肥连锁配送。优化规范配方肥网点建设，拓展村级直供网点，方便农民选用肥，加强农企合作，努力创建肥东县配方肥现代物流服务体系。

④ 示范引导统测统配统供统施。结合示范片建设，在示范区开展测土配方施肥全程

服务，通过示范带动，引导和鼓励农民施用配方肥。

⑤“互联＋”智能配肥运行模式。依托安徽农业大学，利用更新完成的县域测土配方施肥系统，与肥东磷肥厂等企业合作，在原有的人工配肥站的基础上升级改造建立了1个智能配肥站，主要利用肥东县测土配方施肥数据库、土壤养分状况、作物需肥规律、施肥模型等，为肥东县各个区域量身定制配方肥，现配现用，实现配方的多元化、智能化，也充分发挥企业参与配方肥推广和开展个性化供肥服务的积极性。农业主管部门制定惠农政策鼓励农户定制使用精准配方肥。农户通过手机下载智能配肥APP，并通过APP向配肥系统发送指令，完成下单任务，实现肥料定制。实现线上订肥、线下配肥、精准施肥的整个过程。

（2）肥料技术推广机制

① 健全基层服务体系。理顺基层农技推广机构管理体制，明确职能，建立机构完整、队伍精干、保障有力、运转高效的基层农技推广服务体系，加快农业新技术的推广。肥东县已恢复组建基层农技服务区域站7个，随着基层农技人员结构的调整优化，工作思路方向明晰，强化了基层农业新技术和加快配方肥的推广作用。

② 创新农化服务机制。随着肥东县新型农业经营主体的不断涌现和发展，创新农化服务新机制、服务新型农业经营主体是肥东县测土配方施肥今后工作的着力点。其主要做法有以下几点：一是率先在农业示范园区、蔬菜生产基地利用龙头企业和专业合作社开展测土配方施肥、水肥一体化技术的推广应用。二是推进测土配方施肥和化肥减量增效示范与耕地质量保护与提升、绿色高产高效创建等工作结合，大力开展统测、统配、统供服务。鼓励和引导肥东县农机服务专业合作社和供肥企业参与开展社会化服务，使作物收割、秸秆粉碎还田、化肥机械深施、农企对接供肥、技术指导有机结合。三是和企业共建服务平台，对全县种植业专业合作社、家庭农场开展零距离服务，由农技部门建立服务管理档案，提供配方和施肥指导，企业跟进按方供肥。

③ 建立网络服务机制。依托基层农业区域中心站，在现有肥料经销网点中，筛选一批诚信经营、服务规范的网点，建设标准化配方肥经销服务网点，提供测土配方信息专家系统查询和现场混配服务。引导大中型肥料企业参与标准化供肥服务网点建设，形成基层农技人员、县级专家组、企业代表三方配合开展工作的有效机制。根据当地不同的农业经营方式，因地制宜开展基层网络技术服务，一是开拓以个体农户为主体的市场“按方抓药”服务。二是逐步开展以小型智能化配肥设备为依托的“现场混配”服务。三是开展以规模化经营主体为服务对象的“个性订制”服务。四是开展以“大配方、小调整”为主要技术路线的“整村供肥”服务。充分利用基层网络服务和市场化手段将技术物化产品传递到农户手中，实现技术的高效传播。

④ 开展个性化服务。以建立农化服务机制为基础，在全县范围内积极开展个性化服务。一是逐步建立和完善全县新型农业经营主体管理档案，了解需求，开展专业化、个性化、全程化测土配方施肥和种植技术指导跟踪服务。二是取土化验和制定配方。为服务对象免费提供土样化验、数据查询、技术咨询、推荐肥料配方、施肥指导等技术服务工作，引导企业开展产需对接，按方供肥。三是鼓励企业设立“配肥站”，购置智能配肥设备，利用测土配方施肥数据，为农户开展现场配肥服务，配肥机械设备可按规定享受农机购置

补贴，农业部门提供相应的专家施肥指导服务。

③ 成立市级专家工作室。2019 年肥东县申报并通过了由朱奎峰为首席专家的合肥市土壤肥力提升首席专家工作室评选。土壤肥力提升首席专家工作室技术团队由首席专家、岗位专家、技术骨干等组成。工作室未来将重点开展新技术、新装备、新模式、新成果的应用研究和示范推广，形成一批有推广价值的成果，旨在解决土壤肥力提升和耕地质量建设中的技术难题；充分发挥专家“传帮带”作用，对市、县级农业技术骨干开展技术培训；加强与各级农业农村部门、农业科研院所和涉农高校对接，建立协作机制，共同推动行业技术发展和进步；与新型农业经营主体建立合作机制，提供技术咨询与指导服务，为农业高质量发展增加新动能。

三、辽宁省大连市测土配方施肥技术推广典型案例

大连市金普新区濒临黄海、渤海，耕地面积 4.8 万 hm^2，现有农作物播种总面积 4.3 万 hm^2。种植产业主要以蔬菜、果树、花卉、粮食为主。蔬菜播种面积 0.76 万 hm^2、产量 35.95 万 t，果树面积 1.2 万 hm^2、产量 20.66 万 t，大田作物播种面积 1.8 余万 hm^2，其中玉米播种面积 1.44 万 hm^2。设施农业达 0.73 余万 hm^2，其中设施蔬菜 0.41 万 hm^2、设施果树 0.27 万 hm^2、设施花卉 53.3 hm^2。坚持“增产、经济、环保”科学施肥理念，以创新推广模式和工作机制为动力，大力推广配方肥普及到田。2019 年金普新区化肥销售总量（折纯）2.04 万 t，其中氮肥 0.94（折纯）万 t、磷肥 0.63（折纯）万 t、钾肥 0.47（折纯）万 t。全年销售配方肥（折纯）1.51 万 t，配方肥施用面积 3.17 万 hm^2。覆盖全区 12 个涉农街道，应用作物包括玉米、大豆、蔬菜、果树等 8 种作物。

1. 配方的制定、发布与校验

（1）配方制定　聘请知名土肥专家组成专家组，分析研究有关技术数据资料，通过土壤化验和配方校对试验，按照测土配方施肥技术规范，根据“养分平衡法”“土壤养分丰缺指标法”“土壤与植物测试推荐法”等施肥原理，建立施肥指标体系，科学确定各种作物肥料配方。

建立施肥指标体系：通过对金普新区 12 个涉农街道 4 000 多个样点的土壤养分检测、“3414”试验及校正试验结果和当前的施肥水平，考虑作物目标产量，经测土配方施肥技术指导小组讨论确定了全区的测土配方施肥指标体系。

制定配方：成立配方制定小组，成员包括土肥技术人员 6 人、有土肥技术经验农民 10 人、经销商 5 人。配方确定后，上报专家组评估，最终形成各种作物配方。金普新区推广的配方有 16 个，包括 4 个玉米配方：20∶8∶8、19∶9∶6、22∶6∶6、24∶7∶6；1 个大豆配方：8∶10∶7；2 个马铃薯配方：10∶10∶15、8∶10∶12；2 个茄子配方：8∶8∶10、12∶15∶18；1 个番茄配方：14∶16∶(8～15)；1 个大白菜配方：16∶8∶12；4 个大樱桃配方：10∶8∶15、8∶4∶10、12∶8∶15、16∶6∶36（水溶肥）；1 个苹果配方：12∶6∶(8～12)。

科学设定目标亩产量：玉米 500～650 kg、大豆 150～300 kg、大樱桃 1 000～2 000 kg、苹果 1 000～2 500 kg、马铃薯 2 500～3 500 kg、大白菜 4 000～6 000 kg、茄子 3 000～

4 000 kg、番茄 4 000～6 000 kg。

明确底肥亩用量：玉米 40～50 kg、大豆 25～40 kg、大樱桃 45～65 kg、苹果 45～65 kg、马铃薯 50～75 kg、茄子 50～75 kg、番茄 50～75 kg、大白菜 40～50 kg。

（2）*配方发布*　配方主要以施肥建议卡和触摸屏等形式对外发布，同时通过电视电台讲座、下乡讲课、田间地头指导等形式宣传各种作物的配方。金普新区成立了测土配方施肥技术专家组，集教育、科研、推广、肥料企业、经销商、农业合作社或协会于一体，实行统一测土、统一配方、统一供肥、统一技术指导，为广大农民服务。

（3）*田间监测*　测土配方施肥是一个动态管理的过程。使用配方肥料之后，要观察农作物生长发育情况，对结果进行测产，开展分析调查。在土肥专家指导下，基层农业科技人员、农民技术员、经销商以及农户共同进行农田监测，详实记录，纳入施肥管理档案，并及时反馈到专家和技术咨询系统，作为调整配方的重要依据。

（4）*配方修订*　配方一般每三年调整一次。按照测土数据和田间监测的情况，由土肥专家组分析研究，修改确定肥料配方，使配方更切合实际，更具有科学性。

2. 配方肥推广

（1）*发放施肥建议卡*　2014—2019 年金普新区共采集土壤样品 1 817 个，对采集的全部样品进行了化验分析，检测大量元素 3 项（次）、中微量元素 8 项（次）、其他 6 项（次），共获得检测数据 9 445 个。通过随机抽查、调查问卷的方法对 1 825 个农户开展作物产量、施肥情况调查，填写了采样点基本情况调查表和农户施肥情况调查表，并对 1 817 个采样点进行了 GPS 定位。根据土壤化验结果，共印发配方施肥建议卡 24 778 份，施肥建议卡入户率达到 100%。为 8.5 万户农民开展施肥技术指导。

（2）*强化农企合作*　建立健全农企合作机制，层层落实“三定一评”制度。一是做好供肥企业选择。优选基础条件好的肥料生产企业作为测土配方施肥定点生产企业，督促企业按方生产，保证配方肥出厂质量。二是确定示范区域。重点选择政府重视、工作基础好和技术力量强的行政乡村作为示范区域，进一步健全区域内供肥网络。三是做好产需对接。形成“技术部门＋企业生产＋配送＋农户”推广模式，组织试点企业直接与农户和指定经销商进行产需对接。引导企业从配方制定、生产到配方肥应用技术服务到户，全程参与项目的实施，形成以科学配方引导肥料生产、以连锁配送方便农民购肥、以规范服务指导农民施肥的机制。

（3）*加强培训宣传*　加强配方制定和配方肥应用培训，2014—2019 年共举办培训班 28 期，培训农民 36 825 人（次），培训技术骨干和农业技术推广人员 771 人（次），培训肥料经销人员 350 人（次）。利用科普大集、技术培训发放培训宣传资料 5.73 万份，通过电视、网络、贴挂横幅、墙体广告等宣传 1 043 条（次），召开现场观摩会 18 次。组织专家和技术人员深入村、屯，重点对科技园区、种植大户、高产创建示范户和农民合作组织、肥料经销商等开展面对面培训。聘请科技园区、种植大户和农民合作组织等科技带头人，大力宣传实施测土配方施肥后节本增效的典型经验，增强影响力和说服力，扩大辐射面。

3. 创新推广方式

充分利用互联网、物联网等技术手段和移动终端、智能化配肥设备开展科学施肥信息化、数字化、智能化指导和服务，将测土配方施肥技术直送农户、对点服务、按需配方、依方施肥，扫除技术服务“死角”，达到精确施肥。组织有关专家，在关键农时季节深入田间地头开展科学施肥巡回指导活动，确保关键技术入户到田。

以种植大户、农民合作社、家庭农场等新型经营主体为试点，提供个性化取土化验、配方制定和“保姆式”专家技术指导服务，鼓励更多农业新型经营主体参与配方肥的推广和应用，同时以“专家进大户，大户带小户，农户帮农户”的模式辐射带动周边更大范围加快测土配方施肥技术的推广。

四、北京市房山区测土配方施肥技术推广典型案例

房山区地处北京的西南部，全区耕地面积 2.454 万 hm^2，共有 21 个农业乡镇。为破解专职土肥技术推广人员严重不足、施肥配方与市场销售品种未实现有效对接、种植大户对提质减量的科学施肥方法有抵触心理三大问题。房山区种植业技术推广站（农科所）经过深入调研，积极试点，摸索出一套通过市场化运作的技术推广的模式，这种模式充分挖掘政策潜力，以农资加盟为组织形式、配方肥为载体、技术服务为核心，强化质量监督保障，取得了较好的成效，受到农民欢迎。

1. 主要做法

（1）*建立“三会一体”工作机制*　房山区种植业技术推广站（农科所）将区内拥有百亩以上耕田的种植大户作为测土配方专用肥补贴工作重点（专用肥补贴工作于 2007 年开始实施），创造性地建立了“三会一体”工作机制，即由区种植业技术推广站（农科所）组织土肥专家、种植大户、科技示范户召开研讨会，依据各乡镇的测土数据，最终确定作物基肥、追肥的配方；组织农资部门负责人与种植大户、合作组织法人、乡镇政府代表召开工作会，根据当时市场行情和实际需求确定配方肥的销售价格、销售数量和配送方案；在作物生育期结束后召开总结会，全面总结农资部门销售和配送过程中存在的问题，种植大户反映配方肥的施用效果和建议，为下一季作物配方肥推广提出工作思路。“三会一体”工作机制的建立广泛宣传了政府惠农政策，调动各方积极参与，充分发挥政策优势，形成基层政府、农技部门、农资企业、农户共同参与配方肥推广的工作局面。

（2）*市场化运作实现多方共赢*　在政策效果显现后，根据当地实际，探索出配方肥推广的市场化运行模式，即：根据房山区的不同作物肥料试验示范数据和大量的土壤养分数据，区种植业技术推广站（农科所）组织专家进行科学研讨，制定出针对不同作物的房山区专用肥料配方，然后委托统一招标肥料企业生产配方肥。选择龙头企业建立配方肥配送总站，配送到加盟配肥点和种植大户，通过调查种植大户和农户的用肥效果反馈，再根据实际情况进行配方调整，保证配方的科学性。

以往的推广模式是将新技术、新成果优先用于示范户，然后通过其发挥示范带动作用进行大面积推广，这种方法有一定效果，但技术覆盖率并不十分理想。在新的运行模式下，整合社会资源，均衡各方面利益，共同完成技术推广。生产企业获得稳定的订单，有充分资金保证组织生产；使用者（种植大户、合作组织、个体农民）买到了质量可靠、价格优惠的配方肥，避免假农资带来的损失，农资流通部门提高服务水平，增强了市场竞争

力，农技推广部门将技术进行物化，丰富推广内容，满足农民技术需要，达到多赢效果，最终实现了让农民真正利用测土配方施肥技术，促进农业增产增效的目的。

（3）遴选农资企业实行统一管理 通过选择具备良好资质的农资连锁企业与基层农技部门合作，组织成立了“房山区测土配方施肥技术服务站”，按照区域覆盖广、信誉度高和经营实力强的标准，筛选出30家加盟配送点。种植业技术推广站（农科所）作为“测土配方施肥技术服务站总站”负责政策、资金、物流总协调；加盟商为“分站”，负责补贴配方肥的配送，同时还担负技术宣传、信息反馈、意见征集的任务，建立起了覆盖全区的技术推广网络。对加盟农资商实行契约化管理，每年与“总站”签订经销协议，根据协议实行“五统一”管理，即统一品牌、统一包装、统一价格、统一质量标准、统一规范服务，加盟商实行授牌、授权销售，按要求送肥到家、送技术到户。区农科所（土肥站）与加盟商签订技术服务协议，提供定期培训、试验示范、测土配方等技术服务，提高加盟商的员工技术水平和服务能力。

（4）严把配方制定修正技术关 测土配方施肥的工作是技术服务，技术服务核心是施肥配方，施肥配方以具体肥料为载体，通过技术服务网络推广用于生产。科学的肥料配方的制定，对配方肥的科学性与适用性起着关键作用。区级推广部门通过基础肥力检测、单质肥料量级试验、配方反馈试验等，确定小麦、玉米及蔬菜、经济作物的大量元素施肥指标，与北京市土肥工作站、北京市农林科学院、中国农业大学的专家共同审核确定最终方案，并社会公开和交由中标企业生产。同时，加盟商向农民进行面对面的宣传、服务，把农民在生产中遇到的难题和技术需求直接反馈到推广部门，搭建起推广部门与农户间的桥梁，加强了技术指导与推广的针对性、有效性。

（5）把住质量关保障农民利益 任何推广模式的建立最终目的是为广大农民服务，只有实行严格市场监管，保证肥料质量，才能切实保护农民的利益。为确保新模式的顺利运行，采取的主要措施如下。

① 建立质量追溯管理制度。每批配方肥到达现场后，在企业、用户、推广部门三方在场情况下，抽样封存，进行质量检测，不合格的全部退回，向生产企业提出警告，第二次出现类似情况撤销企业中标资格，在源头上把住进货关，保证配方肥质量。

② 建立日常监管机制。区种植业技术推广站（农科所）通过会同质检、工商等有关部门，不定期抽查加盟商销售的商品质量，检查产品的登记证、包装、标识、宣传是否符合要求，及时查处违规违法行为。

③ 加大宣传力度。做好向群众宣传，制作明白纸、配方卡、手册等技术资料，利用科技赶集、农民田间学校等方式向农民朋友宣传，开通热线电话，受理政策咨询、技术辅导、质量投诉等问题，并建立相应的回访制度。

④ 建立激励制度。为鼓励守法经营，对积极参与推广、表现良好的加盟商采取颁发信誉卡、提高配送指标等办法鼓励，帮助加盟商在群众中树立良好的口碑。

2. 取得的成效

这种以推广部门为主体、以农资经营企业为纽带、以农民为直接服务对象的推广新体系有效加快了技术转化，取得显著成效，受到群众欢迎。

（1）有效整合社会资源形成品牌效应 新的推广模式密切了推广部门与农资部门、农村合作组织、基层政府的联系，整合了农业科技、组织、人才、资源优势，形成多种社会力量共同参与测土配方施肥推广的局面。2014—2019 年，全区累计发布配方 36 个，配方肥施用总量 5.958 7 万 t，配方肥施用面积 9.08 万 hm^2，在全区农民中间树立了良好的品牌形象。

（2）*取得良好的社会效益和经济效益* 2014—2019 年，举办培训班 58 期，召开现场会 32 次，科技赶集 31 次，培训农民54 907人次，培养科技示范户 1 725 人次。测土配方施肥技术推广逐步走上了正轨，纠正了农民偏施氮肥、滥用磷肥、轻视钾肥的习惯，逐步实现土壤养分的平衡。测土配方施肥技术被绝大多数农民认可，专用肥的使用比例逐年上升。

房山区农资加盟模式推广配方肥料成功的原因，一是市区两级政府对专用配方肥的补贴政策，能够确保专用配方肥在全区多年普惠实施；二是得益于区内的完整的农资连锁配送体系，便于配方肥的普惠落地；三是农户通过多年的应用后，认识到专用配方肥节肥增效的效果；四是农技推广部门开拓工作思路，实行开门办推广，充分利用社会资源形成推广合力，保证技术推广效果。此外，农资加盟推广模式便于农户的监督和推广部门的管理，促进各乡镇根据自身产业特色形成了规范化、有序化、高效化的专用肥供应网络和配送体系，对其他地区有一定借鉴意义。

五、贵州省绥阳县测土配方施肥技术推广典型案例

绥阳县位于贵州省遵义市，是以农业为主的县，乡村户数 13.4 万户，乡村劳动力 36.8 万，耕地总面积 7.1 万 hm^2。县境内气候温和、土地肥沃、交通便利，拥有 18 个 33.3 hm^2 以上坝区，农业生产条件优越。先后获得国家商品粮基地县、农业综合开发县、中国辣椒之乡、中国绿色果菜之乡、中国金银花之乡等荣誉称号。辖区内主要种植水稻、油菜、玉米、辣椒、马铃薯、金银花等作物，2019 年种植水稻 1.45 万 hm^2、油菜 0.85 万 hm^2、玉米 0.49 万 hm^2，辣椒 1.4 万 hm^2、马铃薯 1.14 万 hm^2、蔬菜 1.65 万 hm^2。

绥阳县从 2008 年开始连续 12 年实施测土配方施肥推广工作，累计投入项目资金近 1 000万元，实现了测土配方施肥从无到有、从有到优的历史性突破。通过采样测试和田间试验，建立了绥阳县测土配方施肥数据库、县域耕地资源信息管理系统。摸清了项目区土壤养分含量和分布状况，建立了土壤养分丰缺指标，按不同目标产量等次、不同土壤肥力分别确定了推荐施肥参数，构建了测土配方施肥技术指标体系。全县测土配方施肥技术覆盖率达到 92.5%。2014—2019 年累计配方肥推广应用面积 25 万 hm^2，平均每年配方肥推广应用面积 5 万 hm^2。测土配方技术推广工作先后荣获 2014 年度贵州省农业丰收奖二等奖、2017 年全国农牧渔业丰收奖（农业技术推广成果）二等奖；编写完成《绥阳耕地》《绥阳测土配方施肥》2 部成果著作。

1. 主要做法

为切实解决测土配方施肥技术推广“最后一公里”难题，推进配方肥入户到田并大面积推广应用，近年来结合测土配方施肥项目实施、化肥减量增效示范县创建，围绕“测、配、产、供、施”五大环节，着力强化政府主导、树立典型示范、加强培训指导、推进企

业参与，创新推广机制。

（1）夯实基础，增强测土配方施肥后劲　针对水稻、油菜、玉米、辣椒、马铃薯等作物开展农户施肥情况调查 1 860 户，采取“普查”与“个性服务”相结合方式，开展土样采集化验 8 478 个（含 110 个省级 GPS 定位耕地质量变更调查采样点），其中 738 个土样检测了中、微量元素，总计完成检测指标 67 464 项次，完成 460 个植株测试分析指标 1 840 项次。根据合作社和种植大户需要开展个性化服务，土样采集化验 357 个，涉及合作社 65 个（次），种植大户 26 户（次）。完成“3414”肥效试验、肥料校正试验及“2＋X”肥效试验 118 个。通过土样、植株采样检测和大量的田间试验数据，进一步修正和优化肥料配方，完善大宗农作物施肥指标体系，逐步建立经济作物施肥指标体系，为配方施肥筑牢基础，提供保障。

（2）围绕主导产业，制定与发布肥料配方　根据北部（稳氮补磷增钾区）、中南部（稳氮稳磷增钾区）、东部（稳氮稳磷稳钾区）、中西部（稳氮补磷补钾区）4 个施肥分区和主要农作物不同区域的“3414”田间试验数据，组织土壤肥料、作物栽培方面有关专家进行分析研究，提出水稻、玉米、油菜、马铃薯、辣椒的测土配方施肥参数，建立相应施肥模型，采取目标产量配方施肥法，根据“大配方、小调整”的原则制定配方。分区域制定肥料配方和分区施肥指导意见，全县制定发布了不同作物，不同产量和高、中、低不同土壤肥力水平下肥料配方 48 个，其中水稻 9 个，玉米 9 个、油菜 12 个、马铃薯 9 个、辣椒 9 个。

组织县乡两级农技干部、肥料经销商召开专题会议，邀请肥料生产企业座谈，深入企业主动对接，及时发布主要农作物肥料配方，引导更多的肥料企业参与生产、销售配方肥。遴选了 2 家企业为配方肥生产、推广合作企业，签订了《农企合作战略协议》。2018 年、2019 年与贵州卓豪农业科技股份有限公司合作，生产供应水稻专用配方肥（N∶P_2O_5∶K_2O＝20∶10∶16）35 t，辣椒配方肥（N∶P_2O_5∶K_2O＝18∶9∶18）95 t、辣椒配方肥（N∶P_2O_5∶K_2O＝15∶10∶20）142.72 t，供应风华、旺草蒲场等万亩化肥减量增效示范片。

（3）注重示范引导，助推配方肥下田　遵循“集中连片、示范带动、注重实效”的原则，集中力量抓示范，培育典型示范大户和专业合作社，在交通干道沿线，建立试验田、示范片和示范方，同时充分发挥农业部门职能作用，为化肥减量增效示范片和高产创建示范区实行统测统配统供统施，开展个性化测土供肥服务，展示配方施肥的增产效果。2018 年在旺草镇广怀村建立统测统配统供统施水稻化肥减量增效示范片 133.3 hm^2，推广应用水稻专用配方肥 80 t，水稻平均单产增幅 8.4%，示范效果较好。2017—2018 年，连续两年向风华镇金承村农鑫蔬菜专业合作社千亩辣椒化肥减量增效示范基地推广应用辣椒专用配方肥 82 t，采用“有机肥＋配方肥＋水肥一体化”技术模式，经测产，测土配方施肥示范区比常规施肥区，鲜辣椒平均每亩单产增加 165 kg，增产 10.21%。通过示范引导和技术指导，全面展示测土配方施肥增产效果，带动农民大面积施用配方肥料。

（4）构建销售服务网点，提升技术服务水平　配方肥是测土配方施肥技术物化载体，绥阳县充分发挥肥料企业在推广配方肥的市场主体作用，着重在构建配方肥产销网络体系、提升服务水平上下功夫。在全县各集镇、重点村居和农民用肥的集中地带建立配方肥销售网点52家。统一进行挂牌、配建测土配方施肥宣传栏。县土肥部门负责制定发布区域配方，肥料生产企业负责按方组织生产，连锁配送到各肥料销售网点，最大限度方便农民直接选肥购肥。与贵州省农业科学院合作开发手机APP推荐施肥终端（买断使用权）软件1套，在全县技术干部和种植大户手机上广泛安装应用，为配方肥经销网点开发安装测土配方施肥专家系统触摸屏机15台，方便基层技术人员和经销商帮助农民根据目标产量查询打印水稻、辣椒等区域施肥配方，及时指导农户按方购肥和用肥，畅通了技术成果应用渠道。

（5）*强化宣传培训，扩大技术覆盖面* 抓住春耕备耕和秋冬种农业生产的关键季节，利用广播、电视、网络、报刊等媒体广泛开展多种形式的测土配方施肥宣传活动，形成上下联动、左右互动的立体宣传态势。结合项目实施组织技术干部深入乡村，按照“建立一块村级宣传栏、培训一名村级技术指导员、指导一个科技示范户、创建一个村级示范方，每年举办一期技术培训班”开展宣传培训。近五年利用报刊简报宣传97期（次），墙体广告宣传215条、广播电视节目宣传12次、网络宣传23条、发放宣传资料4.5万份、面对面指导服务142场（次）；开展培训150期（次），培训技术骨干1 580人（次）、培训农民12 320人（次）、培训肥料经销商225人（次）、发放施肥建议卡32万张、技术资料5万份。在村民集中活动的场所建立村级测土配方施肥固定宣传栏110个，将配方信息、施肥指导意见、村域土壤养分丰缺状况及时上墙公布，引导农民正确选肥、合理用肥、科学施肥。

2. 典型经验

（1）*创建示范样板，为测土配方施肥技术推广树典范* “眼见为实是农民的最大特点”。只靠技术培训、发放施肥建议卡还不够，农民讲的是实实在在的经济效益。只有依托种植专业合作社培养典型，在各乡镇、行政村建立化肥减量增效技术示范区、配方肥示范区，树立样板田，让更多农户现场参观学习用什么肥料、施用时期及用量等关键技术环节，才能起到以点带面，使测土配方施肥技术深入人心，切实解决测土配方施肥技术推广“最后一公里”难题。累计在15个镇（乡）108个村建立水稻、玉米、马铃薯、油菜、辣椒等作物示范样板538个，累计面积0.83万hm^2，召开现场会53场（次），建立水肥一体化示范基地3个，大大促进了测土配方施肥的推广普及。

（2）*培育发展科技示范户，为配方肥和肥料技术推广作引领* 身边人的“现身说法”，能让普通农户相信科学施肥带来的增产效果。绥阳县把基层农技推广改革与建设项目与测土配方施肥补贴等项目结合起来，狠抓科技示范户培养，效果十分明显。风华镇金承村某农户过去种辣椒，一直施用氮肥和磷肥，没有施过钾肥，辣椒产量低且易生病。被纳入科技示范户后，经过长期的培训指导、取土化验并制定肥料配方，发放辣椒配方肥，近些年辣椒连年丰产，产量提高了10%左右，平均每亩产值达万元以上。在他的带动下，周边30多名辣椒种植户在就近的配方肥经销网点购买使用了配方肥，取得了满意的效果。五年来，绥阳县在全县114个村居共遴选培育粮食、辣椒、蔬菜科技示范户8.6万户，以一户带十户、十户传百户的方式，示范带动配方肥和肥料技术推广。

（3）*建立“一条龙”推广链条，为配方肥下地搭平台* 绥阳县建立了“农业部门测土配方→肥料生产企业配方生产→肥料经销人员配方供肥→农户配方施肥”配方肥推广链条，即由专家、技术人员根据土样化验情况、田间试验结果、作物需肥状况和作物目标产量，研究制定农作物肥料配方，由配方肥定点企业组织生产，各乡镇企业销售网点供应，将测土配方施肥技术物化成产品，推广“一袋子肥”模式，或者指导农户自行用单质肥料配方，真正把测土配方技术服务落到实处。

(4) *重视技术研发与协作，为配方施肥提供技术支撑* 绥阳县在配方研制、专家施肥系统研发，成果集成利用和技术模式探索与推广等方面依托贵州大学、贵州省农业科学院信息所及土肥所、贵州省土肥站、遵义市土肥站等教学、科研、推广等单位技术优势，上下联动、协作攻关，总结集成测土配方施肥技术模式形成了“有机肥＋配方肥”“有机肥＋水肥一体化”等技术模式，并在全县辣椒、水果等作物上推广应用。

(5) *强化配方肥质量监管，为配方肥推广净化市场环境* 通过建立产品生产流通档案，做好各个环节的记录，保障配方肥质量。在用肥高峰时期重点对本辖区内销售和使用的配方肥进行监督检查和质量抽盘。对配方肥抽检不合格的，取消农企合作企业资格，并依法进行查处。加强配方肥标识管理，配方肥包装上要求统一标识“配方肥料”字样，严禁跨区域、跨作物销售配方肥。

(6) *注重宣传培训，为配方肥推广应用提供保障* 开展“科学施肥进万家”主题宣传活动，利用广播、电视、报刊、互联网等媒体，大力宣传科学施肥知识，增强农民科学用肥意识，营造良好社会氛围。结合粮油高产创建项目、基层农技推广改革与建设项目、新型职业农民培训工程、农村实用人才带头人素质提升计划，加强新型经营主体培训力度，着力提高种粮大户、家庭农场、专业合作社对测土配方施肥技术和配方肥的了解和认可度，全县肥料结构不断优化，配方肥市场占有率逐年加大，测土配方施肥工作受到社会的广泛关注。

六、新疆维吾尔自治区和静县测土配方施肥技术推广典型案例

和静县位于新疆天山中段南麓、巴音郭楞蒙古自治州（简称巴州）西北部、焉耆盆地西北部，是连接南北疆的重要交通枢纽，周边与乌鲁木齐县、库尔勒等17个县（市）毗邻。境内水、土、光、热资源丰富，平原区气候温和，光照充足，全年无霜期181 d，日照时数达3 049 h，年有效积温（≥10°）3 565 ℃，年太阳辐射量656.36 kJ/cm^2。和静县非常适宜玉米、加工辣椒、工业番茄、甜叶菊种植。耕地主要分布在山前平原区，大体可分为潮土、灌淤土、灌耕土、草甸土、沼泽土、风沙土等12个土类，农区种植区以潮土、灌耕土为主。2019年全县播种面积3.08万hm^2，主要种植作物以小麦、玉米、加工辣椒、加工番茄等为主，其中：小麦0.262万hm^2，平均亩产461.02 kg；玉米0.533万hm^2，平均亩产775.38 kg；加工辣椒1.24万hm^2，平均亩产406.34 kg；工业番茄0.159万hm^2，平均单产7 527 kg；甜菜0.134万hm^2，平均亩产5 883.7 kg。近年来，和静县通过大力推广测土配方施肥技术、秸秆腐熟还田技术、积造增施有机肥，不断改善土壤结构，改良土壤质地，为农作物种植提供了优质的土壤环境。2019年和静县测土配方施肥面积达2.97万hm^2（包括乌拉斯台农场），发放测土配方施肥卡1万余份，安装测土配方施肥触摸屏15台；采取土样313个；落实田间试验14个；建立青贮玉米化肥减量增效示

范片7个，共666.7 hm^2，辐射推广1.67万 hm^2；建立水肥一体化示范基地133.3 hm^2，推广水肥一体化技术1.87万 hm^2，全县覆盖率60%以上；推广有机肥积造82万t，亩用量1 500～2 000 kg。

1. 主要做法

（1）强化基础工作　做好取土化验和肥料肥效田间试验等基础性工作。近年来，重点在新型经营主体以及蔬菜膜下滴灌、高产创建、当地特色经济作物的地块上布点取样，获得土壤基础养分数据。积极开展“3414”田间肥料试验和校正试验、“2＋X”氮肥总控量试验以及肥料利用率试验，为施肥指标体系的建立奠定基础。

（2）肥料配方制定与发布　以田间肥效试验和校正试验数据为基础，综合分析制定主要作物施肥配方。通过对全县“3414”田间肥料试验和校正试验数据分析，获得了小麦、辣椒等作物养分吸收特性与需肥规律，构建了作物施肥效应模型，建立了小麦、辣椒等作物的测土配方施肥参数和模型（养分吸收、土壤养分校正系数、肥料利用率、土壤养分丰缺指标等）。根据不同土壤类型、作物连片种植区，将同一个等级肥力水平的条田土壤养分进行分级、归类并划分区域，制定出以乡镇为单位的不同作物施肥分区和肥料配方。

修订完善主要作物施肥指标。邀请专家对主要作物土壤类型、养分丰缺情况、科学施肥技术体系、区域主体肥料配方进行深入研讨。结合主要作物（春小麦、玉米、加工辣椒、加工番茄、甜菜）需肥规律和土壤供肥特点，以多年的测土配方施肥项目阶段性成果为依据，对春小麦、玉米、加工辣椒、加工番茄、甜菜施肥指标进行了调整，进一步完善主要作物施肥指标体系，为配方设计、指导农民科学施肥提供科学依据（表6－1）。

表6－1　和静县肥料配方信息统计

地（州、市）	县	配方名称	肥料配方	适用区域或施用时期
巴州	和静县	加工辣椒配方肥	40%（22－12－6）	巴润镇、哈尔莫敦镇西部区域加工辣椒田，基肥、追肥
巴州	和静县	春小麦配方肥	40%（22－13－5）	全县春小麦田，基肥、追肥
巴州	和静县	加工番茄配方肥	40%（23－11－6）	和静镇、乃门乡、协乡东部区域加工番茄田，基肥、追肥
巴州	和静县	甜菜配方肥	40%（21－13－6）	乃门乡、协乡东部区域甜菜田，基肥、追肥
巴州	和静县	玉米配方肥	40%（20－14－6）	全县玉米田，基肥、追肥

（3）创新配方肥推广模式　依托新型经营主体，建立配方肥示范样板。依托农民专业合作社、种植大户、家庭农场、涉农企业等新型经营主体，建立配方肥示范样板，结合项目实施，采取对新型农业经营主体使用配方肥的补贴方式，引导新型农业经营主体和社会化服务组织参与配方肥生产、供应和推广服务。

农企合作有效对接，合力推广配方肥。选择基础好、实力强、信誉好、机制活的肥料企业，作为配方肥推广试点企业，并与企业签订合作协议，开展农企合作试点和配方肥产需对接，合力推广配方肥。

指定配方肥经销网点作为配方肥宣传推广重要阵地。针对“大配方”肥料，结合实际建立农企合作配方肥经销网点，为农民发放“小调整”的施肥建议卡，打破原有配方肥传统的销售模式，形成了一套由配方肥指定网点配送配方肥的推广新模式。在和静县和静镇、巴润哈尔莫敦镇、哈尔莫敦镇建立农企合作配方肥经销网点 3 个。

测土配方施肥触摸屏一体机提供智能化配肥服务。在全县各乡镇配备 15 台（包含维汉双语）测土配方施肥触摸屏一体机，农民根据屏幕提示可以迅速查到自家地块的肥力状况、施肥量、施肥时间及不同作物施肥的技术指导方案，使配方肥推广向智能化转变。

组建农化服务队，加大配方肥培训及宣传。按照农业农村部“引导肥料企业、基层经销商、农民专业合作社组建农化服务队”的要求，和静县成立由农技部门和肥料企业、基层经销商、农民专业合作社合作的农化服务队，面向农民开展统测、统配、统供、统施“四统一”专业化服务。

建立配方肥可追溯体系。与企业、经销网点合作建立配方肥进货台账、销售台账并建立农企合作独立档案，初步建立和静县配方肥进货、销售、使用质量可追溯体系，确保配方肥的质量安全。

做好新型肥料试验示范。科学界定各种新型肥料的施用效果，是服务农业生产重要手段。和静县积极开展新型肥料试验示范，与企业签订试验示范协议，依照《肥料肥效试验技术规程》制定试验方案，严格按照协议和实施方案执行，科学界定各种新型肥料的施用效果，遴选出适应当地作物生长需要的新型肥料，并进行推广。

（4）多举措示范推广化肥减量增效技术模式

① 推进测土配方施肥。在总结经验的基础上，创新实施方式，加快成果应用，在更大规模和更高层次上推进测土配方施肥，重点围绕绿色高效农业生产为目标。2019 年，开展田间试验 14 个，肥料综合利用率 40.3%；全县累计完成测土配方施肥面积 2.97 万 hm^2，技术推广覆盖率达到 95%。

② 推进有机肥资源利用。结合和静县实际，积极探索有机养分资源利用的有效模式，加大支持力度，鼓励引导农民增施有机肥。2019 年，和静县推广有机肥积造 82 万 t，亩施用量 1 500～2 000 kg。

③ 推进水肥一体化技术。结合高效节水灌溉，在加工辣椒、玉米等作物继续大面积示范推广膜下滴灌水肥一体化，提高肥料和水资源利用效率。2019 年全县主要农作物水肥一体化覆盖率超过 60%，水肥一体化推广面积 1.87 万 hm^2。

④ 新型肥料技术应用。2019 年全县高效新型肥料（包括缓释肥料、水溶肥料、生物肥料等）推广用量 1.25 万 t，推广面积 1.67 万 hm^2。

⑤ 加强宣传培训。项目实施过程中，通过各种渠道宣传减量增效工作的作用和意义，通过现场会、培训会、座谈会等形式搭建化肥零增长宣传培训平台，引导社会各界广泛参与到化肥零增长工作中来，2019 年，累计在 37 个村，举办培训班 41 场（次），培训农民 6 560 人次，发放宣传材料 13 120 余份。

2. 典型经验

为了推进科学施肥技术进村入户到田，和静县探索出多种配方肥推广模式。一是搭建农企合作平台，签订配方肥生产、供货、服务协议，农企合力推进配方肥推广。二是在各乡镇筛选 3 个诚信经营、服务规范的配方肥经销网点，开展测土配方信息查询，作为配方肥销售推广重要阵地。三是筛选出科学意识强、有带头作用的种粮大户、家庭农场、农民合作社等新型农业经营主体，提供个性化服务，辐射带动推广。四是开展测土配方施肥公益服务，结合下乡服务、宣传培训，提高入户率、配方卡发放率，实现农区各乡镇场测土配方施肥推广整建制推进。五是配备15台县域测土配方施肥专家咨询系统，由传统推广向智能化转变，农民按方购肥施肥，配方施肥，减少化肥使用量，推进化肥使用量零增长行动。六是科学技术综合运用。按照农艺农机融合、基肥追肥统筹的原则，分区域、分作物集成推广肥料深施、种肥同播、分层施肥、水肥一体化等高效施肥技术模式，引导农民改变撒施、浅施、表施等粗放的施肥方式，科学控制氮、磷养分投入，提高劳动生产率和肥料利用率。

七、浙江省诸暨市测土配方施肥技术推广典型案例

诸暨市位于浙江省中部偏北，绍兴市西南，钱塘江支流浦阳江中段。毗邻柯桥、嵊州、东阳、义乌、浦江、桐庐、富阳、萧山等杭绍金3地区8县（市、区）。全市耕地面积5.89万hm^2（其中水田3.68万hm^2），划定永久基本农田4.56万hm^2（其中示范区2.29万hm^2），已建成粮食生产功能区2.134万hm^2、高标准基本农田3.84万hm^2，曾5次获得“全国粮食生产先进县”称号，为2008年测土配方施肥项目县、2017年全国耕地保护与质量提升促进化肥减量增效示范县。

近年来，诸暨市坚持以“增产施肥、经济施肥、环保施肥”为原则，在浙江省内率先完成测土配方咨询系统触摸屏版和手机APP版的建设，推动了测土配方施肥技术普及化应用，从而促进粮食增产、农业增效、农民增收和节能减排，每年推广测土配方施肥技术5.33万hm^2以上，主要农作物技术覆盖率达到95%以上，年推广商品有机肥1.8万t，全市化肥用量从2014年起已连续六年下降，2019年全市化肥折纯用量23 655 t，与2014年相比已减少6 004 t，降幅达到20.2%。

1. 主要做法

（1）*利用测土数据，构建施肥指标体系*　2008—2019年累计采集土样16 000个，已覆盖全市所有耕地，通过检测分析农田土壤pH、有机质、氮磷钾等常规指标，掌握耕地地力状况。2018—2019年，诸暨市地方财政专门配套资金，免费为全市413个规模种粮大户和165个特色农产品种植户开展测土配方服务，采集土样965个。同时开展“3414”肥效试验、肥效校正试验等各种试验90多项，结合作物养分需求规律，建立以土壤养分含量、施肥数量和作物产量为因子的方程式模型，确定早稻、单季晚稻、连作晚稻、小麦等作物的氮磷钾施用比例，形成水稻、小麦、茶叶的施肥指标体系，并通过不断试验完善，于2014年底制定出了216个施肥方案（$4\times3^3\times2=216$，4是指早稻、单季晚稻、连作晚稻、茶叶4类作物，3是指氮、磷、钾养分含量的“高中低”3个档次，2是指常规单质肥和配方肥2种类型）。2017年，建立完善油菜、大白菜、马铃薯、甘薯、玉米、成龄茶等7种作物的施肥指标体系。

（2）*应用现代科技，建成施肥咨询系统*　2015年，在浙江省农业科学院数字农业研究所的技术协助下，诸暨率先完成了测土配方施肥专家咨询系统的“网络版”和“触摸屏

版”软件开发应用，把农田土壤信息、施肥方案和卫星遥感等数据融合起来。2016 年，配置触摸屏 38 台，在全市所有乡镇农业公共服务中心、主要农资商店、重点示范区进行投放，为广大农户提供科学施肥信息查询，直接从源头上控制化肥用量。2017 年，在浙江省内首个完成测土配方施肥专家咨询系统“安卓手机 APP 版”的开发应用。手机 APP 系统装有定位功能，精度达到 1～2 m，分两种版本：一种是内部版本，加载永久基本农田数据，可以测量路径长度和面积，供土肥工作人员内部管理使用；一种是大众版本，加载土地利用现状图，供市农技中心和乡镇农技站同志及种粮大户下载使用。2018 年，完成测土配方施肥专家咨询系统的软件升级，更新土地利用现状图（2016 年局部调整版）和卫星地图，加载单季稻、早稻、连作晚稻、小麦、油菜、大白菜、马铃薯、甘薯、玉米、叶菜类、瓜果类、茄果类、成龄葡萄、成龄桃、成龄梨、成龄茶等 16 类作物的施肥推荐方案。2019 年，继续升级施肥咨询系统，加载全市所有规模种粮大户和 165 个特色农产品（以水果、蔬菜为主）生产主体的农田坐标信息，建成集种植主体、耕地地力、施肥方案、卫星遥感等数据一体的诸暨耕地大数据库，推出浙江省首个县域“万家主体”免费测土配方施肥服务系统 APP。

（3）提升土壤肥力，夯实化肥减量基础　一是全面完成浙江省“千万亩”标准农田质量提升工程。从 2009 年启动实施试点项目以来，截至 2018 年底，诸暨市完成 2009—2014 年 7 个标准农田质量提升项目（含 2011 年非平原项目）的建设，建设面积 0.689 万 hm^2，涉及 23 个镇乡（街道）94 个行政村，实际投入资金 6 954 万元，其中省财政补贴 2 117 万元、地方财政配套 4 837 万元，累计完成冬绿肥种植、秸秆还田、商品有机肥和配方肥推广应用、增施磷肥、补施钾肥、强化耕作、水旱轮作等土壤培肥技术措施 13.8 万 hm^2，把 0.656 万 hm^2 二等标准农田质量提升到一等田，综合改良 333.3 hm^2 非平原二等标准农田。目前诸暨市标准农田一等田占比为 52.3%，与 2008 年分等定级时（32.3%）相比，提高了 20 个百分点。2016 年底，诸暨市规划建设的 2.13 万 hm^2 粮食生产功能区进行地力评价，结果显示一等田占比为 62.2%，提前 4 年完成《浙江省耕地质量保护与提升行动方案》提出的“到 2020 年，全省耕地地力有效改善，粮食生产功能区内一等田面积达到 50%以上”的目标。二是建成耕地保护与质量提升促进化肥减量增效示范县。2017—2018 年，中央财政投资 200 万元，建设以 23 个粮食生产功能区为核心的“整体推进、集中连片” 0.133 万 hm^2 示范片，通过应用测土配方施肥技术，实行秸秆还田、增施商品有机肥、种植冬绿肥等培肥措施，将示范片土壤有机质含量从实施前的平均 39.73 g/kg，提高到平均 37.77 g/kg，提高了 1.97 g/kg，增幅 5.2%。三是实施浙江省资金补贴商品有机肥推广应用项目。推广应用商品有机肥，直接提高土壤有机质，同时实现“有机替代”。2012 年以来，诸暨市每年均有 3 000～4 000 t 的省资金补贴商品有机肥推广任务。根据本地实际，以农业“两区”、耕地质量提升区、生态农业示范区为重点，兼顾新增耕地地力培育，应用粮、油、茶、蔬、果、药等作物，不用于水产养殖和苗木生产，按照要求给予补贴 150 元/t。

（4）强化技术更新，推广高效施肥技术　一是试验示范推广缓控释肥，基本形成单季晚稻亩产 650 kg、早稻 450 kg 的缓控释肥应用技术模式。二是试验示范水稻侧深施肥技术，实现“靶向精准施肥”，促进水稻根系吸收，减少肥料流失。

2. 典型经验

(1) 加强技术集成，创新施肥技术模式　近年来，诸暨市土肥部门在国内首次提出水稻“测、增、减”三位一体高产高效施肥技术模式，即“测土配方施肥以最大化利用耕地地力，增加土壤有机质以提高农田肥力水平，减少氮肥施用量以控制农业面源污染。”

(2) 加强媒体宣传，展示测土配方施肥成效　诸暨市市积极加强与各级新闻媒体的对接，采用电视、广播、报纸、网络等多种方式，通过宣传土肥工作亮点，引导农户自主应用，将科学施肥技术普及开。本地新闻媒体几乎每月都有土肥工作的新闻报道。

八、重庆市江津区测土配方施肥技术推广典型案例

江津区是重庆市重要粮食生产大区，全区主要农作物播种面积15.69万hm^2，粮食作物总产量63.1万t，是重庆市第二大粮食生产大县。花椒种植面积达到3.6万hm^2，投产面积约2.5万hm^2，鲜椒产量28万t，总产值32亿元，是全国著名的“花椒之乡”。江津区自2006年实施测土配方施肥项目以来，在全区范围内开展农户施肥调查3 515户，采集和分析化验土壤样品12 059个，完成田间“3414”肥效小区试验122个、配方验证试验143个、肥料利用率试验27个。建立了江津区土壤养分丰缺指标体系和水稻、玉米、甘薯、蚕豆等作物的施肥指标体系，制定了粮食作物在不同区域的科学施肥配方和指导意见，制定出适宜江津区各种土壤类型的粮食作物肥料配方30多个，并物化生产“营养套餐肥”，大面积推广应用。通过测土配方施肥技术的应用，全区化肥使用量呈逐年减少态势。2019年全区化肥使用量为4.84万t（折纯），比2014年减少0.28万t，降幅5.47%；全区主要农作物肥料利用率达39.8%，比2014年增加8.3个百分点；测土配方施肥技术覆盖率95.5%。2019年全区推广配方肥数量1.44万t（折纯）、秸秆还田面积7.33万hm^2、种植绿肥面积0.26万hm^2、肥料深施技术推广面积1.05万hm^2。

1. 主要做法

江津区围绕“测、配、产、供、施”五大环节，开展了农户调查、样品采集化验、田间试验、配方制定与发布、示范推广应用等大量测土配方施肥基础工作。

(1) 测　坚持农户施肥长期定点调查，分析评价施肥变化。为摸清大面积农户的施肥现状和施肥水平，江津区针对主要作物开展了施肥分类调查，对3 515个农户调查样本进行了分析。同时，为掌握农户施肥变化趋势和演变情况，从2007年起，江津区在26个镇街建立了78个农户施肥情况长期观测点，每个调查点分水稻和旱地作物两类。江津区坚持开展农户施肥长期观测，连续13年数据不间断，每年作物收获以后联合镇街完成调查工作。通过施肥调查，分析江津区施肥现状和发展趋势、现阶段存在问题等，为科学施肥提供参考依据。

开展取土化验，分析评价土壤养分现状。2006—2013年，江津区共采集化验土壤样品12 059个，摸清了江津区现有农业土壤养分现状，并按照不同区域、不同土壤类型和种植制度对土壤养分现状进行评价。从2014年起，江津区根据作物种植特点针对性地开展土壤采集工作，每年至少采集完一种作物的土样。2014—2019年，全区采集花椒土样1 189个、柑橘土样800个、高粱-油菜轮作模式土样200个、蔬菜土样100个。通过土样

化验数据分析，逐步建立土壤养分丰缺指标体系。

（2）配　开展田间肥效试验，探索养分规律。根据不同区域、不同海拔、不同土壤类型、不同目标产量及不同肥力水平，江津区完成粮食作物田间“3414”肥效小区试验122个，其中水稻35个、玉米24个、甘薯25个、蚕豆21个、高粱-油菜轮作模式9个、花椒8个。为保证肥料配方的准确性，江津区开展各类作物配方验证试验143个，其中水稻90个、玉米44个、甘薯6个、蚕豆3个。为检验配方施肥技术在促进化肥减量增效的作用，江津区连续多年开展各类粮食作物肥料利用率试验27个，其中水稻12个、玉米5个、甘薯5个、蚕豆5个。

组织专家科学制定配方。江津区组织中国农业大学、西南大学等有关专家，汇总分析历年土壤测试、田间试验数据和施肥经验，提出在大面积生产基础上，以增产10%为目标，制定江津区主要作物在不同生产水平下的测土配方施肥配方，目前共制定分区域不同作物配方30余个，并根据“大配方小调整”的构想，选取极具代表性的12个配方研制生产专用配方肥料。

（3）产　为推进配方肥下地，江津区面向社会筛选了6家肥料生产企业为配方肥合作企业，建立了测土配方施肥配方肥合作企业名录，提供配方肥生产配送服务。制定下发了《重庆市江津区农业委员会关于印发测土配方施肥配方肥合作企业认定与管理办法的通知》（津农委发〔2018〕87号），加强配方肥合作企业的管理。列入名录的企业可按江津区农业农村委提供的各作物配方生产配方肥。在涉及农业农村委配方肥项目中，由各镇街、业主在名录范围内自主选择配方肥生产企业，肥料价格、供肥方式等可自主协商，结果报区农业农村委备案。

（4）供　配方肥合作企业充分利用其分布在全区各个镇街的营销网络体系开展配方肥销售与配送服务。在涉农补贴项目中，由各镇街、业主在名录范围内自主选择配方肥合作企业，由实施主体、配方肥合作企业和镇街农业服务中心签订配方肥服务“三方协议”，自主协商配方肥价格及供货方式等事宜。所供肥料的配方必须为指定配方，如不按配方生产供应使用的，不得享受财政补贴。

（5）施　江津区在测土配方施肥技术严格验证后，加快技术成果转化和运用，积极开展宣传培训和示范推广，仅2018年就发放测土配方施肥建议卡33万份，基本覆盖全区所有农户。通过大面积示范，带动测土配方施肥技术在全区的大面积推广应用。2014—2019年，江津区建立测土配方施肥示范片134个，示范面积3.79万hm^2。其中：水稻测土配方施肥示范片2.73万hm^2，玉米测土配方施肥示范片0.53万hm^2，油菜测土配方施肥示范片0.35万hm^2，高粱测土配方施肥示范片600 hm^2，花椒测土配方施肥示范片1 000 hm^2，柑橘测土配方施肥示范片133.3 hm^2。

2. 主要经验

（1）*建立以测土配方施肥为核心的化肥减量增效技术模式*　自2015年实施化肥零增长和化肥减量使用行动以来，江津区围绕化肥减量相关工作，建立了以测土配方施肥为核心的多种化肥减量增效技术模式。在粮油作物上主要推广“配方肥＋秸秆还田”技术模式。施用水稻、玉米、油菜、高粱等作物营养套餐肥，作物收获后全部秸秆还田，提高耕地质量，减少化肥用量。经济作物上主要推广“配方肥＋商品有机肥”“果-沼-畜”“有机肥＋水肥一体化”“配方肥＋林下种植绿肥”“有机无机复合肥”“缓控释肥”等技术模式。在柑橘、花椒、蔬菜等经济作物施用配方肥的基础上，施用商品有机肥，替代部分化肥。推进有机无机复合肥、缓控释肥等新型肥料应用，减少施肥次数，降低肥料用量。推进畜禽养殖业与种植业有机结合，发展“果-沼-畜”绿色循环农业模式，推进畜禽粪污有机肥就地消纳。果园林下行间种植紫云英、箭筈豌豆等绿肥压青还田，提高土壤有机质含量，改善土壤质量。

(2) 建立了“二五”模式，完善配方制定与发布机制

① 强化“两个统一”，建立系统化的思路。一是与区域主要耕作制度相统一。江津区主要耕作制度旱地以蚕豆-玉米-甘薯、高粱-油菜为主，水田则以中稻-冬水田为主。我们在开展测土配方施肥的过程中，旱地试验研究以蚕豆-玉米-甘薯、高粱-油菜耕制为主，开展大春玉米-甘薯-蚕豆、高粱-油菜的连续性“3414”试验。水田则研究单季杂交中稻的施肥配方为主。江津区经济作物以九叶青花椒为主，近年来专项推进花椒“3415”试验和营养规律研究，研发制定花椒施肥配方。二是与农作物栽培技术相统一。测土配方施肥不是单一的技术，而是多项技术的集成，必须与农作物栽培技术结合起来。我们将测土配方施肥技术与农田保护性耕作技术、良种合理布局技术、适时早播技术、旱育壮秧技术、合理密植技术、水浆科学管理技术、病虫草鼠害综防统治技术有机结合，呈现出了实实在在的效果。

② 抓好“五化”，建立了技术产业化模式。一是配方制定区域化。江津区根据地形地貌将全区分为平坝丘陵区、深丘区、南部山区三大种植分区，不同区域在土壤类型、气候、种植制度等存在明显差异。因此，在作物施肥指标体系建立的基础上，根据“大配方、小调整”的测土配方施肥技术路线和适宜产业化的工作思路，分区域、分作物布置田间肥效试验和制定施肥配方。二是配方开发套餐化。作物的生长是一个持续的过程，从栽培到收获的时间内，作物的需肥量、种类都不一样，所以我们在研制配方的过程中，制定不同作物生长时期的施肥配方，形成作物生长全生育期的配方施肥“营养套餐”。例如：水稻营养套餐底肥配方（20－10－10）、水稻营养套餐拔节肥配方（20－10－20），花椒营养套餐促稍肥配方（19－15－6）、花椒营养套餐秋基肥配方（20－10－5）、花椒营养套餐萌芽肥配方（15－10－15）、花椒营养套餐壮果肥配方（15－5－20）。三是配方应用“傻瓜化”。农民的文化程度普遍偏低，如果制定的配方太过复杂，操作太过繁琐的话，将阻碍测土配方施肥的推广运用。江津区在实施测土配方施肥的过程中，生产出适合当地不同作物的配方肥，农民只需按包装说明上的要求进行定量施用，既省去了很多中间环节，又使测土配方施肥落到了实处。四是配方发布“公开化”。为了促进测土配方施肥技术的大面积推广应用，江津区通过发放施肥建议卡、建立咨询系统、触摸屏、农业网站等方式，及时将制定的作物施肥配方发布出来，公之于众。配方肥合作企业可按照配方生产配方肥和营养套餐肥，农户则可根据施肥建议购买和施用相应的配方肥料。五是配方逐步“轻简化”。近年来，全区农业机械化发展迅速，农作物秸秆大面积还田，一部分养分回到了土壤里，同时当前农村存在劳动力严重不足的问题。因此，江津区开展了改进配方施肥技术和有机肥替代化肥技术方面的探索，将水稻“一底三追”的施肥方式改变为“一底一追”，减少化肥施用量和施肥次数，节约劳动力和成本，促进化肥减量增效和粮食生产向绿色、优质、高效发展。